Fiedler | Fünfstück

Die Vögel Mitteleuropas

Wolfgang Fiedler
Hans-Joachim Fünfstück

Die Vögel Mitteleuropas

Das große Fotobestimmungsbuch

unter Mitarbeit von Hans-Heiner Bergmann

Quelle & Meyer Verlag Wiebelsheim

Dr. Wolfgang Fiedler
Max-Planck-Institut für Verhaltensbiologie
Zentrale für Tiermarkierung „Vogelwarte Radolfzell"
Am Obstberg 1
D-78315 Radolfzell

Hans-Joachim Fünfstück
Gsteigstr. 43
D-82467 Garmisch-Partenkirchen

Bibliografische Information der Deutschen Nationalbibliothek
Die Deutsche Nationalbibliothek verzeichnet diese Publikation in der Deutschen Nationalbibliografie; detaillierte bibliografische Daten sind im Internet über http://dnb.d-nb.de abrufbar.

Umschlagabbildungen: Zwergadler und Kleiber vorne: H.-J. Fünfstück außer oben rechts: D. Haase,
Kappenammer hinten links: H.-J. Fünfstück, rechts: J. Ferdinand

Druck und Verarbeitung: Himmer GmbH Druckerei & Verlag, Augsburg
Printed in Germany/Imprimé en Allemagne
ISBN 978-3-494-01764-8

Inhaltsverzeichnis

Vogelfamilien

Einleitung

Dieses Bestimmungsbuch, das ganz auf realistischen Fotos der verschiedenen Arten und ihrer Kleider aufbaut, soll eine Ergänzung zu den existierenden mitteleuropäischen Vogelführern sein. Die Artenauswahl (einschließlich der Raritäten) deckt, bis auf einige Ausnahmeerscheinungen, mit über 600 behandelten Arten den ganzen mitteleuropäischen Raum ab. Die Reihenfolge, in der die Arten abgehandelt werden, folgt der aktuellen Artenliste der Vögel Deutschlands, bis auf ganz wenige Fälle, wo aus Gründen des Layouts Arten um wenige Positionen verschoben wurden.

Bei der Auswahl der Fotos haben wir uns bemüht, alle gängigen Kleider abzubilden sowie immer wieder auch Übergangskleider, Morphen oder besondere Färbungstypen, die zeigen, welche beachtliche Varianz im Aussehen einiger Vogelarten stecken kann. Alle denkbaren Kleider, Varianten und Übergangsformen einer Vogelart zu zeigen ist allerdings etwas, das weder Zeichnungen noch Fototafeln leisten können. Besonders bei selteneren Arten sind wir trotz einer heute unglaublichen Fülle hervorragender Vogelfotos gelegentlich auch an Grenzen gestoßen und einige Wunschbilder waren einfach nicht zu beschaffen. Vielleicht fühlt sich ein Fotograf oder eine Fotografin durch ein qualitativ noch steigerungsfähiges Foto in unserem Buch dazu motiviert, hier mit einer eigenen Aufnahme nachzubessern. Wir freuen uns über Hinweise.

Dieses Buch ist ein Bestimmungsbuch, in dem wir uns weitestgehend auf die Angaben beschränkt haben, die zur Art-, Geschlechts- und Altersbestimmung in der Natur erforderlich sind. Bezüglich der vielen spannenden Fakten zur Ökologie und Lebensweise der einzelnen Arten verweisen wir auf das Buch „Die Vögel Mitteleuropas im Porträt“ von H.-J. Fünfstück und I. Weiß (ebenfalls erschienen bei Quelle & Meyer), in dem sich zahlreiche Fakten zur Biologie der Vogelarten nachlesen lassen. Kleine blaue Hinweisnummern hinter dem Vogelnamen bilden die Verknüpfung zur Nummer dieser Art im „Porträtbuch“.

Sofern eine Art nicht weiter in Unterarten aufgeteilt wird oder von den bekannten Unterarten normalerweise nur eine in unserer Region auftritt, ist nur der zweigliedrige wissenschaftliche Artname angegeben (bestehend aus dem Gattungsnamen, beispielsweise für die Gattung der Kormorane *Phalacrocorax* und einem die Art bezeichnenden zweiten Ausdruck, z. B. für unseren heimischen Kormoran *carbo*). Werden von einer Art auch innerhalb Mitteleuropas regelmäßig mehrere Unterarten unterschieden, ist dies beim Blick auf die wissenschaftlichen Artnamen an der üblichen dreigliedrigen Nomenklatur (Gattungsname, Artbezeichnung, Unterartbezeichnung, z. B. die zwei mitteleuropäischen Unterarten des Kormorans *Phalacrocorax carbo sinensis* und *Phalacrocorax carbo carbo*) erkennbar. Aus Platzgründen werden außer bei der ersten Nennung Gattungsname und Artname dann meist mit ihren Anfangsbuchstaben abgekürzt: *P. c. carbo*.

Zur Bedeutung der Grafiken, Symbole und wichtigsten Abkürzungen siehe vorderen inneren Buchdeckel.

Im oberen rechten Bereich der Artdarstellung J F M A M J J A S O N D befindet sich bei den meisten Arten ein Streifen, der die Monate des Jahres symbolisieren soll. Hier ist die **Anwesenheit in Mitteleuropa** markiert. Dabei ist nicht berücksichtigt, ob es sich um dieselben Populationen oder Individuen handelt, die beobachtet werden können. Eine Vogelart, von denen zumindest ein Teil der Population nicht wandert, ist ganzjährig ebenso durchgehend markiert wie eine Art, bei der die Brutpopulation im Winter abwandert, dafür aber nordische Vertreter der Art zuwandern. Der Vogelbeobachter wird den Unterschied letztlich ohnehin oft nicht bemerken. Arten, von denen beispielsweise einzelne Individuen bei uns überwintern, aber deutlich weniger Vögel anwesend sind als zu anderen Jahreszeiten, sind in einem helleren Farbton markiert. Wir haben uns bemüht, einen insgesamt aussagekräftigen, schnellen Überblick zu ermöglichen. Insbesondere im Norden können Gebiete im Frühjahr auch später erreicht oder im Herbst früher geräumt werden als im Süden des Bearbeitungsgebietes. Es ist auch möglich, dass die Art nur in bestimmten Teilen Mitteleuropas auftritt, beispielsweise an den Küsten, und im Binnenland nicht vorkommt, auch wenn sie als „anwesend" markiert ist. In einigen Fällen, z. B. bei Arten mit wenigen Einzelnachweisen, ist uns eine Zeitleiste nicht sinnvoll erschienen. Bei ihnen steht stattdessen hier ein roter Balken mit einem Schlagwort zum Auftreten.

Die **Größe** der Vogelart, die im Gelände ohnehin schwer einschätzbar ist und bei Vögeln oft auch überschätzt wird, stellen wir vereinfacht in Form von acht Größenklassen vor, die eine schnelle Orientierung durch den Vergleich mit allgemein bekannten Arten liefern sollen.

Daneben ist der **fremdsprachliche Artname** in Englisch (En), Französisch (Fr), Spanisch (Es) und Italienisch (It) angegeben. Dies kann bei der Zuhilfenahme weiterer Literatur, dem Verständnis von Infotafeln oder natürlich der Verständigung mit anderen Vogelbeobachtern durchaus hilfreich sein.

Darunter befinden sich Symbole, die einen schnellen Überblick über die typischen **Lebensräume** der Art geben sollen. Immer wieder können Vertreter von Arten auch außerhalb ihrer typischen Lebensräume auftreten, insbesondere zur Zugzeit. Dennoch kann auch der Lebensraum eines der vielen Kriterien sein, die man zur Artbestimmung heranziehen sollte.

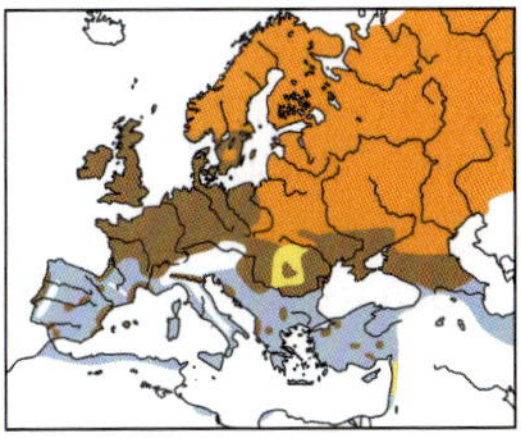

Die **Verbreitungskarte** ist in Zusammenhang mit den Angaben unter **Status** zu sehen. Beide sollen einen Hinweis geben, wie selten oder häufig die vermutete Vogelart ist und wo sie hauptsächlich vorkommt. Die Farben in den Verbreitungskarten geben noch genauere Informationen, siehe innerer Buchdeckel. Gerade bei mobilen Organismen wie den Vögeln können Vertreter auch immer wieder einmal weitab der üblichen Verbreitungsgebiete auftauchen. Für viele fortgeschrittene Vogelbeobachter machen gerade die Ausnahmeerscheinungen und Irrgäste den Reiz des Vogelbeobachtens aus.

Den Auftakt des Textblockes bildet eine sehr knappe Kurzcharakterisierung der Art, die einen ersten Bestimmungseinstieg bieten soll. Nach den bereits erwähnten Statusangaben wird auf die verschiedenen **Kleider** der Art eingegangen. Weitere Erklärungen zu den Bezeichnungen der einzelnen Kleider finden sich im Glossar. Je nach Vogelgruppe haben sich etwas voneinander abweichende Schemata zur Nomenklatur der Kleider eingebürgert. Wir haben versucht, diese zu übernehmen, aber dabei so konsistent wie möglich zu bleiben. Existierende Ansätze zu einer generellen Bezeichnung der Kleider unter Bezugnahme auf die vielfältigen und oft komplizierten Zyklen des Gefiederwechsels sind recht komplex und für die Artbestimmung oft zu abstrakt.

Auf **Verhaltensweisen** gehen wir dann ein, wenn diese einen Beitrag zur Artbestimmung leisten können, wie beispielsweise das „Schwanztrillern" der Rotschwänze. Selbes gilt auch für die **Stimme** (und ebenso bei **Lautäußerungen**, die nicht mit dem Stimmapparat in der Kehle erzeugt werden), bei der wir uns auf die Angabe kennzeichnender Laute beschränken, die als auffällige Merkmale oft eine Artbestimmung unterstützen oder sogar entscheidend dafür sein können. Neben den kurzen und schnell verfügbaren Sprachumschreibungen besteht die Möglichkeit, einen angegebenen QR-Code mit der entsprechenden Software Ihres Smartphones oder Ihres Tablets einzulesen und so im Internet eine Tondatei abzurufen. Bitte beachten Sie, dass je nach Einstellung und Tarif Ihres Mobilgerätes dabei Kosten für die Internetverbindung entstehen können. Zusätzlich bieten wir unter: https://www.quelle-meyer.de/wp-content/uploads/2021/04/Fotobestimmungsbuch_Tondateien.zip die Tondateien zum Download an, damit Sie diese bei Bedarf auf einem Abspielgerät speichern können. Über den nebenstehenden QR-Code können Sie die Datei auf Ihrem Mobiltelefon oder Tablett speichern und anschließend entpacken.

Unter **Ähnliche Arten** stehen Hinweise auf Verwechslungsmöglichkeiten mit anderen Arten. Hinweise wie „kaum zu verwechseln“ zeigen auch an, dass man sich nach erfolgter Artbestimmung wenig Sorgen bezüglich eventuell übersehener Alternativen machen muss.

Den unteren Teil der Artenseite bilden dann die Fotos der verschiedenen Kleider. Hier sind in der Regel die Merkmale beschrieben, die gute Anhaltspunkte für die Unterscheidung von anderen Arten, aber auch von anderen Kleidern derselben Art bieten.

Dank

Ein herzlicher Dank geht an die zahlreichen Fotografinnen und Fotografen, die ihre Bilder für dieses Buch zur Verfügung gestellt haben. Es sind Aufnahmen dabei, bei denen man nur erahnen kann, wie viel Glück, vor allem aber Gespür und Ausdauer für ihre Entstehung nötig waren – und dies manchmal für ein wenig attraktives, unscheinbares Gefiederkleid statt eines prachtvoll bunt gefärbten Männchens.

Christopher König (alle Arten), Tobias Krause (Papageien) und Florian Oertel (Wespenbussard) gaben uns wertvolle Hinweise zu den Arttexten und Fotos.

Nicht zuletzt möchten wir dem Verlagsteam, insbesondere Svenja Höchster und Georg Grothe, herzlich für die vielfältige Unterstützung und Motivation bei der Erstellung dieses Buches danken.

Nandu *Rhea americana* (→ 0)

Neozoon

En: Greater Rhea
Fr: Nandou d'Amérique
Es: Ñandú común
It: Nandù

Flugunfähiger, großer Laufvogel mit lockerem, zerzaust aussehendem Gefieder, das grau oder braun gefärbt ist.

Status: In Norddeutschland etablierte, sehr kleine Population (Neozoon).

Kleider: Geschlechter gleich.

Ähnliche Arten: In Europa keine.

Haselhuhn *Tetrastes bonasia rhenanus* („Westliches Haselhuhn"), *T. b. styriacus* und *T. b. rupestris* (→ 79)

J F M A M J J A S O N D

En: Hazel Grouse
Fr: Gélinotte des bois
Es: Grévol común
It: Francolino di monte

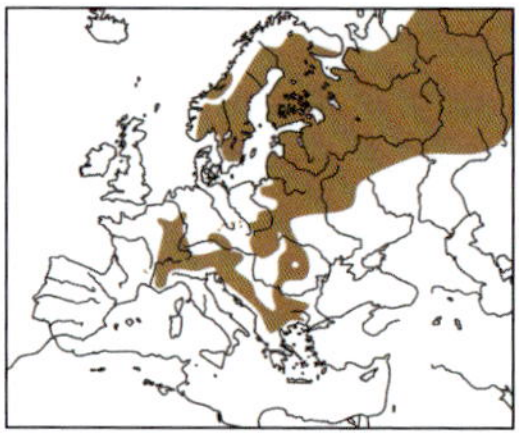

Etwas größer als Rebhuhn mit kleinem Kopf und rundlichem Körper.

Status: Seltener Brutvogel, vielerorts ausgestorben. Unterart *rhenanus* nur noch in kleinem Bestand in den Vogesen, *styriacus* in Jura und Alpen bis Südpolen, *rupestris* in Süddeutschland, Böhmen, Sudetenland.

Kleider: Kleider der Geschlechter sehr ähnlich, Männchen mit schwarzer Kehle mit weißem Saum und größerer Haube. Jugendkleid sehr ähnlich Weibchen.

Stimme: Hochtoniger Strophengesang des Hahnes in größeren Zeitabständen, schwer zu lokalisieren. Auf Distanz goldhähnchenartig zart.

Ähnliche Arten: Im Flug von anderen braunen Hühnern durch den grauen Schwanz mit schwarzer Endbinde unterscheidbar.

Auerhuhn *Tetrao urogallus* (→ 83)

J F M A M J J A S O N D

En: Western Capercaillie
Fr: Grand Tétras
Es: Urogallo común
It: Gallo cedrone

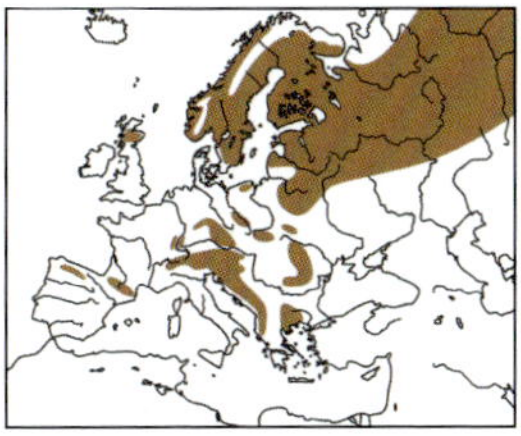

Sehr großes Raufußhuhn.

Status: Seltener Brutvogel, v. a. im Alpenraum und in wenigen Mittelgebirgen.

Kleider: Kleider der Geschlechter deutlich unterschiedlich (siehe Fotos), außerdem Männchen bedeutend größer. Jungvögel im ersten und zweiten Jahr kleiner.

Stimme: Die Gesangsstrophen des Hahns tragen im Wald nicht weit. Sie bestehen aus Knappen, Triller, Hauptschlag und Wetzen.

Ähnliche Arten: Aufgrund der Größe unverwechselbar. Henne durch Größe, rotbraunen Brustfleck und Oberbrust und insgesamt wärmer braune Gefiederpartien von Birkhenne unterschieden.

Birkhuhn *Lyrurus tetrix* (→ 82)

J F M A M J J A S O N D

En: Black Grouse
Fr: Tétras lyre
Es: Gallo-lira común
It: Fagiano di monte

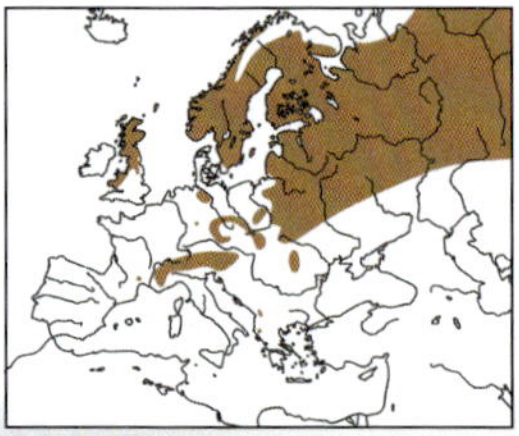

Mittelgroßes Raufußhuhn.

Status: Seltener Brutvogel, außerhalb der Alpen noch in der Lüneburger Heide und wenigen kleinen Restbeständen.

Kleider: Kleider der Geschlechter deutlich unterschiedlich (siehe Fotos), außerdem Männchen erkennbar größer. Jugendkleid sehr ähnlich Weibchen.

Stimme: Die gurrenden Strophen des Birkhahns tragen vom gemeinschaftlichen Balzplatz aus weit über Moor und Grünland.

Ähnliche Arten: Männchen fast schwarz und durch lange sichelförmige Steuerfedern unverwechselbar. Weibchen ähnlich Auerhenne, jedoch kleiner und einfarbig braun mit schwarzer Querbänderung, auch an der Brust.

Alpenschneehuhn *Lagopus muta* (→ 81)

Brutvogel an wenigen Orten

En: Rock Ptarmigan
Fr: Lagopède alpin
Es: Lagópodo alpino
It: Pernice bianca

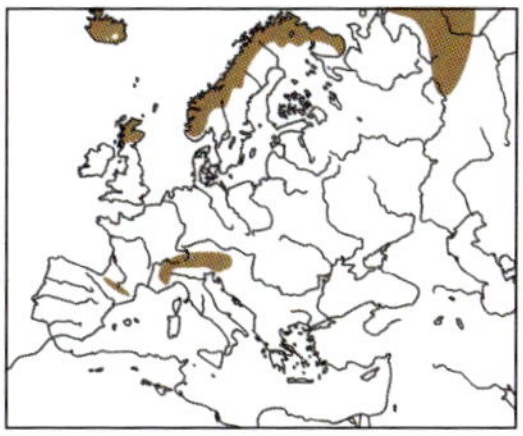

Rundlich wirkendes Huhn mit kurzem Schnabel, im Winter bis auf den ganzjährig schwarzen Schwanz schneeweiß.

Status: Regional verbreiteter Brutvogel in den Alpen von etwa 1700 bis 2300 m Meereshöhe.

Kleider: Wechselt von einem überwiegend braunen Gefieder im Sommer in ein rein weißes Wintergefieder, dazwischen viele „gescheckte" Stadien. Anhand der braunen Gefiederbereiche sind Geschlechter unterscheidbar, siehe Fotos. Im weißen Wintergefieder Männchen mit dunklem Zügelstreif. Jugendkleid braun, sehr ähnlich Weibchen, aber mit mehr Braun im Flügel.

Stimme: Im späten Frühjahr hart knarrende Strophe, teils im Singflug vorgetragen.

Ähnliche Arten: Im Flug von anderen braunen Hühnern durch schwarze Steuerfedern unterscheidbar. Das ähnliche Moorschneehuhn überlappt nur in Skandinavien und Schottland mit dem Verbreitungsgebiet des Alpenschneehuhns.

Rothuhn *Alectoris rufa* (→ 84)

Neozoon

En: Red-legged Partridge
Fr: Perdrix rouge
Es: Perdiz roja
It: Pernice rossa

Eher kleines Huhn von Gestalt eines Rebhuhns.

Status: Ehemaliger lokaler Brutvogel. Zuletzt Auftreten nur nach Aussetzungen.

Kleider: Geschlechter gleich, Jugendkleid ähnlich Adultkleid.

Stimme: Strophiger Gesang von niedriger Warte aus, mit wetzendem Beginn, dann andere Phrasen bis zu lautem Ende mit Kräh-Elementen.

Ähnliche Arten: Rothuhn, Steinhuhn und weitere ähnliche Arten lassen sich anhand der Kopf- und Halszeichnung unterscheiden, siehe Fotos.

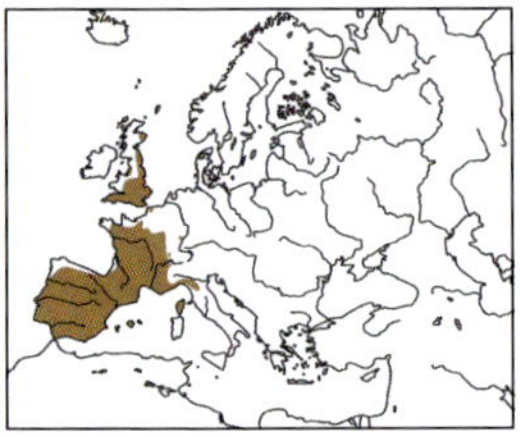

Steinhuhn *Alectoris graeca* (→ 85)

Brutvogel an wenigen Orten

En: Rock Partridge
Fr: Perdrix bartavelle
Es: Perdiz griega
It: Coturnice

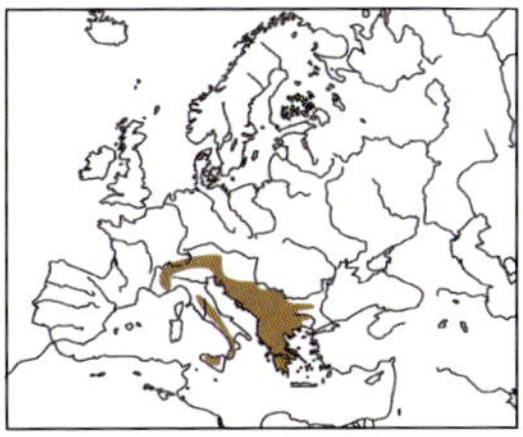

Eher kleines Huhn von Gestalt eines Rebhuhns.

Status: Seltener Brutvogel v. a. in den Südalpen.

Kleider: Geschlechter gleich.

Stimme: Lange Strophen beginnen mit spitzem „tsik-tsik...“, danach steigernd zu Doppelelementen wie „tri-wet“, am Ende Krählaute.

Ähnliche Arten: Steinhuhn, Rothuhn und weitere ähnliche Arten lassen sich anhand der Kopf- und Halszeichnung gut unterscheiden, siehe Fotos.

Rebhuhn *Perdix perdix* (→ 87)

J F M A M J J A S O N D

En: Grey Partridge
Fr: Perdrix grise
Es: Perdiz pardilla
It: Starna

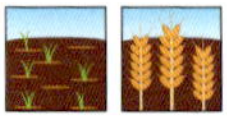

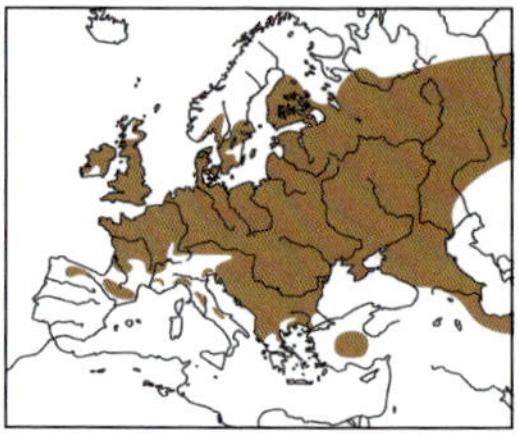

Typischer, eher kleiner Hühnervogel.

Status: Ehemals häufiger, heute in großen Regionen verschwundener Brutvogel.

Kleider: Im Adultgefieder haben Weibchen einen kleineren braunen Bauchfleck als Männchen. Jugendgefieder braun mit gestreiften Flanken.

Stimme: Gesang von Hahn und Henne vor allem in der Dämmerung „kerrick".

Ähnliche Arten: Nur im Jugendkleid mit Wachtel (diese kleiner und dünner) oder Fasanenküken (dieses ohne helle Flankenstreifen) verwechselbar.

Wachtel *Coturnix coturnix* (→ 88)

J F M A M J J A S O N D

En: Common Quail
Fr: Caille des blés
Es: Codorniz común
It: Quaglia

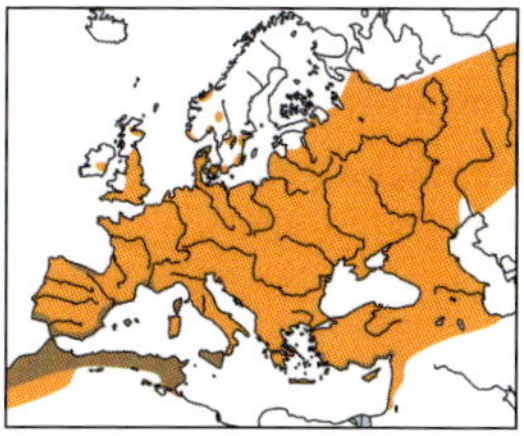

Sehr kleiner, sehr versteckt lebender Hühnervogel.

Status: Verbreiteter, in Ackerlandschaften aber teils sehr selten gewordener Brutvogel, regelmäßiger Durchzügler.

Kleider: Im Adultgefieder haben Männchen eine schwarze Kehlmitte und kontrastreiche Kehlzeichnung. Jugendkleid sehr ähnlich Weibchen.

Stimme: Der typische dreisilbige Wachtelschlag „pick-werwick" ist wesentlich häufiger zu hören als eine Sichtbeobachtung gelingt.

Ähnliche Arten: Beim Auffliegen Verwechslungsmöglichkeit mit Fasanenküken, diese sind aber langhalsiger und mehr gefleckt als gestreift.

Königsfasan *Syrmaticus reevesii* (→ 90)

Neozoon

En: Reeves's Pheasant
Fr: Faisan vénéré
Es: Faisán venerado
It: Fagiano venerato

Typische Fasanengestalt, etwas größer als Jagdfasan.

Status: Kleine etablierte Population aus ausgesetzten Vögeln in Tschechien, sonst ausnahmsweise auftretende Gefangenschaftsflüchtlinge.

Kleider: Im Adultgefieder Geschlechter deutlich unterschiedlich gefärbt, siehe Fotos. Jugendkleid sehr ähnlich Weibchen.

Ähnliche Arten: Das Weibchen ist im Gegensatz zum Jagdfasan nicht gefleckt, sondern deutlich gebändert.

Jagdfasan *Phasianus colchicus* (→ 89)

Neozoon

En: Common Pheasant
Fr: Faisan de Colchide
Es: Faisán vulgar
It: Fagiano comune

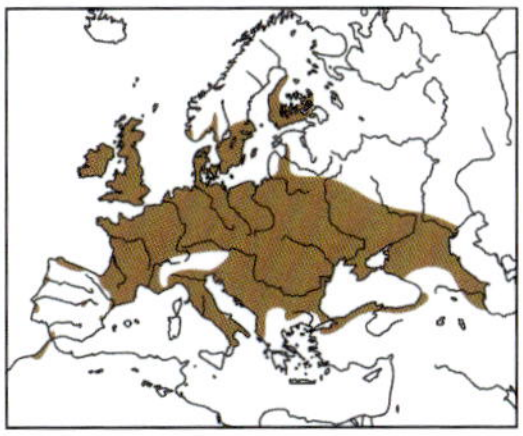

Bekannteste Fasanenart, von typischer, langschwänziger Gestalt.

Status: Zu Jagdzwecken aus Asien eingeführter Brutvogel, jedoch nur in wenigen Gebieten selbsttragende Populationen.

Kleider: Im Adultgefieder Geschlechter deutlich unterschiedlich gefärbt, siehe Fotos. Jugendkleid sehr ähnlich Weibchen. Bei den ad. Männchen sind verschiedene Gefiedervarianten (z. B. ohne weißen Halsring) beschrieben.

Verhaltensweisen: Duckt sich bei Herannahen eines Feindes, um ihn dann durch plötzliches „explosionsartiges" Auffliegen zu erschrecken.

Stimme: Der Hahn äußert plötzlich ausbrechende zweisilbige Kurzstrophen wie „gökök", die von lautem Flügelschwirren begleitet werden.

Ähnliche Arten: Durch den langen Schwanz nur mit anderen Fasanen verwechselbar. Bezüglich Küken siehe auch Wachtel und Rebhuhn.

Ringelgans *Branta bernicla bernicla* („Dunkelbäuchige Ringelgans"), *B. b. hrota* („Hellbäuchige Ringelgans") und *B. b. nigricans* („Pazifische Ringelgans") (→ 19)

Wintergast

En: Brent Goose
Fr: Bernache cravant
Es: Barnacla carinegra
It: Oca colombaccio

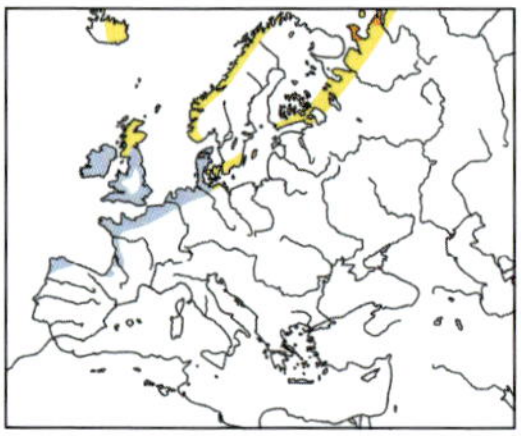

Kleine dunkle Gans mit schwarzem Hals und hellem Hals"ring". *B. b. bernicla* mit dunkelgrauem Bauch und geringfügig helleren Flanken. Unterart *hrota* mit hellem Bauch, *nigricans* mit schwarzem Bauch und hellen Flanken.

Status: Unterart *bernicla* (aus Sibirien) häufiger Wintergast im Wattenmeer, vereinzelt Gefangenschaftsflüchtlinge. Unterart *hrota* (aus Grönland) seltener, aber regelmäßiger Wintergast an der Nordsee, *nigricans* (aus Ostsibirien) seltener Gast.

Kleider: Geschlechter gleich. Im Jugendkleid Oberflügeldecken mit weißlichen Säumen und bis zum Spätherbst noch ohne weißen Halsfleck.

Stimme: Auch aus dem weidenden Trupp hört man immer wieder Distanzrufe, die sich mit „rrott" umschreiben lassen und der Gans auch den Namen Rottgans gegeben haben.

Ähnliche Arten: Kaum zu verwechseln.

Rothalsgans *Branta ruficollis* (→ 18)

Neozoon

En: Red-breasted Goose
Fr: Bernache à cou roux
Es: Barnacla cuelliroja
It: Oca collorosso

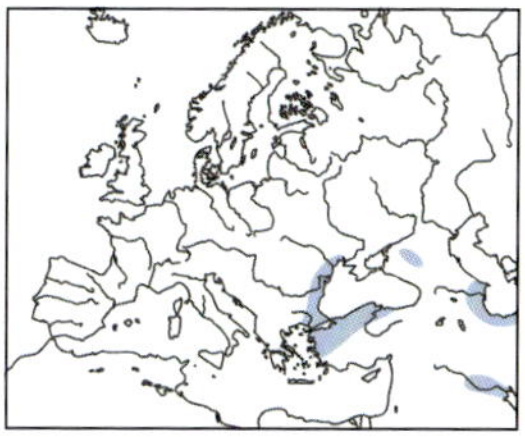

Aus der Entfernung dunkel wirkende, kleine Gans, aus der Nähe durch charakteristische Färbung unverkennbar, v. a. der breite weiße Flankenstreif ist auffällig.

Status: Seltener Wintergast im Norden und Osten, wohl auch Gefangenschaftsflüchtling.

Kleider: Geschlechter gleich. Im Jugendkleid mit mehreren undeutlichen hellen Flügelbinden, im Adultkleid mit zwei deutlich weißen Binden.

Ähnliche Arten: Kaum zu verwechseln.

Kanadagans *Branta canadensis canadensis* und *B. c. parvipes* (→ 21)

J F M A M J J A S O N D

En: Canada Goose
Fr: Bernache du Canada
Es: Barnacla canadiense grande
It: Oca cana

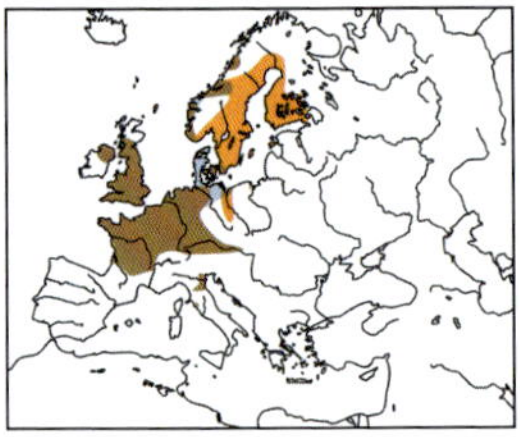

Große graubraune Gans mit langem schwarzem Hals und auffallendem weißem Kinnband.

Status: Eingeführter, regelmäßiger Brutvogel (Neozoon).

Kleider: Geschlechter gleich. Im Jugendkleid ist die helle Bänderung auf den Flügeln und an den Flanken undeutlich verwaschen und die schwarzen und weißen Kopfbereiche haben einen Braunstich.

Stimme: Typisch sind einsilbige, tiefe und rein trompetende Rufe von großer Lautstärke.

Ähnliche Arten: Von anderen großen braunen Gänsen durch Kopf- und Halszeichnung unterschieden. Zwergkanadagans ist viel kleiner. Die Unterart *parvipes* ist kleiner als *B. c. candensis*, aber größer als die Zwergkanadagans.

Zwergkanadagans *Branta hutchinsii* (→ 22)

Ausnahmegast, vor allem aber Neozoon

En: Cackling Goose
Fr: Bernache de Hutchins
Es: Barnacla canadiense chica
It: Oca canadese di Hutchins

Eine Kanadagans nur von der Größe einer Nonnengans.

Status: Gefangenschaftsflüchtling, möglicherweise auch Ausnahmegast aus Nordamerika.

Kleider: Siehe Kanadagans.

Ähnliche Arten: Siehe Kanadagans.

Weißwangengans *Branta leucopsis* (→ 23)

J F M A M J J A S O N D

En: Barnacle Goose
Fr: Bernache nonnette
Es: Barnacla cariblanca
It: Oca facciabianca

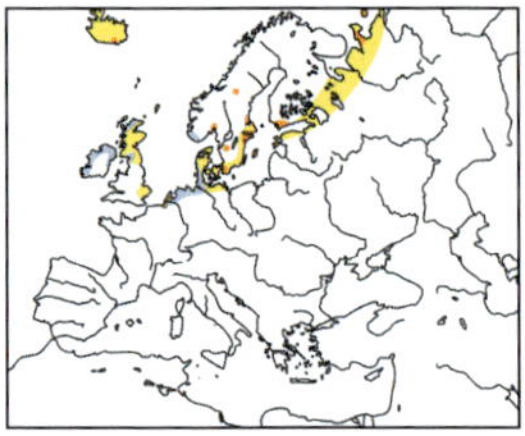

Mittelgroße Gans mit weißem Gesicht, kurzem schwarzem Hals und schwarz-weißer Bänderung der Oberseite.

Status: Häufiger Wintergast und Brutvogel in rasch steigender Zahl an Nord- und Ostsee, im Süden seltener Gastvogel, wohl auch Gefangenschaftsflüchtlinge.

Kleider: Geschlechter gleich, Jugendkleid sehr ähnlich dem Adultkleid, Bänderung der Flanken diffuser, Bänder auf der Oberseite hell ocker, aber ohne Schwarz-Weiß-Kontrast.

Stimme: Aus dem lärmend fliegenden Trupp hört man immer wieder die bellenden Rufe der Einzelvögel heraus.

Ähnliche Arten: Kaum zu verwechseln.

Streifengans *Anser indicus* (→ 15)

Neozoon

En: Bar-headed Goose
Fr: Oie à tête barrée
Es: Ánsar indio
It: Oca indiana

Ziemlich einheitlich graue Gans, die im Flug oft sehr hell wirkt. Durch die zwei schwarzen Querstreifen im Nacken unverwechselbar. Schnabel und Beine kräftig orangegelb.

Status: Lokal verbreiteter Brutvogel (Gefangenschaftsflüchtlinge und deren Nachkommen), der auch weiter umherstreift.

Kleider: Geschlechter gleich. Im Jugendkleid keine Querstreifen vom Hinterkopf zu den Wangen.

Ähnliche Arten: Kaum zu verwechseln.

Zwergschneegans *Anser rossii* (→ 17)

Ausnahmegast, vor allem aber Neozoon

En: Ross's Goose
Fr: Oie de Ross
Es: Ánsar de Ross
It: Oca di Ross

Wirkt wie eine kleine Schneegans.

Status: Gefangenschaftsflüchtling, möglicherweise auch Ausnahmegast aus Nordamerika.

Kleider: Siehe Schneegans, dunkle Morphe sehr selten.

Ähnliche Arten: Hals kürzer, Kopf rundlicher als Schneegans und an der Schnabelbasis mit blaugrünen Warzen.

Schneegans *Anser caerulescens* (→ 16)

Ausnahmegast, vor allem aber Neozoon

7

En: Snow Goose
Fr: Oie des neiges
Es: Ánsar nival
It: Oca delle nevi

Kleine, in der hellen Morphe fast weiße Gans, dunkle Morphe immerhin noch mit weißem Kopf.

Status: Sehr seltener Gast, kleine etablierte Brutpopulation aus Gefangenschaftsflüchtlingen und deren Nachkommen in Westdeutschland.

Kleider: Helle und dunkle Morphe, letztere mit dunkelgrauem Körper, aber weißem Kopf. Geschlechter gleich. Im Jugendkleid graue Beine, grauer Schnabel sowie Gefieder samt Kopf mit Grautönen.

Ähnliche Arten: Sehr ähnlich Zwergschneegans, aber bedeutend größer.

Graugans *Anser anser anser* („Westliche Graugans“) und *A. a. rubrirostris* („Östliche Graugans“) (→ 14)

J F M A M J J A S O N D

En: Greylag Goose
Fr: Oie cendrée
Es: Ánsar común
It: Oca selvatica

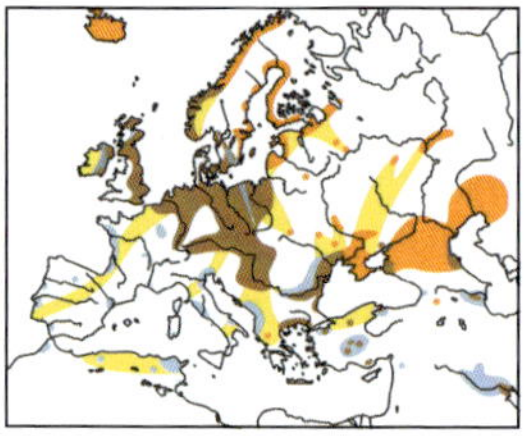

Große, massige Gans mit dickem Hals und großem Schnabel. *A. a. anser* mit orangem Schnabel und orangen Füßen (außer Jugendkleid), *rubrirostris* mit rosa Schnabel, aber auch intermediäre Formen werden beobachtet.

Status: Unterart *anser* häufiger Brutvogel vor allem im Norden und Nordosten, andernorts oft ausgesetzte Vögel und deren Nachkommen. Unterart *rubrirostris* regelmäßiger Brutvogel im südöstlichen Mitteleuropa.

Kleider: Geschlechter gleich. Im Jugendkleid ist die Flankenbänderung sehr verwaschen, die schräge Halsfurchung ist undeutlich und der Schnabel ist auch bei Unterart *anser* rosa.

Stimme: Paarpartner rufen einander auf Distanz mit individuell verschiedenen mehrsilbigen Rufen, wie man sie auch von Hausgänsen kennt.

Ähnliche Arten: Andere braune Gänse („Feldgänse“), siehe Fotos.

Schwanengans *Anser cygnoides* (→ 8)

Neozoon

En: Swan Goose
Fr: Oie cygnoïde
Es: Ánsar cisnal
It: Oca cigno

Große Gans mit hellen Wangen, hellem Hals und typisch braungrauem Körper.

Status: Sehr seltener, lokaler Brutvogel aus Gefangenschaftsflüchtlingen (oft aus der domestizierten Form Höckergans), ansonsten Einzelvögel.

Kleider: Die Kleider beider Geschlechter sind sehr ähnlich, das Männchen hat aber einen angedeuteten Schnabelhöcker und ist größer und schwerer. Jungvögel sind kontrastärmer gezeichnet.

Ähnliche Arten: Andere braune Gänse („Feldgänse"), siehe Fotos.

Waldsaatgans *Anser fabalis* (→ 9)

J F M A M J J A S O N D

En: Taiga Bean Goose
Fr: Oie des moissons
Es: Ánsar campestre
It: Oca granaiola della taiga

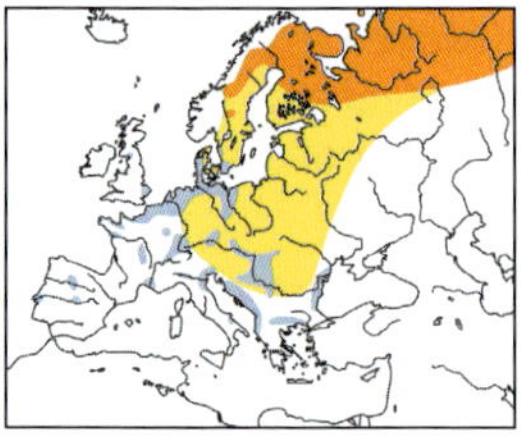

Mittelgroße bis große, größtenteils dunkelbraune Gans mit relativ langen Flügeln. Beine orangefarben und Schnabel dunkel zweifarbig, mehr oder weniger orange.

Status: Regelmäßiger Durchzügler und Wintergast in Mitteeuropa. Brütet in der Taigazone Eurasiens. In Deutschland nachgewiesen ist *A. f. fabalis*.

Kleider: Geschlechter gleich. Im Jugendkleid ist die Flankenbänderung sehr verwaschen. Adulte öfter mit weißer Befiederung am Schnabelansatz.

Stimme: Die Rufe klingen nasal reibend wie bei der Tundrasaatgans, aber etwas tiefer, wie „geng“ oder „gek-gek“.

Ähnliche Arten: Andere braune Gänse („Feldgänse“), siehe Fotos.

Tundrasaatgans *Anser serrirostris* (→ -9)

J F M A M J J A S O N D

En: Tundra Bean Goose
Fr: Oie de la toundra
Es: Ánsar de la Tundra
It: Oca granaiola della tundra

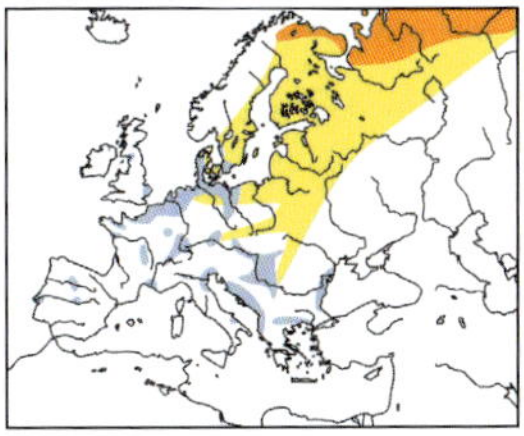

Mittelgroße, dunkel braungraue Gans mit kurzem Hals und dickem Schnabel.

Status: Regelmäßiger Durchzügler und Wintergast in Mitteleuropa. Brutvogel der Tundren Sibiriens. In Deutschland nachgewiesen ist *A. s. rossicus*.

Kleider: Geschlechter gleich. Im Jugendkleid ist die Flankenbänderung sehr verwaschen und die schräge Halsfurchung undeutlich.

Stimme: Die Rufe sind mehrsilbig und sonorer als die der Kurzschnabelgans. Beim Abflug erzeugen die Flügel rhythmisch ratternden Flugschall.

Ähnliche Arten: Andere braune Gänse („Feldgänse"), siehe Fotos.

Kurzschnabelgans *Anser brachyrhynchus*

J F M A M J J A S O N D

(→ 10)

En: Pink-footed Goose
Fr: Oie à bec court
Es: Ánsar piquicorto
It: Oca zamperosee

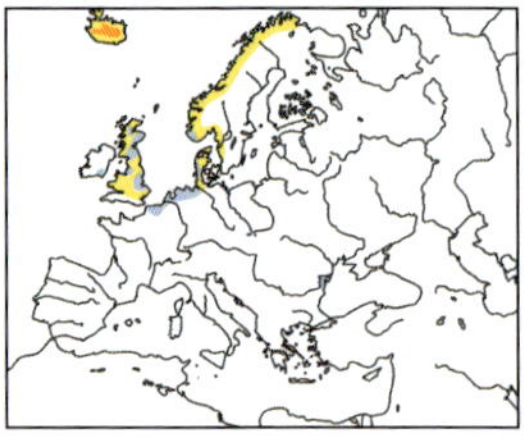

Geschlechter gleich. In der Grundfärbung ähnlich Saatgans, jedoch mit hell blaugrauem Mantel und aus der Nähe gut erkennbar rosa Füßen. Hals auffallend kurz.

Status: Regelmäßiger Wintergast an der Küste, im Binnenland selten.

Kleider: Geschlechter gleich. Im Jugendkleid ist die Flankenbänderung sehr verwaschen und die schräge Halsfurchung undeutlich.

Stimme: Die Distanzrufe sind kurz und scharf zweisilbig, wegen der geringen Größe der Gans in sehr hoher Tonlage.

Ähnliche Arten: Andere braune Gänse („Feldgänse"), siehe Fotos.

Blässgans *Anser albifrons albifrons* und *A. a. flavirostris* (→ 12)

J F M A M J J A S O N D

En: Greater White-fronted Goose
Fr: Oie rieuse
Es: Ánsar careto
It: Oca lombardella

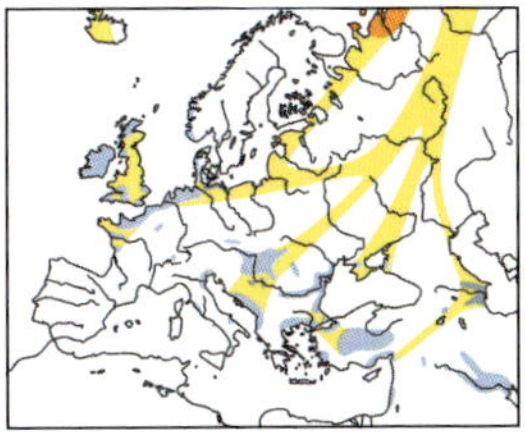

Mittelgroße Gans. Adulte mit weißem Federfeld um den Schnabel und starker Querfleckung am Bauch. *A. a. albifrons* mit rosa, *flavirostris* mit orangem Schnabel. Letztere auch etwas größer und dunkler.

Status: Unterart *albifrons* regelmäßiger Durchzügler und Wintergast im Norden, im Süden unregelmäßig und in kleinen Trupps. Auch Gefangenschaftsflüchtlinge und deren Nachkommen. Unterart *flavirostris* (Grönland) sehr seltener Wintergast.

Kleider: Geschlechter gleich. Im Jugendkleid ist die Flankenbänderung sehr verwaschen und die schräge Halsfurchung undeutlich. Adulte mit weißen Federn am Schnabelansatz.

Stimme: Vor allem in gemischten Gänsetrupps fällt die Anwesenheit von Blässgänsen sofort durch die höheren, klareren, fast etwas lachend klingenden Rufe auf.

Ähnliche Arten: Verwechslung der Jungen durch ungefleckten Bauch und fehlende Blässe auf Entfernung mit anderen Gänsen möglich. Siehe Fotos.

Zwerggans *Anser erythropus* (→ 11)

Wintergast

En: Lesser White-fronted Goose
Fr: Oie naine
Es: Ánsar chico
It: Oca lombardella minore

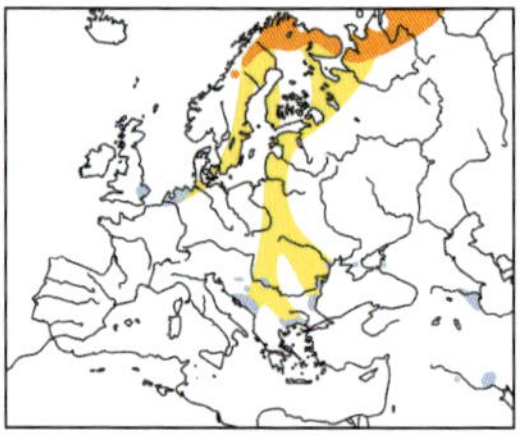

Sehr ähnlich der etwas größeren Blässgans, jedoch in allen Kleidern mit deutlichem gelbem Lidring. Der Schnabel ist relativ klein und die Flügelspitzen überragen deutlich den Schwanz.

Status: Seltener Durchzügler und Wintergast aus Nordskandinavien und Sibirien, meist einzeln unter anderen Wildgänsen.

Kleider: Geschlechter gleich. Im Jugendkleid ist die Flankenbänderung sehr verwaschen und die schräge Halsfurchung undeutlich. Der gelbe Augenring ist im Jugendkleid schon vorhanden, manchmal aber undeutlicher.

Stimme: Die mehrsilbigen Distanzrufe der kleinen Zwerggans klingen lachend wie die von Blässgänsen, aber höher im Sopran.

Ähnliche Arten: Andere braune Gänse, siehe Fotos.

Schwarzschwan *Cygnus atratus* (→ 4)

Neozoon

En: Black Swan
Fr: Cygne noir
Es: Cisne negro
It: Cigno nero

Fast komplett schwarz gefärbter, grazil wirkender Schwan. Nur Schwungfedern sind weiß.

Status: Brutvogel in Australien. In Mitteleuropa Gefangenschaftsflüchtling, z. T. etabliert, seltener Brutvogel.

Kleider: Geschlechter gleich, die Federkräuselung am Hals ist bei adulten Männchen besonders stark ausgeprägt. Jugendkleid mit graubraunem Gefieder.

Ähnliche Arten: Keine andere Schwanenart ist am Körper komplett schwarz.

Höckerschwan *Cygnus olor* (→ 3)

J F M A M J J A S O N D

En: Mute Swan
Fr: Cygne tuberculé
Es: Cisne vulgar
It: Cigno reale

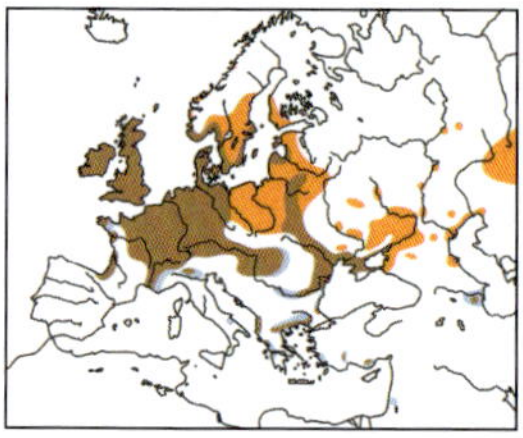

Größter flugfähiger Vogel in Europa, größter Vertreter der Schwäne und einziger Schwan mit Orange am Schnabel (Adultkleid).

Status: Häufiger Brutvogel, im Winter z. T. Zuzügler.

Kleider: Geschlechter gleich, Schnabelhöcker bei adulten Männchen besonders stark ausgeprägt. Im Jugendkleid Gefieder überwiegend hellbraun.

Verhaltensweisen: Hebt beim Imponieren die gefalteten Flügel an und wirkt dadurch größer. Zeigt sich oft zahm, gelegentlich auch aggressiv, gegenüber dem Menschen.

Stimme: Im Flug kaum Rufe, jedoch harfender rhythmischer Flugschall.

Ähnliche Arten: Andere Schwanenarten lassen sich an der Schnabelfärbung, der Halshaltung und der Größe unterscheiden.

Zwergschwan *Cygnus columbianus bewickii* und *C. c. columbianus* („Pfeifschwan")

(→ 7)

J F M A M J J A S O N D

En: Tundra Swan
Fr: Cygne siffleur
Es: Cisne chico
It: Cigno minore

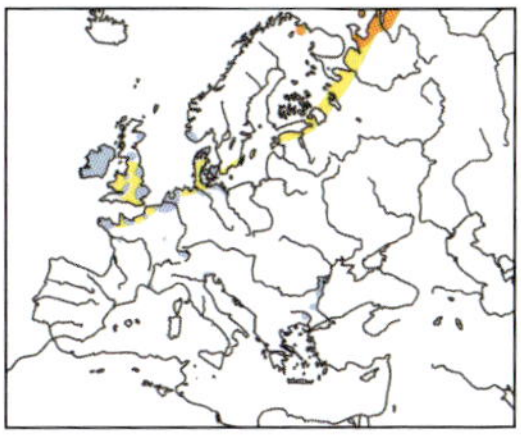

Wirkt wie etwas kleinere Ausgabe des Singschwans.

Status: Unterwart *bewickii* regelmäßiger Wintergast in den Niederlanden und Norddeutschland, ansonsten vereinzelter Wintergast. Unterart *columbianus* sehr seltener Wintergast-aus Nordamerika.

Kleider: Geschlechter gleich. Im Jugendkleid überwiegend hell graubraun.

Verhaltensweisen: Streckenflug einer Gruppe wie bei anderen Schwänen in Keilformation.

Stimme: Rufe ähnlich wie Singschwan, aber weniger trompetend, eher etwas bellend.

Ähnliche Arten: Siehe Singschwan.

Singschwan *Cygnus cygnus* (→ 5)

J F M A M J J A S O N D

En: Whooper Swan
Fr: Cygne chanteur
Es: Cisne cantor
It: Cigno selvatico

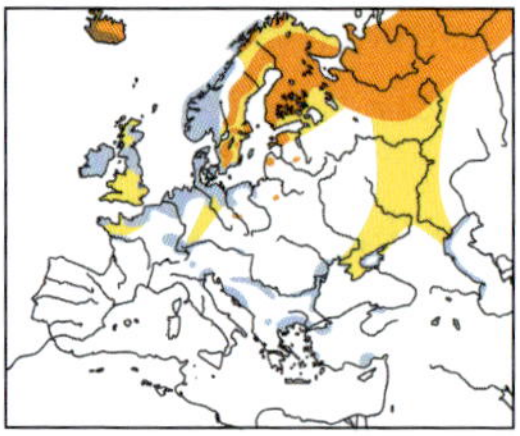

Großer weißer Schwan mit typischem Kopfprofil.

Status: Seltener Brutvogel in Deutschland, regelmäßiger Wintergast.

Kleider: Geschlechter gleich. Im Jugendkleid überwiegend hell graubraun.

Verhaltensweisen: Sehr stimmfreudig, Trompetentöne häufig zu hören. Fliegen größere Strecken in Keilformation.

Stimme: Auch bei schlechten Sichtverhältnissen verrät das weittragende Trompeten oft die Anwesenheit von Singschwänen.

Ähnliche Arten: Schnabel ohne Höcker und ohne Orange (wie bei Höckerschwan), dafür mit Gelb, das im Gegensatz zum Zwergschwan bis an die Nasenlöcher reicht.

Nilgans *Alopochen aegyptiacus* (→ 25)

En: Egyptian Goose
Fr: Ouette d'Égypte
Es: Ganso del Nilo
It: Oca egiziana

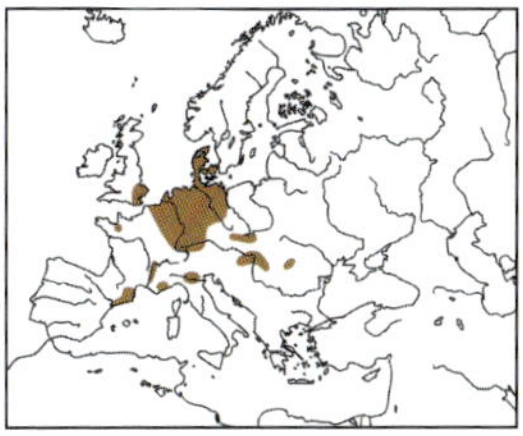

Auffallende, im Stehen unverwechselbare, gänseartige Ente, im Flug mit auffallend weißen Vorderflügeln.

Status: In starker Ausbreitung begriffener, in Mitteleuropa eingeführter Brutvogel mit ursprünglichem Vorkommen südlich der Sahara und im Niltal (Neozoon).

Kleider: Geschlechter gleich (an Stimme unterscheidbar). Im Jugendkleid ohne braune Flecken an Brust sowie Augen und Oberkopf bräunlich.

Verhaltensweisen: Steht vor allem zur Brutzeit nicht selten auch auf Dächern und anderen erhöhten Plätzen.

Stimme: Männchen ruft heiser keuchend oder zischend beim Abflug „wräd wräd…“, Weibchen ruft durchdringend „honk-hää-hää-hää“ (und beim Abflug kurz „honk“).

Ähnliche Arten: Bei der Rostgans sind Beine und Schnabel schwarz und der Kopf ist weitgehend einfarbig rahmbraun. Die Flügel sind aber ähnlich schwarz-weiß.

Brandgans *Tadorna tadorna* (→ 26)

J F M A M J J A S O N D

En: Common Shelduck
Fr: Tadorne de Belon
Es: Tarro blanco
It: Volpoca

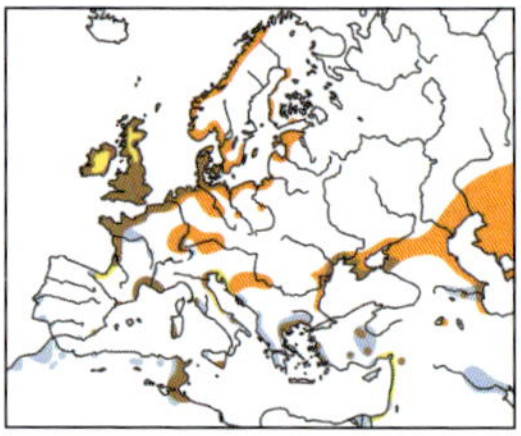

Gänseartige Ente mit schwarzgrünem Kopf und auffälliger, heller Körperfärbung.

Status: Regelmäßiger Brutvogel an den meisten europäischen Küsten, häufiger Mausergast im Wattenmeer, Einzelvögel (auch Gefangenschaftsflüchtlinge) regelmäßig im Binnenland, auch brütend.

Kleider: Männchen mit deutlichem Schnabelhöcker. Im Jugendkleid mit graurosa Schnabel, ohne schwarzgrüne Kopffärbung und ohne rostfarbenes Brustband.

Stimme: Weibchen ruft ententypisch tief und sonor, Männchen hoch trillernd und pfeifend.

Ähnliche Arten: Kaum zu verwechseln.

Rostgans *Tadorna ferruginea* (→ 27)

Ausnahmegast, vor allem aber Neozoon

En: Ruddy Shelduck
Fr: Tadorne casarca
Es: Tarro canelo
It: Casarca

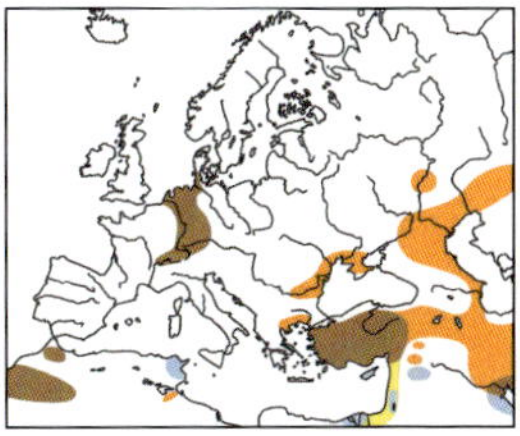

Auffällige, kleine, gänseartige Ente mit rostrot getöntem Gefieder, im Flug kontrastreich.

Status: Ursprünglich Ausnahmegast aus Nordafrika und Kleinasien, heute zunehmend häufiger, eingeführter Brutvogel (wohl überwiegend Gefangenschaftsflüchtlinge und deren Nachfahren).

Kleider: Prachtkleid: Männchen mit kräftigerer Färbung und schwarzem Halsring. Im Schlichtkleid ohne Halsring. Im Jugendkleid graustichige statt weiße Vorderflügel.

Stimme: Weit schallende nasale Trompetenrufe, beim Männchen etwas tiefer als beim Weibchen.

Ähnliche Arten: Ähnlich ist die Graukopfkasarka (Gefangenschaftsflüchtling), bei der das Männchen einen einfarbig grauen Kopf hat, das Weibchen einen dunkelbraunen mit großem weißem Gesichtsfleck. Flügel ähnlich Nilgans.

Bei der Artbestimmung der überwiegend braunen Entenweibchen liefern vor allem Kontraste, Zeichnung und Brauntöne am Kopf, Farbe und Form des Schnabels und der Flügelspiegel (soweit sichtbar) wichtige Hinweise. Zur ersten groben Unterscheidung von Gründel- und Tauchenten lohnt sich ein Blick auf die Lage der Schwanzspitze: Wird diese normalerweise deutlich über der Wasseroberfläche gehalten („Schwimmenten", z. B. Stockente) oder nahe über oder sogar auf der Wasseroberfläche („Tauchenten", z. B. Reiherente)? Auch beim Auffliegen lassen sich Schwimm- und Tauchenten leicht unterscheiden, denn Tauchenten benötigen immer einen Anlauf, während Schwimmenten fast von der Stelle aus hochfliegen.

Tafelente
S. 64
Kolbenente
S. 63
Moorente
S. 65
Reiherente
S. 67
Bergente
S. 68
Samtente
S. 75
Eiderente
S. 72
Trauerente
S. 77
Eisente
S. 79
Schellente
S. 81

Brautente *Aix sponsa* (→ 30)

Neozoon

En: Wood Duck
Fr: Canard branchu
Es: Pato joyuyo
It: Anatra sposa

Sehr bunte, kleine Ente.

Status: Brutvogel in Nordamerika, in Mitteleuropa selten auftretende Gefangenschaftsflüchtlinge, selten brütend.

Kleider: Im Prachtkleid Geschlechter sehr deutlich unterschiedlich, siehe Fotos. Ruhekleid: Männchen braungrau, aber mit bunter Schnabelfärbung. Jugendkleid sehr ähnlich Weibchen, aber bereits im Herbst mit Anklängen an spätere geschlechtstypische Zeichnung.

Ähnliche Arten: Weibchen ähnlich Mandarinente aber mit deutlich breiterem Augenring, schmal beige gefleckten Flanken und purpurbläulichem Flügelspiegel. Unterflügeldecken hell-dunkel marmoriert und nicht einfarbig dunkel wie bei Mandarinente.

Mandarinente *Aix galericulata* (→ 31)

Neozoon

En: Mandarin Duck
Fr: Canard mandarin
Es: Pato mandarín
It: Anatra mandarina

Unverwechselbare, kleine und sehr bunte Ente.

Status: Ursprünglich aus Nordostchina und Japan, in Mitteleuropa selten auftretende Gefangenschaftsflüchtlinge und deren Nachkommen als Brutvögel, einige regionale Konzentrationspunkte.

Kleider: Im Prachtkleid Geschlechter sehr deutlich unterschiedlich, siehe Fotos, im Ruhekleid Männchen mit mattrotem Schnabel. Jugendkleid: Männchen rotbraun geschuppt, Weibchen mit graubraunem Brustgefieder mit senkrechter Strichelung.

Ähnliche Arten: Männchen kaum zu verwechseln. Weibchen siehe auch Brautente.

Gluckente (Baikalente)

Sibirionetta formosa (→ 40)

Ausnahmegast

En: Baikal Teal
Fr: Sarcelle élégante
Es: Cerceta del Baikal
It: Alzavola asiatica

Kleine Schwimmente. Männchen unverwechselbar.

Status: Ausnahmegast aus Ostasien, Anteil von Wildvögeln unklar.

Kleider: Im Prachtkleid Geschlechter sehr deutlich unterschiedlich, siehe Fotos. Im Ruhekleid Männchen ähnlich Weibchen, aber rötlicher. Jugendkleid ähnlich ad. Weibchen, aber matt graubraun, weißer Fleck am Schnabelansatz bereits vorhanden.

Ähnliche Arten: Weibchen und Jungvögel ähneln der Krickente, besitzen jedoch ein auffällig weißer, dunkel gesäumter-Fleck am Schnabelansatz.

Knäkente *Spatula querquedula* (→ 44)

En: Garganey
Fr: Sarcelle d'été
Es: Cerceta carretona
It: Marzaiola

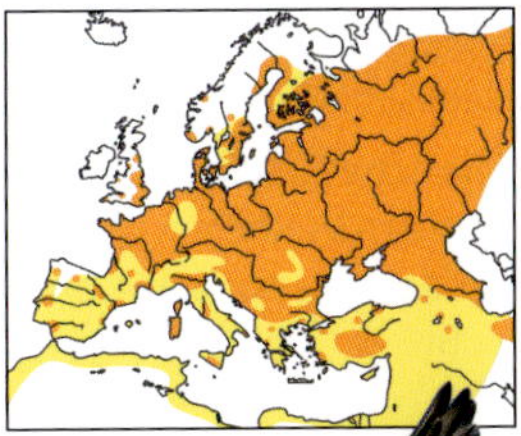

Kleine, überwiegend blaugraue Ente.

Status: Seltener Brutvogel und regelmäßiger Durchzügler.

Kleider: Im Prachtkleid Geschlechter sehr deutlich unterschiedlich, siehe Fotos, im Ruhekleid Männchen ähnlich Weibchen, behalten aber den blaugrauen Vorderflügel. Jugendkleid wie ad. Weibchen, aber weiße Spitzen der Armschwingen kleiner und Bauch dunkler.

Stimme: Die Erpel balzen mit trocken raspelnden phrasierten Kurzelementen wie „trirr", kaum mit anderen Arten zu verwechseln.

Ähnliche Arten: Männchen im Prachtkleid mit dem breiten, weißen Überaugenstreif unverwechselbar. Weibchen und Jungvögel durch die markante Kopfzeichnung am ehesten mit amerikanischer Blauflügelente zu verwechseln.

Blauflügelente *Spatula discors* (→ 45)

Ausnahmegast

En: Blue-winged Teal
Fr: Sarcelle à ailes bleues
Es: Cerceta aliazul
It: Marzaiola americana

Kleine, überwiegend braune Ente mit markantem, im Flug sichtbarem, hellblauem Armflügel.

Status: Sehr seltener Gast aus Nordamerika, häufig wohl auch Gefangenschaftsflüchtling.

Kleider: Im Prachtkleid Geschlechter sehr deutlich unterschiedlich, siehe Fotos. Männchen im Ruhekleid und Jugendkleid sehr ähnlich Weibchen.

Ähnliche Arten: Durch den hellen Fleck an der Schnabelbasis erinnern Weibchen und Jungvögel an die Knäkente, jedoch hat deren Gesicht die markante Kopfstreifung der Knäkente nicht.

Löffelente *Spatula clypeata* (→ 47)

J F M A M J J A S O N D

En: Northern Shoveler
Fr: Canard souchet
Es: Cuchara común
It: Mestolone

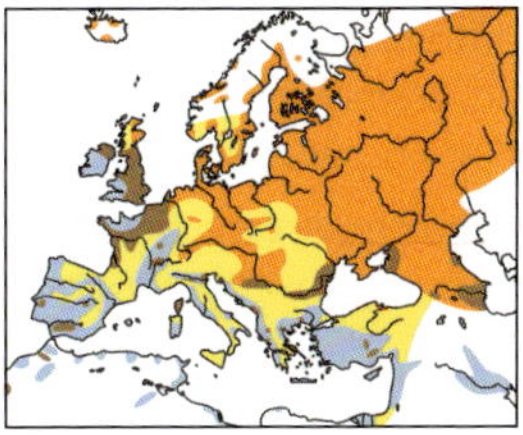

Knapp stockentengroße Schwimmente mit markantem Löffelschnabel.

Status: Seltener Brutvogel, regelmäßiger Gastvogel.

Kleider: Im Prachtkleid Geschlechter sehr deutlich unterschiedlich, siehe Fotos. Männchen im Ruhekleid ähnlich Weibchen, aber Kopffärbung deutlich abgesetzt gräulich, Flanken rötlicher und Iris gelb. Jugendkleid ähnlich ad. Weibchen, aber Kopfoberseite und Nacken dunkler, insgesamt mehr Stich ins Dunkelbraun.

Ähnliche Arten: Durch den Löffelschnabel unverwechselbar.

Schnatterente *Mareca strepera* (→ 33)

Mittelgroße, überwiegend graubraune Gründelente.

En: Gadwall
Fr: Canard chipeau
Es: Ánade friso
It: Canapiglia

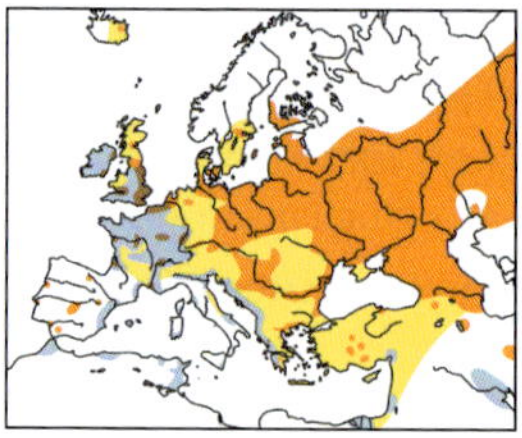

Status: Regelmäßiger Gast, seltener Brutvogel.

Kleider: Im Prachtkleid Geschlechter deutlich unterschiedlich, siehe Fotos. Männchen behält im Schlichtkleid die Flügelfärbung des Prachtkleides, ansonsten ähnlich Weibchen. Jugendkleid ähnlich ad. Weibchen, aber gräulicher Kopf stärker gegen beigebraunen Körper kontrastierend.

Ähnliche Arten: Weibchen leicht mit etwas größerer Stockente zu verwechseln, aber mit weißem Flügelspiegel und Bauch.

Sichelente *Mareca falcata* (→ 34)

Ausnahmegast, vor allem aber Neozoon

En: Falcated Duck
Fr: Canard à faucilles
Es: Cerceta de Alfanjes
It: Anatra falcata

Kleine Ente, Männchen im Prachtkleid durch grauen Körper und vor allem lange, gebogene Ellbogenfedern und dunkel glänzenden Kopf mit Nackenmähne unverwechselbar.

Status: Seltener Gast aus Ostsibirien, mindestens zum Teil Gefangenschaftsflüchtlinge.

Kleider: Im Prachtkleid Geschlechter sehr deutlich unterschiedlich, siehe Fotos. Männchen im Ruhekleid und Jugendkleid sehr ähnlich Weibchen.

Ähnliche Arten: Weibchen bzw. Jungvögel oder Männchen im Schlichtkleid können leicht mit anderen kleinen Enten verwechselt werden, haben jedoch einen langen, dunkelgrauen Schnabel und wirken insgesamt recht düster.

Pfeifente *Mareca penelope* (→ 35)

J F M A M J J A S O N D

En: Eurasian Wigeon
Fr: Canard siffleur
Es: Silbón europeo
It: Fischione

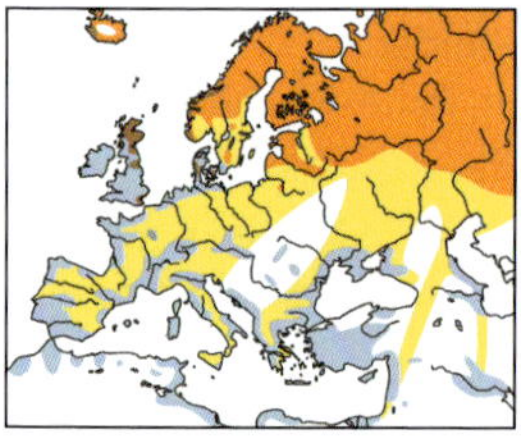

Eine mittelgroße Ente, die durch den runden Kopf und kleinen Schnabel an eine kleine Gans erinnert.

Status: Lokaler Brutvogel an der Küste, selten auch im Binnenland, regelmäßiger Gastvogel.

Kleider: Im Prachtkleid Geschlechter sehr deutlich unterschiedlich, siehe Fotos. Männchen im Schlichtkleid ähnlich Weibchen, aber rötlicher und mit weißem Flügelfeld. Jugendkleid ähnlich ad. Weibchen, aber unterseits weniger gemustert, Männchen im 2. Kalenderjahr haben ein gräuliches, noch nicht reinweißes Flügelfeld.

Stimme: Das wiederholte scharfe „píu" der Männchen unterscheidet sich deutlich von den Rufen anderer Enten und verrät sofort die Anwesenheit von Pfeifenten.

Ähnliche Arten: Auch die Männchen von Tafel- und Kolbenente sind rotköpfig. Zur Unterscheidung der braunen Weibchen siehe Fotos.

Kanadapfeifente *Mareca americana* (→ 36)

Ausnahmegast

En: American Wigeon
Fr: Canard d'Amérique
Es: Silbón americano
It: Fischione americano

Mittelgroße Schwimmente, der Gestalt nach sehr ähnlich unserer Pfeifente.

Status: Ausnahmegast aus Nordamerika.

Kleider: Im Prachtkleid Geschlechter sehr deutlich unterschiedlich, siehe Fotos, Schlicht- und Jugendkleid sehr ähnlich Pfeifente.

Ähnliche Arten: Weibchen und Jungvögel sind der Pfeifente sehr ähnlich, jedoch durch weiße Achselfedern zu unterscheiden.

Stockente *Anas platyrhynchos* (→ 38)

J F M A M J J A S O N D

En: Mallard
Fr: Canard colvert
Es: Ánade azulón
It: Germano reale

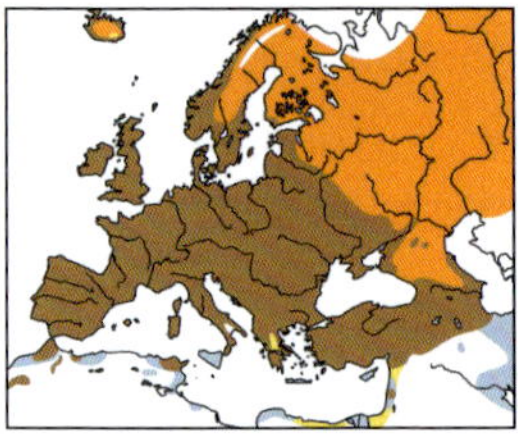

Größte und bekannteste heimische Gründelente.

Status: Häufiger Brut- und Gastvogel von den Küsten bis über 2200 m Meereshöhe.

Kleider: Im Prachtkleid Geschlechter sehr deutlich unterschiedlich, siehe Fotos. Männchen im Schlichtkleid ähnlich Weibchen, aber mit gelbem Schnabel und kastanienbraun getönter Brust. Jugendkleid schwer von ad. Weibchen zu unterscheiden, oft etwas heller und weniger kontrastreich. Regional häufige Gefiedervariationen durch Einkreuzung von Hausenten.

Stimme: Lautäußerungen nasal-reibend oder pfeifend bei den Männchen, quakend bei den Weibchen.

Ähnliche Arten: Unter den heimischen Entenmännchen ist sonst nur noch die Löffelente (und die Brandgans) schwarzköpfig mit grünem Glanz. Zur Unterscheidung der braunen Weibchen anderer Arten siehe Fotos.

Spießente *Anas acuta* (→ 37)

En: Northern Pintail
Fr: Canard pilet
Es: Ánade rabudo norteño
It: Codone

Schlanke Schwimmente, etwas kleiner als Stockente, mit spitz auslaufendem Schwanz.

Status: Sehr seltener Brutvogel, regelmäßiger Gastvogel.

Kleider: Im Prachtkleid Geschlechter sehr deutlich unterschiedlich, siehe Fotos. Männchen im Schlichtkleid ähnlich Weibchen, aber Flügelmuster und Schnabelfärbung wie Prachtkleid. Jugendkleid ähnlich Weibchen, aber eher Fleckung als das typische Schuppenmuster der ad. Weibchen.

Ähnliche Arten: Unter den heimischen Entenmännchen ist sonst nur noch die Knäkente braunköpfig. Zur Unterscheidung der braunen Weibchen anderer Arten siehe Fotos.

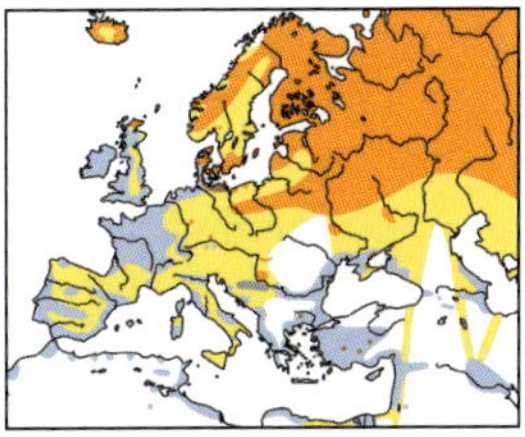

Krickente *Anas crecca* (→ 41)

J F M A M J J A S O N D

En: Eurasian Teal
Fr: Sarcelle d'hiver
Es: Cerceta común
It: Alzavola

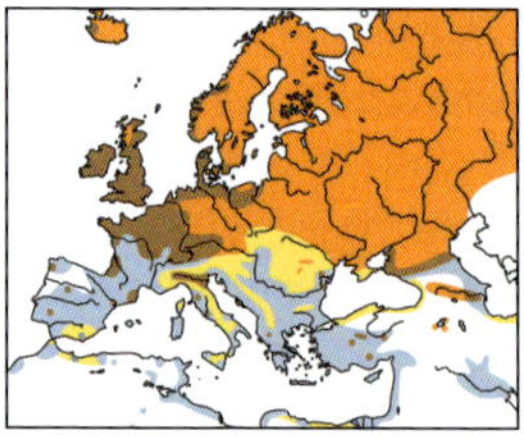

Kleine Gründelente, Männchen mit auffälligen gelben Unterschwanzdecken und rot-grüner Kopffärbung.

Status: Nicht häufiger Brutvogel, regelmäßiger Wintergast.

Kleider: Im Prachtkleid Geschlechter sehr deutlich unterschiedlich, Männchen im Schlichtkleid sehr ähnlich Weibchen. Im Jugendkleid Flanken eher gestrichelt und weniger dunkel geschuppt als bei ad. Weibchen.

Stimme: Sowohl im Flug als auch vom Wasser her sind die hohen Pfiffe der männlichen Krickente auf Distanz zu hören, bei der Gemeinschaftsbalz viele gleichzeitig.

Ähnliche Arten: Weibchen ähnlich Knäkente, aber am Kopf nicht so kontrastreich gezeichnet. Männchen im Prachtkleid durch gelbe Unterschwanzdecken und grüne Augenmaske nur mit Carolinakrickente zu verwechseln.

Carolinakrickente *Anas carolinensis* (→ 43)

Ausnahmegast

En: Green-winged Teal
Fr: Sarcelle à ailes vertes
Es: Cerceta americana
It: Alzavola americana

Sehr kleine Ente, die der heimischen Krickente sehr ähnlich ist.

Status: Seltener, aber alljährlicher Gast aus Nordamerika, v. a. im Nordseebereich.

Kleider: Im Prachtkleid Geschlechter sehr deutlich unterschiedlich, siehe Fotos, Verhältnisse bei Schlicht- und Jugendkleid sehr ähnlich Krickente.

Ähnliche Arten: Männchen von der sehr ähnlichen Krickente durch senkrechte weiße Linie an der vorderen Flanke und kaum vorhandener gelber Einfassung des grünen Augenfeldes zu unterscheiden. Weibchen wie Krickente gefärbt und praktisch nicht unterscheidbar.

Marmelente *Marmaronetta angustirostris* (→ 32)

Ausnahmegast, vor allem aber Neozoon

En: Marbled Duck
Fr: Marmaronette marbrée
Es: Cerceta pardilla
It: Anatra marmorizzata

Kleine Ente mit sandbraunem, oberseits etwas dunklerem, diffus geflecktem Gefieder und dunkler Augenpartie.

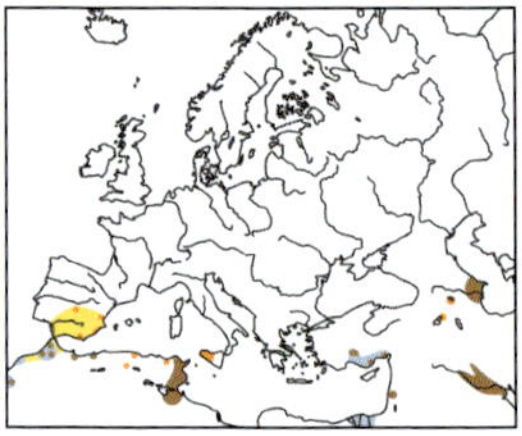

Status: Ausnahmegast aus dem westlichen Mittelmeerraum, oft wohl Gefangenschaftsflüchtlinge.

Kleider: Im Prachtkleid wie im Schlichtkleid beide Geschlechter sehr ähnlich, Männchen mit deutlicherem Schopf und fast schwarzem Schnabel. Im Jugendkleid Flankenflecken etwas diffuser und mehr ockerfarben.

Ähnliche Arten: Verwechslungsgefahr allenfalls mit Weibchen anderer Entenarten, die aber nie die diffuse Fleckung haben.

Kolbenente *Netta rufina* (→ 48)

J F M A M J J A S O N D

En: Red-crested Pochard
Fr: Nette rousse
Es: Pato colorado
It: Fistione turco

Große Tauchente mit rundlichen Formen. Männchen immer mit rotem Schnabel.

Status: Seltener Brutvogel, seltener Gastvogel (in Süddeutschland häufiger), auch Gefangenschaftsflüchtlinge.

Kleider: Im Prachtkleid Geschlechter sehr deutlich unterschiedlich, siehe Fotos. Im Schlichtkleid Männchen sehr ähnlich Weibchen, aber Iris und Schnabel rot. Im Jugendkleid sehr ähnlich ad. Weibchen, aber schwächerer Kontrast von Flügeln zu Flanken und Schnabel ganz ohne rot oder rosa.

Ähnliche Arten: Bei Weibchen und Jungvögeln ist die große, einförmig helle Wangenregion auffallend. Männchen durch roten Schnabel unverwechselbar.

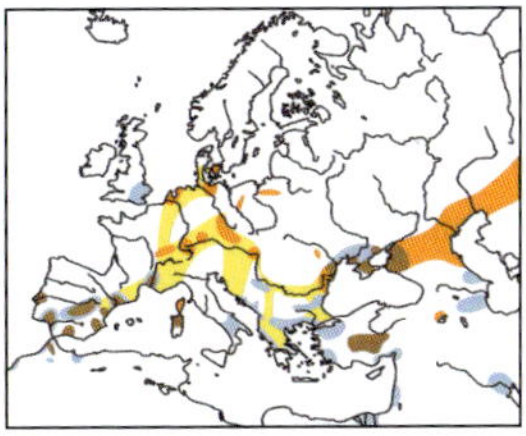

Tafelente *Aythya ferina* (→ 50)

J F M A M J J A S O N D

En: Common Pochard
Fr: Fuligule milouin
Es: Porrón europeo
It: Moriglione

Mittelgroße Tauchente mit relativ langem Hals.

Status: Seltener Brutvogel, regelmäßiger Gastvogel, teils große Mauserkonzentrationen.

Kleider: Im Prachtkleid Geschlechter sehr deutlich unterschiedlich, siehe Fotos. Schlichtkleid der Männchen ähnelt dem Prachtkleid, aber insgesamt matter und im Prachtkleid schwarze Bereiche sind grau. Jugendkleid ähnlich ad. Weibchen, aber Oberseite ist mehr braun als grau.

Ähnliche Arten: Zur Unterscheidung der braunen Entenweibchen eignet sich die typische Gestalt von Kopf und Schnabel gut.

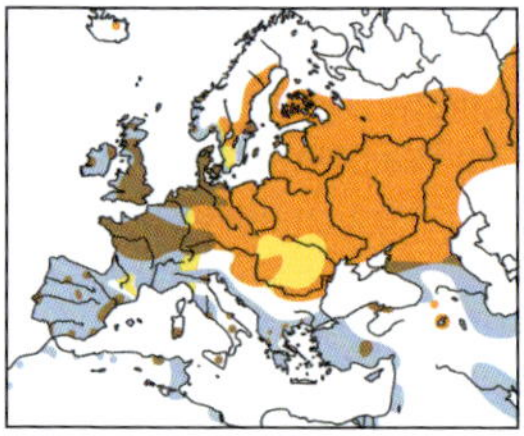

Moorente *Aythya nyroca* (→ 54)

lokaler Brutvogel

En: Ferruginous Duck
Fr: Fuligule nyroca
Es: Porrón pardo
It: Moretta tabaccata

Kleine Tauchente mit relativ langem Schnabel.

Status: Lokaler Brutvogel, seltener Gastvogel, auch ausgewilderte und entkommene Vögel.

Kleider: Im Prachtkleid Geschlechter sehr deutlich unterschiedlich, siehe Fotos. Männchen im Schlichtkleid ähnlich Weibchen, aber etwas rötlicher und Iris weiß. Im Jugendkleid Unterschwanz noch nicht rein weiß und Gefieder insgesamt weniger kastanienbraun.

Ähnliche Arten: Die Weibchen können weiblichen Reiherenten stark ähneln, siehe Fotos.

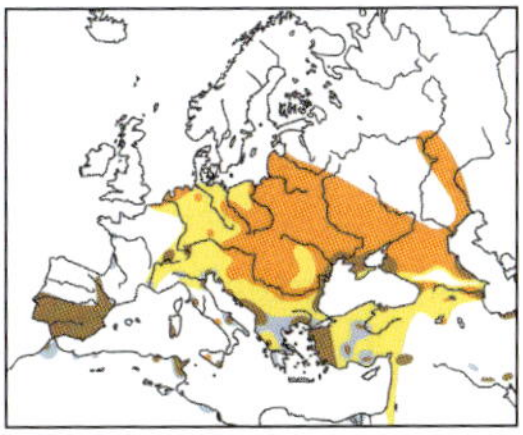

Ringschnabelente *Aythya collaris* (→ 53)

Ausnahmegast

En: Ring-necked Duck
Fr: Fuligule à collier
Es: Porrón acollarado
It: Moretta dal collare

Stark an die Reiherente erinnernde, kleine Tauchente.

Status: Ausnahmegast aus dem nördlichen Nordamerika.

Kleider: Im Prachtkleid Geschlechter sehr deutlich unterschiedlich, siehe Fotos. Männchen im Schlichtkleid ähnlich Weibchen, aber insbesondere Kopfbereich viel dunkler. Jugendkleid ähnlich ad. Weibchen, aber ganz ohne Weiß am Kopf, auch Schnabel ohne weißen Ring.

Ähnliche Arten: Im Gegensatz zur Reiherente ohne Federschopf, dafür mit charakteristischem spitzem Hinterkopf. Adulte mit weißer Binde auf dem Schnabel.

Reiherente *Aythya fuligula* (→ 55)

J F M A M J J A S O N D

En: Tufted Duck
Fr: Fuligule morillon
Es: Porrón moñudo
It: Moretta

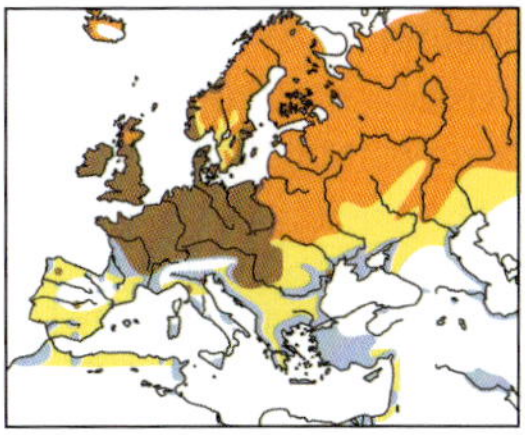

Kleine, kurz wirkende Tauchente; die Männchen im Prachtkleid sind charakteristisch schwarz-weiß.

Status: Regional häufiger Brutvogel, häufiger Mausergast und Durchzügler, häufiger Wintergast.

Kleider: Im Prachtkleid Geschlechter sehr deutlich unterschiedlich, siehe Fotos. Männchen erreichen volles Prachtkleid erst im 2. Winter. Männchen im Schlichtkleid gegenüber dem Prachtkleid mit mehr Braun, insbesondere an den Flanken, und mit kürzerem Schopf. Im Jugendkleid mit gelbbrauner statt gelber Iris und hellerer Brust als bei ad. Weibchen.

Ähnliche Arten: Das Weibchen kann mit demjenigen der Bergente verwechselt werden, das jedoch nie einen Ansatz von Schopffedern hat. Zur Verwechslung mit Weibchen und Jungtieren der Kolbenente siehe dort.

Bergente *Aythya marila* (→ 56)

J F M A M J J A S O N D

En: Greater Scaup
Fr: Fuligule milouinan
Es: Porrón bastardo
It: Moretta grigia

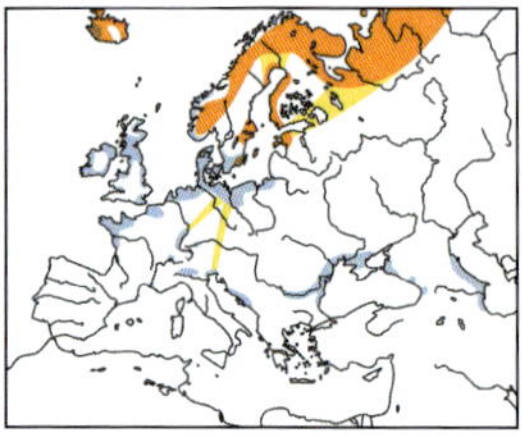

Mittelgroße Tauchente, im Adultkleid mit mehr oder weniger grauem Rücken mit feiner Musterung.

Status: Sporadischer Brutvogel und sehr häufiger Gastvogel im Norden (vor allem Ostsee), im Binnenland selten.

Kleider: Im Prachtkleid Geschlechter sehr deutlich unterschiedlich, siehe Fotos. Männchen erreichen volles Prachtkleid erst im 2. Winter. Schlichtkleid der Männchen ähnlich Prachtkleid, aber matter und mit braunen Federn an Brust und Flanken. Jugendkleid ähnlich ad. Weibchen, Schnabelansatz aber meist bräunlicher, Schnabel dunkler, Iris braun und Flanken bräunlicher.

Ähnliche Arten: Das braune Weibchen mit weißem Federring an der Schnabelbasis kann mit der Reiherente verwechselt werden, hat jedoch nie einen Ansatz von Schopffedern.

Kanadabergente (Kleine Bergente)

Aythya affinis (→ 57)

Ausnahmegast, vor allem aber Neozoon

4

En: Lesser Scaup
Fr: Petit Fuligule
Es: Porrón bola
It: Moretta grigia minore

Eine etwas kleinere Ausgabe der Bergente (etwa so groß wie Reiherente).

Status: Ausnahmegast aus Nordamerika, wohl auch Gefangenschaftsflüchtling.

Kleider: Die verschiedenen Kleider ähneln stark denjenigen der Bergente.

Ähnliche Arten: Unterscheidung von Bergente durch den eher kantigen Kopf (wie Reiherente), zweifarbigen Flügelstreif und eine grober gemusterte Oberseite beim Männchen im Prachtkleid.

Scheckente *Polysticta stelleri* (→ 60)

Ausnahmegast

En: Steller's Eider
Fr: Eider de Steller
Es: Éider menor
It: Edredone di Steller

Kleine Meeresente mit stumpf wirkendem Schnabel.

Status: Ausnahmegast an der Küste; die Brutgebiete liegen in der russischen Arktis und in Alaska.

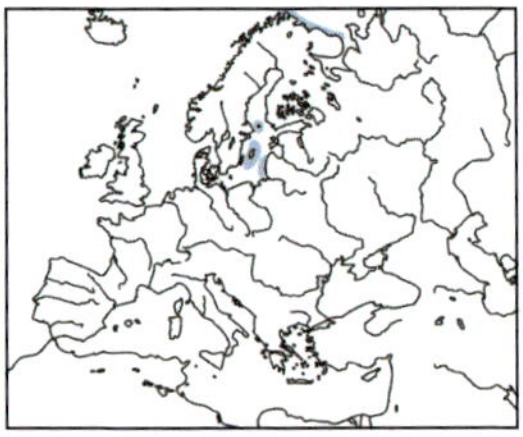

Kleider: Im Prachtkleid Geschlechter sehr deutlich unterschiedlich, siehe Fotos. Männchen erreichen volles Prachtkleid erst im 2. Winter, als Einjährige sehen sie den Weibchen ähnlich, aber Kopfkontraste erinnern bereits ans männliche Prachtkleid. Im Schlichtkleid Männchen ähnlich wie die Weibchen, aber mit viel mehr Weiß an den Flanken. Jugendkleid ähnlich ad. Weibchen, aber mit weniger Weiß in der Flügelbinde und ohne verlängerte Schirmfedern.

Ähnliche Arten: Vor allem das Männchen im Prachtkleid durch buntes, auffallendes Gefieder unverwechselbar. Im Schlichtkleid vom ähnlichen dunkelbraunen Weibchen durch blauen Flügelspiegel mit breiten weißen Rändern unterscheidbar.

♂ Prachtkleid

♀ Prachtkleid

Prachteiderente *Somateria spectabilis* (→ 59)

Ausnahmegast

En: King Eider
Fr: Eider à tête grise
Es: Éider real
It: Re degli edredoni

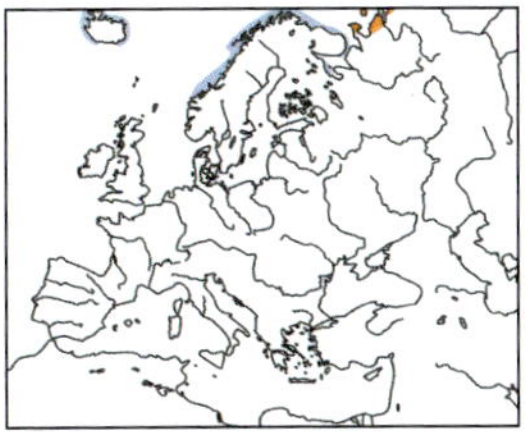

Etwas kleinere und kurzschnäbeligere Ausgabe der Eiderente, Männchen im Prachtkleid bunt.

Status: Ausnahmegast an der Küste. Brutgebiete liegen entlang der arktischen Küsten.

Kleider: Im Prachtkleid Geschlechter sehr deutlich unterschiedlich, siehe Fotos. Männchen erreichen volles Prachtkleid erst im 2. Winter, als Einjährige zeigt ihr überwiegend graues und weißes Gefieder aber bereits ähnliche Kontraste wie das männliche Prachtkleid. Schlichtkleid des Männchens ähnlich dem Prachtkleid, aber ohne buntes Kopf- und Halsgefieder und stumpfer. Jugendkleid ähnlich ad. Weibchen, aber mit weniger Weiß in der Flügelbinde und insgesamt mehr graubraunem Gefieder.

Ähnliche Arten: Männchen durch Schnabelhöcker unverkennbar. Unterscheidung der Weibchen der Eiderentenverwandten siehe Fotos.

Eiderente *Somateria mollissima* (→ 58)

J F M A M J J A S O N D

En: Common Eider
Fr: Eider à duvet
Es: Éider común
It: Edredone

Große Meeresente mit typischem Kopfprofil (langer Schnabel, flache Stirn).

Status: Regelmäßiger Brutvogel, häufiger Gastvogel an Nord- und Ostseeküste, Einzelvögel auch im Binnenland (gelegentlich brütend).

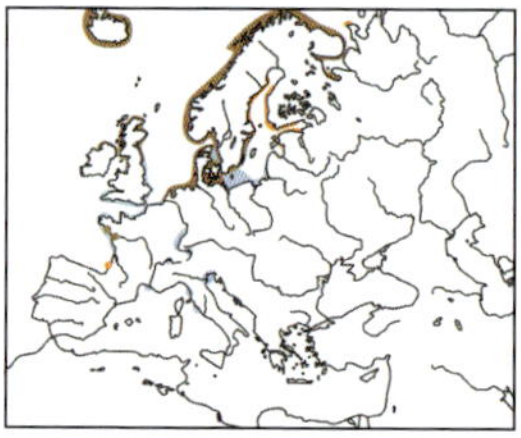

Kleider: Im Prachtkleid Geschlechter sehr deutlich unterschiedlich, siehe Fotos. Männchen erreichen volles Prachtkleid erst im 2. Winter, als Einjährige zeigt ihr überwiegend graues und weißes Gefieder aber bereits ähnliche Kontraste wie das männliche Prachtkleid. Schlichtkleid des Männchens ähnlich dem Prachtkleid, aber ohne buntes Kopf- und Halsgefieder und stumpfer. Jugendkleid ähnlich ad. Weibchen, aber mit heller Schläfenzeichnung und mehr graubraunem Gefieder.

Stimme: Die dumpfen Rufe der Erpel und das „gogogok" der Enten ermöglichen das Erkennen der Art im Frühjahr an der Küste auch bei schlechter Sicht.

Ähnliche Arten: Aufgrund des typischen Kopfprofils allenfalls mit Irrgästen verwechselbar.

Kragenente *Histrionicus histrionicus* (→ 61)

Ausnahmegast

En: Harlequin Duck
Fr: Arlequin plongeur
Es: Pato arlequín
It: Moretta arlecchino

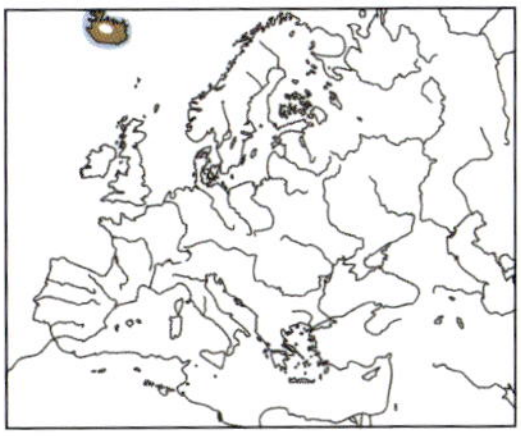

Kleine Meeresente mit kleinem Schnabel.

Status: Ausnahmegast aus Ostasien und Nordamerika. Brütet auch auf Island und Gefangenschaftsflüchtling.

Kleider: Im Prachtkleid Geschlechter sehr deutlich unterschiedlich, siehe Fotos. Schlichtkleid der Männchen ähnlich Weibchen, aber Kontraste des Prachtkleides bleiben erkennbar. Jugendkleid ähnlich adultem Weibchen, aber mehr bräunlich und weniger gräulich.

Ähnliche Arten: Männchen im Prachtkleid durch das auffällige Federkleid unverwechselbar. Weibchen dunkelbraun mit auffälligem Kopfmuster.

Brillenente *Melanitta perspicillata* (→ 65)

Ausnahmegast

En: Surf Scoter
Fr: Macreuse à front blanc
Es: Negrón careto
It: Orco marino dagli occhiali

Mittelgroße Ente, vor allem Männchen mit auffallendem Kopfprofil.

Status: Ausnahmegast an der Küste, meist einzeln unter Trauerenten. Brutgebiete liegen im nördlichen Nordamerika.

Kleider: Im Prachtkleid Geschlechter deutlich unterschiedlich, siehe Fotos. Männchen erreichen das volle Prachtkleid erst im 2. Winter. Männchen im Schlichtkleid ähnlich Weibchen. Jugendkleid ähnlich Weibchen, aber dunkler Scheitel stärker abgesetzt und immer ohne Nackenfleck.

Ähnliche Arten: Weibchen schmutzig dunkelbraun, ähnlich Samtente , die aber zwei helle Kopfflecke hat.

Samtente *Melanitta fusca* (→ 66)

J F M A M J J A S O N D

En: Velvet Scoter
Fr: Macreuse brune
Es: Negrón especulado
It: Orco marino

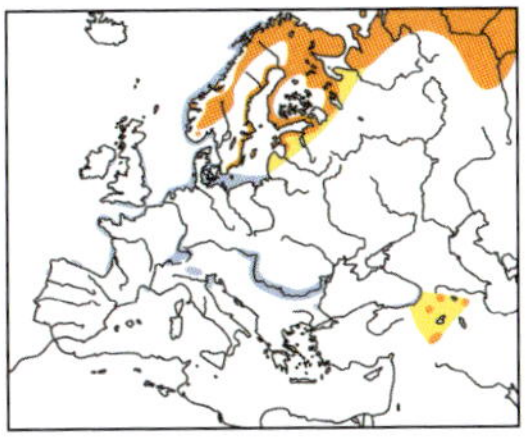

Mittelgroße dickhalsige Meeresente mit weißem Flügelspiegel. Männchen im Prachtkleid tiefschwarz mit kleinem schwarzem Schnabelhöcker.

Status: Häufiger Durchzügler und Wintergast an der Küste, im Binnenland regelmäßig in kleiner Zahl.

Kleider: Im Prachtkleid Geschlechter deutlich unterschiedlich, siehe Fotos. Männchen erreichen das volle Prachtkleid erst im 2. Winter. Männchen im Schlichtkleid ähnlich Weibchen. Jugendkleid ähnlich Weibchen, aber Bauch heller und Wangen-/Vorderhalsbereich deutlicher kontrastierend. Männchen bekommen im 1. Winter bereits schwarze Flecken.

Ähnliche Arten: Von der Trauerente durch das weiße Flügelfeld und die andere Kopf- und Schnabelform unterscheidbar.

Höckersamtente *Melanitta deglandi* (→ 67)

Ausnahmegast

En: White-winged Scoter
Fr: Macreuse à ailes blanches
Es: Negrón aliblanco
It: Orco marino del Pacifico

Sehr ähnlich Samtente.

Status: Ausnahmegast aus Sibirien.

Trauerente *Melanitta nigra* (→ 63)

En: Common Scoter
Fr: Macreuse noire
Es: Negrón común
It: Orchetto marino

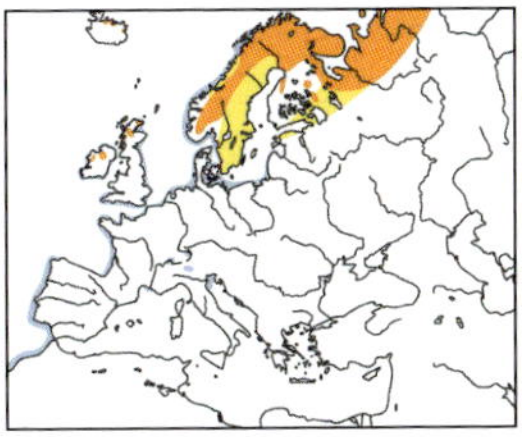

Mittelgroße, dünnhalsige Meeresente, Männchen tiefschwarz mit deutlichem Schnabelhöcker.

Status: Häufiger Durchzügler und Mausergast an den Küsten, viel seltener im Binnenland.

Kleider: Im Prachtkleid Geschlechter deutlich unterschiedlich, siehe Fotos. Männchen erreichen das volle Prachtkleid erst im 2. Winter. Männchen im Schlichtkleid ähnlich Weibchen. Jugendkleid ähnlich Weibchen, aber Bauch heller und Gefieder mit mehr Braun- als Grauton. Männchen werden im Laufe des 1. Winters immer umfassender schwarz.

Ähnliche Arten: Weibchen durch die hellen Kopfseiten etwas an Kolbenente erinnernd. Siehe auch Trauerente.

Pazifiktrauerente *Melanitta americana* (→ 64)

Ausnahmegast

En: Black Scoter
Fr: Macreuse à bec jaune
Es: Negrón americano
It: Orchetto marino americano

Sehr ähnlich Trauerente, Männchen jedoch mit größerem und flächig gelb (bis orange) gefärbtem Schnabelhöcker.

Status: Ausnahmegast aus dem Nordpazifik.

Eisente *Clangula hyemalis* (→ 62)

J F M A M J J A S O N D

En: Long-tailed Duck
Fr: Harelde kakawi
Es: Pato havelda
It: Moretta codona

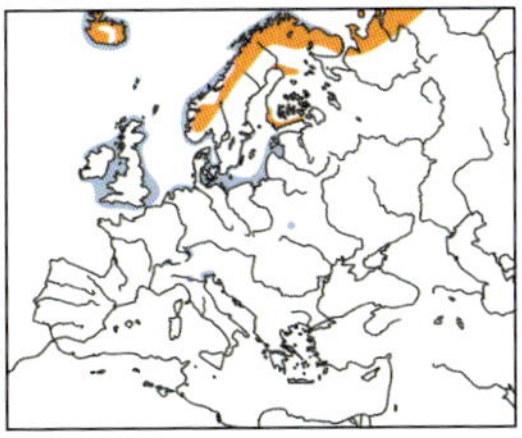

Kleine, braun, schwarz und weiß gefärbte Meeresente mit einem runden Kopf und kurzem Schnabel.

Status: Sehr häufiger Wintergast, in abnehmenden Zahlen, an der Ostseeküste, spärlicher an der Nordseeküste und vereinzelt im Binnenland.

Kleider: Prachtkleid bei Männchen und Weibchen deutlich unterschiedlich, siehe Fotos. Die Männchen färben bereits ab Mai in ein erstes Schlichtkleid mit rostrotem Rücken, dunkler Kopf-Hals-Partie und weißen Kopfseiten. Das eigentliche Schlichtkleid (ab Sommer) ist matter und Schnabel oft ohne Rosa. Im Spätherbst wieder Übergang zum Prachtkleid. Weibchen haben im Schlichtkleid einen viel dunkleren Kopf als im Prachtkleid. Jugendkleid: ähnlich Weibchen im Schlichtkleid, vor allem im Kopfbereich aber kontrastärmer. Die Männchen bekommen bereits im 1. Winter die rosa Schnabelbinde.

Stimme: Die gedehnten ausdrucksvollen Strophen der Eisenten schallen auch im Winter weit über die Ostsee.

Ähnliche Arten: Vor allem die adulten Männchen im Prachtkleid sind durch die spitzen, bis 15 cm langen Schwanzfedern unverwechselbar. Weibchen im Gegensatz zu anderen Entenarten relativ auffallend gefärbt.

Büffelkopfente *Bucephala albeola* (→ 70)

Ausnahmegast, vor allem aber Neozoon

En: Bufflehead
Fr: Petit Garrot
Es: Porrón albeola
It: Quattrocchi minore

Sehr kleine Tauchente von der Größe einer Krickente mit unverwechselbarer Kopfzeichnung und -form.

Status: Sehr seltene Ausnahmeerscheinung aus dem nördlichen Nordamerika und regelmäßiger Gefangenschaftsflüchtling.

Schellente *Bucephala clangula* (→ 68)

En: Common Goldeneye
Fr: Garrot à œil d'or
Es: Porrón osculado
It: Quattrocchi

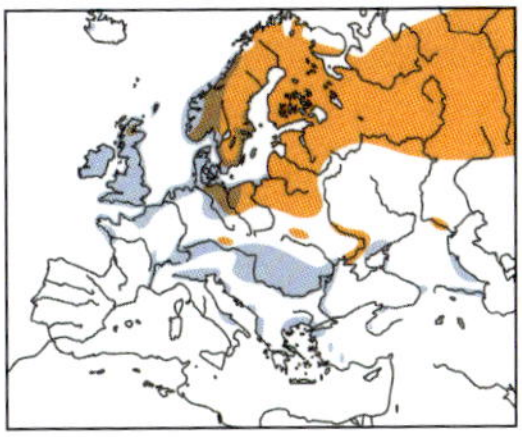

Mittelgroße Tauchente mit rundem, großem Kopf und gelben Augen.

Status: Seltener Brutvogel v. a. im Nordosten, regelmäßiger Gastvogel.

Kleider: Prachtkleid bei Männchen und Weibchen deutlich unterschiedlich, siehe Fotos. Im Schlichtkleid ähneln die Männchen stark den Weibchen, zeigen aber die männchentypische Oberflügelzeichnung mit viel Weiß. Jugendkleid: ähnlich Weibchen, aber etwas dunkler und braunstichiger, Iris braun.

Stimme: Im Flug verursachen vor allem alte Männchen ein weit tragendes Flügelgeräusch „wi-wi-wi-wi", das der Art ihren Namen eingebracht hat.

Ähnliche Arten: Siehe Spatelente.

Spatelente *Bucephala islandica* (→ 69)

Ausnahmegast

En: Barrow's Goldeneye
Fr: Garrot d'Islande
Es: Porrón islándico
It: Quattrocchi d'Islanda

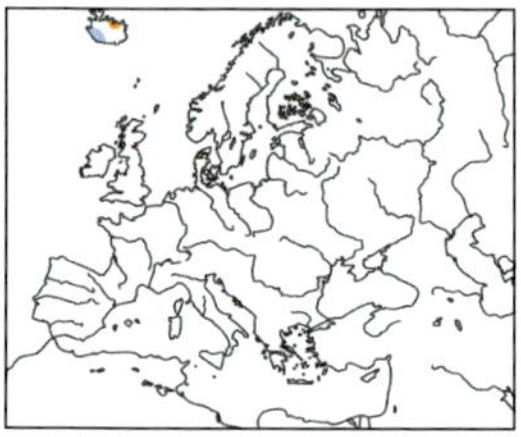

Sehr ähnlich Schellente.

Status: Ausnahmeerscheinung aus dem Norden Nordamerikas oder von Island, Anteil an Wildvögeln unklar.

Kleider: Kleider sehr ähnlich wie bei Schellente.

Ähnliche Arten: Männchen durch großen sichelförmigen Fleck am Schnabel und dunklere Oberseite von Schellente unterschieden. Weibchen vor allem durch kräftigeres Erscheinungsbild und durch die Gestalt von Kopf und Schnabel von der Schellente zu unterscheiden.

Zwergsäger *Mergellus albellus* (→ 71)

En: Smew
Fr: Harle piette
Es: Serreta chica
It: Pesciaiola

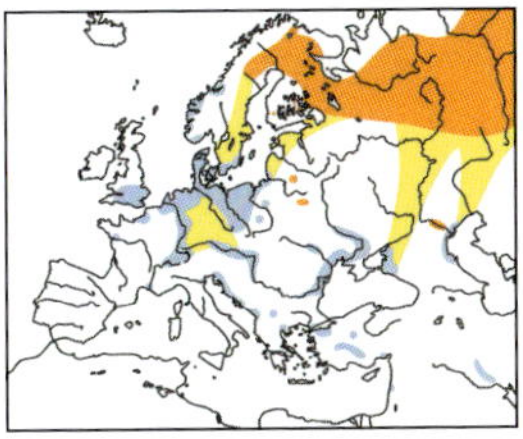

Kleiner Säger von stark entenartiger Gestalt.

Status: Regelmäßiger Durchzügler und Wintergast an der Küste.

Kleider: Prachtkleid bei Männchen und Weibchen sehr unterschiedlich, siehe Fotos. Schlichtkleid bei Männchen ähnlich Weibchen, aber mehr Weiß im Armflügelfeld und dunkle Flügelanteile mit mehr Schwarz. Jugendkleid sehr ähnlich ad. Weibchen, aber Bauch mit mehr Grau.

Ähnliche Arten: Weibchen können mit der Schellente verwechselt werden, haben aber ein weißes Kinn.

Kappensäger *Lophodytes cucullatus* (→ 74)

Ausnahmegast, vor allem aber Neozoon

Kleiner Entenvogel mit dünnem, langem Schnabel und unverwechselbarem Kopfprofil.

Status: Sehr seltene Ausnahmeerscheinung aus Nordamerika, regelmäßiger Gefangenschaftsflüchtling.

En: Hooded Merganser
Fr: Harle couronné
Es: Serreta capuchona
It: Smergo dal cappuccio

Gänsesäger *Mergus merganser* (→ 73)

Langgestreckter Entenvogel mit langem Hals und dünnem, langem Schnabel.

Status: Seltener Brutvogel auch im Binnenland, regelmäßiger Gast.

Kleider: Prachtkleid bei Männchen und Weibchen sehr unterschiedlich, siehe Fotos. Das volle Prachtkleid wird erst im 2. Winter erreicht. Schlichtkleid bei Männchen ähnlich Weibchen, aber mehr Weiß im vorderen Armflügel. Jugendkleid sehr ähnlich ad. Weibchen, aber Iris gelb und mit braun-weißem Strich vom Schnabel zum Auge.

Ähnliche Arten: Weibchen des Mittelsägers haben nur einen kurzen, zottigen Schopf und einen längeren, dünnen Schnabel.

J F M A M J J A S O N D

En: Common Merganser
Fr: Grand Harle
Es: Serreta grande
It: Smergo maggiore

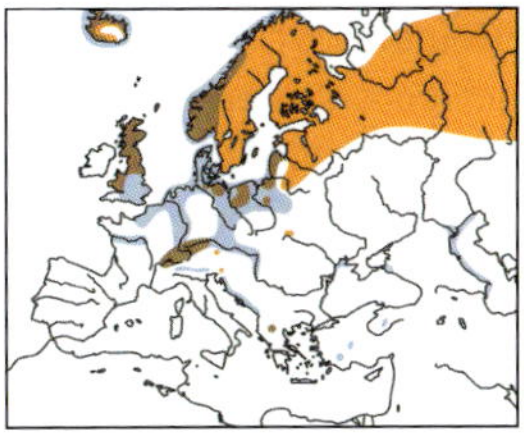

Mittelsäger *Mergus serrator* (→ 72)

J F M A M J J A S O N D

6

En: Red-breasted Merganser
Fr: Harle huppé
Es: Serreta mediana
It: Smergo minore

Langgestreckter Entenvogel mit langem Hals und dünnem, langem Schnabel. Etwas kleiner als Gänsesäger.

Status: Seltener Brutvogel an den Küsten, regelmäßiger Gast, seltener auch im Binnenland.

Kleider: Prachtkleid bei Männchen und Weibchen sehr unterschiedlich, siehe Fotos. Das volle Prachtkleid des Männchens wird erst im 2. Winter erreicht, bei Einjährigen weißes Halsband sehr schwach, Kopf weniger grünlich. Schlichtkleid bei Männchen ähnlich Weibchen, aber mehr Weiß im vorderen Armflügel. Jugendkleid sehr ähnlich ad. Weibchen, aber Schnabel nicht so intensiv rot.

Ähnliche Arten: Siehe Gänsesäger.

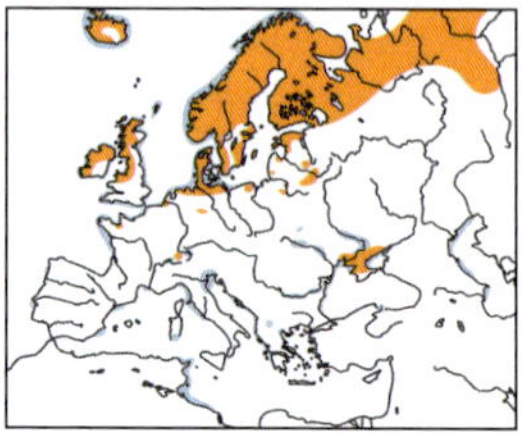

Schwarzkopf-Ruderente

Oxyura jamaicensis (→ 1)

Neozoon

En: Ruddy Duck
Fr: Érismature rousse
Es: Malvasía canela
It: Gobbo della Giamaica

Kleine Ente mit oft steil aufgerichtetem, spitzem Schwanz.

Status: Kleiner Brutbestand in Belgien und den Niederlanden, sonst seltener Gast und Gefangenschaftsflüchtling.

Kleider: Prachtkleid bei Männchen und Weibchen sehr unterschiedlich, siehe Fotos. Im Schlichtkleid Männchen eher weibchenfarbig, aber schwarze Kappe bleibt. Jugendkleid ähnlich Weibchen, insgesamt etwas bräunlicher und dunkler Wangenbereich schwächer.

Ähnliche Arten: Wichtigste Unterscheidungsmerkmale zur Weißkopf-Ruderente sind der Schnabel mit konkavem First und die weißen Unterschwanzdecken.

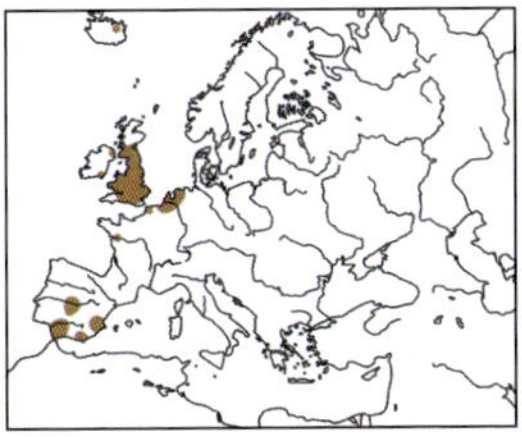

Weißkopf-Ruderente *Oxyura leucocephala*

seltener Gast

(→ 2)

En: White-headed Duck
Fr: Érismature à tête blanche
Es: Malvasía cabeciblanca
It: Gobbo rugginoso

Relativ kleine Ente mit oft steil aufgerichtetem, spitzem Schwanz.

Status: Seltener Gast aus dem Mittelmeerraum und Asien.

Kleider: Prachtkleid bei Männchen und Weibchen sehr unterschiedlich, siehe Fotos. Im Schlichtkleid Männchen gegenüber Prachtkleid mit grauem Schnabel, etwas mehr Schwarz auf dem Scheitel und Braun am Hinterkopf. Weiß an den Kopfseiten, aber auch dann ausgedehnter als bei Weibchen. Jugendkleid ähnlich Weibchen, insgesamt etwas matter. Es gibt auch eine Morphe, bei der das Männchen einen fast rein schwarzen Kopf hat.

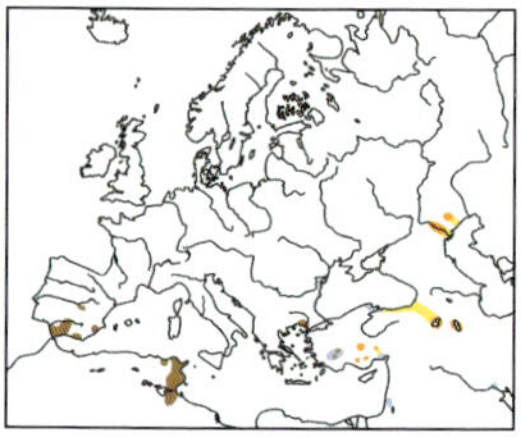

Ähnliche Arten: Wichtigste Unterscheidungsmerkmale zur Schwarzkopf-Ruderente sind der Oberschnabel, der an der Basis stark geschwollenen ist, und die braungrauen Unterschwanzdecken.

Nachtschwalbe (Ziegenmelker)

Caprimulgus europaeus (→ 378)

J F M A M J J A S O N D

En: European Nightjar
Fr: Engoulevent d'Europe
Es: Chotacabras europeo
It: Succiacapre

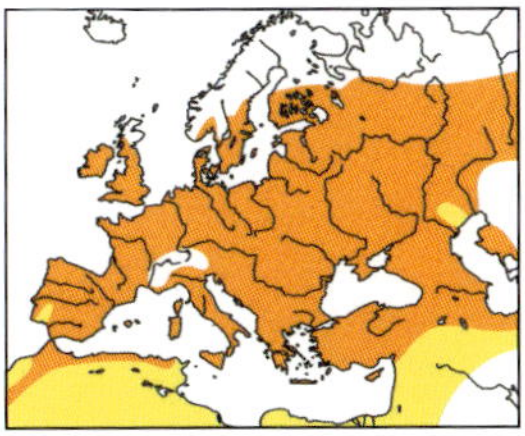

An einen Falken erinnernder, tarnfarben braun gemusterter, nachtaktiver Vogel mit kleinem Schnabel (allerdings sehr großem Rachen) und großen schwarzen Augen.

Status: Regelmäßiger, aber seltener Brutvogel mit großen Verbreitungslücken, nur im Osten noch etwas häufiger. Seltener Gastvogel und Durchzügler.

Kleider: Adulte Männchen mit weißen Schwanzecken, deutlicher weißer Markierung im Handflügel und hellem Kehlfleck, bei Weibchen all das fehlend oder sehr undeutlich. Jugendkleid sehr ähnlich Weibchen.

Stimme: Der Gesang, in der späten Dämmerung und nachts vorgetragen, besteht aus einem sehr lang anhaltenden Schnurren in zwei verschiedenen Tonlagen „errrrrrr-örrrrr-errrrrrr...". Im Flug im Rahmen der Balz auch deutlich knallendes Flügelpeitschen.

Ähnliche Arten: Vom als Ausnahmegast auftretenden Pharaonenziegenmelker durch längeren Schwanz und mausgraue Grundfarbe unterscheidbar.

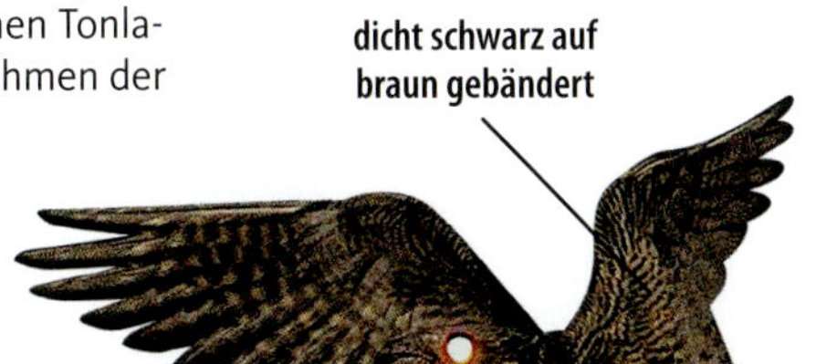

Pharaonennachtschwalbe

Caprimulgus aegyptius (→ 379)

Ausnahmegast

En: Egyptian Nightjar
Fr: Engoulevent du désert
Es: Chotacabras egipcio
It: Succiacapre isabellino

Sehr ähnlich Ziegenmelker, aber deutlich heller sandbraun gemustert.

Status: Ausnahmegast aus Nordafrika und Kleinasien.

Alpensegler *Apus melba* (→ 381)

Brutvogel an wenigen Orten

En: Alpine Swift
Fr: Martinet à ventre blanc
Es: Vencejo real
It: Rondone maggiore

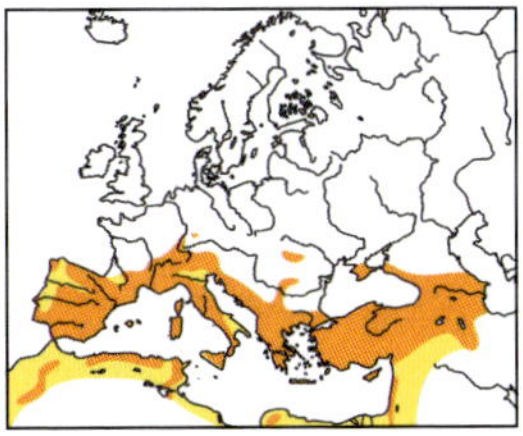

Großer brauner Segler mit weißem Bauch.

Status: Seltener Brutvogel in der Schweiz und in SW-Deutschland, lokal in Österreich, seltener Gast auch andernorts.

Kleider: Geschlechter gleich. Jugendkleid sehr ähnlich Adultkleid.

Stimme: Der trillernde Flugruf „trirrr... ti ti tü tü" unterscheidet sich deutlich von den Rufen aller anderen heimischen Segler.

Ähnliche Arten: Kein anderer heimischer Segler hat einen weißen Bauch und erreicht die Größe des Alpenseglers.

Mauersegler *Apus apus* (→ 382)

J F M A M J J A S O N D

En: Common Swift
Fr: Martinet noir
Es: Vencejo común
It: Rondone comune

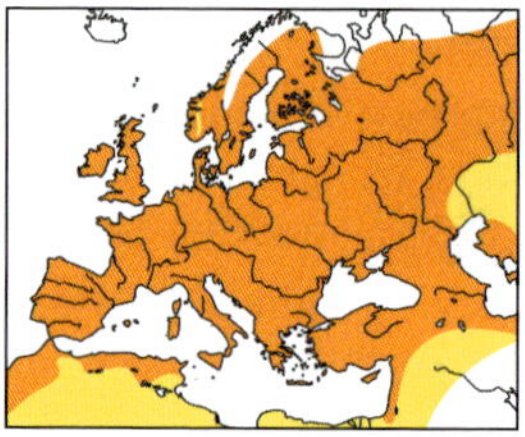

Mittelgroßer, kräftig gebauter, dunkler Segler.

Status: Regelmäßiger Brutvogel und Durchzügler.

Kleider: Geschlechter gleich. Im Jugendkleid Gefieder dunkler, Federn mit hellen Säumen (daher geschuppt), Stirn hell.

Verhaltensweisen: Manövriert oft gruppenweise in schnellem Flug zwischen Gebäuden.

Stimme: Im Flug, oft in schnell zwischen Häusern manövrierenden Gruppen, wird ein lautes, schneidendes „sriiih sriiih" geäußert.

Ähnliche Arten: Der sehr ähnliche Fahlsegler ist insgesamt heller, der Körper ist weniger schlank und die Flügel weniger spitz. Außerdem ist die helle Kehle oft auffälliger.

Fahlsegler *Apus pallidus* (→ 383)

Brutvogel an wenigen Orten

En: Pallid Swift
Fr: Martinet pâle
Es: Vencejo pálido
It: Rondone pallido

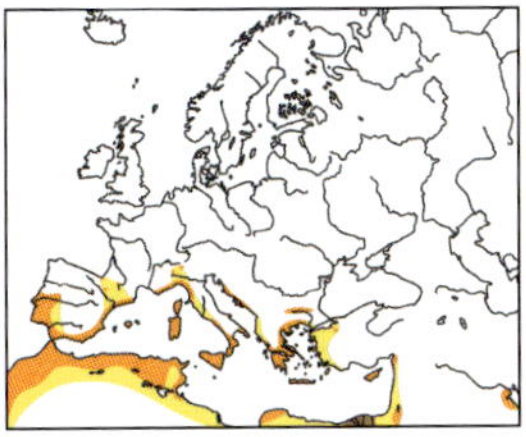

Mittelgroßer, kräftig gebauter, dunkler Segler mit heller Kehle.

Status: Sehr seltener Brutvogel in der Südschweiz, sonst Ausnahmegast.

Kleider: Geschlechter gleich. Jugendkleid sehr ähnlich Adultkleid.

Stimme: Der Ruf des Fahlseglers klingt heiserer und tiefer als der des Mauerseglers und kann als weiteres Merkmal zur Artunterscheidung dienen.

Ähnliche Arten: Unterscheidung zum Mauersegler: gedrungenerer Körper, stumpfere Flügel, markanter dunkler Augenfleck, Kehle und Stirn beim Fahlsegler heller, Unterseite aus der Nähe deutlich geschuppt.

Pazifiksegler *Apus pacificus* (→)

Ausnahmegast

En: Pacific Swift
Fr: Martinet de Sibérie
Es: Vencejo del Pacífico
It: Rondone codaforcuta

Etwas über mauerseglergroßer, schnittiger Segler mit weißem Bürzel.

Status: Ausnahmegast aus Ostasien.

Haussegler *Apus affinis* (→ 384)

An eine Mehlschwalbe erinnernder, kleiner Segler.

Status: Ausnahmegast aus Nordafrika, sehr seltener Brutvogel in Spanien.

Ausnahmegast

En: Little Swift
Fr: Martinet des maisons
Es: Vencejo moro
It: Rondone indiano

Stachelschwanzsegler

Hirundapus caudacutus (→ 380)

Dunkelbrauner, kräftig gebauter Segler mit heller Kehle.

Status: Ausnahmegast aus Ostasien.

Ausnahmegast

En: White-throated Needletail
Fr: Martinet épineux
Es: Vencejo mongol
It: Rondone codacuta

Großtrappe *Otis tarda* (→ 198)

J F M A M J J A S O N D

En: Great Bustard
Fr: Grande Outarde
Es: Avutarda euroasiática
It: Otarda

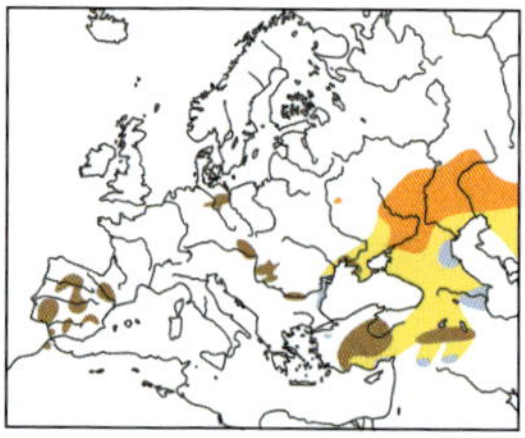

Kräftige, große Trappe, eine der größten flugfähigen Vogelarten Europas.

Status: Sehr seltener Brutvogel in der pannonischen Tiefebene und in Ostdeutschland.

Kleider: Männchen deutlich größer als Weibchen, mit dickerem Hals und kräftigerer Braunfärbung. Jugendkleid sehr ähnlich ad. Weibchen, immature Männchen zeigen eine weniger ausgeprägte rotbraune „Stola" als adulte Männchen.

Ähnliche Arten: Erinnert etwas an ein Truthuhn, ist aber viel heller.

Saharakragentrappe

Chlamydotis undulata (→ 199)

Schlanke, mittelgroße Trappe mit langem Hals.

Status: Ausnahmegast aus Nordafrika.

Ausnahmegast

En: Houbara Bustard
Fr: Outarde houbara
Es: Avutarda hubara africana
It: Ubara africana

Steppenkragentrappe

Chlamydotis macqueenii (→ 200)

Ausnahmegast

En: Macqueen's Bustard
Fr: Outarde de Macqueen
Es: Avutarda hubara asiática
It: Ubara asiatica

Sehr ähnlich Saharakragentrappe.

Status: Ausnahmegast aus Asien.

Zwergtrappe *Tetrax tetrax* (→ 197)

seltener Gast

En: Little Bustard
Fr: Outarde canepetière
Es: Sisón común
It: Gallina prataiola

Kleine Trappe.

Status: Sehr seltener Gastvogel aus dem Mittelmeerraum oder Zentralsien.

Kleider: Geschlechter anhand des Gefieders im Prachtkleid deutlich unterscheidbar (siehe Fotos). Schlichtkleid der Männchen sehr ähnlich Weibchen. Jugendkleid sehr ähnlich Schlichtkleid.

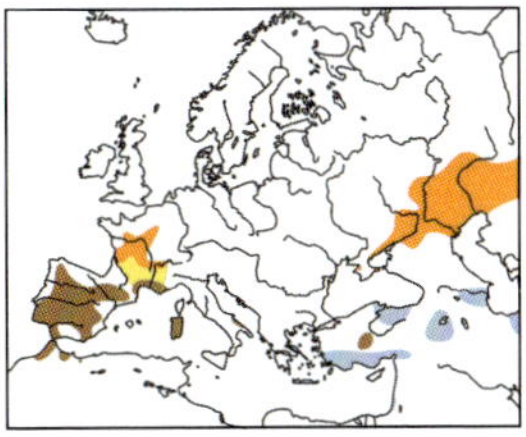

Stimme: Von fliegenden alten Hähnen hört man einen hoch pfeifenden rhythmischen Flugschall.

Ähnliche Arten: Männchen im Prachtkleid aufgrund der Halsfärbung unverwechselbar. Könnte in anderen Kleidern an einen Hühnervogel erinnern, ist aber viel langbeiniger.

Häherkuckuck *Clamator glandarius* (→ 361)

Ausnahmegast

En: Great Spotted Cuckoo
Fr: Coucou geai
Es: Críalo europeo
It: Cuculo dal ciuffo

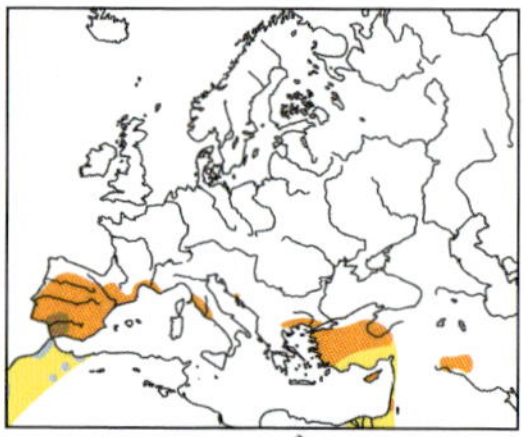

Taubengroßer, langschwänziger und weißbäuchiger Kuckuck mit auffallend langem Schwanz und deutlichem Schopf.

Status: Ausnahmegast aus dem Mittelmeerraum.

Kleider: Geschlechter gleich. Im Jugendkleid oberseits viel dunkler und mit schwarzer Kappe. Einjährige ähneln noch Vögeln im Jugendkleid, aber die im Jugendkleid typische rotbraune Färbung an den Handschwingen ist nur noch undeutlich oder fehlt ganz.

Stimme: Lautäußerungen schrill scheppernd, ganz anders als beim Kuckuck.

Ähnliche Arten: Unverwechselbar.

Gelbschnabelkuckuck *Coccyzus americanus*

(→ 360)

Ausnahmegast

En: Yellow-billed Cuckoo
Fr: Coulicou à bec jaune
Es: Cuclillo piquigualdo
It: Cuculo americano

Ähnlich Schwarzschnabelkuckuck, jedoch mit überwiegend gelbem Schnabel.

Status: Ausnahmegast aus Nordamerika.

Schwarzschnabelkuckuck

Coccyzus erythrophthalmus

(→ 359)

Ausnahmegast

En: Black-billed Cuckoo
Fr: Coulicou à bec noir
Es: Cuclillo piquinegro
It: Cuculo occhirossi

Langschwänziger, weißbäuchiger und oberseits brauner Kuckuck.

Status: Ausnahmegast aus Nordamerika.

Kuckuck *Cuculus canorus* (→ 362)

J F M A M J J A S O N D

En: Common Cuckoo
Fr: Coucou gris
Es: Cuco común
It: Cuculo

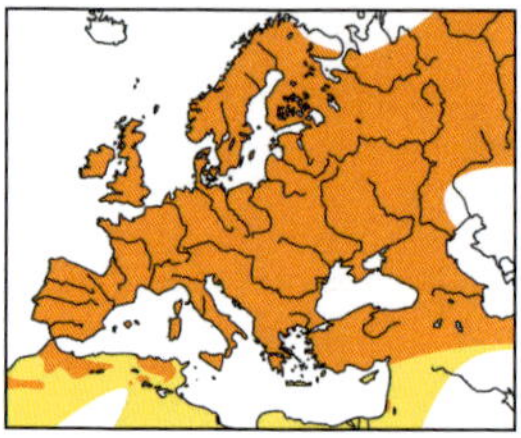

An einen etwas dickbäuchigen kleinen Falken erinnernder Vogel mit gewellter Brustzeichnung und im Sitzen oft hängenden Flügeln.

Status: Regelmäßiger Brutvogel und Durchzügler.

Kleider: Adulte Männchen immer mit grauem Kopf und Hals und grauer Oberseite. Bei adulten Weibchen tritt eine braune und eine graue Morphe auf. Letztere ähnlich Männchen, aber mit grau-bräunlicher Querbänderung an Kehle und Brust. Im Jugendkleid ähnlich braunem Weibchen, aber mehr graubraun und mit weißem Nackenfleck.

Verhaltensweisen: Sitzt oft mit hängenden Flügelspitzen.

Stimme: Der namensgebende Gesang zeigt die Anwesenheit des Kuckucks häufiger als sein Anblick.

Ähnliche Arten: Durch die spitzen Flügel im Flug ggf. mit Falke verwechselbar, aber untersetzter und mit längerem Schnabel.

Steppenflughuhn *Syrrhaptes paradoxus*

(→ 341)

Ausnahmegast

En: Pallas's Sandgrouse
Fr: Syrrhapte paradoxal
Es: Ganga de Pallas
It: Sirratte

Mittelgroßer und etwas an eine Taube erinnernder Hühnervogel mit langen spitzen Flügeln und deutlichen Schwanzspießen.

Status: Früher seltener Gast (Einflüge), heute Ausnahmegast. Die Brutgebiete liegen östlich des Kaspischen Meeres.

Kleider: Geschlechter sind anhand der Gefiederfärbung gut zu unterscheiden. Jugendkleid ähnlich Weibchen.

Ähnliche Arten: Verwechslung mit anderen Flughuhnarten möglich, Unterscheidung jedoch anhand der Gefiederfärbung gut möglich.

Braunbauch-Flughuhn *Pterocles exustus*

(→ 343)

Ausnahmegast

En: Chestnut-bellied Sandgrouse
Fr: Ganga à ventre brun
Es: Ganga moruna
It: Grandule ventrecastano

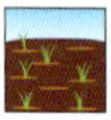

Mittelgroßer und etwas an eine Taube erinnernder Hühnervogel mit langen spitzen Flügeln.

Status: Ausnahmegast aus Nordafrika oder Südasien.

Sandflughuhn *Pterocles orientalis* (→ 344)

Ausnahmegast

En: Black-bellied Sandgrouse
Fr: Ganga unibande
Es: Ganga ortega
It: Ganga

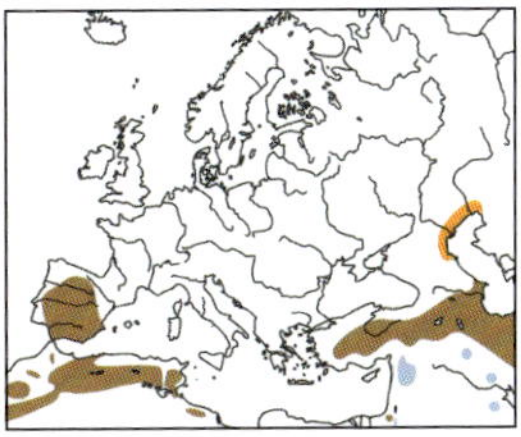

Mittelgroßer, kräftig gebauter und etwas an eine Taube erinnernder Hühnervogel mit langen spitzen Flügeln.

Status: Ausnahmegast aus dem Mittelmeerraum oder Asien.

Kleider: Geschlechter sind anhand der Gefiederfärbung gut zu unterscheiden. Jugendkleid ähnlich Weibchen.

Ähnliche Arten: Verwechslung mit anderen Flughuhnarten möglich, Unterscheidung jedoch anhand der Gefiederfärbung erleichtert.

J F M A M J J A S O N D

Straßentaube

Columbia livia f. domestica (→ 345)

En: Feral Pigeon
Fr: Pigeon domestique
Es: Paloma callejera
It: Piccione di strada

Die typische, oft in Grautönen gefärbte Taube menschlicher Siedlungen.

Status: Häufiger Brutvogel in allen größeren menschlichen Siedlungen.

Kleider: Geschlechter gleich. Im Jugendkleid ohne metallische Farben an Kopf oder Hals und kontrastärmer.

Verhaltensweisen: Bewegt beim Laufen den Kopf ruckartig vor und zurück.

Stimme: Bei Verbeugebalz ein wiederholtes, dumpf gurrendes „grrr-gruh“. Weitere dumpfe Rufe.

Ähnliche Arten: Einige Gefiedervarianten können an kleine Möwen oder Watvögel erinnern.

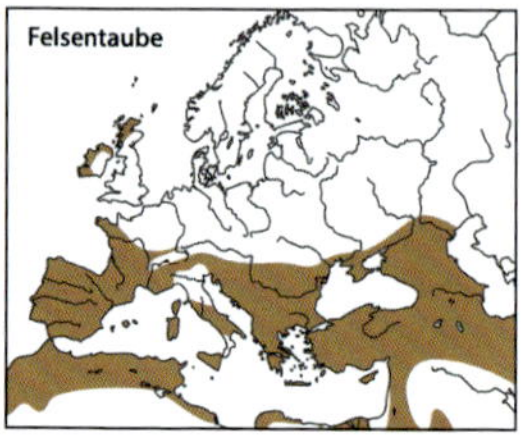

Hohltaube *Columba oenas* (→ 346)

En: Stock Dove
Fr: Pigeon colombin
Es: Paloma zurita
It: Colombella

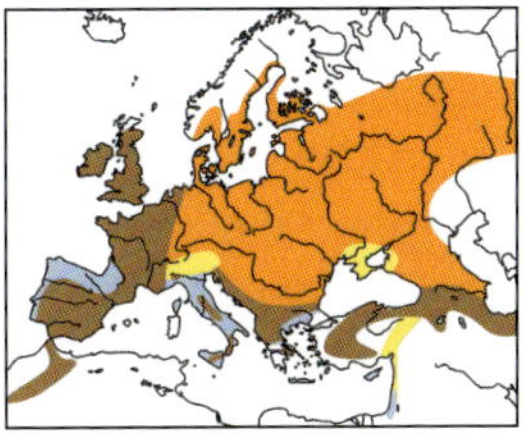

Eher kleine, überwiegend grau gefärbte Taube mit großen dunklen Augen ohne abgesetzte Iris.

Status: Regelmäßiger Brutvogel und Durchzügler, regional auch Jahresvogel.

Kleider: Geschlechter gleich. Im Jugendkleid mit schwarzem Schnabel und ohne metallische Farben an Kopf oder Hals.

Stimme: Der Gesang des Männchens klingt dumpf und wenig weit tragend „hurúeúp-hurúeúp-...".

Ähnliche Arten: Im Gegensatz zur Ringeltaube nur mit kleinem hellem Flügelband und im Flug ohne Weiß auf Rücken und Unterflügel.

Ringeltaube *Columba palumbus* (→ 347)

J F M A M J J A S O N D

En: Common Wood Pigeon
Fr: Pigeon ramier
Es: Paloma torcaz
It: Colombaccio

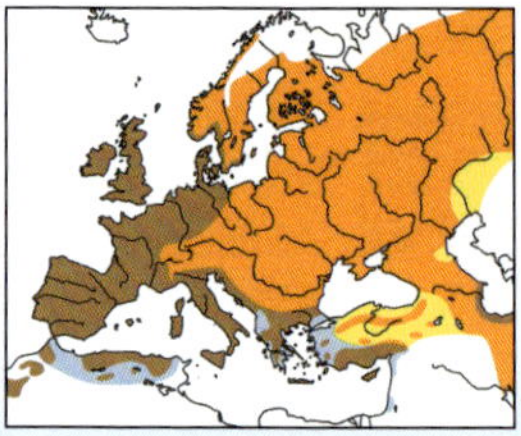

Große, plumpe Taube mit weißem Flügelband, im Adultkleid mit auffälligem weißem Halsfleck und gelben (im Jugendkleid schmutzig grünen) Augen.

Status: Regelmäßiger Brutvogel und Durchzügler, regional auch Jahresvogel.

Kleider: Geschlechter gleich. Im Jugendkleid mit schwarzem Schnabel, dunkler Iris und ohne metallische Farben an Kopf oder Hals.

Stimme: Der Gesang des Männchens besteht aus wiederholt vorgetragenen, rauen, hohl klingenden, 5-silbigen Motiven „hu-huuu-hu---hu-hu“.

Ähnliche Arten: Durch Größe und weißen Halsfleck im Adultkleid unverwechselbar. Jungvögel durch weißes Flügelband von der Hohltaube zu unterscheiden.

Turteltaube *Streptopelia turtur* (→ 348)

J F M A M J J A S O N D

En: European Turtle Dove
Fr: Tourterelle des bois
Es: Tórtola europea
It: Tortora selvatica

Zierliche, kleine, überwiegend in Ocker- und Rosatönen gefärbte Taube mit schwarz-weißem Halsfleck und deutlich geflecktem Mantel.

Status: Regelmäßiger, aber stark von Rückgang betroffener Brutvogel in trocken-warmen Regionen.

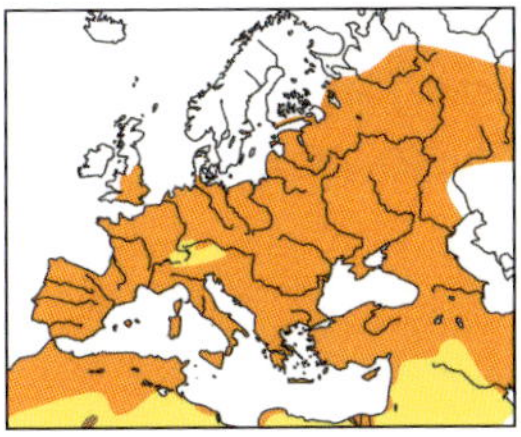

Kleider: Geschlechter gleich. Im Jugendkleid ohne Schwarz-Weiß-Zeichnung am Hals und Ränder der Rückenfedern braun (bei Adulten rostgelb).

Stimme: Gesang des Männchens ist ein rau schnurrendes, wiederholtes, mehrsilbiges Motiv „grurr-túrr-turr -- grurr- túrr-turr...".

Ähnliche Arten: Durch dunkle Mantelfleckung und schwarz-weiße Halsmarke nur mit der größeren und deutlich weiter östlich verbreiteten sowie matter gefärbten Orientturteltaube zu verwechseln.

Orientturteltaube *Streptopelia orientalis*

(→ 349)

Ausnahmegast

En: Oriental Turtle Dove
Fr: Tourterelle orientale
Es: Tórtola oriental
It: Tortora orientale

Eine etwas größere, matter und etwas dunkler gefärbte Turteltaube.

Status: Ausnahmegast aus Sibirien und Mittelasien.

Kleider: Geschlechter gleich. Im Jugendkleid ohne schwarzgraue Zeichnung am Hals und Ränder der Rückenfedern ocker (bei Adulten rostgelb).

Ähnliche Arten: Siehe Turteltaube.

J F M A M J J A S O N D

Türkentaube *Streptopelia decaocto* (→ 351)

En: Eurasian Collared Dove
Fr: Tourterelle turque
Es: Tórtola turca
It: Tortora dal collare

Mittelgroße, überwiegend hell ocker gefärbte, wenig gemusterte Taube mit schwarzem Halbmond am Nacken.

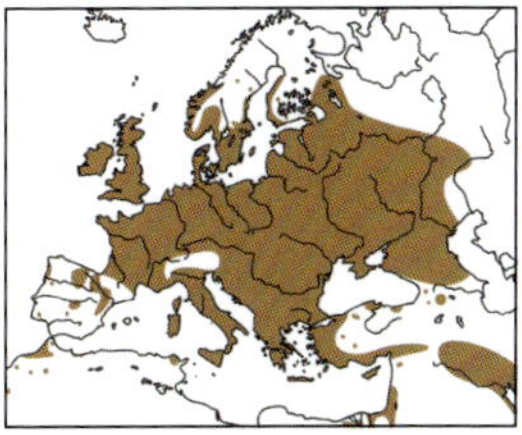

Status: Regelmäßiger Brutvogel, ganzjährig anwesend.

Kleider: Geschlechter gleich. Im Jugendkleid fehlt das schwarze Halsabzeichen.

Verhaltensweisen: Bewegt beim Laufen wie alle Tauben den Kopf ruckartig vor und zurück.

Stimme: Der Gesang besteht aus dem wiederholten, tief geflöteten Motiv „gu-gúu-gu". Beim Landen ist oft ein charakteristisches nasales „chwäh", auch als Mehrfachruf, zu hören.

Ähnliche Arten: Mit keiner anderen heimischen Taube zu verwechseln.

Carolinataube *Zenaida macroura*

Ausnahmegast

En: Mourning Dove
Fr: Tourterelle triste
Es: Zenaida huilota
It: Tortora americana

Braune, kleinköpfige Taube mit dunklen Flecken auf den Flügeldecken.

Status: Ausnahmegast aus Nordamerika.

Wasserralle *Rallus aquaticus* (→ 204)

J F M A M J J A S O N D

En: Water Rail
Fr: Râle d'eau
Es: Rascón europeo
It: Porciglione

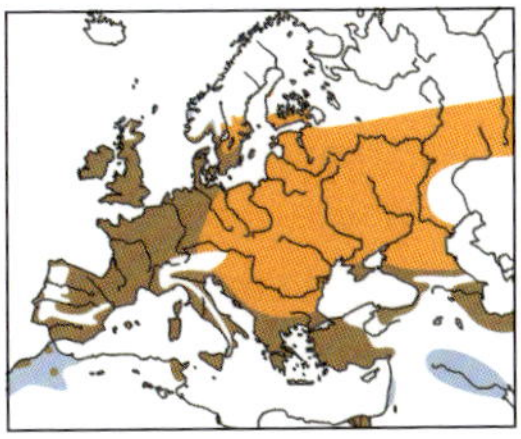

Mittelgroße Ralle mit langem, im Adultkleid rotem Schnabel.

Status: Regelmäßiger Brut- und Gastvogel.

Kleider: Geschlechter gleich. Im Jugendkleid ist die bei Adulten graublaue Färbung von Gesicht, Brust und Vorderbauch schmutzig weißlich.

Stimme: Quiekende, an ein Schwein erinnernde Rufe aus Schilfzonen stammen in der Regel von Wasserrallen.

Ähnliche Arten: Von ähnlich gefärbten Rallen vor allem durch den langen Schnabel unterscheidbar.

Wachtelkönig *Crex crex* (→ 205)

J F M A M J J A S O N D

En: Corn Crake
Fr: Râle des genêts
Es: Guión de codornices
It: Re di quaglie

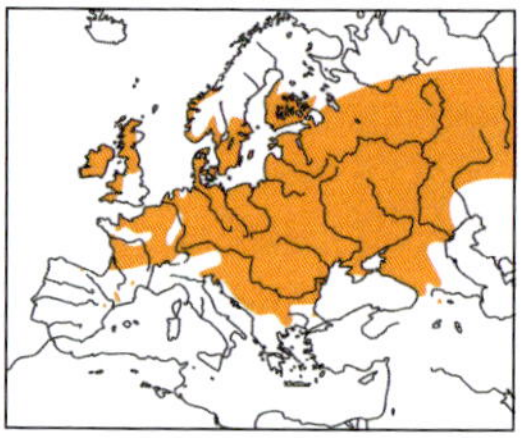

Mittelgroße, sehr versteckt lebende, schlanke Ralle mit braun gefleckter Tarnfärbung. Anwesenheit oft nur durch die Stimme bemerkbar.

Status: Meist seltener Durchzügler und Gastvogel, seltener Brutvogel, im Osten häufiger.

Kleider: Geschlechter nahezu gleich, Weibchen mit undeutlicherer Graufärbung der Kopfseite. Im Jugendkleid weitgehend ohne Graufärbung der Kopfseiten und ohne rostbraune Bänderung der Flanken.

Stimme: Der Gesang besteht aus einem lauten, in langen Reihen vorgetragenen, hölzern schnarrenden und zweisilbigen Motiv „krrk-krrrrk krrk-krrrrk krrk-krrrrk…“ und ist viel häufiger zu hören als dass man den Vogel sieht.

Ähnliche Arten: Durch gefleckte, braune Oberseite und blaugrauen Überaugenstreif sowie blaugraue Brustseiten mit keiner anderen Art zu verwechseln. Viel kleiner und schlanker als das Rebhuhn.

Tüpfelsumpfhuhn *Porzana porzana* (→ 208)

J F M A M J J A S O N D

En: Spotted Crake
Fr: Marouette ponctuée
Es: Polluela pintoja
It: Voltolino

Mittelgroße Ralle mit kurzem, an der Basis rötlichem Schnabel.

Status: Regelmäßiger, aber seltener Brutvogel, am häufigsten in Polen. Regelmäßiger Durchzügler, extrem selten auch Wintergast.

Kleider: Geschlechter gleich. Im Jugendkleid ist der Überaugenstreif hellbraun mit weißen Punkten und nicht graublau und die Brust ist feiner gepunktet.

Stimme: Singende Männchen äußern vor allem in der Dämmerung und nachts 20 bis 50 Mal pro Minute ein bisweilen sehr weit tragendes, kurzes „whit“ oder „huitt“.

Ähnliche Arten: Zur Unterscheidung von anderen Sumpfhühnern siehe Fotos.

Kleinsumpfhuhn (Kleines Sumpfhuhn)

Porzana parva (→ 206)

J F M A M J J A S O N D

En: Little Crake
Fr: Marouette poussin
Es: Polluela bastarda
It: Schiribilla

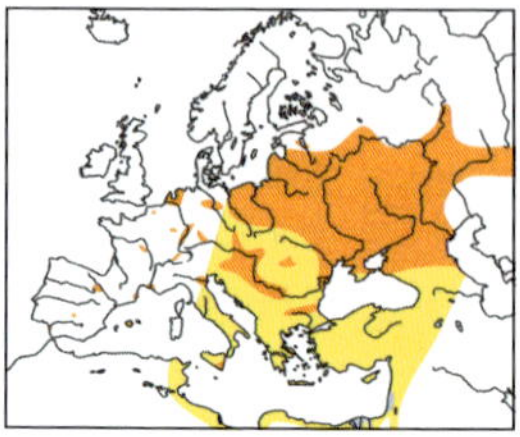

Kleine, versteckt lebende Ralle mit sehr großen Füßen.

Status: Regelmäßiger Brutvogel vor allem im Osten, andernorts selten.

Kleider: Geschlechter im Adultkleid deutlich unterscheidbar, siehe Fotos. Jugendkleid ähnelt dem des adulten Weibchens, aber die Flanken sind bis vor der Schulter braun gebändert, der Kopf trägt weniger Grau und der rote Basisfleck am Schnabel ist allenfalls schwach ausgeprägt.

Stimme: Singende Männchen äußern vor allem in der Dämmerung etwas quakend in steigendem Tempo und bei etwas sinkender Tonhöhe „gök"- oder „guék"-Serien.

Ähnliche Arten: Zwergsumpfhuhn ist sehr ähnlich, siehe Fotos.

Zwergsumpfhuhn *Porzana pusilla* (→ 207)

Brutvogel an wenigen Orten

3

En: Baillon's Crake
Fr: Marouette de Baillon
Es: Polluela chica
It: Schiribilla grigiata

Kleine, versteckt lebende Ralle mit sehr großen Füßen.

Status: Sehr seltener lokaler Brutvogel, sehr seltener Gastvogel.

Kleider: Geschlechter gleich, im Jugendkleid ohne die Graufärbung der Körpervorderseite, komplett mit stark quer gebänderte Unterseite und braune Iris.

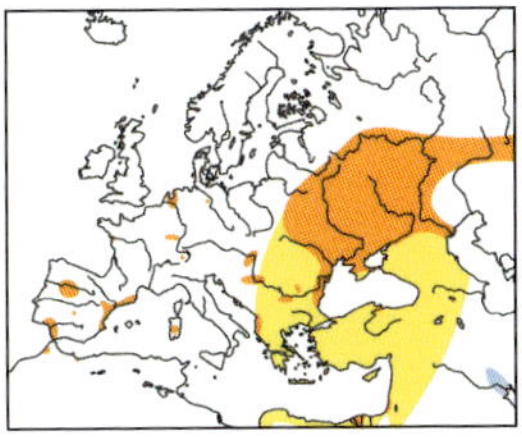

Stimme: Der Gesang besteht aus einer Reihe unregelmäßig an- und abschwellender, hölzern knarrender Laute wie „krerrerrék".

Ähnliche Arten: Kleinsumpfhuhn ist sehr ähnlich, siehe Fotos.

Purpurhuhn *Porphyrio porphyrio* (→ 209)

Ausnahmegast, vor allem aber Neozoon

En: Western Swamphen
Fr: Talève sultane
Es: Calamón común
It: Pollo sultano

Sehr große, bläulich schimmernde Ralle mit kräftigem rotem Schnabel.

Status: Ausnahmegast aus dem westlichen Mittelmeerraum, wohl meist Gefangenschaftsflüchtling.

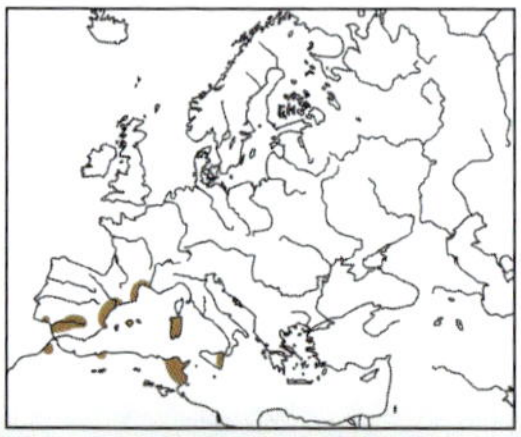

adult
Jugendkleid

Graukopf-Purpurhuhn

Porphyrio poliocephalus

Ausnahmegast, vor allem aber Neozoon

En: Grey-headed Swamphen
Fr: Talève à tête grise
Es: Calamón Cabecigrís
It: Pollo sultano testagrigia

Sehr ähnlich Purpurhuhn, aber mit gräulich abgesetztem Kopf.

Status: Ausnahmegast aus dem Mittleren Osten und Indien bis China, wohl meist Gefangenschaftsflüchtling.

Bronzesultanshuhn *Porphyrio alleni* (→ 210)

Ausnahmegast

En: Allen's Gallinule
Fr: Talève d'Allen
Es: Calamoncillo africano
It: Pollo sultano di Allen

Mittelgroße Ralle ähnlich Teichhuhn, jedoch mit grün und dunkelblau schimmerndem Gefieder.

Status: Ausnahmegast aus Afrika.

Zwergsultanshuhn *Porphyrio martinicus* (→ 211)

Ausnahmegast

En: Purple Gallinule
Fr: Talève violacée
Es: Calamoncillo americano
It: Pollo sultano della Martinica

Dem Teichhuhn ähnelnde Ralle mit bunter Kopf-/Schnabelfärbung und blau und grün schimmerndem Gefieder.

Status: Ausnahmegast aus Amerika.

Teichhuhn *Gallinula chloropus* (→ 212)

J F M A M J J A S O N D

En: Common Moorhen
Fr: Gallinule poule-d'eau
Es: Gallineta común
It: Gallinella d'acqua

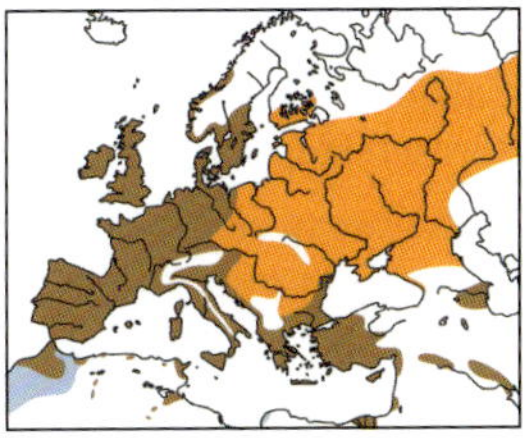

Etwa taubengroße, sehr dunkel gefärbte Ralle mit weißen Unterschwanzdecken und im Adultkleid roter Stirn.

Status: Regelmäßiger Brutvogel.

Kleider: Geschlechter gleich. Im Jugendkleid überwiegend braun.

Verhaltensweisen: Zuckt bei Erregung oft mit dem Schwanz aufwärts, sodass die weißen Seiten aufblinken.

Stimme: Vogel ist oft im Schilf eher zu hören als zu sehen. Lauter Einzelruf „kürrk“ oder gereiht „prüt“.

Ähnliche Arten: Adulte durch rote Stirn und lange, grünliche Beine kaum verwechselbar.

Blässhuhn *Fulica atra* (→ 213)

J F M A M J J A S O N D

En: Eurasian Coot
Fr: Foulque macroule
Es: Focha común
It: Folaga

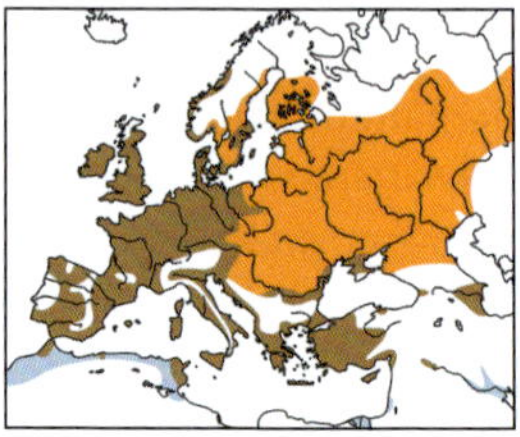

Große Ralle mit rundlichem, breitem Körper, überwiegend schwarzem Gefieder und im Adultkleid weißem Stirnschild.

Status: Regelmäßiger Brutvogel, Durchzügler und Wintergast.

Kleider: Geschlechter gleich. Im Jugendkleid sind Halsseiten und Brust gräulich weiß, der Rest graubraun und der Stirnschild ist noch schwach ausgeprägt.

Verhaltensweisen: Beim Schwimmen wird der Kopf oft ruckartig vor- und zurückbewegt. Kommt nach dem Tauchen wie eine auftauchende Boje an die Oberfläche zurück.

Stimme: An den blechern klingenden Rufen kann man ein aggressives Blässhuhn auch auf Entfernung auf dem Wasser erkennen.

Ähnliche Arten: Kaum zu verwechseln.

Kanadakranich *Antigone canadensis*

(→ 202)

Ausnahmegast

En: Sandhill Crane
Fr: Grue du Canada
Es: Grulla canadiense
It: Gru canadese

Großer, grauer Kranich mit ausgedehnterer Rotpartie am Kopf als beim europäischen Kranich.

Status: Ausnahmegast aus Nordamerika.

Jungfernkranich *Grus virgo* (→ 201)

Ausnahmegast, vor allem aber Neozoon

En: Demoiselle Crane
Fr: Grue demoiselle
Es: Grulla damisela
It: Damigella della Numidia

Zierlicher, aber dennoch großer Kranich.

Status: Ausnahmegast aus Südrussland und Asien, meist wohl Gefangenschaftsflüchtling.

Kleider: Geschlechter gleich, im Jugendkleid ohne lange Schmuckfedern und ohne Schwarz am Kopf (wohl aber sehr dunkel an Hals und Brust).

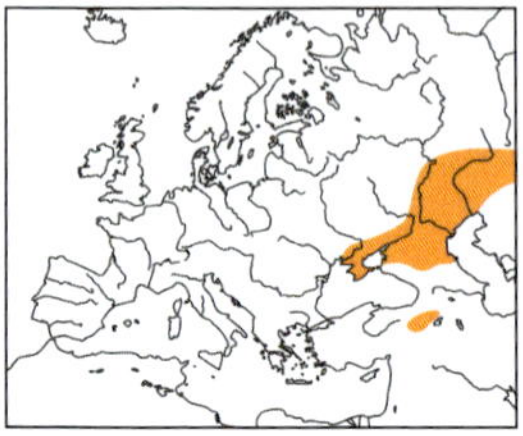

Stimme: Der trompetende Ruf ist höher und hölzerner als beim Kranich, aus der Ferne aber schwer unterscheidbar.

Ähnliche Arten: Wegen Unterscheidung zum Kranich siehe Fotos.

Kranich *Grus grus* (→ 203)

En: Common Crane
Fr: Grue cendrée
Es: Grulla común
It: Gru

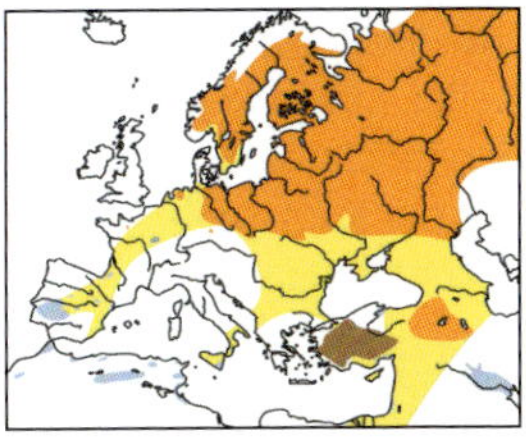

Großer, kräftiger Kranich mit charakteristischer Kopfzeichnung und buschigem Körperende durch speziell geformte Schirmfedern.

Status: Regelmäßiger Brutvogel v. a. im Norden, regelmäßiger Durchzügler entlang der Zugkorridore, andernorts seltener Durchzügler und Wintergast. Neuer Zugweg nördlich und südlich der Alpen.

Kleider: Geschlechter gleich. Adulte zur Brutzeit mit bräunlichem Rücken (durch Einreiben der Federn erreicht, daher kein eigentliches Prachtkleid), sonst Rücken grau. Jugendkleid ohne buschige Schirmfedern und mit braungelbem Kopf ohne Schwarz oder Rot.

Verhaltensweisen: Zieht oft in Keilformation. Nutzt auch Thermik, um kreisend Höhe zu gewinnen.

Stimme: Lautes, weit tragendes Trompeten wie „krruu" in verschiedenen Klangfarben, auch im Duett. Im Herbst ist aus den wanderndenTrupps oft das hohe, etwas heisere „tschirp" der Jungvögel herauszuhören.

Ähnliche Arten: Wegen Unterscheidung zum Jungfernkranich siehe Fotos. Graureiher ist kleiner und fliegt nicht mit gestrecktem Hals.

Zwergtaucher *Tachybaptus ruficollis* (→ 91)

J F M A M J J A S O N D

En: Little Grebe
Fr: Grèbe castagneux
Es: Zampullín común
It: Tuffetto

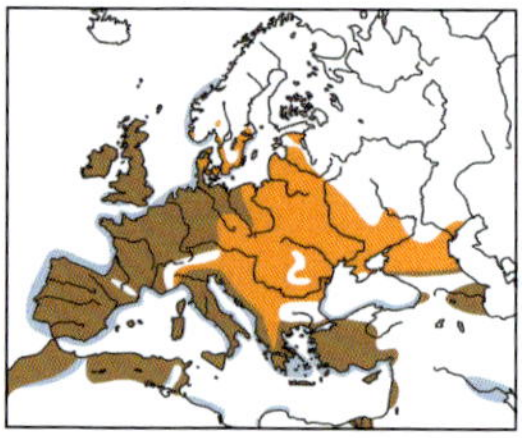

Kleinste heimische Taucherart mit kurzem, hohem Rücken, wirkt meist aufgeplustert.

Status: Regelmäßiger Brut- und Gastvogel bis etwa 1000 m Meereshöhe.

Kleider: Geschlechter gleich, Schlichtkleid hellbraun mit dunkelbraunem Rücken und Oberkopf, Schnabel heller. Küken graubraun mit streifigem Kopf und Hals und rotem Schnabelansatz. Jugendkleid ähnlich Schlichtkleid, aber mit Resten der Kopfstreifen aus dem Kükengefieder und bereits rötlich getöntem Halsfleck.

Stimme: Die ansteigende, schnell trillernde Rufreihe „tititititi…" ist auch außerhalb der Brutzeit oft zu hören und wird häufig als Duett vorgetragen, bei dem ein Partner beginnt und der andere einstimmt.

Ähnliche Arten: Im Schlichtkleid durch den runden Kopf leicht von anderen kleinen Lappentauchern zu unterscheiden.

Bindentaucher *Podilymbus podiceps* (→ 92)

Ausnahmegast

En: Pied-billed Grebe
Fr: Grèbe à bec bigarré
Es: Zampullín picogrueso
It: Podilimbo

Ähnlich Zwergtaucher, aber größer und mit kräftigerem Schnabel.

Status: Ausnahmegast aus Nordamerika.

Rothalstaucher *Podiceps grisegena* (→ 93)

seltener Durchzügler und Brutvogel

En: Red-necked Grebe
Fr: Grèbe jougris
Es: Somormujo cuellirrojo
It: Svasso collorosso

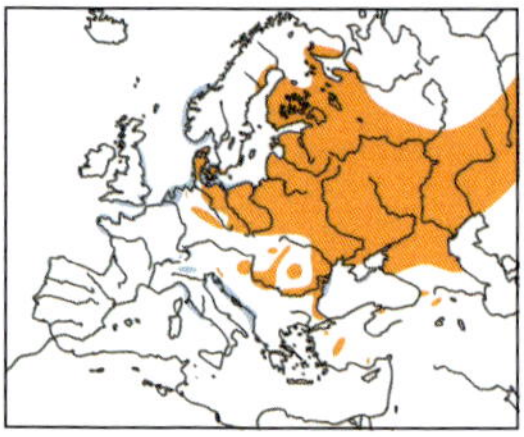

Mittelgroße Taucherart, im Prachtkleid mit rostrotem Hals.

Status: Seltener Brutvogel, regelmäßiger, aber im Binnenland seltener Durchzügler und Wintergast.

Kleider: Geschlechter gleich. Schlichtkleid ähnlich Prachtkleid, aber Haube weniger schwarz, Wangenbereich schmutzigweiß und Vorderhals braunrötlich. Jugendkleid bereits mit Anklängen ans Prachtkleid, aber Hals weniger ausgeprägt rötlich und Reste der Kükenstreifung im weißen Gesichtsfeld. Gelb am Schnabel nach vorne diffus auslaufend. Küken grau mit deutlichem Streifenmuster am Kopf.

Stimme: In der Balz fallen sie durch wieherndes lautes Keckern und gedehntes Quietschen auf.

Ähnliche Arten: Siehe Fotos zur Unterscheidung von Rothals-, Ohren- und Schwarzhalstauchern im Schlichtkleid.

Haubentaucher *Podiceps cristatus* (→ 94)

J F M A M J J A S O N D

En: Great Crested Grebe
Fr: Grèbe huppé
Es: Somormujo lavanco
It: Svasso maggiore

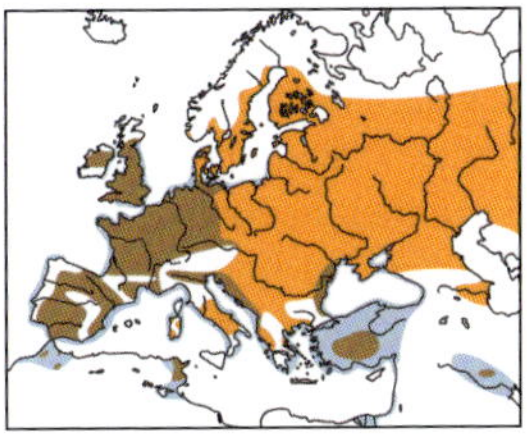

Größter heimischer Lappentaucher mit typischer Federmaske, die im Schlichtkleid stark reduziert ist.

Status: Regelmäßiger Brutvogel, häufiger Durchzügler und Wintergast.

Kleider: Geschlechter gleich. Schlichtkleid ähnlich Prachtkleid, aber ohne den auffälligen Kopfschmuck. Jugendkleid ähnlich Schlichtkleid, zunächst noch mit Resten der Kopfstreifen aus dem Kükengefieder. Küken graubraun mit deutlichem Streifenmuster am Kopf.

Stimme: Zur Brutzeit sind Haubentaucher sehr stimmfreudig, unter anderem mit einem weit tragenden, etwas krähenartigen Ruf „groh“ oder „grah“ bei Aggression.

Ähnliche Arten: Durch Größe, langen Hals und Kopfmaske kaum verwechselbar.

Ohrentaucher *Podiceps auritus* (→ 95)

J F M A M J J A S O N D

En: Horned Grebe
Fr: Grèbe esclavon
Es: Zampullín cuellirrojo
It: Svasso cornuto

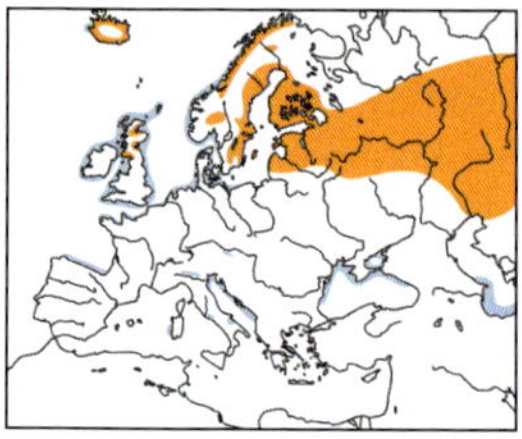

Mittelgroße Taucherart, im Prachtkleid mit goldgelben Federohren und rötlichem Hals.

Status: Seltener Brutvogel in Skandinavien und dem östlichen Baltikum, regelmäßiger Durchzügler und Wintergast an der Küste, vereinzelt auch im Binnenland.

Kleider: Geschlechter gleich, Schlichtkleid überwiegend schwarz-weiß mit dunklem Rücken und Oberkopf, Schnabel heller. Küken grau mit streifigem Kopf und Hals und rotem Schnabelansatz und Stirnfleck. Jugendkleid ähnlich Schlichtkleid, aber mit hellgrauem Streifen im weißen Wangenfeld, Auge weniger leuchtend rot, ohne deutliche weiße Spitze.

Stimme: Bei der Balz am Nest erklingt ein Duett von hohen gedehnten Rufen des Männchens und tiefen „gok-gok“ des Weibchens.

Ähnliche Arten: Siehe Fotos wegen Unterscheidung von Rothals-, Ohren- und Schwarzhalstauchern im Schlichtkleid.

Schwarzhalstaucher *Podiceps nigricollis*

(→ 96)

J	F	M	A	M	J	J	A	S	O	N	D

En: Black-necked Grebe
Fr: Grèbe à cou noir
Es: Zampullín cuellinegro
It: Svasso piccolo

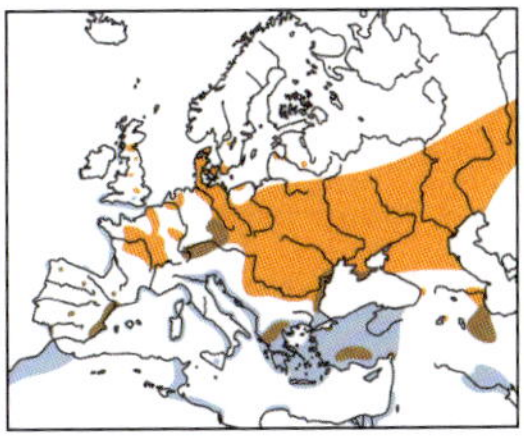

Mittelgroße Taucherart, im Prachtkleid mit gelben Federohren und schwarzem Hals.

Status: Seltener Brutvogel vor allem im Osten und Süden, regelmäßiger, aber nicht häufiger Gastvogel.

Kleider: Geschlechter gleich. Schlichtkleid überwiegend schwarz-weiß mit dunklem Rücken und Oberkopf, weißem Kehl- und hinterem Wangenbereich und weißlichem Brustbereich. Küken grau mit streifigem Kopf und Hals und rotem Schnabelansatz und Stirnfleck.

Stimme: Bei der Partnersuche strophenartige Folgen von hochgezogenen „rrui-tk".

Ähnliche Arten: Siehe Fotos wegen Unterscheidung von Rothals-, Ohren- und Schwarzhalstauchern im Schlichtkleid.

Rosaflamingo *Phoenicopterus roseus* (→ 98)

seltener Gast, Brutvogel, auch Gefangenschaftsflüchtlinge

En: Greater Flamingo
Fr: Flamant rose
Es: Flamenco común
It: Fenicottero

Großer Stelzvogel von unverwechselbarer Gestalt, größte der in Mitteleuropa auftretenden Flamingoarten.

Status: Seltener Gast aus dem Mittelmeerraum. Seltener Brutvogel (teilweise Gefangenschaftsflüchtlinge) an der deutsch-niederländischen Grenze.

Kleider: Geschlechter gleich, kein ausgeprägtes Schlichtkleid. Jugendkleid braun, im zweiten Kalenderjahr schmutzig weißlich, ab 3. Kalenderjahr rosa.

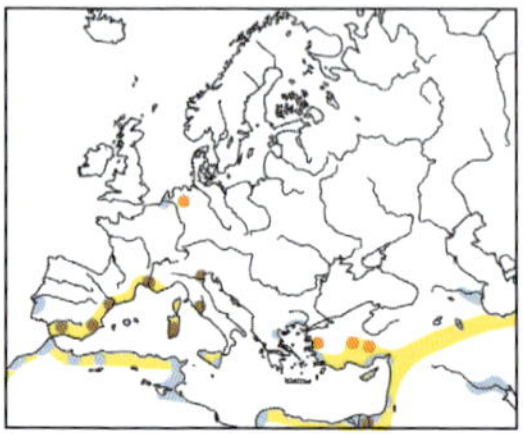

Stimme: Beim Rosaflamingo sind die bei der Balz und im Flug geäußerten Rufe zweisilbig und individuell verschieden.

Ähnliche Arten: Zur Unterscheidung der Flamingoarten ist die Schnabelfärbung nützlich.

Kubaflamingo *Phoenicopterus ruber*

Neozoon

En: American Flamingo
Fr: Flamant des Caraïbes
Es: Flamenco rojo
It: Fenicottero americano

Am kräftigsten rot gefärbte Flamingoart.

Status: Seltener Gast (Gefangenschaftsflüchtling), ausnahmsweise Bruten (wohl Mischbruten) an der deutsch-niederländischen Grenze.

Kleider: Verhältnisse sehr ähnlich zum Rosaflamingo.

Ähnliche Arten: Zur Unterscheidung der Flamingoarten ist die Schnabelfärbung nützlich. Stärker und einheitlicher rosa als der Rosaflamingo.

Chileflamingo *Phoenicopterus chilensis* (→ 99)

seltener Gast und Brutvogel, Neozoon

En: Chilean Flamingo
Fr: Flamant du Chili
Es: Flamenco chileno
It: Fenicottero del Cile

Kleinere Ausgabe des Rosaflamingos mit grauen Beinen, Schwimmhäute und Fersengelenke rot abgesetzt.

Status: Seltener Brutvogel (Gefangenschaftsflüchtling) an der deutsch-niederländischen Grenze.

Kleider: Verhältnisse sehr ähnlich zum Rosaflamingo.

Stimme: Die in der Gruppenbalz vorgebrachten Rufe sind meist drei- oder mehrsilbig und klingen heiser raspelnd.

Ähnliche Arten: Zur Unterscheidung der Flamingoarten ist die genaue Schnabelfärbung nützlich. Beine grau mit roten Gelenken.

Zwergflamingo *Phoeniconaias minor*

Neozoon

En: Lesser Flamingo
Fr: Flamant nain
Es: Flamenco enano
It: Fenicottero minore

Kleinste in Mitteleuropa auftretende Flamingoart.

Status: Ausnahmegast aus Afrika, auch Gefangenschaftsflüchtling.

Kleider: Verhältnisse bei Alterskleidern sehr ähnlich Rosaflamingo.

Ähnliche Arten: Zur Unterscheidung der Flamingoarten ist die Schnabelfärbung nützlich.

Triel *Burhinus oedicnemus* (→ 214)

seltener Durchzügler und Brutvogel

En: Eurasian Stone-curlew
Fr: Oedicnème criard
Es: Alcaraván común
It: Occhione

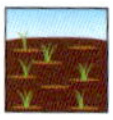

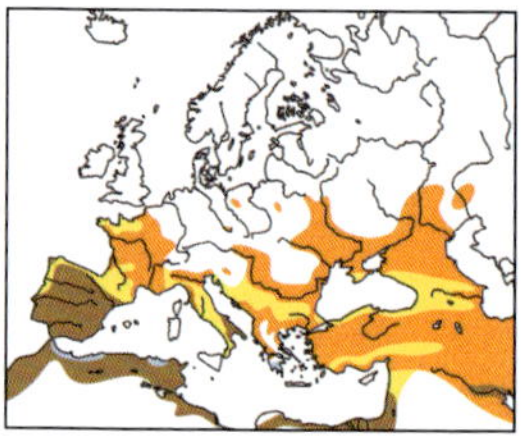

Großer, langbeiniger Watvogel mit großem, markantem Auge und kurzem Schnabel.

Status: Seltener Brutvogel in Ungarn und Österreich, sehr seltener Brutvogel in Deutschland, seltener Durchzügler.

Kleider: Geschlechter gleich. Im Jugendkleid ist die schwarz-weiß-schwarze Flügelbinde wesentlich undeutlicher als bei Adulten.

Stimme: Vor allem in der Dämmerung, aber auch besonders in hellen Nächten und gelegentlich tags rufen Triele ein lautes, gedehntes „krühlii" oder „küüüüit".

Ähnliche Arten: Kaum zu verwechseln.

Austernfischer *Haematopus ostralegus*

J F M A M J J A S O N D

(→ 215)

En: Eurasian Oystercatcher
Fr: Huîtrier pie
Es: Ostrero euroasiático
It: Beccaccia di mare

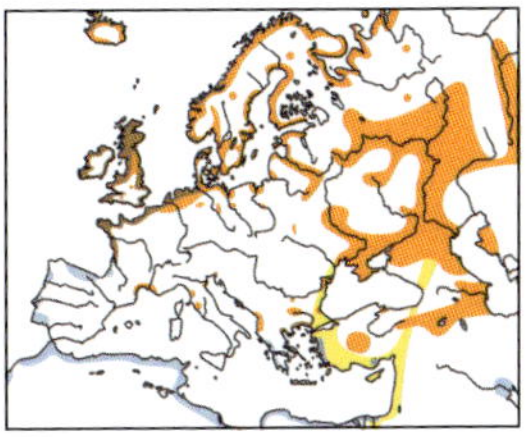

Großer, schwarz-weißer Watvogel mit langem rotem Schnabel.

Status: Regelmäßiger Brut- und Gastvogel an der Nordseeküste, im Binnenland ausnahmsweise.

Kleider: Geschlechter gleich. Im Schlichtkleid mit weißem Halsband. Im Jugendkleid Beine grau bis graurosa, Schnabelspitze dunkel und Rücken mit Braunton. Einjährige sind oberseits immer noch etwas bräunlich schwarz, haben ein Halsband wie beim Schlichtkleid und eine dunkle Schnabelspitze.

Stimme: Sehr stimmfreudig am Boden wie im Flug mit vielfältigen Rufen, darunter ein durchdringendes „kliip" oder „küliep" und lang anhaltende Triller wie „pi-lí...pilí...pilí...".

Ähnliche Arten: Kaum zu verwechseln.

Stelzenläufer *Himantopus himantopus*

(→ 216)

seltener Durchzügler und Brutvogel

En: Black-winged Stilt
Fr: Échasse blanche
Es: Cigüeñuela común
It: Cavaliere d'Italia

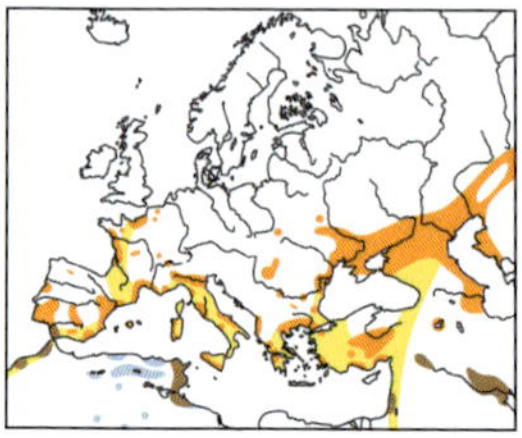

Großer, extrem langbeiniger, schwarz-weißer Watvogel mit dünnem, fast geradem Schnabel.

Status: In Ungarn regelmäßiger, sonst seltener Brutvogel, seltener Durchzügler.

Kleider: Im Adultkleid sind die Geschlechter anhand der Kopf- und Rückenfärbung unterscheidbar. Jugendkleid: Rücken dunkelbraun, Flügel mit weißem Hinterrand. Einjährige haben bereits einen einfarbigen Rücken, aber bis zum Ende des Sommers einen weißen Flügelhinterrand.

Stimme: Am Brutplatz äußern sie anhaltend auch im Flug scharf klingende Alarmrufe wie „iit" oder „kijt".

Ähnliche Arten: Säbelschnäbler hat andere Schwarz-Weiß-Verteilung, etwas kürzere, bläuliche Beine und einen aufwärts gebogenen Schnabel.

Säbelschnäbler *Recurvirostra avosetta*

(→ 217)

J F M A M J J A S O N D

En: Pied Avocet
Fr: Avocette élégante
Es: Avoceta común
It: Avocetta

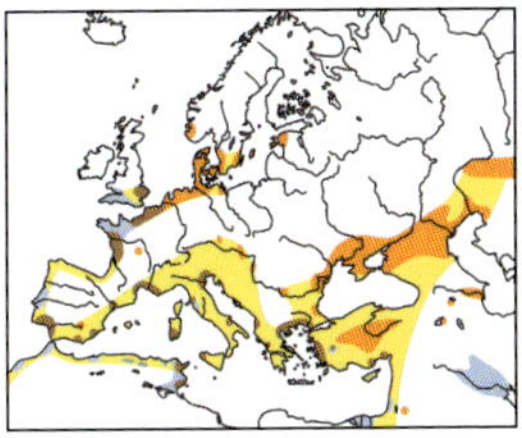

Großer, langbeiniger, schwarz-weißer Watvogel mit dünnem, aufwärts gebogenem Schnabel.

Status: Brutvogel in schwankenden Beständen an den Küsten und in der pannonischen Tiefebene. Ansonsten seltener Gastvogel, auch im Binnenland. Nur ausnahmsweise im Winter.

Kleider: Die Geschlechter sind gleich gefärbt, der Schnabel des Weibchens ist etwas kürzer und stärker gebogen. Im Jugendkleid mit braunen Federn am Rücken.

Stimme: Am Brutplatz, häufig im Flug, ein rhythmisch wiederholtes „klüit".

Ähnliche Arten: Siehe Stelzenläufer, kaum verwechselbar.

Kiebitz *Vanellus vanellus* (→ 222)

J F M A M J J A S O N D

En: Northern Lapwing
Fr: Vanneau huppé
Es: Avefría europea
It: Pavoncella

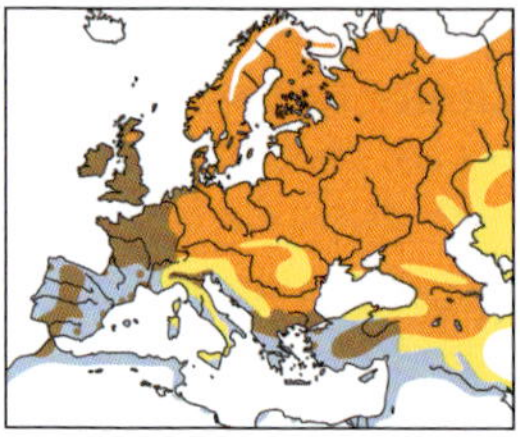

Großer, breitflügeliger, schwarz-weißer Wat- und Wiesenvogel mit typischer Federholle.

Status: Regelmäßiger Brutvogel, mit zunehmenden Verbreitungslücken, lokal auch ausgestorben. Häufiger Durchzügler und Gastvogel, teils in kleiner Zahl überwinternd.

Kleider: Im Prachtkleid haben Männchen einen komplett schwarzen Kehllatz und einen langen Schopf, die Weibchen einen kürzeren Schopf und weißlich durchsetzten Kehllatz. Im Schlichtkleid braun am Hinterkopf und Rückenfedern mit hellbraunen Rändern. Das Jugendkleid ähnelt dem Schlichtkleid, die Rückenfedern sind aber breiter hellbraun und schwarz gerändert und die Haube ist kürzer und mit Braun durchsetzt.

Verhaltensweisen: Im Brutgebiet werden auffällige Singflüge mit steilen Anstiegen und Sturzflügen vorgeführt.

Stimme: Der Gesang ist ein im auffälligen Flug scharf vorgetragenes, charakteristisches „Kiuuwitt...kjuuwiuh...kiuwiit..."

Ähnliche Arten: Kaum zu verwechseln.

Spornkiebitz *Vanellus spinosus* (→ 223)

Ausnahmegast, vor allem aber Neozoon

En: Spur-winged Lapwing
Fr: Vanneau à éperons
Es: Avefría espinosa
It: Pavoncella armata

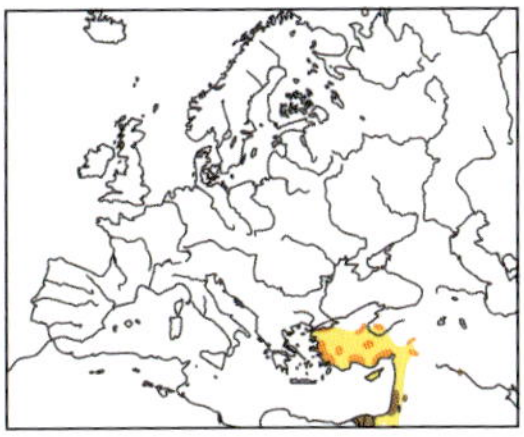

Überwiegend schwarz-weißer Kiebitz mit langen schwarzen Beinen.

Status: Ausnahmegast aus Kleinasien und Ostafrika, wohl Gefangenschaftsflüchtling.

Kleider: Geschlechter gleich. Das Jugendkleid zeigt auf dem Rücken durch farblich abgesetzte Federränder ein Schuppenmuster, der Scheitelbereich ist braun.

Stimme: Bei Erregung am Brutplatz erklingen hohe spitze „kit-kit...“, in variablem Tempo gereiht.

Ähnliche Arten: Unterschied zum Steppenkiebitz siehe Fotos.

Steppenkiebitz *Vanellus gregarius* (→ 224)

seltener Gast

En: Sociable Lapwing
Fr: Vanneau sociable
Es: Avefría sociable
It: Pavoncella gregaria

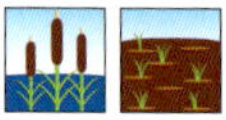

Langbeiniger, überwiegend graubrauner Kiebitz mit schwarzen Handflügeln und deutlichem hellem Überaugenstreif.

Status: Sehr seltener, aber fast alljährlicher Gastvogel aus den eurasischen Steppen.

Kleider: Geschlechter im Prachtkleid nahezu gleich, das Männchen ist etwas kräftiger gefärbt. Im Schlichtkleid ist der schwarze Augenstrich schmäler und erreicht nicht die Schnabelwurzel und der Bauch ist weiß. Jugendkleid: ähnlich Schlichtkleid, aber Scheitel hellbraun und statt dunklem Augenstreif ist ein ockerfarbener Überaugenstreif markant. Brust gestrichelt.

Ähnliche Arten: Unterschied zum Spornkiebitz siehe Fotos. Mornellregenpfeifer ist kurzbeiniger und hat im Prachtkleid eine ausgedehnt braune Brust.

Weißschwanzkiebitz *Vanellus leucurus*

(→ 225)

Ausnahmegast

En: White-tailed Lapwing
Fr: Vanneau à queue blanche
Es: Avefría coliblanca
It: Pavoncella codabianca

Überwiegend graubraun, schwarz und weiß gefärbter, schlanker Kiebitz mit sehr langen gelben Beinen.

Status: Ausnahmegast aus Asien.

Kleider: Geschlechter gleich. Im Jugendkleid Flügeloberseiten durch dunkle Federzentren grob gefleckt.

Ähnliche Arten: Durch die langen gelben Beine in allen Kleidern unverwechselbar. Hinterrand des Armflügels schwarz und nicht weiß wie beim Steppenkiebitz.

Rotlappenkiebitz *Vanellus indicus*

Ausnahmegast

En: Red-wattled Lapwing
Fr: Vanneau indien
Es: Avefría India
It: Pavoncella indiana

Sehr hochbeiniger, schwarz-weiß und braun gezeichneter Kiebitz mit glänzend roten „Lappen“ (eher Wülste) zwischen Stirn und Augen.

Status: Ausnahmegast aus der Südosttürkei oder aus weiteren Regionen zwischen Orient und Südostasien.

Kleider: Geschlechter gleich. Im Jugendkleid mit bräunlich verwaschener Kopfzeichnung, heller Kehle und schwächer ausgeprägten roten Hautlappen im Gesicht.

Ähnliche Arten: Anderen hochbeinigen, schwarz-weiß und braunen Kiebitzarten fehlen die roten Hautlappen.

Goldregenpfeifer *Pluvialis apricaria* (→ 218)

J F M A M J J A S O N D

En: European Golden Plover
Fr: Pluvier doré
Es: Chorlito dorado europeo
It: Piviere dorato

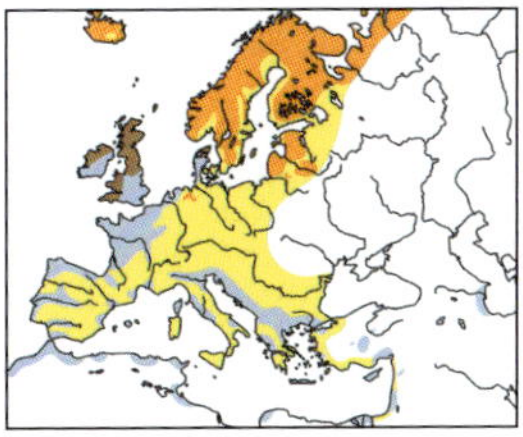

Großer, oftmals rundlich wirkender Regenpfeifer.

Status:Früherer Brutvogel in Niedersachsen, häufiger Durchzügler und Wintergast im Norden, im Binnenland deutlich seltener.

Kleider: Im Prachtkleid ist das Männchen ausgedehnt schwarz im Gesicht und an Vorderhals, Brust und Bauch, während das Weibchen an Brust und Bauch dunkelgrau und im Gesicht hellgrau gezeichnet ist. Allerdings gibt es hier Variationen und vor allem weniger schwarze, südlich verbreitete Männchen können nördlich verbreiteten Weibchen stark ähneln. Im Schlichtkleid und im Jugendkleid ohne Schwarz, Brust fein braun gestrichelt.

Stimme: Gedehnte flötende Alarmrufe wie „düü“, sowohl am Brutplatz wie auch als Durchzügler oder Gast.

Ähnliche Arten: Etwas kurzbeiniger als die beiden anderen Goldregenpfeiferarten. Weitere Unterschiede siehe Fotos.

Tundra-Goldregenpfeifer

Pluvialis fulva (→ 220)

Ausnahmegast

En: Pacific Golden Plover
Fr: Pluvier fauve
Es: Chorlito dorado siberiano
It: Piviere orientale

Sehr ähnlich Goldregenpfeifer.

Status: Ausnahmegast aus Nordsibirien.

Kleider: Geschlechter gleich. Schlichtkleid und Jugendkleid in Brauntönen, dunkler gestrichelt und gesprenkelt, ohne Schwarz an der Brust.

Ähnliche Arten: Etwas kleiner, schlanker und langbeiniger als Goldregenpfeifer und mit grauen (nicht weißen) Achseln.

Prärie-Goldregenpfeifer *Pluvialis dominica*

(→ 219)

Ausnahmegast

En: American Golden Plover
Fr: Pluvier bronzé
Es: Chorlito dorado americano
It: Piviere americano

Sehr ähnlich Goldregenpfeifer.

Status: Ausnahmegast aus Nordkanada und Alaska.

Kleider: Geschlechter ähnlich, aber Männchen im Prachtkleid kräftig schwarz auf der ganzen Unterseite, im Schlichtkleid und im Jugendkleid in Brauntönen gestrichelt und gesprenkelt, ohne Schwarz an der Brust und mit markantem hellem Überaugenstreif.

Ähnliche Arten: Etwas kleiner, langbeiniger und schlanker als Goldregenpfeifer und mit grauen (nicht weißen) Achseln. Tundra-Goldregenpfeifer ist sehr ähnlich, aber etwas langbeiniger und geringfügig kleiner mit etwas kürzeren Flügeln.

Kiebitzregenpfeifer

Durchzügler, Wintergast

Pluvialis squatarola (→ 221)

En: Grey Plover
Fr: Pluvier argenté
Es: Chorlito gris
It: Pivieressa

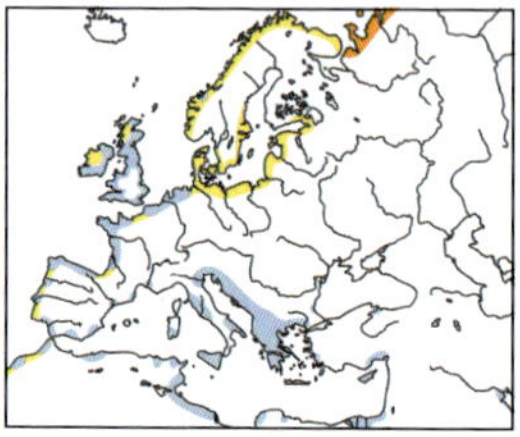

Kräftiger, großer Regenpfeifer mit großem Kopf und kräftigem Schnabel.

Status: Regelmäßiger Durchzügler an der Küste, in viel kleinerer Zahl im Binnenland. Überwinterer im Wattenmeer.

Kleider: Im Adultkleid ist das Männchen kräftiger und rein Schwarz von Gesicht bis Bauch, beim Weibchen ist dieser Bereich etwas bräunlicher und mit hellen Stellen durchsetzt. Im Schlichtkleid und im Jugendkleid ohne Schwarz oder Braunschwarz an der Brust, im Jugendkleid sind die hellen Flecke auf dem Rücken bräunlich, im Schlichtkleid eher grau.

Stimme: Der rastende oder fliegende Vogel äußert einen dreisilbigen flötenden Ruf, dessen zweite Silbe tiefer als die erste und dritte ist: „diüüid“. Dieser Ruf ist auch auf Distanz im Watt unverkennbar.

Ähnliche Arten: Von Goldregenpfeiferarten im Flug durch schwarze Achseln zu unterscheiden. Weitere Merkmale siehe Fotos.

J | F | M | A | M | J | J | A | S | O | N | D

Sandregenpfeifer

Charadrius hiaticula hiaticula und
C. h. tundrae („Tundra-Sandregenpfeifer“) (→ 226)

En: Common Ringed Plover
Fr: Pluvier grand-gravelot
Es: Chorlitejo grande
It: Corriere grosso

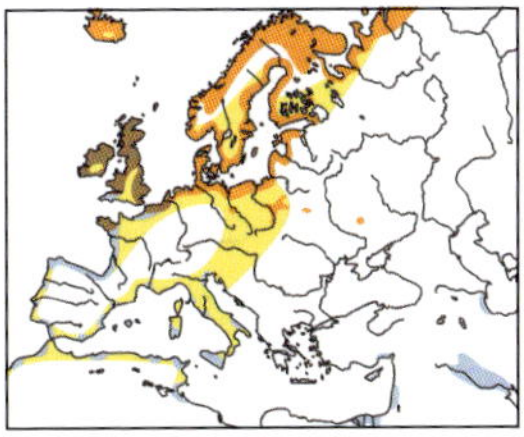

Kleiner, kurzbeiniger und kräftiger Regenpfeifer mit dickem, kurzem Schnabel.

Status: Unterart *hiaticula* regelmäßiger, aber spärlicher Brutvogel an Nord- und Ostseeküste, regelmäßiger Durchzügler, gelegentlich überwinternd. Unterart *tundrae* regelmäßiger Durchzügler (brütet ab Nordskandinavien ostwärts).

Kleider: Geschlechter ähnlich, im Prachtkleid sind Männchen im Kopfbereich kräftiger und kontrastreicher gefärbt. Im Schlichtkleid ist die Kopfzeichnung nicht mehr schwarz, sondern nur noch dunkelbraun und der Schnabel hat nicht die kräftige Orangezeichnung des Prachtkleides. Im Jugendkleid durch helle Federränder im Rückenbereich fein geschuppt.

Stimme: Bei allgemeiner Erregung und im Flug äußert der Sandregenpfeifer einen weich ansteigenden Ruf wie „tüip“, auf die Ferne wie „düi“.

Ähnliche Arten: Zur Unterscheidung der kleinen Regenpfeifer mit schwarz-weißem Kopfmuster siehe Fotos.

Flussregenpfeifer *Charadrius dubius*

J	F	M	A	M	J	J	A	S	O	N	D

(→ 228)

2

En: Little Ringed Plover
Fr: Pluvier petit-gravelot
Es: Chorlitejo chico
It: Corriere piccolo

Kleiner Regenpfeifer mit schlankem, kurzem Schnabel und gelbem Augenring.

Status: Seltener Brutvogel, regelmäßiger Durchzügler.

Kleider: Geschlechter ähnlich, im Prachtkleid sind Männchen im Kopfbereich kräftiger und kontrastreicher gefärbt. Im Schlichtkleid ist die Kopfzeichnung nicht mehr schwarz, sondern nur noch dunkelbraun. Im Jugendkleid durch helle Federränder im Rückenbereich fein geschuppt.

Verhaltensweisen: Der geduckte Lauf mit flinken Trippelschritten wird immer wieder durch aufrechtes Verharren unterbrochen.

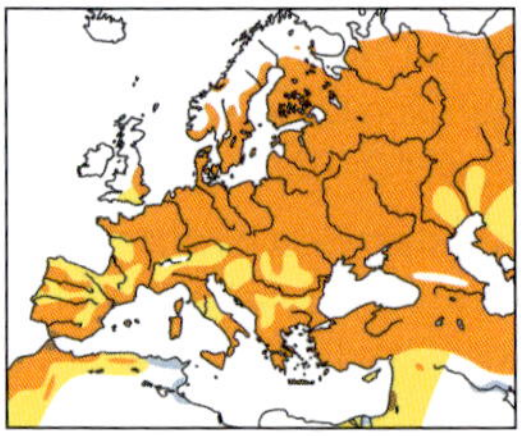

Stimme: Im Gegensatz zum Sandregenpfeifer ist der Ruf des Flussregenpfeifers scharf absinkend wie „píu“.

Ähnliche Arten: Die häufigeren kleinen Regenpfeifer lassen sich am besten am Kopfmuster unterscheiden.

Keilschwanz-Regenpfeifer

Charadrius vociferus (→ 229)

Ausnahmegast

En: Killdeer
Fr: Pluvier kildir
Es: Chorlitejo culirrojo
It: Corriere vocifero

Mittelgroßer Regenpfeifer mit relativ langen Beinen und für *Charadrius*-Arten relativ langem Hals.

Status: Ausnahmegast aus Amerika.

Seeregenpfeifer *Charadrius alexandrinus*

(→ 230)

J F M A M J J A S O N D

En: Kentish Plover
Fr: Pluvier à collier interrompu
Es: Chorlitejo patinegro
It: Fratino

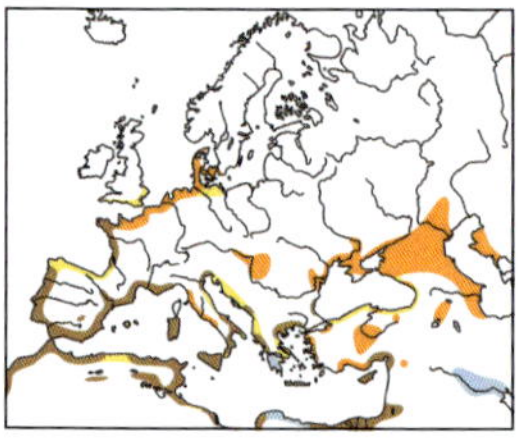

Kleiner, relativ hochbeiniger Regenpfeifer mit dünnem Schnabel.

Status: Seltener Brutvogel an der Nordseeküste, seltener Durchzügler, im Binnenland oft nur Ausnahmeerscheinung.

Kleider: Im Prachtkleid Männchen mit schwarzer Zeichnung am Kopf und rotbraunem Oberkopf, Weibchen mit braunem Kopf. Schlichtkleid und Jugendkleid sehr ähnlich dem Prachtkleid des Weibchens, im Jugendkleid jedoch Rücken hell geschuppt.

Stimme: Am Brutplatz verschiedene Rufe wie „huit", „pit", „prr".

Ähnliche Arten: Zur Unterscheidung der kleinen Regenpfeifer mit schwarz-weißem Kopfmuster siehe Fotos.

Mongolenregenpfeifer

Charadrius [mongolus] atrifrons (→ 232)

Ausnahmegast

En: Lesser Sand Plover
Fr: Pluvier de Mongolie
Es: Chorlitejo mongol chico
It: Corriere mongolo

Sehr ähnlich Wüstenregenpfeifer, aber etwas kleiner.

Status: Ausnahmegast aus dem Himalaya.

Wüstenregenpfeifer

Charadrius leschenaultii (→ 233)

Ausnahmegast

En: Greater Sand Plover
Fr: Pluvier de Leschenault
Es: Chorlitejo mongol grande
It: Corriere di Leschenault

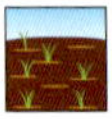

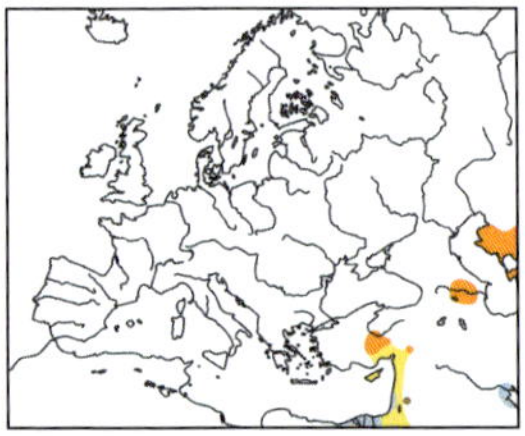

Unter den kleinen Regenpfeifern eine relativ große Art mit sehr kräftigem Schnabel und im Prachtkleid rostroter Brust.

Status: Ausnahmegast aus Asien.

Wermut-/Steppenregenpfeifer

Charadrius asiaticus/veredus (→ 234)

Ausnahmegast

En: Caspian Plover
Fr: Pluvier asiatique
Es: Chorlitejo asiático chico
It: Corriere asiatico

Noch hochbeiniger und langhälsiger als Keilschwanzregenpfeifer. Die Artabgrenzung von Steppen- und Wermutregenpfeifer ist noch unklar.

Status: Ausnahmegast aus Asien.

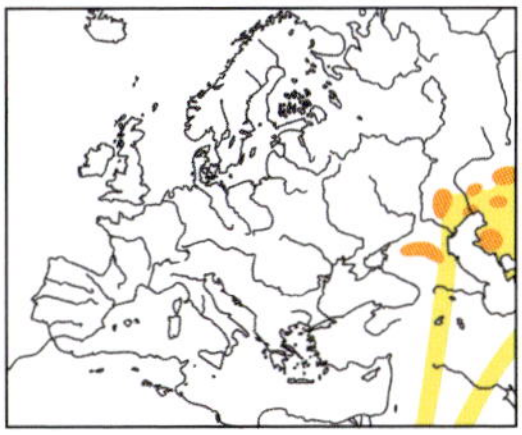

Mornellregenpfeifer *Charadrius morinellus*

(→ 235)

seltener Durchzügler und Brutvogel

En: Eurasian Dotterel
Fr: Pluvier guignard
Es: Chorlito carambolo
It: Piviere tortolino

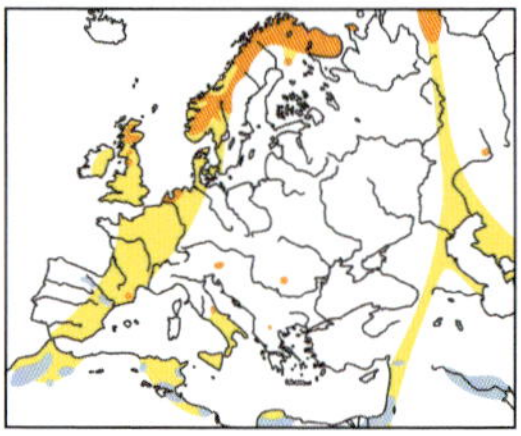

Wirkt wie ein kleiner Goldregenpfeifer, allerdings mit markantem hellem Überaugenstreif und hellem Brustband.

Status: Extrem seltener und unregelmäßiger Brutvogel in den Hochlagen der Zentralalpen, sonst seltener, aber regelmäßiger Durchzügler.

Kleider: Geschlechter sehr ähnlich, aber Weibchen im Prachtkleid kräftiger und kontrastreicher gefärbt als Männchen. Im Schlichtkleid bräunlich, mit hellem Bauch und gelblichem Überaugenstreif. Im Jugendkleid Federn am Rücken mit dunklen Schaftstrichen und mit gelblichen (im Schlichtkleid mehr bräunlichen) Rändern.

Stimme: Bei Erregung und im Abflug leicht gedehnte, trillernde Rufe wie „drürr", auf die Ferne nur wie „ürr".

Ähnliche Arten: Kaum zu verwechseln, siehe ggf. Steppenkiebitz.

Prärieläufer *Bartramia longicauda* (→ 236)

Ausnahmegast

En: Upland Sandpiper
Fr: Maubèche des champs
Es: Correlimos batitú
It: Piro piro codalunga

Braun gemusterter, mittelgroßer Watvogel, etwas an einen Brachvogel mit viel zu kurzem Schnabel erinnernd.

Status: Ausnahmegast aus Nordamerika.

Regenbrachvogel *Numenius phaeopus*

(→ 237)

Durchzügler

En: Whimbrel
Fr: Courlis corlieu
Es: Zarapito trinador
It: Chiurlo piccolo

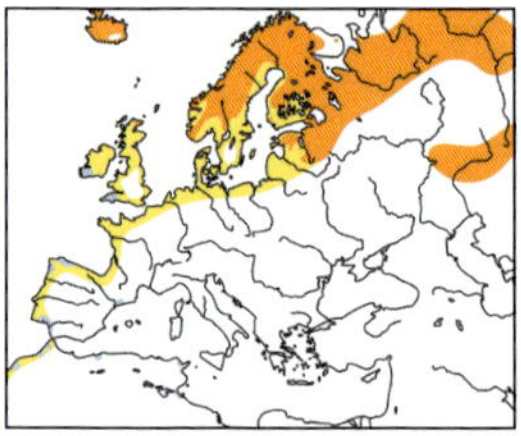

Kleiner Brachvogel mit gestreiftem Kopf.

Status: Regelmäßiger Durchzügler, häufig an den Küsten, in kleiner Zahl auch im Binnenland.

Kleider: Geschlechter gleich. Im Jugendkleid Rückenfedern dunkel mit deutlich abgesetzten hellen Rändern. Im Prachtkleid werden diese Federn vom Schaft zum Rand hin allmählich heller.

Stimme: Der Ruf unterscheidet sich stark von demjenigen des Brachvogels und besteht aus einem etwas wimmernden, 5- bis 8-silbigen, klagenden „düdüdididüdüdüdü".

Ähnliche Arten: Siehe Brachvogel.

Brachvogel (Großer Brachvogel)

Numenius arquata (→ 239)

J F M A M J J A S O N D

En: Eurasian Curlew
Fr: Courlis cendré
Es: Zarapito real
It: Chiurlo maggiore

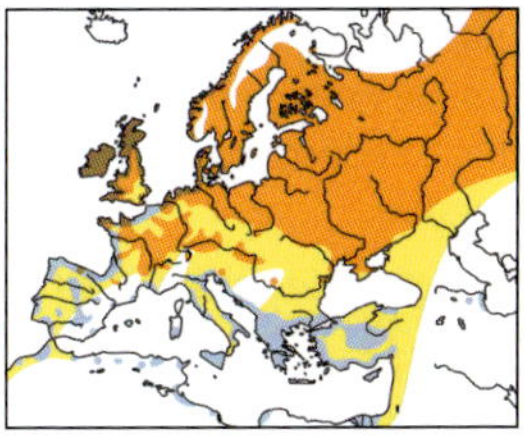

Große Brachvogelart mit langem, abwärts gebogenem Schnabel und langen Beinen.

Status: Lückig verbreiteter, seltener Brutvogel, häufiger Durchzügler und Rastvogel v.a. im Norden.

Kleider: Geschlechter nahezu gleich, Schnabel des Weibchens in der Regel länger und gleichmäßiger gekrümmt. Im Jugendkleid Schnabel kürzer, Rückenfedern deutlich dunkel mit klar abgesetzten hellen Rändern (im Adultkleid diffuser).

Stimme: Ruft flötend laut „tlüih“ oder „guili“. Der Gesang besteht aus einer aufsteigenden Reihe vibrierender Flötentöne, die am Ende in hohe kräftige Triller wie „klüitt-klüirr...“ münden.

Ähnliche Arten: Der Regenbrachvogel ist kleiner, hat Scheitelstreifen und einen kürzeren Schnabel.

Pfuhlschnepfe *Limosa lapponica* (→ 241)

Durchzügler, Wintergast

En: Bar-tailed Godwit
Fr: Barge rousse
Es: Aguja colipinta
It: Pittima minore

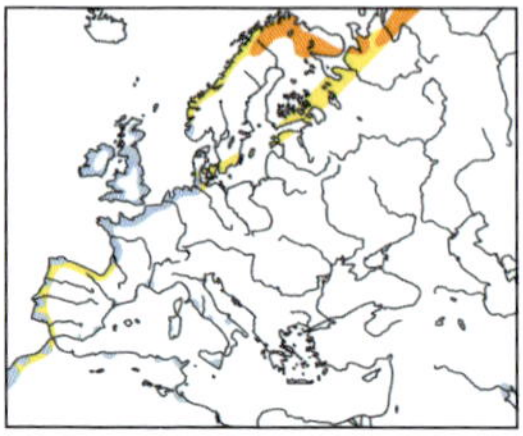

Große Schnepfe mit langen Beinen, langem Hals und leicht aufwärts gebogenem, langem Schnabel.

Status: Regelmäßiger und häufiger Durchzügler und Wintergast an der Küste, im Binnenland selten.

Kleider: Im Prachtkleid Männchen und Weibchen deutlich unterscheidbar, siehe Fotos. Im Schlichtkleid Rücken durch dunkle Federzentren fein gestrichelt, im Jugendkleid sind diese Federn innen flächiger dunkel und haben einen hellen Rand.

Stimme: Aus fliegendem Trupp erklingen nasale Ruffolgen wie „gädädät“.

Ähnliche Arten: Siehe Uferschnepfe.

Uferschnepfe *Limosa limosa limosa* und *L. l. islandica* („Isländische Uferschnepfe") (→ 240)

J F M A M J J A S O N D

En: Black-tailed Godwit
Fr: Barge à queue noire
Es: Aguja colinegra
It: Pittima reale

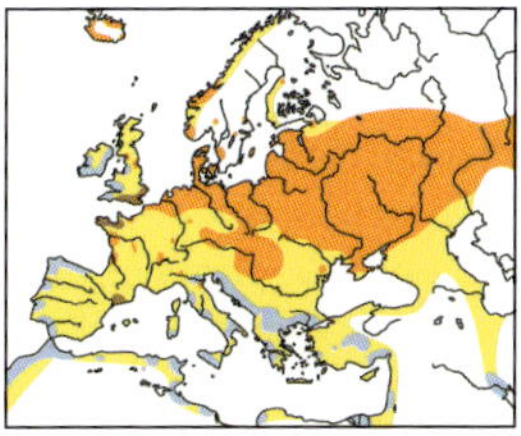

Große Schnepfe mit langen Beinen, langem Hals und fast geradem, langem Schnabel.

Status: Unterart *limosa* regelmäßiger Brutvogel im Flachland, im Süden sehr seltener Brutvogel. Regelmäßiger, gebietsweise häufiger Durchzügler, selten Überwinterer. Unterart *islandica* seltener Gast (Brutvogel auf Island).

Kleider: Geschlechter sind im Prachtkleid fast gleich, das Männchen ist etwas kräftiger rot als das Weibchen, allerdings ist die Unterart *islandica* im Prachtkleid und im Jugendkleid auch mehr rot als die Unterart *limosa*. Im Schlichtkleid recht einfarbig graubraun. Jugendkleid mit grober Fleckung auf dem Rücken, manchmal rötlich, sonst graubraun.

Stimme: Der Gesang wird im Flug vorgetragen und besteht aus einer langen Reihe von Silben wie „grütto-grütto-grütto...". Gesangsphrasen auch bei Aggression.

Ähnliche Arten: Pfuhlschnepfe hat stärker aufwärts gebogenen Schnabel und zeigt im Flug keinen deutlichen weißen Flügelstreif und keinen weißen Bürzel.

Steinwälzer *Arenaria interpres* (→ 263)

J F M A M J J A S O N D

En: Ruddy Turnstone
Fr: Tournepierre à collier
Es: Vuelvepiedras común
It: Voltapietre

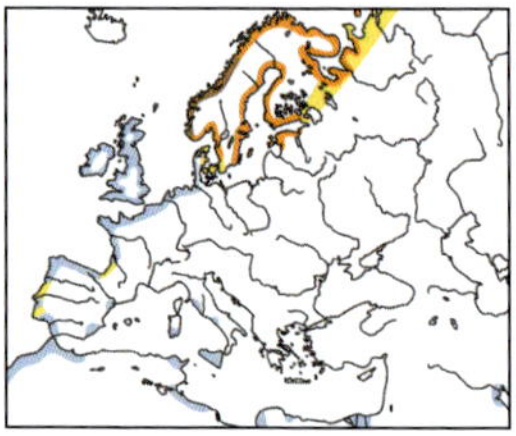

Sehr kurzbeinige, gedrungene Limikole mit markantem schwarz-weißem Flügel- und Schwanzmuster und kurzem, kräftigem Schnabel.

Status: Früherer Brutvogel in Schleswig-Holstein, regelmäßiger Übersommerer, Durchzügler und Überwinterer im Wattenmeer, seltener an der Ostsee und unregelmäßig im Binnenland.

Kleider: Geschlechter im Prachtkleid fast gleich, das Männchen ist kontrastreicher und kräftiger gefärbt. Im Schlichtkleid fast ohne Weiß im Kopf- und Halsbereich und mit relativ einheitlicher Dunkelbraunfärbung auf dem Rücken. Jugendkleid ähnlich Schlichtkleid, aber Kopfzeichnung noch schwächer kontrastierend und Rückenfedern mit hellen Rändern.

Stimme: Rastende Steinwälzer lassen im Watt bei Störung scharfe „kliä" hören, beim gemeinsamen Abflug klirrende „tititi...".

Ähnliche Arten: Zur Verwechslung der anderen Kleider mit weiteren eher kurzbeinigen Limikolen siehe Fotos.

Anadyrknutt (Großer Knutt)

Calidris tenuirostris (→ 267)

Ausnahmegast

En: Great Knot
Fr: Bécasseau de l'Anadyr
Es: Correlimos grande
It: Piovanello gigante

Etwas größer als Knutt, Schnabel länger und leicht abwärts gebogen.

Status: Ausnahmegast aus der sibirischen Tundra.

Die Bestimmung kleiner Strandläufer in Ruhe- und Jugendkleidern erfordert einige Erfahrung, besonders, wenn auch auf seltene Gäste und Ausnahemerscheinungen geachtet wird. Wichtige Bestimmungsmerkmale liefern Schnabelproportionen, Beinfarbe und -länge sowie ggf. vorhandene Linien im Rückenbereich und die Verteilung von Weiß auf der Unterseite. Bei einigen Arten ist es wichtig, die Lage der Flügelspitze im Verhältnis zur Schwanzspitze (lange Flügel, kurzer Schwanz usw.) zu beachten. Auch die Schwanzzeichnung kann wichtige Hinweise liefern.

Knutt *Calidris canutus* (→ 268)

Durchzügler, Wintergast

En: Red Knot
Fr: Bécasseau maubèche
Es: Correlimos gordo
It: Piovanello maggiore

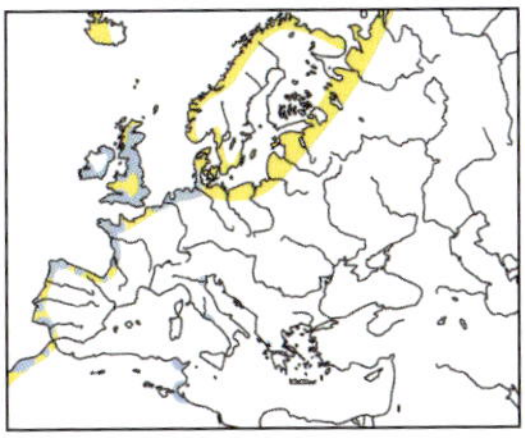

Plump wirkende, kurzbeinige Limikole.

Status: Regelmäßiger, ganzjährig auftretender Gastvogel im Wattenmeer, weniger an der Ostsee und selten im Binnenland.

Kleider: Geschlechter im Prachtkleid gleich. Im Schlichtkleid grau, Rückenfedern mit dunklen Schaftstrichen. Jugendkleid: ähnlich Schlichtkleid, aber Rückenfedern weiß und schwarz gesäumt, wodurch ein markantes Schuppenmuster entsteht.

Stimme: Aus einem im Watt rastenden Trupp ertönen variable Kurzrufe wie „nut" oder „tjuk".

Ähnliche Arten: Im Prachtkleid durch rostrote Unterseite nicht zu verwechseln und auch sonst anhand Größe und Gestalt erkennbar.

Kampfläufer *Calidris pugnax* (→ 262)

J F M A M J J A S O N D

En: Ruff (♂), Reeve (♀)
Fr: Combattant varié
Es: Combatiente
It: Combattente

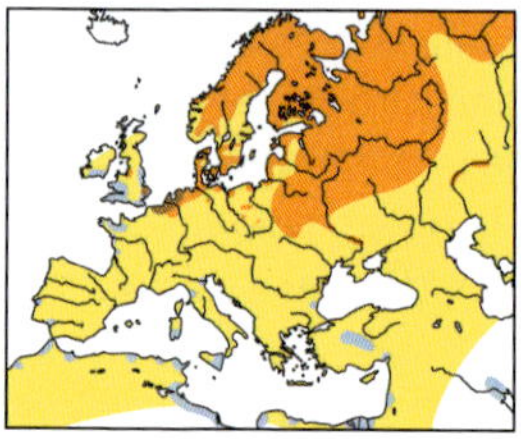

Mittelgroße, langbeinige Limikole mit mittelmäßig langem Schnabel. Männchen im Prachtkleid mit auffälligem Kopfschmuck und Halskrause.

Status: Sehr seltener Brutvogel im Norden, regelmäßiger Durchzügler.

Kleider: Männchen sind deutlich größer als Weibchen und im Prachtkleid leicht voneinander zu unterscheiden, siehe Fotos. Die Färbung der Halskrausen und Hauben der Männchen können sehr unterschiedlich von rein weiß über gesperbert, braun bis schwarz sein. Im Schlichtkleid beide Geschlechter einfarbig graubraun, Männchen größer und mit rötlichem Schnabelansatz. Im Jugendkleid mehr ockerfarben, Brust ungestrichelt und deutliche ockerfarbene Ränder der Rückenfedern.

Stimme: Keine auffälligen Lautäußerungen.

Ähnliche Arten: Männchen im Prachtkleid unverwechselbar. Zur Verwechslung der anderen Kleider mit anderen hochbeinigen Limikolen siehe Fotos.

Sumpfläufer *Calidris falcinellus* (→ 264)

Gastvogel

En: Broad-billed Sandpiper
Fr: Bécasseau falcinelle
Es: Correlimos falcinelo
It: Gambecchio frullino

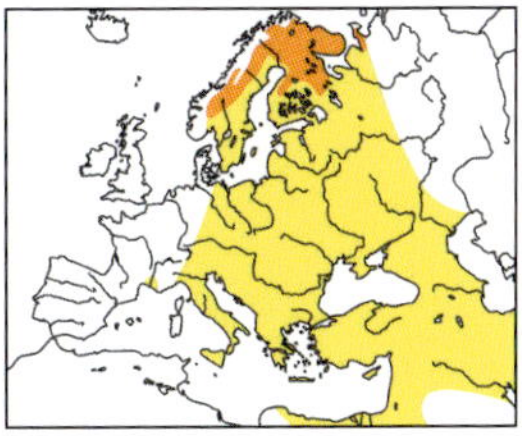

Kleine kurzbeinige und langschnäbelige Limikole mit charakteristischem Kopfmuster und an der Spitze leicht abwärts geknicktem Schnabel.

Status: Seltener Durchzügler, insbesondere östlich einer Linie Ostsee – Bodensee.

Kleider: Geschlechter gleich. Schlichtkleid grau und weiß, Rückenfedern mit markanten dunklen Schaftstrichen. Jugendkleid ähnlich Prachtkleid, aber Rückenpartie heller mit deutlichem weißem „V" und an den Brustseiten dünn gestrichelt (bei ad. kräftige, dunkle, dreieckige Flecke).

Ähnliche Arten: Zur Verwechslung der sonstigen Kleider mit anderen eher kurzbeinigen Limikolen siehe Fotos.

Spitzschwanz-Strandläufer

Calidris acuminata (→ 278)

Dem Graubrust-Strandläufer ähnliche Limikole.

Status: Ausnahmegast aus dem Osten Russlands.

Ausnahmegast

En: Sharp-tailed Sandpiper
Fr: Bécasseau à queue pointue
Es: Correlimos acuminado
It: Piovanello siberiano

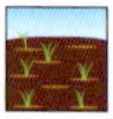

Bindenstrandläufer *Calidris himantopus* (→ 266)

Ausnahmegast

En: Stilt Sandpiper
Fr: Bécasseau à échasses
Es: Correlimos zancolín
It: Piro piro zampelunghe

Erinnert durch den deutlichen Überaugenstreif und den gebogenen, langen Schnabel etwas an Sichelstrandläufer, jedoch sind die grünlichen Beine auffallend lang und überragen im Flug weit den Schwanz.

Status: Ausnahmegast aus Nordamerika.

Langzehen-Strandläufer
Calidris subminuta

Ausnahmegast

En: Long-toed Stint
Fr: Bécasseau à longs doigts
Es: Correlimos dedilargo
It: Gambecchio minore

Status: Ausnahmegast aus Sibirien.

Sichelstrandläufer *Calidris ferruginea*

J F M A M J J A S O N D

(→ 281)

En: Curlew Sandpiper
Fr: Bécasseau cocorli
Es: Correlimos zarapitín
It: Piovanello comune

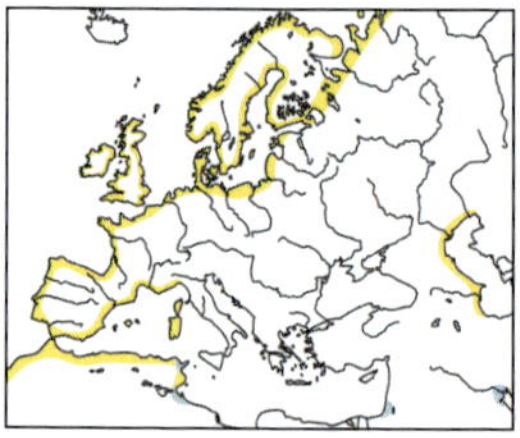

Etwas über starengroße, langbeinige Limikole mit deutlich abwärts gebogenem, relativ langem Schnabel.

Status: Regelmäßiger Durchzügler, im Wattenmeer v.a. im Herbst in großer Zahl, im Binnenland seltener, ausnahmsweise Übersommerer.

Kleider: Geschlechter sehr ähnlich, Männchen im Prachtkleid kräftiger ziegelrot gefärbt. Im Schlichtkleid weiß und grau, Rückenfedern mit feinem dunklem Schaftstrich. Jugendkleid brauner als Schlichtkleid und Rückenfedern mit dunklen und hellen Rändern, dadurch deutlich geschuppt, und Kehle hell ocker.

Ähnliche Arten: Wegen Verwechslungsgefahr mit anderen langbeinigen Limikolen siehe Fotos.

Temminckstrandläufer

Calidris temminckii (→ 273)

J F M A M J J A S O N D

En: Temminck's Stint
Fr: Bécasseau de Temminck
Es: Correlimos de Temminck
It: Gambecchio nano

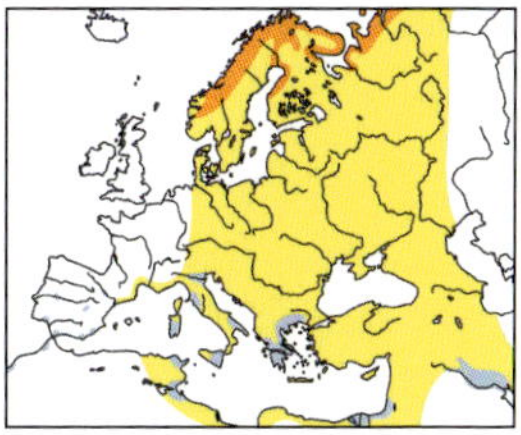

Kleiner, dem Zwergstrandläufer im Schlichtkleid sehr ähnlicher Strandläufer, jedoch mit gelblichen Beinen.

Status: Regelmäßiger Durchzügler an den Küsten und im Binnenland, seltener Wintergast.

Kleider: Geschlechter gleich. Im Prachtkleid hinsichtlich der Färbung der Rückenfedern (dunkles Zentrum mit heller Spitze oder grau mit feinem dunklem Schaftstrich) sehr variabel, oft auch beide Variationen scheckig verteilt. Schlichtkleid weiß und grau, Rückenfedern mit feinem dunklem Schaftstrich und hellem Rand. Jugendkleid bräunlicher als Schlichtkleid, Rückenfedern mit deutlichem hellbraunem und zusätzlich weiter innen dunkelbraunem Rand.

Stimme: Flugruf kurzes Trillern („tirr"), beim Zwergstrandläufer meist einsilbig „pit" oder „kip".

Ähnliche Arten: Zur Unterscheidung von anderen kleinen und kurzbeinigen Strandläufern siehe Fotos. Durch längere Flügel länger wirkend als Zwergstrandläufer und ohne Mantel und Schulter-V.

Rotkehl-Strandläufer *Calidris ruficollis*

(→ 272)

Ausnahmegast

2

En: Red-necked Stint
Fr: Bécasseau à col roux
Es: Correlimos cuellirrojo
It: Gambecchio collorosso

Kleiner Strandläufer. Im Prachtkleid durch überwiegend rotbraunen Kopf unverwechselbar. Im Schlichtkleid schwer vom Zwergstrandläufer zu unterscheiden.

Status: Ausnahmegast aus dem Nordsibirien.

Sanderling *Calidris alba* (→ 269)

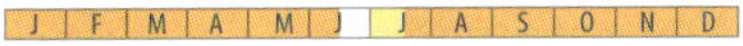

En: Sanderling
Fr: Bécasseau sanderling
Es: Correlimos tridáctilo
It: Piovanello tridattilo

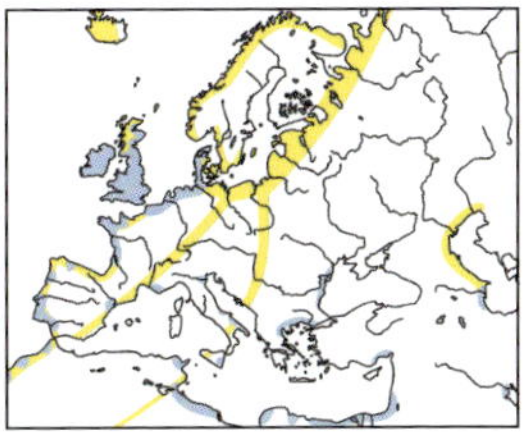

Kleine Limikole mit schwarzen kurzen Beinen.

Status: Regelmäßiger Gast an der Nordsee, zumindest in kleiner Zahl auch ganzjährig. Im Binnenland wesentlich seltener.

Kleider: Geschlechter gleich. Im Prachtkleid Kopf und Brustbereich weiß, rostbraun und dunkelbraun gesprenkelt, gegen Sommer überwiegt durch Abnutzung der Federspitzen das Rostbraun. Schlichtkleid hellgrau und weiß. Im 1. Winter größtenteils schwarz, weiß und im Kopf-Hals-Bereich etwas gelblich braun. Rückenfedern mit kräftigen schwarzen Zentren, Flügelbug fast schwarz.

Stimme: In der Gruppe bei Nahrungssuche am Strand ständige kurze „pit"-Rufe, auch gedehnt „wäd".

Ähnliche Arten: Zur Unterscheidung von anderen kleinen und kurzbeinigen Strandläufern siehe Fotos.

Alpenstrandläufer *Calidris alpina alpina* und *C. a. schinzii* („Kleiner Alpenstrandläufer“) (→ 280)

En: Dunlin
Fr: Bécasseau variable
Es: Correlimos común
It: Piovanello pancianera

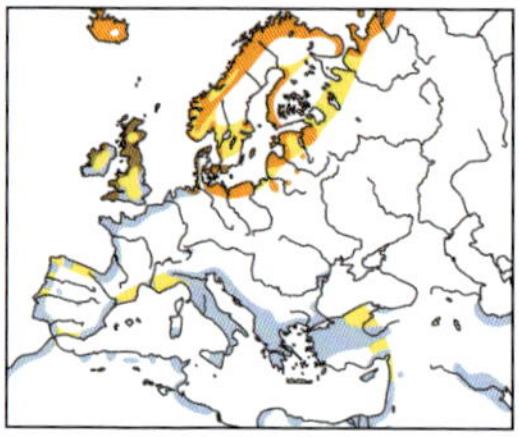

Starengroße Limikole, mit sehr variabel langem, meist leicht gebogenem Schnabel. Neben Knutt häufigste Limikole im Watt.

Status: Nominatform *alpina* regelmäßiger Sommer- und Mausergast sowie Durchzügler an der Küste, regelmäßig auch im Binnenland, vereinzelt Überwinterungen. Unterart *schinzii* sehr seltener Brutvogel im Norden.

Kleider: Geschlechter gleich. Die Unterart *schinzii* ist etwas kurzschnäbeliger und im Prachtkleid oberseits rötlich braun (statt rostbraun) und unterseits nicht rein schwarz gefärbt. Im Schlichtkleid ziemlich einfarbig hellgrau und weiß. Jugendkleid: Kopf- und Halsbereich braun, Brust und Bauch schwarz gefleckt. Im 1. Winter können einige Partien bereits Federn wie im (grau-weißen) Schlichtkleid tragen.

Stimme: Im Flug ein „körniger“ nasaler Ruf wie „drrüd“ oder „trirr“.

Ähnliche Arten: Zur Unterscheidung von anderen kurzbeinigen Limikolen siehe Fotos. Die Variabilität von Schnabellänge und -form kann bisweilen zu Verwechslungen mit anderen Limikolenarten führen.

Meerstrandläufer *Calidris maritima* (→ 279)

En: Purple Sandpiper
Fr: Bécasseau violet
Es: Correlimos oscuro
It: Piovanello violetto

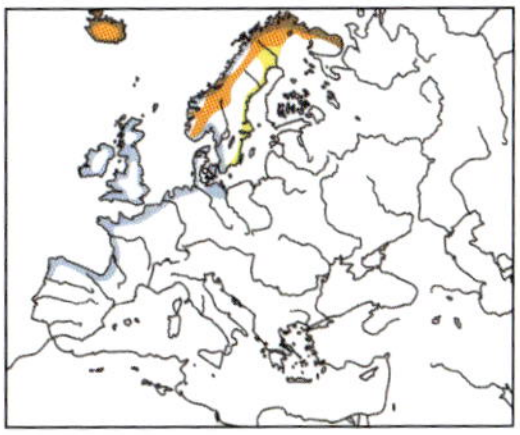

Eher kleine, rundlich wirkende, kurzbeinige Limikole, die im Herbst und Winter überwiegend graubraun ist.

Status: Regelmäßiger Durchzügler und Wintergast an den Küsten in kleiner Zahl, im Binnenland Ausnahmegast.

Kleider: Geschlechter gleich. Im Prachtkleid Kopf und Nacken fein hell- und dunkelbraun gefleckt, im Schlichtkleid hier recht einfarbig grau und Rückenfedern grau gerändert. Jugendkleid ähnlich Brutkleid, aber große Flügeldecken deutlich weiß gerändert (im Prachtkleid grau gerändert) und mit heller Schnabelbasis.

Stimme: Überwinternde Vögel am Felsstrand lassen meist kurze „wit"-Rufe hören, die an Kleiberrufe erinnern.

Ähnliche Arten: Graubraune Färbung und braungelbliche Beine und Schnabelbasis im Schlicht- und Jugendkleid sind recht eindeutig. Ansonsten siehe Fotos zur Unterscheidung von anderen kurzbeinigen Limikolen.

Bairdstrandläufer *Calidris bairdii* (→ 276)

Sehr ähnlich Weißbürzelstrandläufer, aber Augenstreif viel schwächer.

Status: Ausnahmegast aus Gebieten von Ostrussland bis Westgrönland.

Ausnahmegast

En: Baird's Sandpiper
Fr: Bécasseau de Baird
Es: Correlimos de Baird
It: Gambecchio di Baird

Zwergstrandläufer *Calidris minuta* (→ 271)

J F M A M J J A S O N D

En: Little Stint
Fr: Bécasseau minute
Es: Correlimos menudo
It: Gambecchio comune

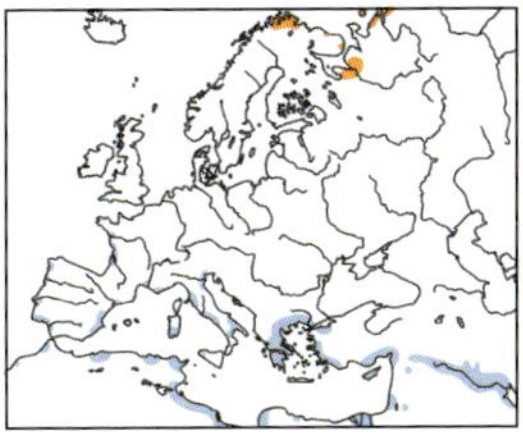

Sehr kleine Limikole mit dunklen Beinen.

Status: Regelmäßiger Durchzügler, besonders an der Nordseeküste, im Binnenland regelmäßig, aber in deutlich geringerer Zahl.

Kleider: Geschlechter fast gleich. Im Prachtkleid roströtliche Färbung von Oberseite, Brust und Kopf bei Männchen etwas stärker. Das abgetragene Prachtkleid ist deutlich blasser als das frische. Schlichtkleid grau und weiß, Rückenfedern mit feinem Schaftstrich und dünnen weißen Rändern. Jugendkleid ähnlich Prachtkleid, aber deutliche weiße „V"-Markierung auf dem Rücken und Rückenfedern mit breiten weißen Rändern.

Stimme: Ruf im Gegensatz zum Temminckstrandläufer meist nicht trillernd, sondern kurz und einsilbig „pit" oder „kip".

Ähnliche Arten: Zur Unterscheidung von anderen kleinen und kurzbeinigen Strandläufern siehe Fotos.

Wiesenstrandläufer *Calidris minutilla* (→ 274)

Ausnahmegast

En: Least Sandpiper
Fr: Bécasseau minuscule
Es: Correlimos menudillo
It: Gambecchio americano

Kleiner Strandläufer mit kurzen Beinen und kurzem Hals.

Status: Ausnahmegast aus Nordamerika.

Kleider: Geschlechter gleich. Im Schlichtkleid graubraun, Rückenfedern mit undeutlichen dunklen Zentren. Jugendkleid ähnlich Prachtkleid, aber bräunlicher und mit deutlich mehr Weiß an den Rückenfedern.

Ähnliche Arten: Zur Unterscheidung von anderen kleinen und kurzbeinigen Strandläufern siehe Fotos.

Weißbürzel-Strandläufer

Calidris fuscicollis (→ 275)

seltener Gast

En: White-rumped Sandpiper
Fr: Bécasseau à croupion blanc
Es: Correlimos culiblanco
It: Gambecchio di Bonaparte

Strandläufer mit eher langgestreckter Silhouette und auffälligem hellem Überaugenstreif im Schlichtkleid.

Status: Seltener Gastvogel aus Nordamerika an den Küsten, noch seltener im Binnenland.

Kleider: Geschlechter gleich. Im Schlichtkleid ziemlich einfarbig hellgrau und weiß. Jugendkleid mit kräftigen weißen Säumen an den Rückenfedern.

Ähnliche Arten: Zur Unterscheidung von anderen Strandläufern siehe Fotos.

Grasläufer *Calidris subruficollis* (→ 265)

seltener Gast

En: Buff-breasted Sandpiper
Fr: Bécasseau roussâtre
Es: Correlimos canelo
It: Piro piro fulvo

Eher langbeinige Limikole, die an einen zu kleinen Kampfläufer erinnert, mit einem auffälligen hellen Augenring und geradem schwarzem Schnabel.

Status: Sehr seltener, aber fast alljährlicher Gast aus Nordamerika.

Kleider: Geschlechter gleich. Im adulten Pracht- und Schlichtkleid Rückenfedern schmal braun gesäumt, im Jugendkleid breit hell ockerfarben gesäumt.

Ähnliche Arten: Zur Verwechslung der anderen Kleider mit anderen langbeinigen Limikolen siehe Fotos.

Graubrust-Strandläufer *Calidris melanotos*

(→ 277)

Gastvogel

3

En: Pectoral Sandpiper
Fr: Bécasseau à poitrine cendrée
Es: Correlimos pectoral
It: Piovanello pettorale

Limikole mit Gestalt eines kleinen Kampfläufers, mit gestrichelter Brust und davon scharf abgegrenztem weißem Bauch.

Status: Seltener, aber neuerdings regelmäßiger Durchzügler.

Kleider: Geschlechter gleich. Im Prachtkleid mehr rötlich braun, im Schlichtkleid mehr graubraun. Jugendkleid ähnlich Prachtkleid, aber Rückenfedern mit deutlichen rotbraunen Säumen und dunklen Federzentren.

Ähnliche Arten: Unterscheidung von anderen Limikolenarten siehe Fotos.

Sandstrandläufer *Calidris pusilla* (→ 270)

Ausnahmegast

En: Semipalmated Sandpiper
Fr: Bécasseau semipalmé
Es: Correlimos semipalmeado
It: Gambecchio semipalmato

Kleine amerikanische Limikole, dem europäischen Zwergstrandläufer sehr ähnlich und am besten durch die Stimme und die Spannhäute zwischen den Zehen erkennbar.

Status: Ausnahmegast vor allem aus Nordkanada und Alaska.

Stimme: Im Flug schwirrend „tschrrüp" oder „tüpp".

Tundraschlammläufer (Großer Schlammläufer)

Limnodromus scolopaceus (→ 243)

Ausnahmegast

3

En: Long-billed Dowitcher
Fr: Bécassin à long bec
Es: Agujeta escolopácea
It: Limnodromo pettorossiccio

Sehr ähnlich dem Moorschlammläufer.

Status: Ausnahmegast aus der Tundra Nordamerikas und Ostsibiriens.

Moorschlammläufer (Kleiner Schlammläufer)

Limnodromus griseus (→ 242)

Ausnahmegast

3

En: Short-billed Dowitcher
Fr: Bécassin roux
Es: Agujeta gris
It: Limnodromo grigio

Erinnert an einen Brachvogel mit zu kurzen Beinen, zu großem Kopf und zu geradem Schnabel.

Status: Ausnahmegast aus Nordamerika.

Waldschnepfe *Scolopax rusticola* (→ 244)

J F M A M J J A S O N D

En: Eurasian Woodcock
Fr: Bécasse des bois
Es: Chocha perdiz
It: Beccaccia

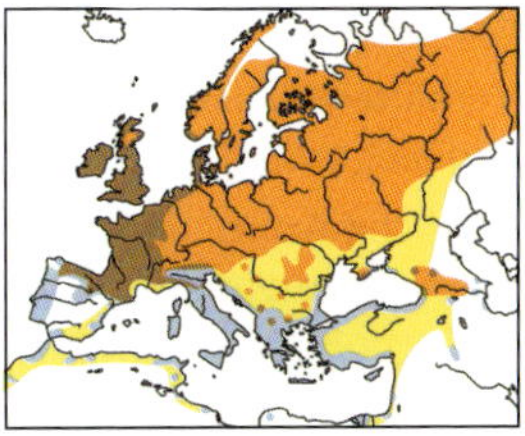

Große, plumpe, kurzbeinige Schnepfe mit sehr langem Schnabel. Im Unterschied zu den meisten anderen Limikolen ein echter Waldvogel.

Status: Regelmäßiger Brutvogel und Durchzügler.

Kleider: Geschlechter gleich, Alterskleider sehr ähnlich.

Stimme: Der Gesang besteht aus einer sehr charakteristischen Kombination aus tiefem „Quorren“ und hohem „Pitzen“ („quorr-quor-woworr pitz“)

Ähnliche Arten: Kaum zu verwechseln.

Zwergschnepfe *Lymnocryptes minimus*

J F M A M J J A S O N D

(→ 245)

En: Jack Snipe
Fr: Bécassine sourde
Es: Agachadiza chica
It: Frullino

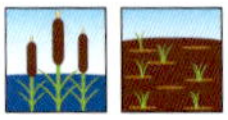

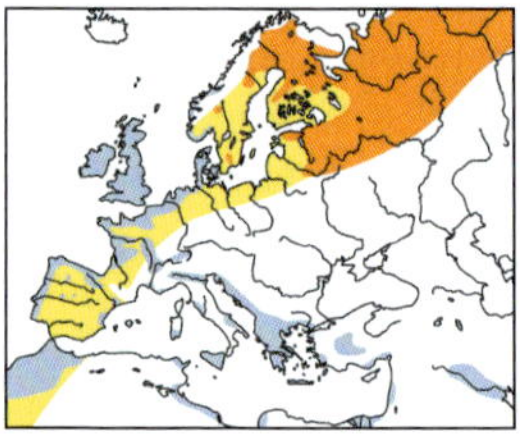

Kleine Schnepfe mit relativ kurzem Schnabel.

Status: Unregelmäßiger Brutvogel in Polen. Regelmäßiger Durchzügler und Überwinterer im Tiefland und Mittelgebirge, im Süden seltener Durchzügler und Überwinterer.

Kleider: Geschlechter gleich, Alterskleider sehr ähnlich.

Verhaltensweisen: Duckt sich bei Annäherung sehr lange und fliegt meist erst im allerletzten Moment auf.

Ähnliche Arten: Anhand der Größe und der sehr markanten hellen Längsstreifen auf der Oberseite von anderen Schnepfen zu unterscheiden.

Doppelschnepfe *Gallinago media* (→ 246)

Mittelgroße Schnepfe mit langem Schnabel.

Status: Seltener Brutvogel in Ostpolen, sehr seltener, aber wohl regelmäßiger Durchzügler im Osten, sonst Ausnahmegast.

Kleider: Geschlechter gleich, Alterskleider sehr ähnlich.

Ähnliche Arten: Bekassine hat ungebänderten, weißen Bauch, viel weniger Weiß am Schwanz und eine andere Weißverteilung im Flügel, siehe Fotos.

seltener Durchzügler und Brutvogel

En: Great Snipe
Fr: Bécassine double
Es: Agachadiza real
It: Croccolone

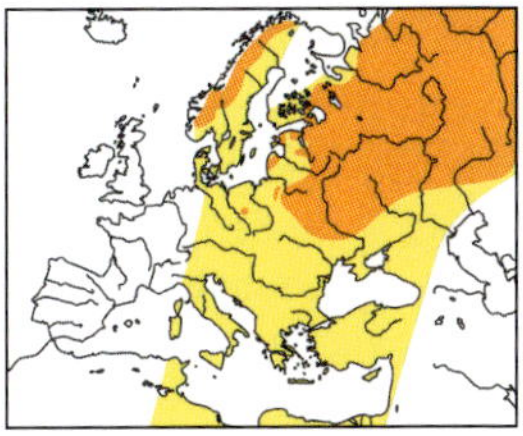

Bekassine *Gallinago gallinago* (→ 247)

J F M A M J J A S O N D

En: Common Snipe
Fr: Bécassine des marais
Es: Agachadiza común
It: Beccaccino

Mittelgroße Schnepfe mit sehr langem Schnabel.

Status: Regelmäßiger Brutvogel vor allem im Norden, im Süden und Westen sehr lückig verbreitet. Durchzügler, selten auch Wintergast.

Kleider: Geschlechter gleich, Alterskleider sehr ähnlich.

Stimme: Männchen führen bei der Balz Sturzflüge durch, bei denen die abgespreizten, spezialisierten, äußeren Schwanzfedern ein schnelles, dumpfes „bubububububu" erzeugen. Ruft beim Abflug nach Aufscheuchen „etsch", auch mehrfach.

Ähnliche Arten: Siehe Doppelschnepfe.

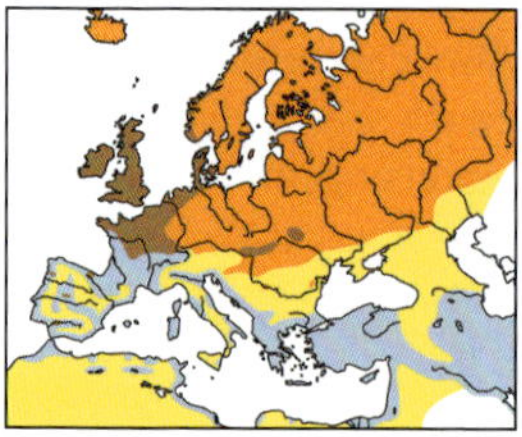

In den unauffällig gefärbten Kleidern lassen sich Wasserläufer und andere schlanke, langbeinige Limikolen vor allem an der Schnabelform und -länge, der Beinfarbe und der Verteilung von Weiß und gefleckten Partien an Brust, Bauch und Flanken erkennen. Auch die Schwanzzeichnung kann wichtige Hinweise liefern.

Bruchwasserläufer *Tringa glareola* (→ 258)

En: Wood Sandpiper
Fr: Chevalier sylvain
Es: Andarríos bastardo
It: Piro piro boschereccio

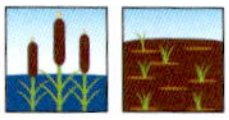

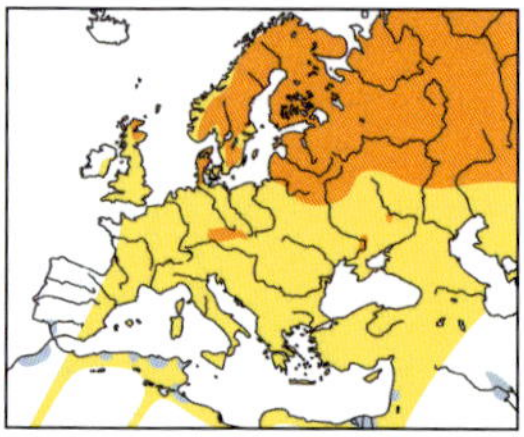

Typischer Wasserläufer mit auffallend langem hellem Überaugenstreif und grünlichen Beinen.

Status: Sehr seltener Brutvogel, regelmäßiger Durchzügler.

Kleider: Geschlechter gleich. Im Schlichtkleid ist die dunkle Zeichnung wesentlich undeutlicher und das Gefieder mehr grau. Jugendkleid ähnlich Prachtkleid, aber mehr bräunlich, mit feinerer, undeutlicher Streifung an Brust und Flanken und hellbraunen Flecken auf dem Rücken.

Stimme: Flugrufe mehrsilbige hohe „gib-gib-gib", auch von nächtlichen Durchzüglern zu hören.

Ähnliche Arten: Verwechslung mit anderen langbeinigen Limikolen möglich, siehe Fotos.

Terekwasserläufer *Xenus cinereus* (→ 259)

Gastvogel

En: Terek Sandpiper
Fr: Chevalier bargette
Es: Andarríos del Terek
It: Piro piro del Terek

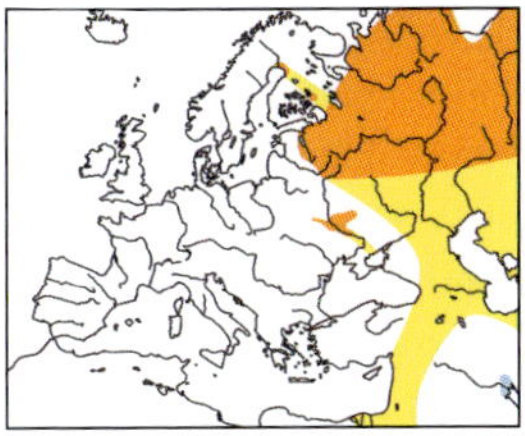

Kurzbeinige, mittelgroße, an einen Flussuferläufer erinnernde Limikole mit langem, aufwärts gebogenem Schnabel.

Status: Seltener Durchzügler aus Gebieten von Finnland ostwärts.

Kleider: Geschlechter gleich, Pracht- und Schlichtkleid grau und weiß, im Prachtkleid aber dunkler Flügelbug und Schulterstreif. Jugendkleid mehr bräunlich, das dunkle „V“ auf dem Rücken schwächer ausgeprägt.

Stimme: Im Abflug schnelle Phrasen von 2-3-(5) hohen „wiwiwi“, weicher als beim Grünschenkel.

Ähnliche Arten: Zur Unterscheidung von anderen mittelgroßen eher kurzbeinigen Limikolen siehe Fotos.

Wilsonwassertreter *Phalaropus tricolor*

(→ 248)

Ausnahmegast

En: Wilson's Phalarope
Fr: Phalarope de Wilson
Es: Falaropo tricolor
It: Falaropo di Wilson

Zierliche, häufig schwimmende Limikole mit sehr dünnem, fast nadelartigem Schnabel.

Status: Ausnahmegast aus Nordamerika.

Kleider: Im Prachtkleid sind die kräftiger und kontrastreicher gefärbten Weibchen leicht von den Männchen zu unterscheiden (siehe Fotos). Schlichtkleid weiß und hellgrau. Jugendkleid sehr ähnlich Schlichtkleid, aber ab 1. Winter Schirmfedern, Flügeldecken und manchmal weitere Federn des Rückens braun mit hellen Rändern.

Ähnliche Arten: Im Prachtkleid nicht zu verwechseln, zur Unterscheidung der Wassertreter im Schlichtkleid siehe Fotos.

Odinshühnchen *Phalaropus lobatus* (→ 249)

Gastvogel

En: Red-necked Phalarope
Fr: Phalarope à bec étroit
Es: Falaropo picofino
It: Falaropo beccosottile

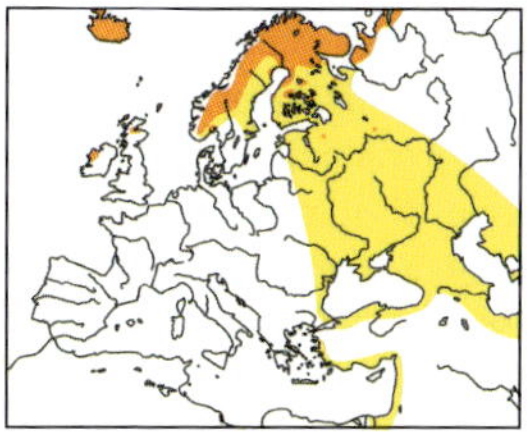

Zierliche, häufig schwimmende Limikole mit dünnem Schnabel.

Status: Regelmäßiger, aber seltener Durchzügler, im Binnenland noch seltener.

Kleider: Im Prachtkleid sind die kräftiger und kontrastreicher gefärbten Weibchen von den Männchen zu unterscheiden, siehe Fotos. Schlichtkleid weiß und hellgrau, Kopfzeichnung schwarz-weiß. Jugendkleid ähnlich Schlichtkleid, aber oberseits dunkler und Rückenfedern braun (nicht hellgrau) gerändert.

Ähnliche Arten: Im Prachtkleid nicht zu verwechseln, zur Unterscheidung der Wassertreter im Schlichtkleid siehe Fotos

Thorshühnchen *Phalaropus fulicarius* (→ 250)

Durchzügler

En: Red Phalarope
Fr: Phalarope à bec large
Es: Falaropo picogrueso
It: Falaropo beccolargo

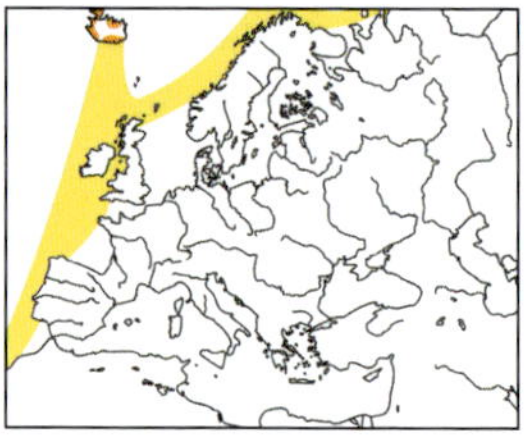

Zierliche, häufig schwimmende Limikole mit relativ kräftigem Schnabel. Wenig scheu.

Status: Regelmäßiger Durchzügler in geringer Zahl an den Küsten, im Binnenland ausnahmsweise.

Kleider: Im Prachtkleid sind die kräftiger und kontrastreicher gefärbten Weibchen leicht von den Männchen zu unterscheiden, siehe Fotos. Schlichtkleid weiß und hellgrau, Kopfzeichnung schwarz-weiß, Vorderrücken einfarbig hellgrau. Jugendkleid ähnlich Schlichtkleid, aber oberseits dunkler, Vorderrücken gestreift, Brustbereich hell bräunlich und Rückenfedern braun (nicht hellgrau) gerändert.

Ähnliche Arten: Im Prachtkleid nicht zu verwechseln, zur Unterscheidung der Wassertreter im Schlichtkleid siehe Fotos.

Flussuferläufer *Actitis hypoleucos* (→ 260)

J F M A M J J A S O N D

En: Common Sandpiper
Fr: Chevalier guignette
Es: Andaríos chico
It: Piro piro piccolo

Mittelgroße, eher kurzschnäbelige Limikole mit mittelmäßig langen Beinen. Gleitet im Flug mit charakteristisch abwärts gebogenen Flügeln.

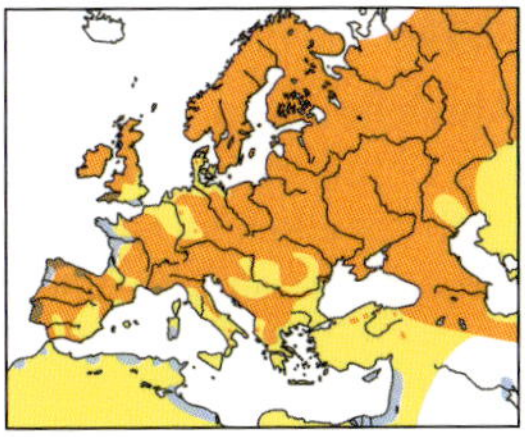

Status: Seltener Brutvogel, regelmäßiger Durchzügler, selten auch im Winter.

Kleider: Geschlechter gleich. Im Prachtkleid markantes dunkles Muster auf den Rückenfedern, siehe Foto, Brust deutlich fein gestreift. Im Schlichtkleid Zeichnung viel einheitlicher und verwaschener. Im Jugendkleid Rückenfedern mit dunklem Schaftstrich und hellbraunem Rand, dunkle Musterung der Mittleren und Großen Decken ergibt feine Streifung.

Verhaltensweisen: Wippt häufig mit dem Hinterkörper.

Stimme: Beim Abflug erklingt ein sehr charakteristisches, schneidendes „hídididi", oft gefolgt von weiteren zwei- oder dreisilbigen gleichartigen Rufen.

Ähnliche Arten: Zur Unterscheidung von anderen mittelgroßen eher kurzbeinigen Limikolen siehe Fotos. Siehe speziell auch Drosseluferläufer.

Drosseluferläufer *Actitis macularius* (→ 261)

Ausnahmegast

En: Spotted Sandpiper
Fr: Chevalier grivelé
Es: Andarríos maculado
It: Piro piro macchiato

Ähnlich Flussuferläufer.

Status: Ausnahmegast aus Nordamerika.

Kleider: Geschlechter gleich, im Prachtkleid mit dicken Punkten auf Brust und Bauch, im Schlichtkleid Brust und Bauch weiß. Im Schlichtkleid ergeben die Zeichnungen der Mittleren und Großen Decken ein deutliches Streifenmuster.

Ähnliche Arten: Im Brutkleid vom Flussuferläufer durch Fleckung der Unterseite leicht zu unterscheiden. Beine gelblich. Im Schlichtkleid vor allem im Flug durch bis zum Körper reichenden weißen Flügelstreifen vom Flussuferläufer zu unterscheiden.

Waldwasserläufer *Tringa ochropus* (→ 257)

J F M A M J J A S O N D

En: Green Sandpiper
Fr: Chevalier cul-blanc
Es: Andarríos grande
It: Piro piro culbianco

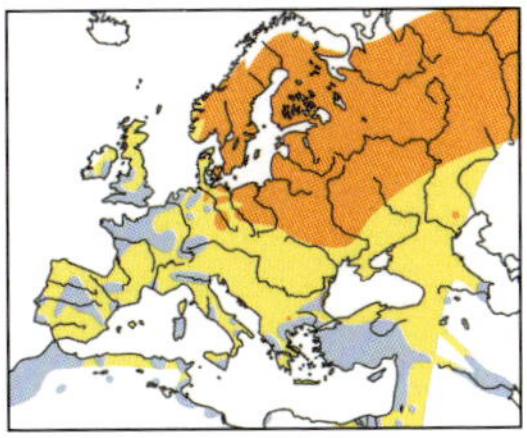

Typischer Wasserläufer mit langen Beinen, weißer Unterseite und dunkler Oberseite.

Status: Regelmäßiger Brutvogel im Nordosten, Durchzügler, z.T. Überwinterer im Binnenland.

Kleider: Geschlechter gleich. Im Schlichtkleid oberseits und an der Brust ziemlich einfarbig und dunkel. Jugendkleid ähnlich Prachtkleid, aber bräunlicher und Sprenkelung der Oberseite mehr beige (im Prachtkleid mehr grau).

Stimme: Beim Abfliegen ruft der Waldwasserläufer charakteristisch „tlüit-it-it" oder „tjuit-it-it-it".

Ähnliche Arten: Verwechslung mit anderen langbeinigen Limikolen möglich, siehe Fotos.

Einsiedelwasserläufer (Einsamer Wasserläufer) *Tringa solitaria*

(→ 258 A)

Ausnahmegast

En: Solitary Sandpiper
Fr: Chevalier solitaire
Es: Andarríos solitario
It: Piro piro solitario

Ähnlich Waldwasserläufer, aber geringfügig kleiner und deutlich weiter überstehende Flügelspitzen.

Status: Ausnahmegast aus Alaska und Kanada.

Grauschwanz-Wasserläufer

Heteroscelus brevipes (→ 258 B)

Ausnahmegast

En: Grey-tailed Tattler
Fr: Chevalier de Sibérie
Es: Playero siberiano
It: Piro piro siberiano

Limikole mit kurzen gelblichen Beinen und ungemusterter, hellgrauer Oberseite.

Status: Ausnahmegast von asiatischen Binnengewässern.

Gelbschenkel (Kleiner Gelbschenkel)

Tringa flavipes (→ 256)

Ausnahmegast

3

En: Lesser Yellowlegs
Fr: Petit Chevalier
Es: Archibebe patigualdo chico
It: Totano zampegialle minore

Gestalt ähnlich Rotschenkel, jedoch Schnabel zierlicher und ähnlich Teichwasserläufer.

Status: Ausnahmegast aus Nordamerika.

Tüpfelgelbschenkel (Großer Gelbschenkel)

Tringa melanoleuca (→ 255)

Ausnahmegast

3

En: Greater Yellowlegs
Fr: Grand Chevalier
Es: Archibebe patigualdo grande
It: Totano zampegialle maggiore

Sehr ähnlich Kleinem Gelbschenkel, jedoch Schnabel länger, aufgeworfen und wesentlich kräftiger.

Status: Ausnahmegast aus Nordamerika.

Rotschenkel *Tringa totanus totanus* und *T. t. robusta* („Isländischer Rotschenkel“) (→ 252)

En: Common Redshank
Fr: Chevalier gambette
Es: Archibebe común
It: Pettegola

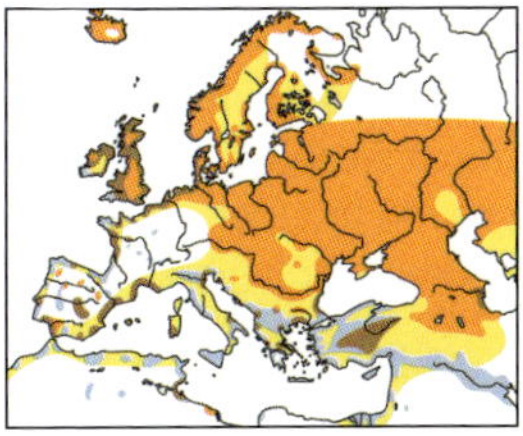

Mittelgroße, schlanke, langbeinige und langschnäbelige Limikole mit auffallend roten Beinen.

Status: Unterart *totanus* regelmäßiger Brutvogel im Nordwesten und an der Küste, im Binnenland erheblich seltener. Überwintert im Nordseeraum, regelmäßiger Durchzügler. Unterart *robusta* regelmäßiger Gast (Brutvogel auf Island).

Kleider: Geschlechter gleich. Im Schlichtkleid nur schwach gemustert grau. Jugendkleid ähnlich Prachtkleid, aber Beine gelblich orange, insgesamt feinere dunkle Zeichnung an Kopf und Brust und Rückenfedern mit braunen Rändern.

Stimme: Der Gesang besteht aus einer langen Folge klangvoller Motive wie „tlütlü-tlütlü-tlütlü…“, der Flugruf klingt wie „tjüjü“ oder „tjü-dü-dü“.

Ähnliche Arten: Verwechslung mit anderen langbeinigen Limikolen möglich, siehe Fotos. Im Flug durch weißen Keil auf dem Rücken und breiten, weißen Flügelhinterrand allerdings kaum verwechselbar.

Teichwasserläufer *Tringa stagnatilis* (→ 253)

seltener Gastvogel

En: Marsh Sandpiper
Fr: Chevalier stagnatile
Es: Archibebe fino
It: Albastrello

Knapp mittelgroße Limikole mit langem, nadelfeinem Schnabel, sehr langen Beinen und schlanker Gestalt.

Status: Sehr seltener Brutvogel in Nordostpolen. Seltener Durchzügler und Gastvogel.

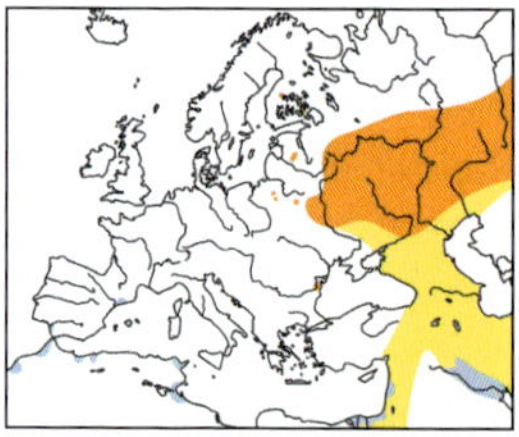

Kleider: Geschlechter gleich. Im Schlichtkleid oberseits ohne kräftige Fleckung, Brust und Flanken weiß. Jugendkleid erinnert durch die feine Kopf-Hals-Streifung an Prachtkleid, ist aber insgesamt brauner und statt der dunklen Rückenfleckung sind die Federn hier hellbraun gerändert.

Stimme: Der beunruhigt auffliegende Vogel ruft ein- oder mehrsilbig „kjükjü", höher und schneller als der Grünschenkel.

Ähnliche Arten: Verwechslung mit anderen langbeinigen Limikolen möglich, siehe Fotos.

Dunkelwasserläufer *Tringa erythropus* (→ 251)

En: Spotted Redshank
Fr: Chevalier arlequin
Es: Archibebe oscuro
It: Totano moro

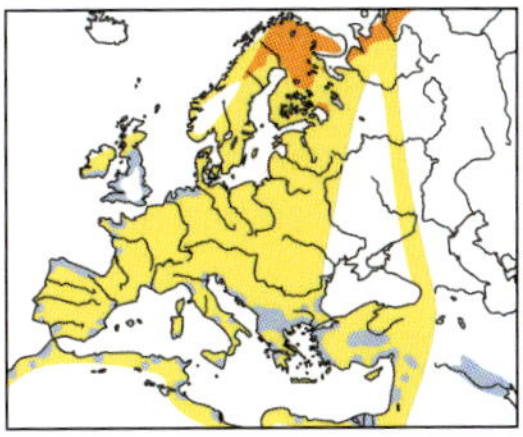

Mittelgroße, schlanke, langbeinige und langschnäbelige Limikole.

Status: Regelmäßiger Durchzügler an der Küste und im Binnenland, gelegentlich Überwinterungsversuche.

Kleider: Geschlechter gleich. Prachtkleid einschließlich der Beine überwiegend schwarz, Schlichtkleid wenig gemustert weißlich und hellgrau, Beine rot. Im Jugendkleid Hals fein längs gestreift, von Brust bis Schwanz fein quer gebändert, Rückenfedern mit schmutzig weißen Rändern, Beine hell rötlich.

Stimme: Der charakteristische zweisilbige Flugruf „tjuwitt" unterscheidet sich deutlich von demjenigen des Rotschenkels.

Ähnliche Arten: Verwechslung mit anderen langbeinigen Limikolen möglich, siehe Fotos.

Grünschenkel *Tringa nebularia* (→ 254)

J F M A M J J A S O N D

En: Common Greenshank
Fr: Chevalier aboyeur
Es: Archibebe claro
It: Pantana

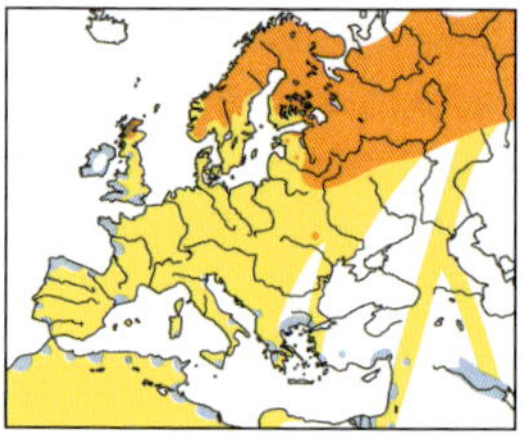

Große, robuste, langbeinige Limikole mit langem, kräftigem und leicht aufwärts gebogenem Schnabel.

Status: An der Küste und im Binnenland regelmäßiger, im Binnenland spärlicher Durchzügler.

Kleider: Geschlechter gleich. Prachtkleid mit kräftig gefleckter Brust und mindestens einigen Rückenfedern mit schwarzen Zentren, Schlichtkleid mit dünner gestrichelter Brust und schwarz und weiß gerandeten Rückenfedern. Im Jugendkleid Kopf, Hals, Vorderrücken und Brust dünn gestreift, Oberseite ziemlich dunkel.

Stimme: Der Flugruf klingt härter als derjenige des Rotschenkels und gleichbleibend betont „kjü-kjü-kjü".

Ähnliche Arten: Verwechslung mit anderen langbeinigen Limikolen möglich, siehe Fotos.

Rennvogel *Cursorius cursor* (→ 284)

Ausnahmegast

3

En: Cream-coloured Courser
Fr: Courvite isabelle
Es: Corredor sahariano
It: Corrione biondo

Langbeinige Limikole mit sandfarbenem Gefieder und blaugrauem Scheitel im Prachtkleid.

Status: Ausnahmegast aus Nordafrika oder Kleinasien.

Kleider: Geschlechter gleich. Im Jugendkleid ohne blaugrauen Hinterkopf und mit dreieckigen dunklen Flecken auf dem Rücken sowie Fleckung auf Hals und Kopf.

Ähnliche Arten: Kaum verwechselbar.

Rotflügel-Brachschwalbe

Glareola pratincola (→ 286)

Brutvogel an wenigen Orten

En: Collared Pratincole
Fr: Glaréole à collier
Es: Canastera común
It: Pernice di mare

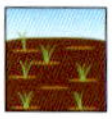

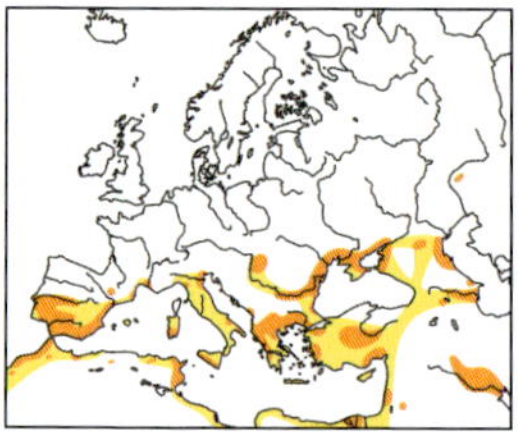

Im Sitzen etwas an eine Seeschwalbe, im ausdauernden Flug an eine Limikole erinnernder, etwa turmfalkengroßer Vogel.

Status: Seltener Brutvogel in Ungarn, andernorts seltener Gast im Sommerhalbjahr.

Kleider: Geschlechter gleich. Im Schlichtkleid mit deutlich weniger kontrastreicher Kopffärbung, weniger Rot am Schnabel und weniger gelblicher Brustfärbung. Im Jugendkleid Hals und Kopf gefleckt und Rückenfedern mit schwarzen und weißen Säumen.

Ähnliche Arten: Zur Unterscheidung von anderen Brachschwalbenarten siehe Fotos. Ansonsten kaum zu verwechseln.

Orientbrachschwalbe *Glareola maldivarum* (→ 286A)

Ausnahmegast

En: Oriental Pratincole
Fr: Glaréole orientale
Es: Canastera oriental
It: Pernice di mare dal collare

Im Sitzen etwas an eine Seeschwalbe, im ausdauernden Flug an eine Limikole erinnernder, etwa turmfalkengroßer Vogel.

Status: Ausnahmegast aus Asien.

Kleider: Geschlechter gleich. Kleider ähnlich Rotflügel-Brachschwalbe, jedoch nur im Jugendkleid mit (schmalem) weißem Flügelhinterrand.

Ähnliche Arten: Zur Unterscheidung von anderen Brachschwalbenarten siehe Fotos. Ansonsten kaum zu verwechseln.

Schwarzflügel-Brachschwalbe

Glareola nordmanni (→ 285)

En: Black-winged Pratincole
Fr: Glaréole à ailes noires
Es: Canastera alinegra
It: Pernice di mare orientale

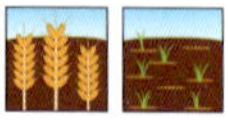

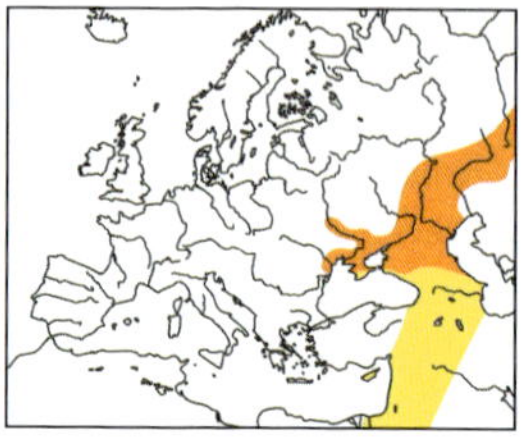

Im Sitzen etwas an eine Seeschwalbe, im ausdauernden Flug an eine Limikole erinnernder, etwa turmfalkengroßer Vogel.

Status: Ausnahmegast aus Gebieten zwischen Schwarzem Meer und Kasachstan.

Kleider: Geschlechter gleich. Im Schlichtkleid mit deutlich weniger kontrastreicher Kopffärbung und weniger gelblicher Brustfärbung. Jugendkleid sehr ähnlich Schlichtkleid.

Ähnliche Arten: Zur Unterscheidung von anderen Brachschwalbenarten siehe Fotos. Ansonsten kaum zu verwechseln.

Noddiseeschwalbe *Anous stolidus* (→ 325)

Ausnahmegast

En: Brown Noddy
Fr: Noddi brun
Es: Tiñosa boba
It: Sterna stolida

Braune Seeschwalbe mit weißen „Augenklammern“.

Status: Ausnahmegast aus den Subtropen und Tropen, die nächsten Brutgebiete liegen im Roten Meer.

Dreizehenmöwe *Rissa tridactyla* (→ 302)

En: Black-legged Kittiwake
Fr: Mouette tridactyle
Es: Gaviota tridáctila
It: Gabbiano tridattilo

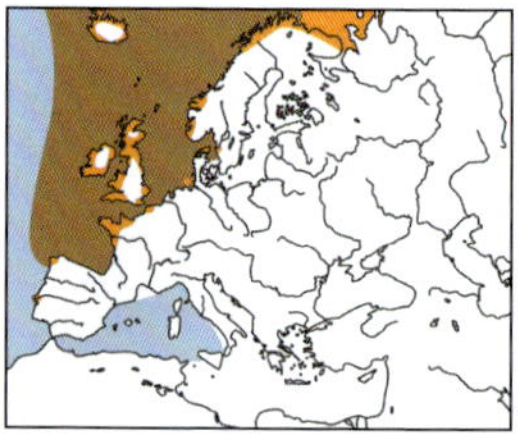

Mittelgroße Möwe maritimer Lebensräume mit kurzen, dunklen Beinen.

Status: Regelmäßiger Brutvogel auf Helgoland, regelmäßiger Wintergast an der Nord- und Ostseeküste, im Binnenland nach Süden deutlich seltener.

Kleider: Geschlechter gleich. Im Schlichtkleid mit grauem Schläfenfleck und grauem Nacken. Im Jugendkleid markante Färbung der Flügeloberseite, mit fast schwarzem Nackenband und dunklem Schnabel. Reste der dunklen Flügeldecken sind im 2. Winter und darauffolgenden Sommer noch erkennbar.

Stimme: Im Umfeld der Brutkolonien sind die charakteristischen, etwas miauenden Rufe „kiti-wääik“ zu hören.

Ähnliche Arten: Die auffällig schwarze Flügelzeichnung der Jugendkleider kann mit den entsprechenden Kleidern von Zwerg-, Schwalben- und Rosenmöwe verwechselt werden. Im Adultkleid einzige Möwenart mit rein gelbem Schnabel.

Elfenbeinmöwe *Pagophila eburnea* (→ 301)

Ausnahmegast

En: Ivory Gull
Fr: Mouette blanche
Es: Gaviota marfileña
It: Gabbiano eburneo

Mittelgroße Möwe, die stehend an eine weiße Taube erinnert.

Status: An der Nordseeküste seltener Gast aus der Arktis.

Kleider: Geschlechter gleich. Im Jugendkleid und 1. Winter mit schwarzen Punkten auf den Oberflügeln.

Ähnliche Arten: Die im Grundton weißen Jugendkleider und erst recht das rein weiße Alterskleid sind kaum zu verwechseln.

Schwalbenmöwe *Xema sabini* (→ 303)

Ausnahmegast

En: Sabine's Gull
Fr: Mouette de Sabine
Es: Gaviota de Sabine
It: Gabbiano di Sabine

Mittelgroße Möwe mit gegabeltem Schwanz und sehr auffälliger Flügelzeichnung.

Status: Im Herbst seltener Gast aus der Tundra und den Küstengewässern der Arktis an der Nordseeküste, ausnahmsweise Ostsee und Binnenland.

Kleider: Geschlechter gleich. Im Schlichtkleid Kopf hell, aber Hinterkopf und Nacken dunkel braungrau. Jugendkleid weiß und bräunlich, Rücken mit sehr deutlichem Schuppenmuster.

Ähnliche Arten: Verwechslung mit anderen mittelgroßen Möwen mit auffälliger Flügelzeichnung möglich: Dreizehen-, Zwerg- und Rosenmöwe.

Dünnschnabelmöwe *Chroicocephalus genei* (→ 308)

Ausnahmegast

En: Slender-billed Gull
Fr: Goéland railleur
Es: Gaviota picofina
It: Gabbiano roseo

Mittelgroße, an Lachmöwe (im Schlichtkleid) erinnernde Möwe mit längerem Schnabel und flacherer Stirn.

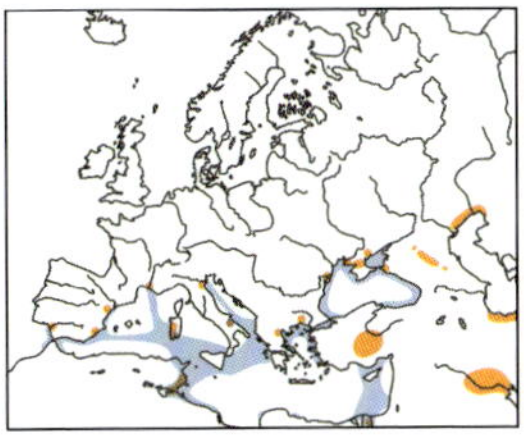

Status: Sehr seltener Gast aus dem Mittelmeerraum, v. a. im Süden.

Kleider: Geschlechter gleich. Im Schlichtkleid Schnabel rötlich und Brust-Bauch-Bereich mit schwächerer Rosatönung. Im Jugendkleid Beine und Schnabel rosa-orange, Rückenfedern mit braunen Zentren. Flügeldecken auch im 1. Winter und gelegentlich einige noch im 2. Winter mit diesen braunen Zentren.

Ähnliche Arten: Typisches langschnäbliges Kopfprofil, aber dennoch ist eine Verwechslung mit anderen mittelgroßen Möwen möglich, siehe Fotos.

Bonapartemöwe

Chroicocephalus philadelphia (→ 306)

Ausnahmegast

En: Bonaparte's Gull
Fr: Mouette de Bonaparte
Es: Gaviota de Bonaparte
It: Gabbiano di Bonaparte

Ähnlich einer kleinen, kurzbeinigen Lachmöwe.

Status: Ausnahmegast aus dem nördlichen Nordamerika.

Kleider: Sehr ähnlich wie bei der Lachmöwe. Schnabel in allen Kleidern schwarz.

Ähnliche Arten: Von der Lachmöwe im Prachtkleid durch schwarze (nicht dunkelbraune) Kapuze und hellrote oder orange (nicht dunkelrote) Beine und einen schwarzen Schnabel unterschieden.

Für die Bestimmung kleinerer Möwenarten im Schlicht- und Jugendkleid sind Form und Farbe des Schnabels, Flügelfärbung (vor allem Muster auf der Oberseite und Färbung der Hinterkante und der Flügelspitze) und das Vorhandensein eines dunklen Ohrflecks wichtige Hinweise.

Lachmöwe *Chroicocephalus ridibundus* (→ 307)

J F M A M J J A S O N D

En: Black-headed Gull
Fr: Mouette rieuse
Es: Gaviota reidora
It: Gabbiano comune

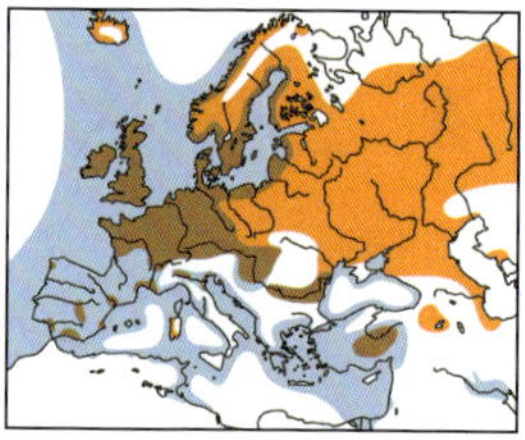

Am weitesten verbreitete kleinere Möwenart, im Prachtkleid mit typischer dunkelbrauner Gesichtsmaske.

Status: Regelmäßiger Brutvogel, Durchzügler und Wintergast.

Kleider: Geschlechter gleich. Im Schlichtkleid ohne schwarzbraunen Kopf, dafür mit deutlichem Ohrfleck, rotem Schnabel mit schwarzer Spitze und rosa-gelblichen Beinen. Jugendkleid bräunlich, oberseits stark gemustert. Im 1. Winter viele Oberflügeldecken mit dunklen Zentren.

Stimme: Vor allem zur Brutzeit rund um die Uhr mit quärrenden Rufen stimmaktiv.

Ähnliche Arten: Unter den kleineren und im Prachtkleid dunkelköpfigen Möwen hat nur die Lachmöwe eine sehr dunkel braune, aber nicht schwarze Maske.

Zwergmöwe *Hydrocoloeus minutus* (→ 305)

Brutvogel an wenigen Orten

En: Little Gull
Fr: Mouette pygmée
Es: Gaviota enana
It: Gabbianello

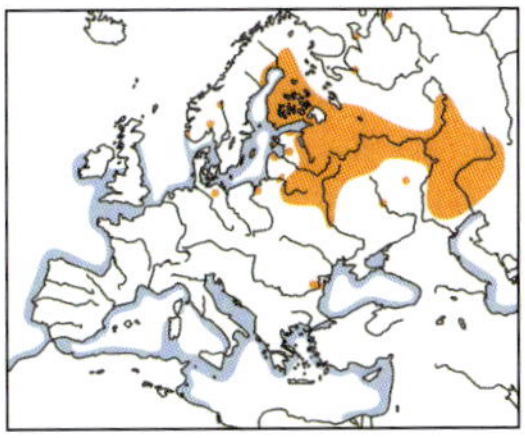

Kleine Möwe mit schwarzer Kapuze im Prachtkleid und auffälliger Flügelzeichnung in den Jugendkleidern.

Status: Regelmäßiger Gast an den Küsten, auf dem offenen Meer und im Binnenland. Sehr seltener Brutvogel in Polen und den Niederlanden.

Kleider: Geschlechter gleich. Im Schlichtkleid ohne schwarzen Kopf, aber mit dunklem Scheitel, dunklem Ohrfleck und rosa Beinen. Jugendkleid mit auffälliger Färbung der Oberseite. Einige der dunklen Federn auf den Oberflügeln sind noch im 1. Winter sichtbar. Im 2. Winter Oberflügel noch mit dunkler Färbung an den Flügelspitzen und Unterflügel heller.

Ähnliche Arten: In den Jugendkleidern Verwechslung mit anderen Möwen mit auffälliger Flügelzeichnung möglich: Dreizehen-, Rosen- und Schwalbenmöwe. Im Prachtkleid ähnlich der etwas größeren Lachmöwe, siehe Fotos.

Rosenmöwe *Rhodostethia roseus* (→ 304)

Ausnahmegast

En: Ross's Gull
Fr: Mouette rosée
Es: Gaviota rosada
It: Gabbiano di Ross

Eher kleine Möwe mit keilförmigem Schwanz und rosafarbenem Gefieder im Prachtkleid und auffälliger Flügelzeichnung im Schlichtkleid.

Status: Sehr seltener Gast an der Nordsee, sonst Ausnahmegast aus der Arktis Sibiriens oder Nordamerikas.

Kleider: Geschlechter gleich. Im Schlichtkleid ohne schwarzen Kopfhinterrand, mit weniger Rosatönung und auffällig dunklem Bereich um die Augen. Jugendkleid bräunlich, im 1. Winter auffällige Flügelzeichnung.

Ähnliche Arten: Verwechslung mit anderen Möwen mit auffälliger Flügelzeichnung möglich: Dreizehen-, Zwerg- und Schwalbenmöwe.

Aztekenmöwe *Leucophaeus atricilla* (→ 309)

Ausnahmegast

En: Laughing Gull
Fr: Mouette atricille
Es: Gaviota guanaguanare
It: Gabbiano sghignazzante

An die (etwas größere) Schwarzkopfmöwe erinnernde, eher kleine Möwe, mit allerdings viel dunkleren Oberflügeln und dunklerem Rücken.

Status: Ausnahmegast von der Ostküste der USA.

Kleider: Geschlechter gleich. Im Schlichtkleid nur mit Grauspuren am hellen Kopf. Jugendkleid bräunlich, im 1. Winter Flanken und Brust grau meliert und einige Oberflügeldecken mit graubraunen Zentren. Außerdem dunkle Schwanzbinde, die noch im 2. Winter sichtbar sein kann.

Ähnliche Arten: Verwechslung mit anderen, im Prachtkleid dunkelköpfigen und eher kleinen Möwen möglich, siehe Fotos.

Präriemöwe *Leucophaeus pipixcan* (→ 310)

Ausnahmegast

En: Franklin's Gull
Fr: Mouette de Franklin
Es: Gaviota pipizcan
It: Gabbiano di Franklin

Ähnlich Aztekenmöwe, aber etwas kleiner.

Status: Ausnahmegast aus Nordamerika.

Kleider: Geschlechter gleich. Auffälliger weißer Augenring in allen Kleidern sichtbar. Im Schlichtkleid mindestens Stirnbereich weiß, Rest grau-weiß durchsetzt. Jugendkleid bräunlich, im ersten Winter Oberflügeldecken graubraun und mit dunklen Zentren. Schwanz mit deutlicher Endbinde, die aber schon bei Einjährigen kaum mehr auffällt (mittlere Schwanzfedern dann hellgrau).

Ähnliche Arten: Verwechslung vor allem mit der (etwas größeren) Aztekenmöwe und der auf dem Rücken helleren und größeren Schwarzkopfmöwe denkbar. Siehe auch Fotos.

Korallenmöwe *Ichthyaetus audouinii* (→ 313)

Ausnahmegast

En: Audouin's Gull
Fr: Goéland d'Audouin
Es: Gaviota de Audouin
It: Gabbiano corso

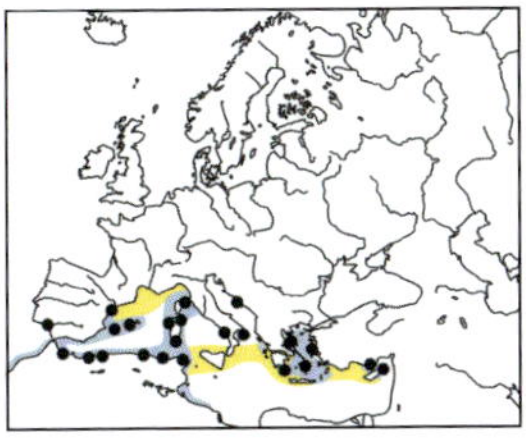

Langflügelige Großmöwe mit relativ stumpfem und kurzem Schnabel, der im Prachtkleid überwiegend dunkelrot ist.

Status: Ausnahmegast aus dem Mittelmeerraum.

Kleider: Geschlechter gleich. Schlichtkleid sehr ähnlich Prachtkleid, Jugendkleid graubraun mit hellen Rändern der Rückenfedern, Schwanz dunkel. Im 1. Winter erste einfarbig graue Federn auf dem Rücken, bei Zweijährigen gesamter Handflügel und Teile des Armflügels noch dunkel und kleine dunkle Schwanzbinde, Schnabel aber bereits rötlich. Das volle Prachtkleid wird erst im 4. Lebensjahr erreicht.

Ähnliche Arten: Verwechslung mit anderen Großmöwen vor allem in den Jugendkleidern möglich, siehe Fotos.

Schwarzkopfmöwe

J F M A M J J A S O N D

Ichthyaetus melanocephalus (→ 311)

En: Mediterranean Gull
Fr: Mouette mélanocéphale
Es: Gaviota cabecinegra
It: Gabbiano corallino

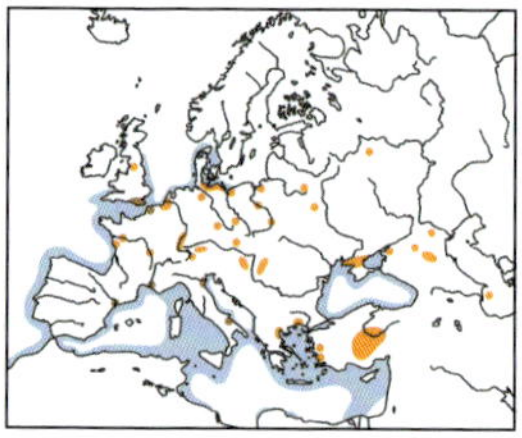

Bis auf den schwarzen Kopf im Prachtkleid eine sehr helle, mittelgroße Möwe.

Status: Regelmäßiger Brutvogel in Ungarn, Belgien und den Niederlanden, in Deutschland seltener Brutvogel und regelmäßiger Gast.

Kleider: Geschlechter gleich. Im Schlichtkleid Kopf hell mit feiner Strichelung an Hinterkopf und Schläfen. Jugendkleid braun mit sehr markantem Schuppenmuster auf dem Rücken und dunklem Schwanz. Ab 1. Winter bereits hellgraue Federn auf dem Oberflügel, allmählich zunehmend. Im 2. Winter Schwanz ganz weiß und nur noch etwas Schwarz an den Flügelspitzen. Das volle Prachtkleid wird im 3. Lebensjahr erreicht.

Stimme: Vor allem in gemischten Möwenkolonien heben sich die quäkenden „aua“- und „gwää“-Rufe der Schwarzkopfmöwe deutlich von denjenigen der Lachmöwen ab.

Ähnliche Arten: Im Adultkleid mit weißen Schwanzfedern und schwarzer Kappe unverwechselbar, im Jugendkleid vor allem ähnlich Sturmmöwe, aber auch Verwechslung mit anderen Arten möglich, siehe Fotos.

Fischmöwe *Ichthyaetus ichthyaetus* (→ 312)

Durchzügler, Wintergast

En: Pallas's Gull
Fr: Goéland ichthyaète
Es: Gavión cabecinegro
It: Gabbiano di Pallas

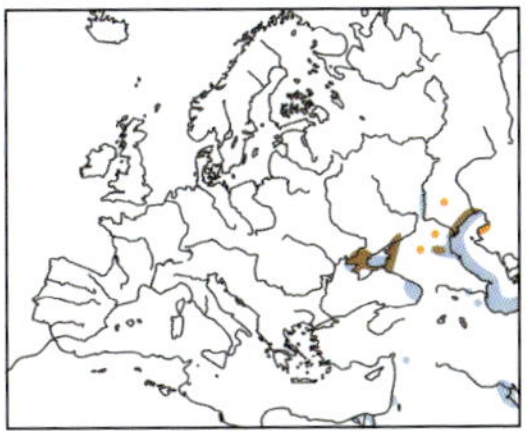

Größte Möwe mit schwarzem Kopf im Prachtkleid, mit langem, mächtigem Schnabel und flacher Stirn.

Status: Sehr seltener Gast, inzwischen aber fast alljährlich.

Kleider: Geschlechter gleich. Im Schlichtkleid Kopf hell, Hinterkopf und Schläfen dunkelgrau durchsetzt, Beine gelb. Im Jugendkleid Rücken braun, Federn deutlich hell gerändert, Beine rosa. Bereits ab dem 1. Winter ausgedehnte graue Bereiche wie im Adultgefieder auf den Oberflügeln, Schwanz mit dunkler Binde. Das endgültige Prachtkleid mit schwarzem Kopf wird erst im 4. Lebensjahr erreicht.

Ähnliche Arten: Im Prachtkleid aufgrund der Größe und der schwarzen Kopfkappe unverwechselbar. Flaches Kopfprofil auch in den Jugendkleidern deutlich, dennoch ist eine Verwechslung mit anderen Großmöwen möglich.

Sturmmöwe *Larus canus canus* und *L. c. heinei* (→ 314)

En: Mew Gull
Fr: Goéland cendré
Es: Gaviota cana
It: Gavina

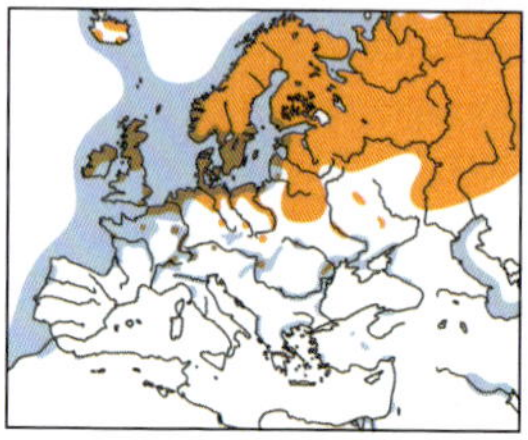

Ähnlich einer zierlichen Silbermöwe mit rundlichem Kopf und dunklen Augen.

Status: Unterart *canus* regelmäßiger Brutvogel an den Küsten und im küstennahen Binnenland, ansonsten regelmäßiger Wintergast. Unterart *heinei* regelmäßiger Wintergast (brütet in W-Russland und Sibirien).

Kleider: Geschlechter gleich. Im Schlichtkleid mit gesprenkeltem Kopf und grünlichem Schnabel mit dünner schwarzer Binde und gelber Spitze. Jugendkleid bräunlich, im ersten Winter bereits graue Federn auf dem Rücken, Schnabel an der Basis und Beine rosa, Schwanz mit Endbinde. Im 2. Winter Schwanz weiß, Beine grünlich, Kopf und Brustbereich gesprenkelt, breite schwarze Schnabelbinde. Volles Prachtkleid ab dem 3. Lebensjahr.

Ähnliche Arten: Im Prachtkleid ggf. mit der viel größeren Silbermöwe oder der Dreizehenmöwe (diese mit schwarzen statt gelbgrünen Beinen) zu verwechseln. Unterscheidungsmerkmale zu anderen größeren Arten im Jugendkleid siehe Fotos.

Ringschnabelmöwe *Larus delawarensis* (→ 315)

Ausnahmegast

En: Ring-billed Gull
Fr: Goéland à bec cerclé
Es: Gaviota de Delaware
It: Gavina americana

Sehr ähnlich Sturmmöwe mit dickerem Schnabel, der im Adultkleid den namensgebenden schwarzen Ring trägt.

Status: Ausnahmegast aus Nordamerika.

Kleider: Geschlechter gleich. Im Schlichtkleid mit gesprenkeltem Kopf und grünlichem Schnabel mit schwarzer Binde und gelber Spitze. Iris bei Adulten immer hell gelblich. Jugendkleid bräunlich, im ersten Winter bereits graue Federn auf dem Rücken, Schnabel an der Basis und Beine rosa, Schwanz mit Endbinde. Im 2. Winter Schwanz mit Resten der Binde, Beine grünlich, Kopf und Brustbereich gesprenkelt, breite schwarze Schnabelbinde. Volles Prachtkleid ab dem 3. Lebensjahr.

Ähnliche Arten: Vor allem mit der Sturmmöwe zu verwechseln, aber auch Verwechslung mit anderen großen Möwenarten möglich, siehe Fotos.

Die hier gezeigten Großmöwen erreichen ihr Adultkleid erst im 4. Lebensjahr. Die Artbestimmung in den verschiedenen Jugendkleidern erfordert einige Erfahrung. Wichtige Hinweise sind Körperproportionen, die Breite von Schwanzbinden, die Schwarz-Weiß-Verteilung an der Flügelspitze und die Musterung der Körperoberseite.

Mantelmöwe S. 227

einjährig
Foto: August

2. Winter
Foto: August

3. Winter
Foto: April

4. Winter
Foto: August

Silbermöwe S. 228

vorjährig
Foto: März

2. Winter
Foto: April

3. Winter
Foto: September

4. Winter
Foto: Mai

Mittelmeermöwe S. 235

1. Winter
Foto: November

2. Sommer
Foto: Mai

3. Winter
Foto: Dezember

4. Winter
Foto: Februar

Steppenmöwe S. 234

diesjährig
Foto: Juli

2. Kalenderjahr
Foto: November

3. Kalenderjahr
Foto: Mai

4. Kalenderjahr
Foto: Juli

Heringsmöwe S. 236

diesjährig
Foto: August

2. Kalenderjahr
Foto: Juni

3. Kalenderjahr
Foto: Mai

4. Kalenderjahr
Foto: April

Mantelmöwe *Larus marinus* (→ 316)

En: Great Black-backed Gull
Fr: Goéland marin
Es: Gavión atlántico
It: Mugnaiaccio

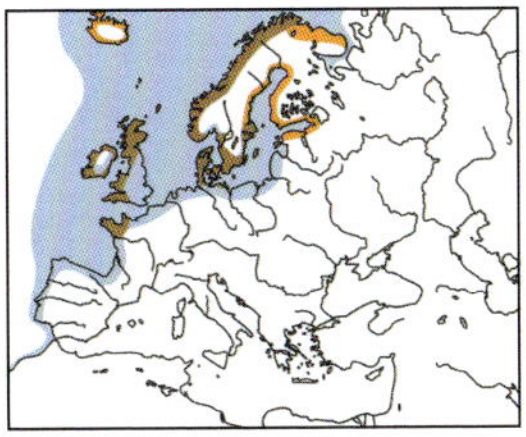

Sehr große, im Adultkleid schwarz-weiße Möwe mit kräftigem, hohem Schnabel.

Status: Sehr seltener Brutvogel an der Nordseeküste, dort aber regelmäßig ganzjährig anwesender Gast. Im Binnenland sehr selten.

Kleider: Geschlechter gleich. Schlichtkleid sehr ähnlich Prachtkleid, Jugendkleid braun gesprenkelt, im 2. Winter Kopf und Brust bereits heller, Schnabelbasis rosa, im 3. Winter Rücken bereits einheitlich dunkelgrau, Schnabel hell, Schwanz noch dunkel. Das endgültige Prachtkleid wird erst im 4., manchmal erst im 5. Lebensjahr erreicht.

Ähnliche Arten: Im Adultkleid Verwechslungsmöglichkeit mit der kleineren, ebenfalls dunkelflügeligen Heringsmöwe. Jugendkleider können mit denen anderer Großmöwen verwechselt werden, siehe Fotos.

Silbermöwe *Larus argentatus argentatus* und *L. a. argenteus* (→ 318)

En: European Herring Gull
Fr: Goéland argenté
Es: Gaviota argéntea europea
It: Gabbiano reale nordico

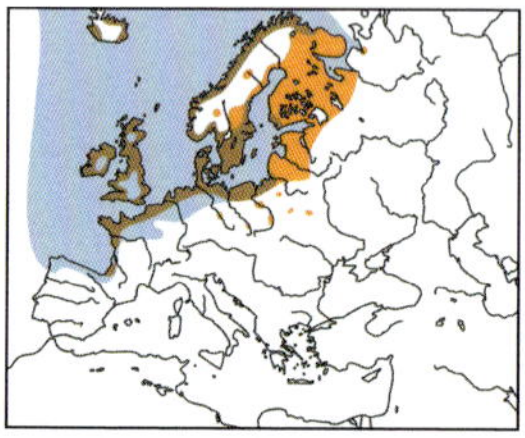

Große Möwe, die im vierten Jahr ihr erstes Prachtkleid mit silbergrauem Mantel bekommt.

Status: Unterart *argentatus* häufiger Brutvogel an der Küste, im Norden auch im Binnenland lokaler Brutvogel und regelmäßiger Gast, im Süden wesentlich seltener. Unterart *argenteus* regelmäßiger Gast (brütet in Nordwest-Europa).

Kleider: Geschlechter gleich. Im Schlichtkleid Kopf graubraun gesprenkelt. Jugendkleid braun, Rückenfedern dunkelbraun mit hellen Rändern, im 1. Winter bereits deutlich heller und Rückenfedern nicht mehr flächig dunkel, sondern mit dunklen Zentren. Im 2. Winter Mantel bereits großteils hellgrau, im 3. Winter noch Spuren des braunen Jugendkleides. Das volle Prachtkleid mit gelbem Schnabel wird im 4. Lebensjahr erreicht.

Stimme: Im Vergleich zur Steppenmöwe sind die Alarmrufe der Silbermöwe etwas tiefer, vor allem aber langsamer.

Ähnliche Arten: Mittelmeer- und Steppenmöwe sind sehr ähnlich, haben jedoch im Adultkleid gelbe und nicht wie die Silbermöwe fleischfarbene Beine. Silbermöwe im Winterkleid mit stärker gestricheltem Kopf als die beiden anderen Arten.

Eismöwe *Larus hyperboreus* (→ 317)

Wintergast

En: Glaucous Gull
Fr: Goéland bourgmestre
Es: Gavión hiperbóreo
It: Gabbiano glauco

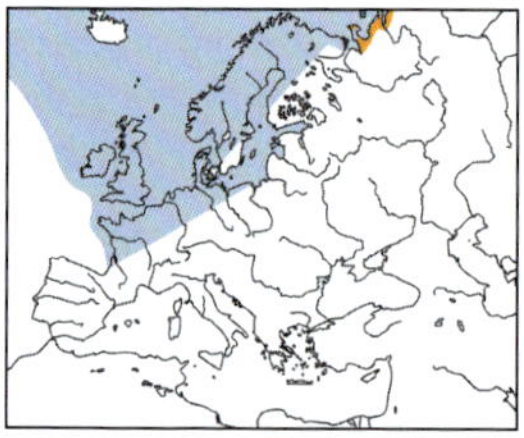

Sehr große, sehr helle Möwe ohne Schwarz im Großgefieder.

Status: Seltener, fast regelmäßiger Wintergast an der Nordseeküste.

Kleider: Geschlechter gleich. Im Schlichtkleid Kopf und Hals grob braun gefleckt, Rest ähnlich Prachtkleid. Jugendkleid bräunlich, Unterseite und Hals sehr fein meliert, Oberseite mit deutlichem Wellenmuster. Gefieder bleicht im 1. Winter stark aus und wirkt dann sehr hell. Ab 2. Winter Iris gelb, ganzer Körper grob braun gefleckt, im 3. Winter Flügeloberseiten überwiegend grau. Das volle Prachtkleid wird erst im 4. Lebensjahr erreicht.

Ähnliche Arten: Ähnlich hell und fast ohne Weiß im Großgefieder sind die deutlich kleineren Polar- und Elfenbeinmöwen, siehe Fotos.

Polarmöwe *Larus glaucoides glaucoides* und *L. g. kumlieni* („Kumlienmöwe“) (→ 324)

Wintergast

En: Iceland Gull
Fr: Goéland arctique
Es: Gaviota groenlandesa
It: Gabbiano d'Islanda

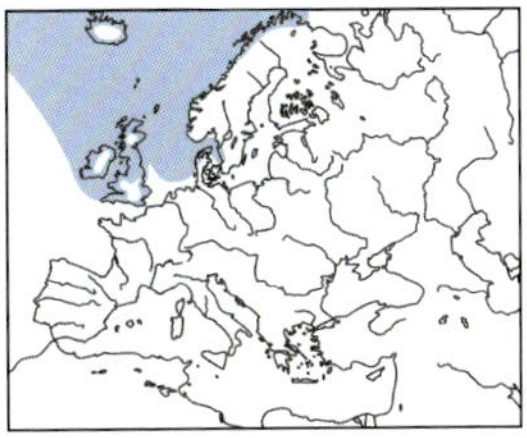

Der Eismöwe in allen Kleidern sehr ähnliche, jedoch deutlich kleinere Möwe mit auffallend rundlichem Kopf und relativ kurzem Schnabel.

Status: Unterart *glaucoides* seltener Wintergast an der Küste, im Binnenland Ausnahmegast, ebenso *kumlieni* Ausnahmegast.

Kleider: Geschlechter gleich. Verhältnisse bei den Kleidern sehr ähnlich Eismöwe.

Ähnliche Arten: Kleiner, kurzschnäbeliger und langflügeliger als Eismöwe.

Thayermöwe *Larus thayeri* (→ 317 B)

Ausnahmegast

5

En: Iceland Gull (Thayer's)
Fr: Goéland arctique (thayeri)
Es: Gaviota esquimel
It: Gabbiano eschimese

Im Brutkleid der Silbermöwe sehr ähnlich mit kräftig fleischfarbenen Füßen und leuchtend rotem Augenring.

Status: Ausnahmegast aus dem nördlichen Nordamerika.

Kanadamöwe *Larus smithsonianus* (→ 317 A)

Ausnahmegast

En: American Herring Gull
Fr: Goéland hudsonien
Es: Gaviota argéntea americana
It: Gabbiano reale americano

Sehr ähnlich der Silbermöwe.

Status: Ausnahmegast aus Nordamerika.

Kleider: Verhältnisse bei den Kleidern sehr ähnlich wie bei der Silbermöwe.

Ähnliche Arten: Die Art ist nicht immer von der Silbermöwe unterscheidbar. Siehe Fotos wegen tendenzieller Merkmale.

Steppenmöwe *Larus cachinnans* (→ 321)

J F M A M J J A S O N D

En: Caspian Gull
Fr: Goéland pontique
Es: Gaviota del Caspio
It: Gabbiano reale pontico

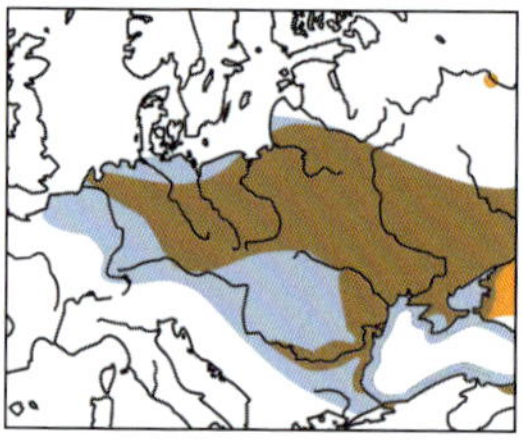

Große, der im Adultkleid ebenfalls gelbfüßigen Mittelmeermöwe sehr ähnliche Möwe.

Status: Regelmäßiger Brutvogel im Süden Polens, sonst regelmäßiger Gast. Einzelne Brutpaare in Deutschland, in Ausbreitung begriffen.

Kleider: Verhältnisse bei den Kleidern sehr ähnlich wie bei der Silbermöwe. Gelbliche Beine ab 3. Winter.

Stimme: Die Rufe der Steppenmöwe sind nasalgackernd und werden in schnellerem Tempo vorgetragen als die Rufe anderer heller Großmöwen.

Ähnliche Arten: Schnabel etwas dünner als bei der Silbermöwe und Auge klein und dunkel. Vögel vor Erreichen des Adultkleides lassen sich nur mit Erfahrung von Mittelmeer- und Silbermöwe unterscheiden.

Mittelmeermöwe *Larus michahellis* (→ 320)

J F M A M J J A S O N D

En: Yellow-legged Gull
Fr: Goéland leucophée
Es: Gaviota patiamarilla
It: Gabbiano reale

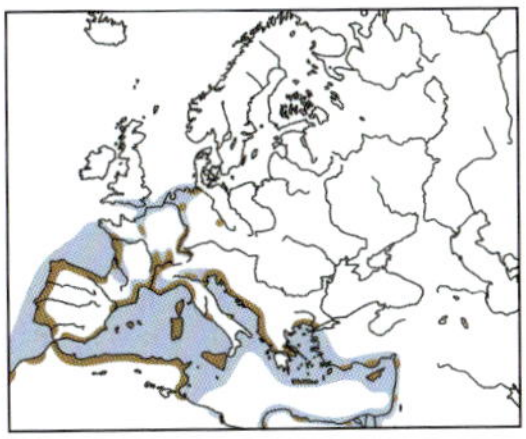

Große, der Silber- und Steppenmöwe sehr ähnliche Möwe und von diesen oft nur schwer zu unterscheiden.

Status: Regelmäßiger Brutvogel in geringer Zahl und ganzjährig anwesender Gast v. a. im Süden.

Kleider: Verhältnisse bei den Kleidern sehr ähnlich wie bei der Silbermöwe. Gelbliche Beine ab 3. Winter.

Stimme: Die Alarmrufe der Mittelmeermöwe klingen tiefer und sind langsamer als die der Steppenmöwe.

Ähnliche Arten: Adulte im Prachtkleid von der Silbermöwe an den gelben Beinen und dem etwas dunkleren Mantel zu unterscheiden. Die Steppenmöwe hat einen etwas dünneren Schnabel und eine dunkle Iris. Adulte im Schlichtkleid mit schneeweißem Kopf.

Heringsmöwe *Larus fuscus fuscus* („Baltische Heringsmöwe“), *L. f. graellsii* („Westliche Heringsmöwe“) und *L. f. intermedius* (→ 323)

J	F	M	A	M	J	J	A	S	O	N	D

En: Lesser Black-backed Gull
Fr: Goéland brun
Es: Gaviota sombría
It: Zafferano

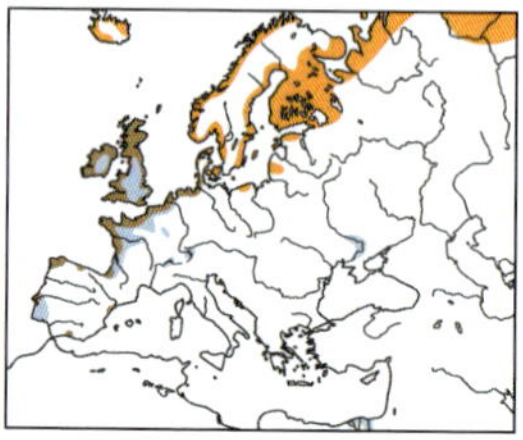

Große, schlanke Möwe mit langen Flügeln, die ihr Alterskleid mit dunkelgrauem Mantel (bei Unterart *fuscus* besonders dunkel) im vierten Kalenderjahr erreicht.

Status: Unterart *intermedius* regelmäßiger Brutvogel v. a. an der Nordsee, regelmäßiger Gast auch im Binnenland. Unterarten *fuscus* und (seltener) *graellsii* kommen als Durchzügler vor.

Kleider: Geschlechter gleich. Im Schlichtkleid Kopf graubraun gesprenkelt. Jugendkleid braun, Rückenfedern dunkelbraun mit hellen Rändern, im 1. Winter bereits deutlich heller und Rückenfedern nicht mehr flächig dunkel, sondern mit dunklen Zentren. Im 2. Winter Mantel bereits großteils hellgrau, im 3. Winter noch Spuren des braunen Jugendkleides. Das volle Prachtkleid mit gelbem Schnabel wird im 4. Lebensjahr erreicht.

Ähnliche Arten: Die Mantelmöwe hat im Adultkleid ebenfalls einen dunklen Mantel, ist aber wesentlich größer.

Tundramöwe *Larus [fuscus] heuglini* (→ 323 A)

Status: Ausnahmegast aus Nordrussland und Westsibirien.

Kleider: Verhältnisse bei den Kleidern sehr ähnlich wie bei der Heringsmöwe. Gelbe Beine erst im Adultstadium.

Ausnahmegast

En: Siberian Gull
Fr: Goéland de Sibérie
Es: Gaviota Encapuchada
It: Zafferano (heuglini)

Bei der Bestimmung von Seeschwalben im Jugendkleid kommt es neben Größe und Proportionen vor allem auf die Färbung des Kopfes und der Bürzelregion sowie auf die Helligkeit von Flügelspitze und Flügelkanten an.

Lachseeschwalbe
S. 239
Jugendkleid (diesjährig)
Foto: Juli

Raubseeschwalb
S. 240
Übergang
Jugendkleid zu 1. Wint
Foto: Oktober

Zwergseeschwalbe
S. 244
Jugendkleid (diesjährig)
Foto: September

Flussseeschwalbe
S. 248
Jugendkleid
Foto: Juli

Weißflügel-Seeschwalbe
S. 252
Jugendkleid (diesjährig)
Foto: Juli

Küstenseeschwal
S. 249
Jugendkleid
Foto: August

Weißbart-Seeschwalbe
S. 251
Jugendkleid
Foto: August

Trauerseeschwalbe
S. 253
Jugendkleid
Foto: August

Lachseeschwalbe *Gelochelidon nilotica* (→ 326)

En: Gull-billed Tern
Fr: Sterne hansel
Es: Pagaza piconegra
It: Sterna zampenere

Weißgraue Seeschwalbe mit (außer im Jugendkleid) komplett schwarzem, kräftigem Schnabel. Im Brutkleid mit schwarzer, deutlich bis in den Nacken reichender Kappe.

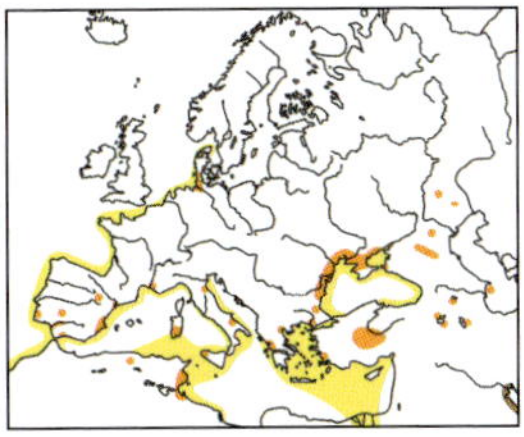

Status: Sehr seltener Brutvogel an der deutschen Nordseeküste, sonst seltener und unregelmäßiger Gast.

Kleider: Geschlechter gleich. Im Schlichtkleid ohne schwarze Kappe. Im Jugendkleid Oberkopf hell bräunlich. Rücken- und Oberflügelfedern mit hellem Rand.

Stimme: Lachseeschwalben haben einen charakteristischen nasal durchdringenden Ruf wie „gluwick“ oder „gogäg“.

Ähnliche Arten: Die Brandseeschwalbe hat einen dünneren, längeren Schnabel mit heller Spitze und im Brutkleid einen struppigen Schopf.

Raubseeschwalbe *Hydroprogne caspia* (→ 327)

J F M A M J J A S O N D

En: Caspian Tern
Fr: Sterne caspienne
Es: Pagaza piquirroja
It: Sterna maggiore

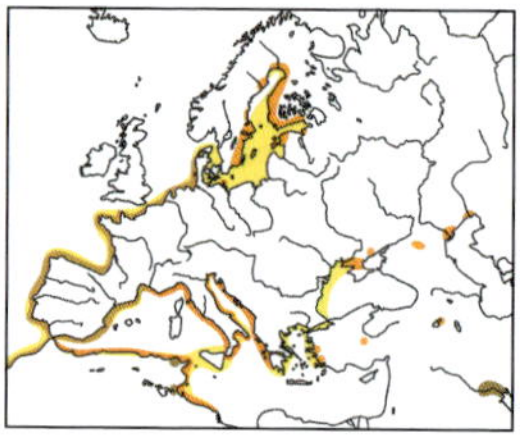

Sehr große Seeschwalbe mit leuchtend rotem, klobigem Schnabel und schwarzer Kappe.

Status: Regelmäßiger Gast in sehr kleiner Zahl, seltener Gast im Binnenland.

Kleider: Geschlechter gleich. Im Schlichtkleid schwarze Kappe vor allem vorne weiß durchsetzt. Im Jugendkleid Rücken mit schwarzem Schuppenmuster.

Stimme: Der Ruf ist rau, nasal und keckernd „arrät" oder „kräor".

Ähnliche Arten: Einzige heimische Seeschwalbe mit derart mächtigem, rotem Schnabel (bereits im Jugendkleid).

Rüppellseeschwalbe

Thalasseus bengalensis (→ 329)

Ausnahmegast

En: Lesser Crested Tern
Fr: Sterne voyageuse
Es: Charrán bengalí
It: Sterna di Rüppell

Große Seeschwalbe mit relativ schlankem, orangefarbenem Schnabel.

Status: Ausnahmegast aus Nordafrika.

Kleider: Geschlechter gleich. Im Schlichtkleid Stirn weiß. Im Jugendkleid Rücken- und Schwungfedern mit dunklen Zentren oder dunkel mit hellem Rand.

Ähnliche Arten: Schmuckseeschwalbe hat etwas längeren und stärker gebogenen Schnabel.

Brandseeschwalbe

Thalasseus sandvicensis (→ 330)

J F M A M J J A S O N D

En: Sandwich Tern
Fr: Sterne caugek
Es: Charrán patinegro
It: Beccapesci

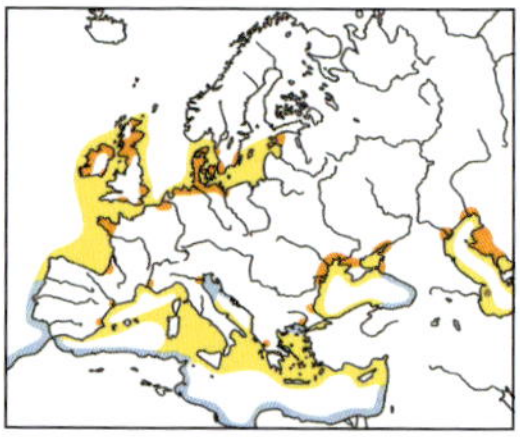

Mittelgroße Seeschwalbe mit schwarzen Beinen, schwarzem Schnabel mit heller Spitze und struppigem, im Flug nicht immer deutlichem Schopf.

Status: Seltener Brutvogel an Nord- und Ostseeküste, dort auch Übersommerer und Durchzügler, im Binnenland seltener Gast.

Kleider: Geschlechter gleich. Im Schlichtkleid Stirn weiß. Im Jugendkleid Rücken- und Schwungfedern mit dunklem Rand. Im 1. Winter Rücken dann bereits einfarbig hellgrau, nicht jedoch Flügeloberseite.

Stimme: Sehr charakteristischer, schneidend harter „kirra"- oder „kii-reck"-Ruf.

Ähnliche Arten: Unter den ähnlich großen Seeschwalben hat nur die Lachseeschwalbe im Adultkleid einen schwarzen Schnabel, der allerdings dicker und kürzer ist.

Schmuckseeschwalbe

Thalasseus elegans (→ 328)

Ausnahmegast

En: Elegant Tern
Fr: Sterne élégante
Es: Charrán elegante
It: Sterna elegante

Der Rüppellseeschwalbe ähnliche, große Seeschwalbe mit allerdings etwas längerem und stärker gebogenem, leuchtend orangem Schnabel.

Status: Ausnahmegast von der Westküste der USA.

Zwergseeschwalbe *Sternula albifrons* (→ 335)

J	F	M	A	M	J	J	A	S	O	N	D

En: Little Tern
Fr: Sterne naine
Es: Charrancito común
It: Fraticello

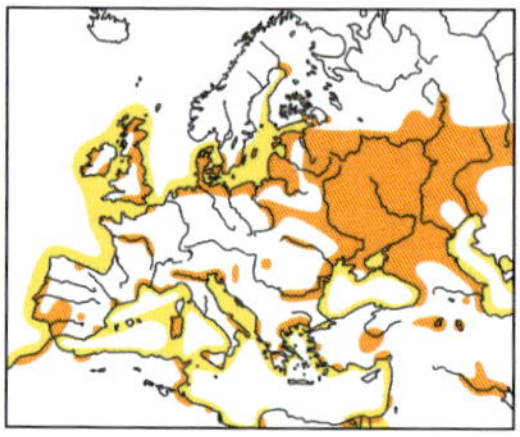

Sehr kleine weißgraue Seeschwalbe mit schwarzer Kappe und auch zur Brutzeit weißer Stirn sowie im Brutkleid mit einem gelben Schnabel mit dunkler Spitze.

Status: Seltener Brut- und Sommervogel an den Küsten von Nord- und Ostsee, nur selten im Binnenland.

Kleider: Geschlechter gleich. Im Schlichtkleid kein schwarzer Zügelstrich und Schnabel schwarz. Im Jugendkleid Rückenfedern mit dunklen Rändern.

Stimme: Gegenüber den anderen heimischen Seeschwalben sind die Rufe schnell, hoch und kurz.

Ähnliche Arten: Durch die Größe mit keiner anderen Seeschwalbe Europas zu verwechseln.

Zügelseeschwalbe

Onychoprion anaethetus (→ 336)

Ausnahmegast

En: Bridled Tern
Fr: Sterne bridée
Es: Charrán embridado
It: Sterna dalle redini

Oberseits sehr dunkle, mittelgroße Seeschwalbe mit schwarzem Schnabel und schwarzen Beinen.

Status: Ausnahmegast aus tropischen und subtropischen Meeren.

Kleider: Geschlechter gleich. Im Ruhekleid Stirn viel heller und Kappe nicht scharf begrenzt. Im Jugendkleid Rückenfedern mit schwarzer und davor weißer Spitze (helle Morphe) oder insgesamt sehr dunkel (dunkle Morphe).

Ähnliche Arten: Von der größeren Rußseeschwalbe durch dunkelgraue statt schwarze Oberseite und eine deutlichere schwarzen Zügelfärbung im Gesicht zu unterscheiden.

Prachtkleid

Jugendkleid
(diesjährig, helle Morphe)

Prachtkleid

Prachtkleid

Rußseeschwalbe

Onychoprion fuscatus (→ 337)

Ausnahmegast

En: Sooty Tern
Fr: Sterne fuligineuse
Es: Charrán sombrío
It: Sterna scura

Oberseits sehr dunkle, mittelgroße Seeschwalbe mit schwarzem Schnabel und schwarzen Beinen.

Status: Ausnahmegast aus äquatorialen Breiten.

Kleider: Geschlechter gleich. Im Ruhekleid Stirn viel heller und Kappe nicht scharf begrenzt. Im Jugendkleid dunkle Rückenfedern mit weißen Spitzen.

Ähnliche Arten: Siehe Zügelseeschwalbe.

Rosenseeschwalbe *Sterna dougallii* (→ 331)

Ausnahmegast

En: Roseate Tern
Fr: Sterne de Dougall
Es: Charrán rosado
It: Sterna di Dougall

Der Flussseeschwalbe sehr ähnliche, kleinere, grauweiße Seeschwalbe mit schwarzer Kappe.

Status: Ausnahmegast mit Brutvorkommen von den Britischen Inseln westwärts.

Kleider: Geschlechter gleich. Im Schlichtkleid Stirn weiß. Im Prachtkleid schwarze Kappe vorn bis zum Schnabel, aber erst zur Brutzeit tritt die leichte Rosatönung und die rote Schnabelbasis auf. Im Jugendkleid Rückenfedern dunkel geschuppt, siehe Foto.

Ähnliche Arten: Von Fluss- und Küstenseeschwalbe schwer zu unterscheiden, Schnabel mit mehr Schwarz und mit leichtem Rosaton an Brust und Bauch und Mantel sehr hell grau. Im Jugendkleid ähnlich einer kleinen immaturen Brandseeschwalbe.

Flussseeschwalbe *Sterna hirundo* (→ 332)

J F M A M J J A S O N D

En: Common Tern
Fr: Sterne pierregarin
Es: Charrán común
It: Sterna comune

Mittelgroße weißgraue Seeschwalbe mit roten Beinen, rotem Schnabel mit schwarzer Spitze, und schwarzer Kappe.

Status: Regelmäßiger Brutvogel vor allem im Norden und an der Küste, im Binnenland nur an wenigen Stellen. Regelmäßiger Durchzügler.

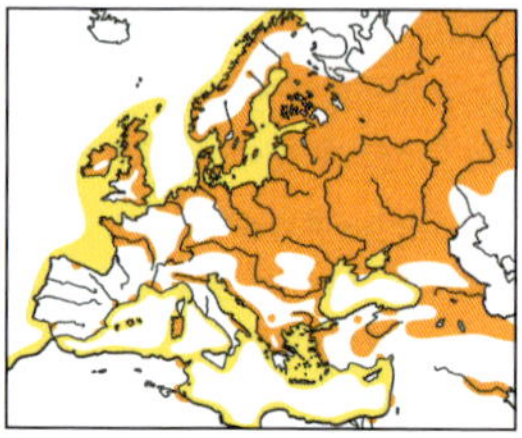

Kleider: Geschlechter gleich. Im Schlichtkleid Stirn weiß. Im Prachtkleid schwarze Kappe vorn bis zum schwarzen Schnabel. Im Jugendkleid Rückenfedern hellbraun mit außen heller, dahinter dunkler Spitze, wobei das Braun bis Winter durch Abnutzung weitgehend verschwindet.

Stimme: Häufigster Ruf ist ein schneidendes „kiirrräh" oder „kiärrih", meistens zwei- bis dreisilbig und etwas tiefer als bei der Küstenseeschwalbe.

Ähnliche Arten: Sehr ähnlich Küstenseeschwalbe, jedoch Beine etwas länger und schlanker Schnabel im Prachtkleid orangerot (nicht dunkelrot) und meist mit schwarzer Spitze. Unterseite heller als Oberseite, Flügel überragen die relativ kurzen Schwanzspieße. Im Jugendkleid oberseits sandbraun (nicht überwiegend grau).

Küstenseeschwalbe *Sterna paradisaea* (→ 333)

J F M A M J J A S O N D

En: Arctic Tern
Fr: Sterne arctique
Es: Charrán ártico
It: Sterna codalunga

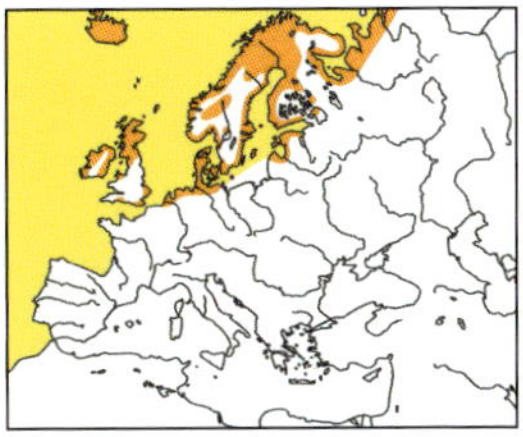

Der Flussseeschwalbe sehr ähnliche, mittelgroße, grauweiße Seeschwalbe mit schwarzer Kappe, im Brutkleid dunkelrotem Schnabel und sehr kurzen Beinen.

Status: Regelmäßiger Brut- und Sommervogel an der Küste, häufiger Durchzügler an der Nordsee, im Binnenland selten.

Kleider: Geschlechter gleich. Im Schlichtkleid Stirn weiß. Im Prachtkleid schwarze Kappe vorn bis zum schwarzen Schnabel. Im Jugendkleid Rückenfedern mit hellbraunem vor schwarzem Rand, später einige nur noch hell gerändert.

Stimme: Ruft sehr ähnlich wie Flussseeschwalbe, aber etwas höher und eher ein- bis knapp zweisilbig („kirrr“, „kirrrä“).

Ähnliche Arten: Siehe Flussseeschwalbe.

Forsterseeschwalbe *Sterna forsteri* (→ 334)

Ausnahmegast

En: Forster's Tern
Fr: Sterne de Forster
Es: Charrán de Forster
It: Sterna di Forster

Der Flussseeschwalbe ähnliche, aber kurzflügeligere und größere Seeschwalbe.

Status: Ausnahmegast aus Nordamerika.

Weißbart-Seeschwalbe

Chlidonias hybrida (→ 338)

J F M A **M J J A S** O N D

En: Whiskered Tern
Fr: Guifette moustac
Es: Fumarel cariblanco
It: Mignattino piombato

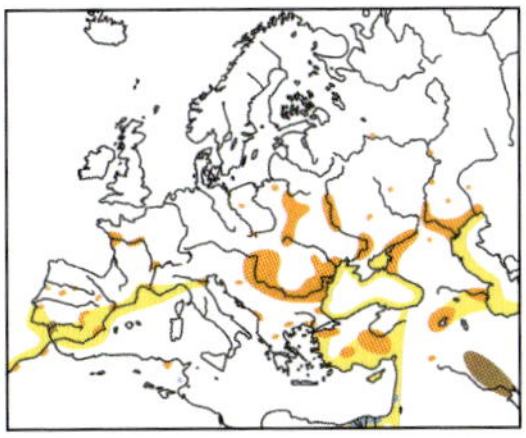

Mittelgroße, im Brutkleid größtenteils kräftig grau gefärbte Seeschwalbe mit schwarzer Kappe und dunkelrotem Schnabel.

Status: Brutvogel in Ostpolen, Ungarn und Slowakei, in den letzten Jahren zunehmend Bruten in Ostdeutschland. Ansonsten regelmäßiger, aber seltener Gast.

Kleider: Geschlechter gleich. Im Schlichtkleid Rumpf fast weiß, Stirn weiß, restliche schwarze Kappe weiß durchsetzt. Im Jugendkleid Rückenfedern mit breitem dunkelgrauem Zentrum und hellbraunem Rand sowie mit undeutlicher Schwanzbinde.

Stimme: Die trocken-kratzenden Kurzrufe „krr“ sind für die Art bezeichnend.

Ähnliche Arten: Im Brutkleid kaum zu verwechseln. Im Schlichtkleid durch den kräftigen Schnabel und die einheitlich hellgrauen Oberflügel von Trauer- und Weißflügel-Seeschwalbe unterscheidbar.

Weißflügel-Seeschwalbe

Chlidonias leucopterus (→ 339)

J F M A **M J J A S** O N D

En: White-winged Tern
Fr: Guifette leucoptère
Es: Fumarel aliblanco
It: Mignattino alibianche

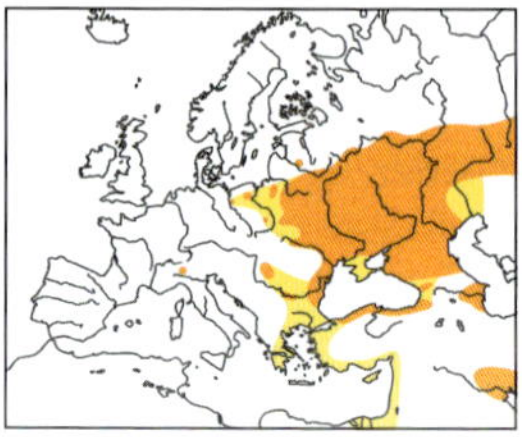

Mittelgroße, im Brutkleid an Kopf, Rücken, Brust und Bauch schwarze Seeschwalbe mit hellgrau-weißen Flügeln und schwarzem Schnabel.

Status: Brutvogel in Ungarn und Ostpolen, sporadische Brutvorkommen in Ostdeutschland. Ansonsten seltener Durchzügler und Gastvogel.

Kleider: Geschlechter gleich. Im Schlichtkleid Rumpf fast weiß, Kopf weißlich mit schwacher dunkler Strichelung. Im Jugendkleid Rückenfedern dunkel bräunlich gemustert.

Stimme: Kurze ratternde Rufe von etwas blechernem Klang, „trä“ oder „tri“.

Ähnliche Arten: Siehe auch Weißbart-Seeschwalbe. Etwas langbeiniger als Trauerseeschwalbe und ohne dunklen Fleck an den Brustseiten. Im Prachtkleid durch schwarze Unterflügeldecken von der Trauerseeschwalbe gut unterscheidbar.

Trauerseeschwalbe *Chlidonias niger* (→ 340)

J F M A M J J A S O N D

En: Black Tern
Fr: Guifette noire
Es: Fumarel común
It: Mignattino comune

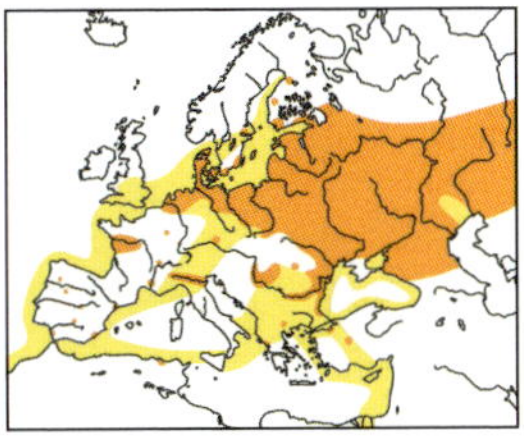

Mittelgroße, im Brutkleid an Kopf, Brust und Bauch schwarze Seeschwalbe mit einheitlich hellgrauen Flügeln und schwarzem Schnabel.

Status: Nicht häufiger, regelmäßiger Brut- und Sommervogel im Norden. Regelmäßiger Durchzügler und Rastvogel, in kleinerer Zahl auch im Binnenland.

Kleider: Geschlechter gleich. Im Schlichtkleid Rumpf fast weiß, Kopf mit schwarzer Kappe. Im Jugendkleid Rückenfedern hellgrau mit dunkelgrauer und davor hellbrauner Spitze.

Verhaltensweisen: Pickt wie die anderen dunklen Seeschwalben im Flug Nahrung von der Wasseroberfläche.

Stimme: Bei Erregung in der Brutkolonie schrille, etwas absinkende Rufe wie „kriä“.

Ähnliche Arten: Siehe Trauer- und Weißbart-Seeschwalbe.

Raubmöwen im braunen Jugendkleid lassen sich vor allem anhand von Körpergröße und -proportionen sowie an der Färbung der Flanken und der Flügelunterseite bestimmen.

Skua
S. 255
Jugendkleid

zum Vergleich:
Skua adult

Spatelraubmöwe
S. 256
Jugendkleid

Falkenraubmöwe
S. 258
Jugendkleid
(dunkle Morphe)

Schmarotzerraubmöwe
S. 257
Jugendkleid

Skua *Stercorarius skua* (→ 290)

seltener Gastvogel

En: Great Skua
Fr: Grand Labbe
Es: Págalo grande
It: Stercorario maggiore

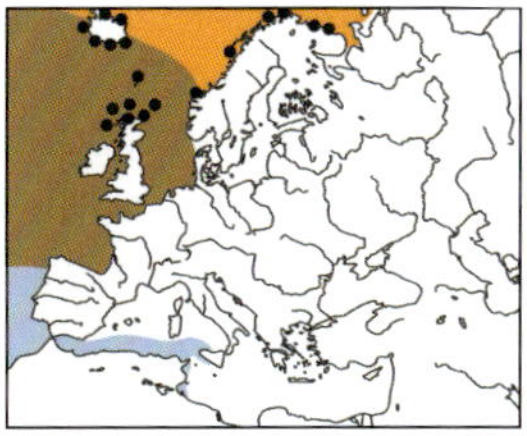

Möwenartiger, deutlich über krähengroßer, braun gefleckter Vogel mit weißem Handflügelfeld.

Status: Regelmäßig, aber selten an den Küsten, nur ausnahmsweise im Binnenland.

Kleider: Geschlechter gleich. Adulte an Hals, Brust und Bauch hell gemustert, im Jugendkleid hier wenig gemustert einfarbig rötlich braun. Es gibt hellere und dunklere Typen, jedoch keine „helle Morphe", die derjenigen anderer Raubmöwen entsprechen würde.

Ähnliche Arten: Andere Raubmöwenarten sind kleiner. Wegen Unterscheidung von immaturen Großmöwen siehe Fotos.

Spatelraubmöwe *Stercorarius pomarinus* (→ 289)

J F M A M J J A S O N D

En: Pomarine Skua
Fr: Labbe pomarin
Es: Págalo pomarino
It: Stercorario mezzano

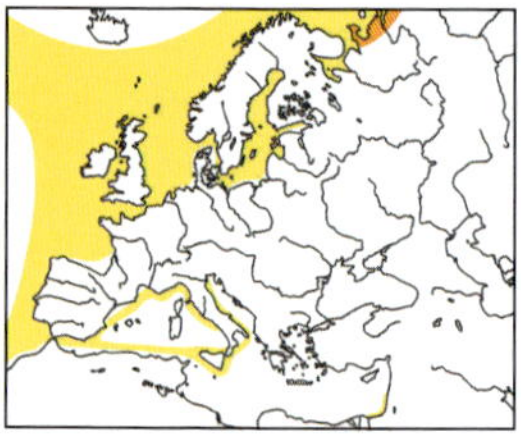

Möwenartiger, über krähengroßer Vogel mit deutlich spatelförmigen, verlängerten, mittleren Schwanzfedern im Prachtkleid.

Status: Regelmäßiger Durchzügler an der Nordseeküste, seltener an der Ostseeküste, im Binnenland Ausnahmeerscheinung.

Kleider: Geschlechter gleich. Adulte entweder mit weißem Bauch und Hals („helle Morphe") oder ungemustert grau („dunkle Morphe"). Im Jugendkleid bräunlich gemustert, in beiden Morphen Schwanzdecken dunkel gebändert. Helle Morphe im 2. Kalenderjahr bereits mit schwach gemustertem hellem Bauch, im 3. Kalenderjahr noch ausgeprägter. Volles Prachtkleid erst ab dem 4. Kalenderjahr. In den braunen Jugendkleidern wird oft außer einer hellen und dunklen Morphe auch ein intermediärer Typ beschrieben.

Ähnliche Arten: Adulte Vögel sind anhand der Färbung und der spatelförmig verlängerten mittleren Steuerfedern gut erkennbar. Wegen Unterscheidung von anderen Raubmöwenarten und (in der dunklen Morphe) von immaturen Großmöwen siehe Fotos.

Schmarotzerraubmöwe

J F M A M J J A S O N D

Stercorarius parasiticus (→ 288)

En: Parasitic Skua
Fr: Labbe parasite
Es: Págalo parásito
It: Labbo

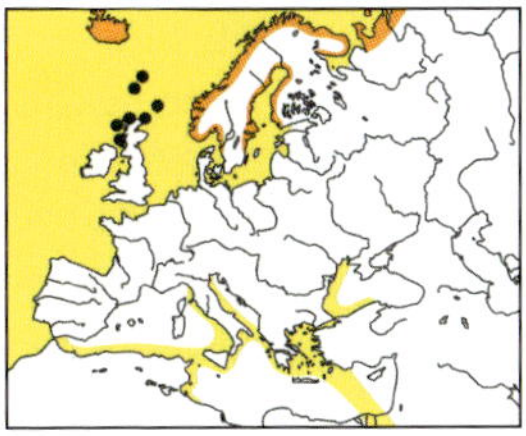

Möwenartiger, etwa krähengroßer Vogel mit langen Schwanzspießen im Prachtkleid.

Status: Regelmäßiger Durchzügler und seltener Wintergast an den Küsten, im Binnenland sehr selten.

Kleider: Geschlechter gleich. Verhältnisse bei den Kleidern ähnlich Spatelraubmöwe, allerdings sind in den braunen Jugendkleidern die Schwanzdecken in der dunklen Morphe weniger deutlich gebändert.

Ähnliche Arten: Adulte Vögel sind anhand der Färbung und der mittellangen Schwanzspieße gut erkennbar. Wegen Unterscheidung zu anderen Raubmöwenarten und (in der dunklen Morphe) zu immaturen Großmöwen siehe Fotos.

Falkenraubmöwe *Stercorarius longicaudus* (→ 287)

seltener Gastvogel

En: Long-tailed Skua
Fr: Labbe à longue queue
Es: Págalo rabero
It: Labbo codalunga

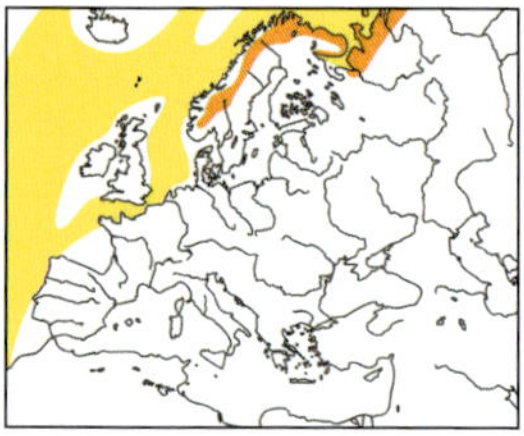

Möwenartiger, etwa krähengroßer Vogel mit sehr langen Schwanzspießen im Prachtkleid.

Status: Seltener Gast im Herbst und ausnahmsweise im Winter, meist an der Küste, gelegentlich im Binnenland.

Kleider: Geschlechter gleich. Adulte mit weißem Bauch und Hals. Eine dunkle Morphe analog zu Schmarotzer- und Spatelraubmöwe ist nicht bekannt. Im Jugendkleid bräunlich gemustert, Schwanzdecken dunkel gebändert. Es treten dunkle, helle und intermediäre Typen auf.

Ähnliche Arten: Adulte Vögel sind anhand der Färbung und der langen Schwanzspieße gut erkennbar. Im Jugendkleid im Gegensatz zur Schmarotzerraubmöwe mit weniger Weiß an der Handschwingenbasis und mit abgerundeten mittleren Steuerfedern.

seltener Durchzügler

Krabbentaucher *Alle alle* (→ 294)

En: Little Auk
Fr: Mergule nain
Es: Mérgulo atlántico
It: Gazza marina minore

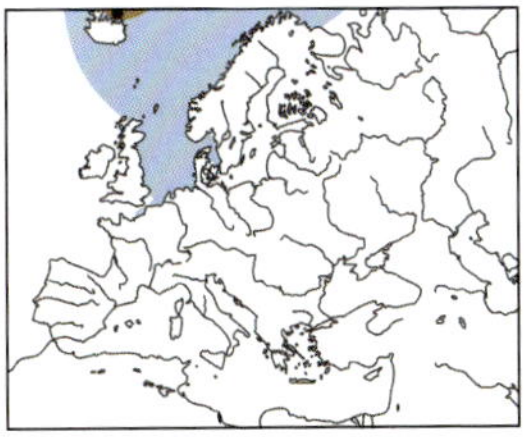

Nur starengroßer schwarz-weißer Meeresvogel mit sehr kurzem Schnabel.

Status: Seltener Durchzügler in der Nordsee, Ausnahmegast im Binnenland.

Kleider: Geschlechter gleich. Im Schlichtkleid auch Kehle und Brust weiß.

Ähnliche Arten: Andere schwarz-weiße Meeresvögel sind größer und haben größere Schnäbel.

Dickschnabellumme *Uria lomvia* (→ 296)

Ausnahmegast

En: Thick-billed Murre
Fr: Guillemot de Brünnich
Es: Arao de Brünnich
It: Uria di Brunnich

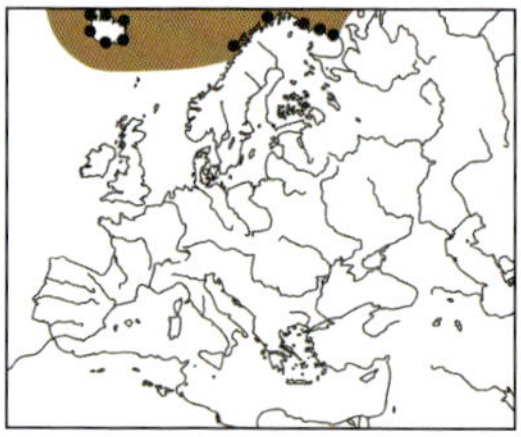

Etwa krähengroßer schwarz-weißer Meeresvogel mit schlankem, geradem, langem Schnabel.

Status: Ausnahmegast an der Küste. Die Brutgebiete liegen an arktischen Felsküsten.

Kleider: Verhältnisse bei den Kleidern wie bei Trottellumme.

Ähnliche Arten: Wegen Unterscheidung zu Trottellumme und Tordalk siehe Fotos.

Trottellumme *Uria aalge aalge,*

U. a. hyperborea und *U. a. albionis* (→ 295)

J F M A M J J A S O N D

En: Common Murre
Fr: Guillemot marmette
Es: Arao común
It: Uria

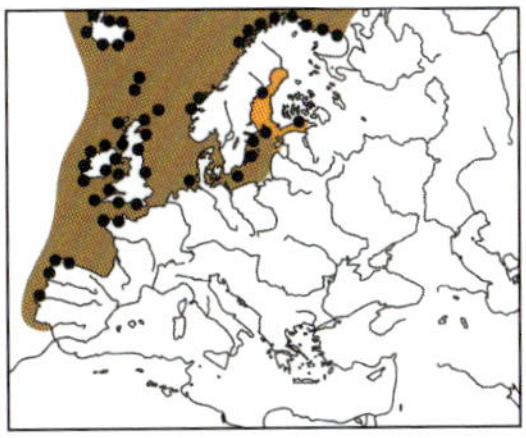

Etwa krähengroßer schwarz-weißer Meeresvogel mit schlankem, geradem, langem Schnabel.

Status: Unterart *albionis* regelmäßiger Brutvogel auf Helgoland, regelmäßiger, ganzjähriger Gast an den Küsten. Unterart *aalge* regelmäßiger Wintergast (Brutvogel Nordatlantik), Unterart *hyperborea* seltener Gast (Brutvogel Nordnorwegen, Spitzbergen usw.).

Kleider: Geschlechter gleich. Im Jugend- wie im Schlichtkleid mit weißer Kehle, allerdings wird das Schlichtkleid bis spätestens Februar wieder abgelegt. Vögel, die dann noch eine weiße Kehle haben, sind im 1. Winter.

Ähnliche Arten: Wegen Unterscheidung zu Dickschnabellumme und Tordalk siehe Fotos.

J F M A M J J A S O N D

Tordalk *Alca torda torda* und *A. t. islandica* (→ 297)

En: Razorbill
Fr: Petit Pingouin
Es: Alca común
It: Gazza marina

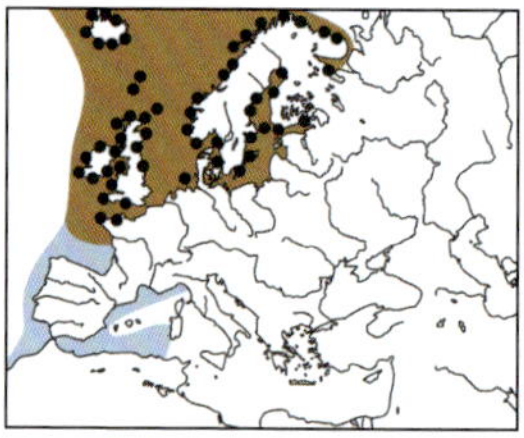

Etwa krähengroßer schwarz-weißer Meeresvogel mit kräftigem, geradem Schnabel.

Status: Unterart *islandica* seltener Brutvogel auf Helgoland, Wintergast an Ost- und seltener Nordseeküste. Unterart *torda* regelmäßiger Durchzügler und Wintergast (Brutvogel im Nordatlantik).

Kleider: Geschlechter gleich. Im Schlichtkleid mit weißer Kehle, aber charakteristischem Schnabel der Adulten. Im 1. Winter mit weißer Kehle und noch nicht so hohem und nicht weiß gezeichnetem Schnabel.

Ähnliche Arten: Wegen Unterscheidung zu Lummen siehe Fotos.

Gryllteiste *Cepphus grylle grylle* und *C. g. arcticus* (→ 298)

seltener Gast

En: Black Guillemot
Fr: Guillemot à miroir
Es: Arao aliblanco
It: Uria nera

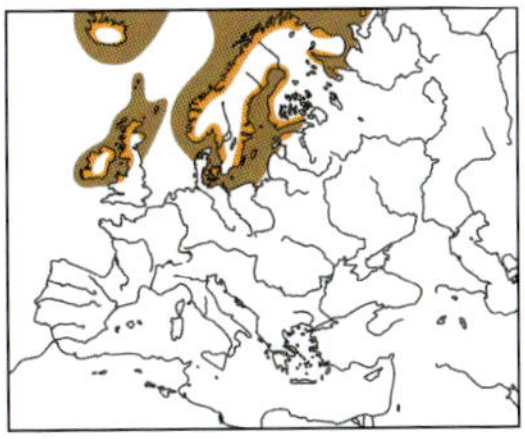

Turmfalkengroßer, schlanker, im Prachtkleid überwiegend schwarzer Meeresvogel mit geradem, langem und spitzem Schnabel und weißem Flügelfeld.

Status: Regelmäßiger Gastvogel an der Ostseeküste (Unterarten *grylle, arcticus*), unregelmäßig an der Nordseeküste (*arcticus*).

Kleider: Geschlechter gleich. Im Schlichtkleid mit hellem Kopf, Hals und Rücken mit feiner schwarzer Musterung und rein weißem Flügelfeld. Im Jugendkleid ähnlich Schlichtkleid, aber etwas bräunlich (verschwindet im 1. Winter) und mit dunklen Punkten im weißen Flügelfeld. Einjährige tragen bereits ein dem Prachtkleid ähnliches dunkles Gefieder, haben aber immer noch schwarze Musterung im weißen Flügelfeld.

Ähnliche Arten: Anhand der Form und Gefiederfärbung in allen Kleidern relativ leicht identifizierbar.

Papageitaucher *Fratercula arctica* (→ 293)

Gastvogel

En: Atlantic Puffin
Fr: Macareux moine
Es: Frailecillo atlántico
It: Pulcinella di mare

Kleiner schwarz-weißer Meeresvogel mit sehr markantem Schnabel.

Status: Unregelmäßiger Gast auf Helgoland, in der Nordsee seltener Durchzügler, sonst Ausnahmegast.

Kleider: Geschlechter gleich. Im Schlichtkleid Schnabelfarben und Kopfseiten grau überdeckt. Jugendkleid ähnlich Schlichtkleid, aber der Schnabel ist noch deutlich weniger hoch.

Ähnliche Arten: Im Prachtkleid anhand des Schnabels unverwechselbar. Auch im Jugendkleid ist der - allerdings viel weniger hohe - Schnabel bereits markant unterschiedlich zu Lummenschnäbeln.

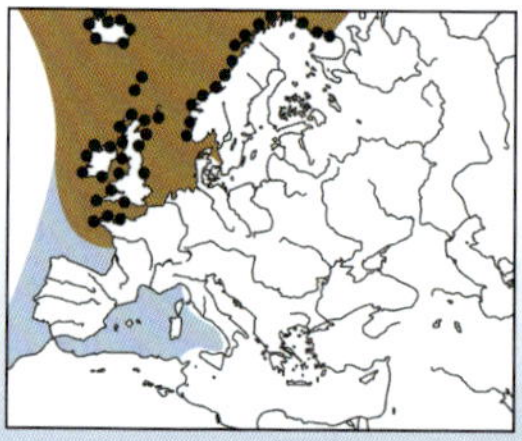

Prachtkleid

Prachtkleid

Jugendkleid

Meist tragen Seetaucher während ihres Aufenthaltes in Mitteleuropa ihr Schlichtkleid oder das Jugendkleid des ersten Winters. Zu ihrer Bestimmung sind neben der Halsfärbung vor allem Kopfform sowie Haltung und Form des Schnabels bedeutsam.

Sterntaucher *Gavia stellata* (→ 101)

J F M A M J J A S O N D

En: Red-throated Loon
Fr: Plongeon catmarin
Es: Colimbo chico
It: Strolaga minore

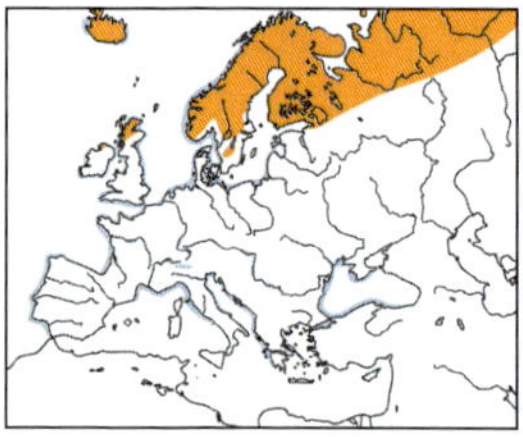

Kleinster Seetaucher, im Prachtkleid mit unverwechselbarer Färbung.

Status: Regelmäßiger Durchzügler und Wintergast an den Küsten, seltener im Binnenland.

Kleider: Geschlechter gleich, das volle Prachtkleid wird erst im 2. Winter erreicht. Im Schlichtkleid Vorderhals und Wangen weiß, Rückenfedern mit deutlich weißen Rändern. Jugendkleid (bis Spätwinter) ähnlich Schlichtkleid, aber Kehlbereich und Wangen gräulich.

Ähnliche Arten: Zur Unterscheidung von Pracht-, Stern-, Eis- und Gelbschnabeltaucher siehe Fotos. Typisch ist der aufgeworfene und meist schräg aufwärts gerichtete Schnabel.

Prachttaucher *Gavia arctica* (→ 102)

Mittelgroßer Seetaucher, im Prachtkleid mit unverwechselbarer Färbung.

En: Black-throated Loon
Fr: Plongeon arctique
Es: Colimbo ártico
It: Strolaga mezzana

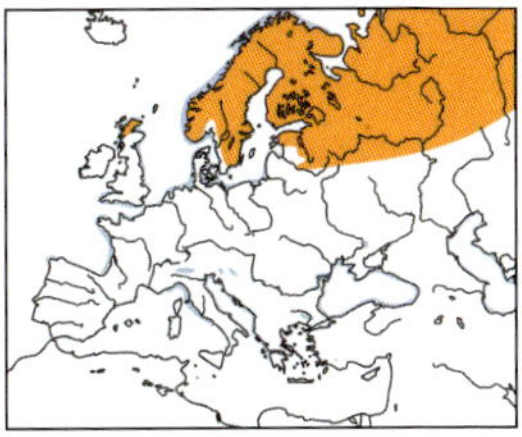

Status: Regelmäßiger Übersommerer, Durchzügler und Wintergast v. a. auf dem Meer, im Binnenland in kleiner Zahl.

Kleider: Geschlechter gleich, das volle Prachtkleid wird erst im 2. Winter erreicht. Im Schlichtkleid Vorderhals und Kehlbereich weiß, Rücken viel dunkler und Schnabel heller als im Prachtkleid. Jugendkleid (bis Mittwinter) ähnlich Schlichtkleid, aber heller und bräunlicher.

Ähnliche Arten: Zur Unterscheidung von Pracht-, Stern-, Eis- und Gelbschnabeltaucher siehe Fotos. Im Schlichtkleid immer mit weißem Fleck an den hinteren Flanken, deutlich schwächerem Schnabel und rundem Kopfprofil.

Pazifiktaucher *Gavia pacifica* (→ 102 A)

Ausnahmegast

6

En: Pacific Loon
Fr: Plongeon du Pacifique
Es: Colimbo del Pacífico
It: Strolaga del Pacifico

Sehr ähnlich Prachttaucher, aber etwas kleiner und mit runderem Kopf.

Status: Ausnahmegast aus dem nördlichen Nordamerika.

Eistaucher *Gavia immer* (→ 103)

Durchzügler, Wintergast

En: Common Loon
Fr: Plongeon huard
Es: Colimbo grande
It: Strolaga maggiore

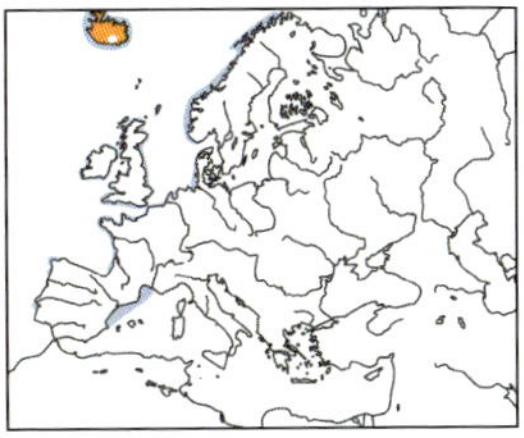

Sehr großer Seetaucher mit unverwechselbarem Prachtkleid mit schwarzem Schnabel.

Status: Seltener bis spärlicher Durchzügler und Wintergast an der Küste, im Binnenland einzeln und meist unregelmäßig.

Kleider: Geschlechter gleich. Im Schlichtkleid Kehle und Vorderhals weiß, Rücken einfarbig dunkel, Schnabel heller als im Prachtkleid. Jugendkleid ähnlich Schlichtkleid, aber heller und bräunlicher, Rückenfedern mit hellen Rändern. Einjährige tragen noch das Jugendkleid.

Ähnliche Arten: Zur Unterscheidung von Pracht-, Stern-, Eis- und Gelbschnabeltaucher siehe Fotos. Im Schlichtkleid sind der schwärzliche Halbring am Unterhals, der waagrecht gehaltene Schnabel und der flache, beulige Kopf typisch.

Gelbschnabeltaucher *Gavia adamsii* (→ 104)

Durchzügler, Wintergast

En: Yellow-billed Loon
Fr: Plongeon à bec blanc
Es: Colimbo de Adams
It: Strolaga beccogiallo

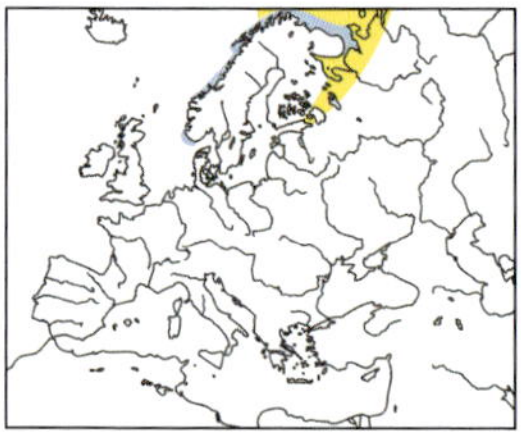

Sehr großer Seetaucher mit unverwechselbarem Prachtkleid mit gelbem Schnabel.

Status: Sehr seltener Durchzügler und Wintergast.

Kleider: Geschlechter gleich. Im Schlichtkleid Kehle und Vorderhals weiß, Rücken grau gebändert, ohne Weiß, Schnabel schmutzig gelb. Jugendkleid ähnlich Schlichtkleid, aber heller und bräunlicher, Rückenfedern mit hellen Rändern. Einjährige tragen noch das Jugendkleid.

Ähnliche Arten: Zur Unterscheidung von Pracht-, Stern-, Eis- und Gelbschnabeltaucher siehe Fotos. Im Schlichtkleid sind die im Gegensatz zum Eistaucher braunere Oberseite, der hellere Schnabel und der hellere Hals typisch.

Buntfuß-Sturmschwalbe

Oceanites oceanicus (→ 105)

Ausnahmegast

En: Wilson's Storm Petrel
Fr: Océanite de Wilson
Es: Paíño de Wilson
It: Uccello delle tempeste di Wilson

Ähnlich Sturmschwalbe, aber ohne Weiß auf Unterflügeln und mit hellem Band auf den Armdecken.

Status: Ausnahmegast von der Südhalbkugel.

Weißgesicht-Sturmschwalbe

Pelagodroma marina (→ 106)

Ausnahmegast

En: White-faced Storm Petrel
Fr: Océanite frégate
Es: Paíño pechialbo
It: Uccello delle tempeste facciabianca

Ähnlich Sturmschwalbe, aber mit deutlich anderer Gefiederzeichnung.

Status: Ausnahmegast, der auf Madeira und den Selvagem-Inseln brütet.

Schwarzbrauenalbatros

Thalassarche melanophris (→ 111)

Ausnahmegast

En: Black-browed Albatross
Fr: Albatros à sourcils noirs
Es: Albatros ojeroso
It: Albatros sopracciglineri

Stattlicher schmalflügeliger Hochseevogel mit mehr als 2 m Spannweite.

Status: Ausnahmegast von der Südhalbkugel, der ab und zu im Nordatlantik auftaucht.

Kleider: Geschlechter gleich. Jugendkleid und (dem Adultkleid immer ähnlicher werdende) Immaturkleider bis zum 3. Kalenderjahr kontrastärmer, mit noch wenig Reinweiß, Schnabel graurosa mit dunkler Spitze.

Ähnliche Arten: Durch die schmalen Flügel evtl. mit Sturmtauchern oder Sturmvögeln zu verwechseln, aber viel größer. Möwen sind ebenfalls kleiner und haben breitere Flügel.

Die Sturmschwalben, Sturmtaucher und Verwandte sind fast nur auf hoher See anzutreffen. Neben der (nicht immer einfachen) Abschätzung der Größe sollte man besonders auf Muster in der Flügelzeichnung, die Färbung des Bürzelbereiches und die Schwanzform achten.

Sturmwellenläufer (Sturmschwalbe)

Hydrobates pelagicus (→ 107)

Durchzügler, Wintergast

En: European Storm Petrel
Fr: Océanite tempête
Es: Paíño europeo
It: Uccello delle tempeste

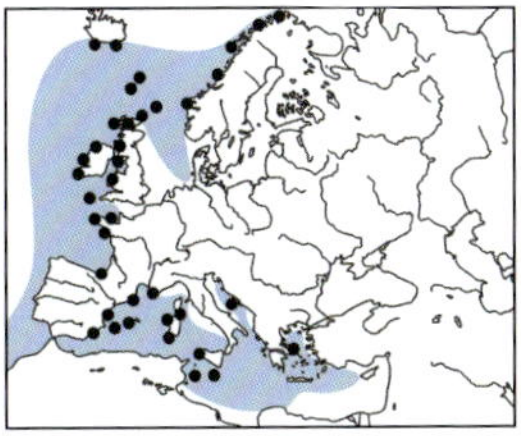

Kleiner, fast wie eine Mehlschwalbe wirkender Meeresvogel.

Status: Fast regelmäßiger Gast an der Nordseeküste, seltener an der Ostsee.

Kleider: Geschlechter gleich. Im Jugendkleid mit dünner weißer Linie auf dem Oberflügel und dunklen Schwungfederspitzen auf der Flügelunterseite.

Ähnliche Arten: Andere Sturmschwalbenarten treten nur sehr ausnahmsweise in mitteleuropäischen Gewässern auf, siehe Fotos.

Madeirawellenläufer

Oceanodroma castro (→ 108)

Ausnahmegast

En: Band-rumped Storm Petrel
Fr: Océanite de Castro
Es: Paíño de Madeira
It: Uccello delle tempeste di Castro

Sehr ähnlich Wellenläufer.

Status: Ausnahmegast aus dem nördlichen Atlantik mit Brutvorkommen in Portugal.

Swinhoewellenläufer

Oceanodroma monorhis

Ausnahmegast

En: Swinhoe's Storm-Petrel
Fr: Océanite de Swinhoe
Es: Océanite de Swinhoe
It: Uccello delle tempeste di Swinhoe

Status: Ausnahmegast aus Ostasien und dem Stillen Ozean.

Ähnliche Arten: Andere Wellenläufer- und Sturmschwalbenarten haben einen weißen Bürzel (der allerdings manchmal sehr undeutlich ausfallen kann).

Wellenläufer *Oceanodroma leucorhoa*

(→ 109)

Gastvogel

En: Leach's Storm Petrel
Fr: Océanite cul-blanc
Es: Paíño boreal
It: Uccello delle tempeste codaforcuta

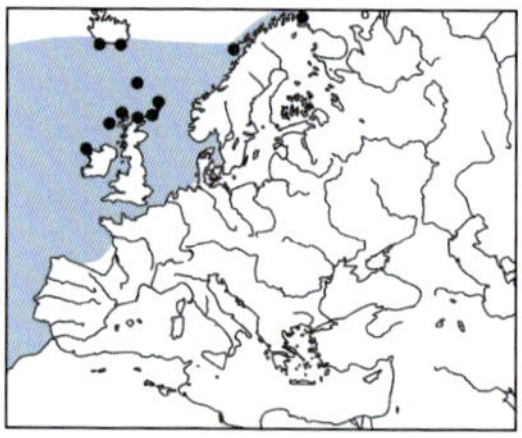

Sehr kleiner, dunkler Meeresvogel.

Status: Seltener Gastvogel an der Nordseeküste, Ausnahmegast an der Ostsee und im Binnenland.

Kleider: Geschlechter gleich.

Ähnliche Arten: Größer als Sturmschwalbe und mit gegabeltem Schwanz.

Eissturmvogel *Fulmarus glacialis glacialis* und *F. g. auduboni* (→ 112)

Gastvogel

En: Northern Fulmar
Fr: Fulmar boréal
Es: Fulmar boreal
It: Fulmaro

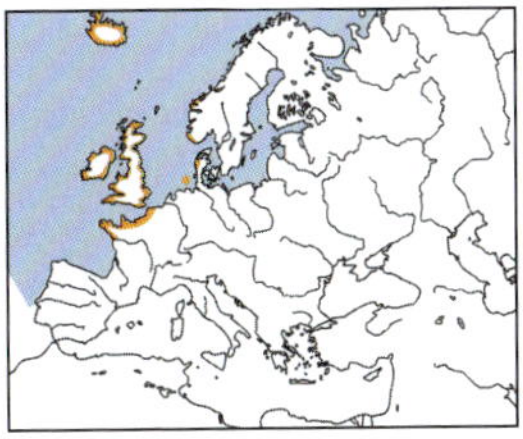

Etwas an eine kleine Silbermöwe erinnernder Meeresvogel.

Status: Unterart *auduboni* Brutvogel auf Helgoland, ganzjähriger Gastvogel in der Nordsee, seltener in der Ostsee. Unterart *glacialis* seltener Gast, Brutvogel im arktischen Nordatlantik.

Kleider: Geschlechter gleich, kein ausgeprägtes Jugendkleid. Es gibt eine überwiegend hellgrau gefärbte „dunkle Morphe" und eine weiß-hellgrau gefärbte „helle Morphe" sowie Zwischenformen zwischen beiden.

Stimme: Am Brutplatz im Unterschied zu den Möwen schnatternd-gackernde Rufe oder Rufreihen.

Ähnliche Arten: Im Flug durch lange Gleitphasen, das Fehlen von schwarzen Handschwingen, den dicken Hals und den kurzen, kräftigen Schnabel von Möwen unterscheidbar.

Sepiasturmtaucher *Calonectris diomedea*

(→ 122)

Ausnahmegast

En: Scopoli's Shearwater
Fr: Puffin cendré
Es: Pardela cenicienta mediterránea
It: Berta maggiore mediterranea

Großer Sturmtaucher ohne dunkle Achselzeichnung mit weißem Bauch, bräunlicher Oberseite und hellem Schnabel.

Status: Ausnahmegast (in Deutschland nur ein historischer Nachweis) aus dem Mittelmeerraum.

Kleider: Geschlechter gleich, kein ausgeprägtes Jugendkleid.

Ähnliche Arten: Sepia- und Corysturmtaucher lassen sich nur mit großer Erfahrung unterscheiden. Letzterer hat etwas mehr Weiß auf der Unterseite des Handflügels und einen etwas kräftigeren Schnabel. Der Große Sturmtaucher ist ähnlich groß, hat aber u. a. einen dunklen Schnabel, siehe auch Fotos.

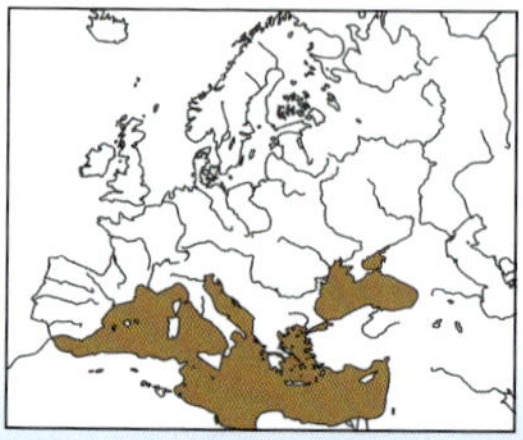

Corysturmtaucher *Calonectris borealis*

Ausnahmegast

En: Cory‘s Shearwater
Fr: Puffin cendré
Es: Pardela cenicienta canaria
It: Berta maggiore atlantica

Großer Sturmtaucher mit heller Unterseite und hellem Schnabel, sehr ähnlich dem Sepiasturmtaucher.

Status: seltener Gast in der Nordsee (85 % der Weltpopulation brüten auf Madeira und den Azoren).

Kleider: Geschlechter gleich, kein ausgeprägtes Jugendkleid.

Ähnliche Arten: Schwer vom geringfügig kleineren Sepiasturmtaucher zu unterscheiden, bei dem die dunkle Spitze und der Hinterrand des Handflügels von unten etwas schmäler und der Schnabel etwas weniger kräftig und meist auch blasser ist.

Dunkelsturmtaucher (Dunkler Sturmtaucher)

Ardenna grisea (→ 118)

Durchzügler, Wintergast

En: Sooty Shearwater
Fr: Puffin fuligineux
Es: Pardela sombría
It: Berta grigia

Mittelgroße Sturmtaucher-Art mit spitzen und langen Flügeln und braunem Gefieder, das nur bei gutem Licht auf der Flügelunterseite ein helles Längsband erkennen lässt.

Status: Seltener, aber regelmäßiger Gast an der Nordseeküste.

Kleider: Geschlechter gleich, kein ausgeprägtes Jugendkleid.

Ähnliche Arten: Verwechslung mit dunklen Raubmöwen ist möglich, siehe dort.

Feasturmvogel (Kapverdensturmvogel)

Pterodroma feae (→ 114)

Ausnahmegast

4

En: Fea's Petrel
Fr: Pétrel gongon
Es: Petrel gongón
It: Petrello di Fea

Dunkle, kräftige Sturmvogelart.

Status: Extrem seltene Ausnahmeerscheinung aus dem südlicheren Nordatlantik.

Kappensturmtaucher (Großer Sturmtaucher)

Ardenna gravis (→ 117)

Ausnahmegast

5

En: Great Shearwater
Fr: Puffin majeur
Es: Pardela capirotada
It: Berta dell'Atlantico

Ähnlich den Sturmvogelarten, aber mit markanter Weißzeichnung.

Status: Ausnahmegast aus dem Südatlantik an der Nordseeküste.

Atlantiksturmtaucher *Puffinus puffinus* (→ 119)

Durchzügler, Wintergast

En: Manx Shearwater
Fr: Puffin des Anglais
Es: Pardela pichoneta
It: Berta minore atlantica

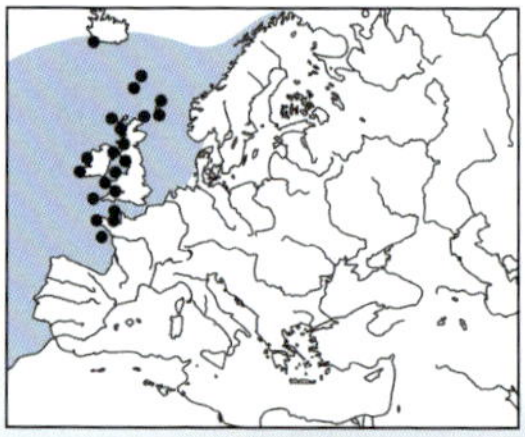

Mittelgroße Sturmtaucherart.

Status: Unregelmäßiger, seltener Gast an der Nordseeküste.

Kleider: Geschlechter gleich, kein ausgeprägtes Jugendkleid.

Ähnliche Arten: Am besten durch die reinweiße Unterseite, schwarze Oberseite und im Flug durch nicht überstehende Zehen vom Mittelmeer-Sturmtaucher zu unterscheiden.

Ausnahmegast

Mittelmeer-Sturmtaucher

Puffinus yelkouan (→ 121)

En: Yelkouan Shearwater
Fr: Puffin yelkouan
Es: Pardela mediterránea
It: Berta minore

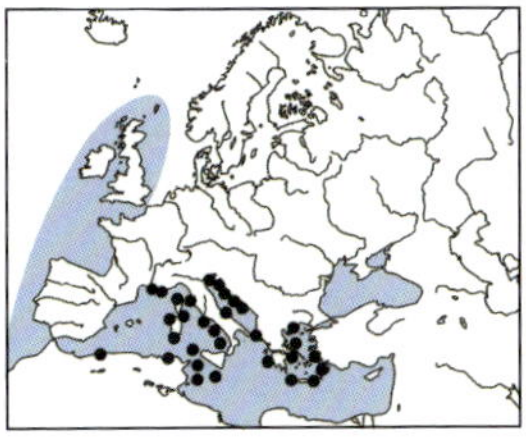

Mittelgroße Sturmtaucherart. Typischerweise in Gruppen und mit raschen Flügelschlägen unterwegs.

Status: Extrem seltene Ausnahmeerscheinung aus dem Mittelmeer.

Kleider: Geschlechter gleich, kein ausgeprägtes Jugendkleid.

Ähnliche Arten: Sehr ähnlich Atlantiksturmtaucher, siehe dort.

Balearensturmtaucher

Puffinus mauretanicus (→ 120)

seltener Gast

En: Balearic Shearwater
Fr: Puffin des Baléares
Es: Pardela balear
It: Berta balearica

Mittelgroße Sturmtaucherart mit brauner Ober- und schmutzig brauner Unterseite.

Status: Seltener Gast in der Nordsee.

Kleider: Geschlechter gleich, kein ausgeprägtes Jugendkleid.

Ähnliche Arten: Gefiederhelligkeit kann stark variieren, einige Individuen können anderen Sturmtauchern sehr stark ähneln. Verwechslung mit dunklen Raubmöwen ist möglich, siehe dort.

Barolosturmtaucher (Kleiner Sturmtaucher)

Puffinus baroli (→ 124)

Ausnahmegast

3

En: Barolo Shearwater
Fr: Puffin de Macaronésie
Es: Pardela de Barolo
It: Berta della Macaronesia

Ähnlich Atlantiksturmtaucher.

Status: Ausnahmegast von Madeira, Azoren und Kanaren.

Bulwersturmvogel *Bulweria bulwerii* (→ 116)

Kleine Sturmvogelart mit dunkel graubraunem Gefieder. Flügeloberseite mit hellem Feld.

Status: Ausnahmegast von Madeira, Azoren und Kanaren.

Ausnahmegast

En: Bulwer's Petrel
Fr: Pétrel de Bulwer
Es: Petrel de Bulwer
It: Berta di Bulwer

Schwarzstorch *Ciconia nigra* (→ 153)

J F M A M J J A S O N D

En: Black Stork
Fr: Cigogne noire
Es: Cigüeña negra
It: Cicogna nera

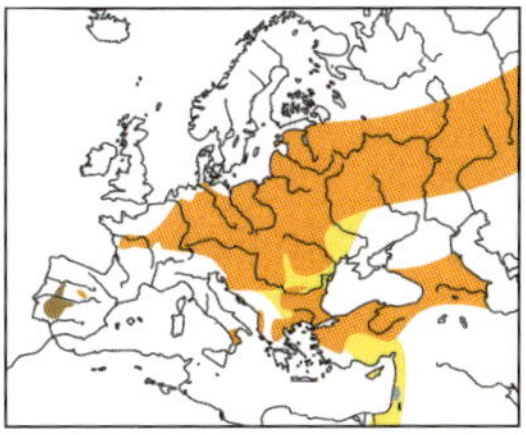

Storch mit schwarzem Kopf und Hals.

Status: Seltener Brutvogel, regelmäßiger Durchzügler.

Kleider: Geschlechter gleich. Jugendkleid bräunlich bis grünlich schwarz, Schnabel und Beine graugrün.

Stimme: Balzt mit anhaltendem, gesangsartigem, alternierendem Ächzen, klappert selten.

Ähnliche Arten: Weißstorch hat weißen Rücken, weißen Hals und weißen Kopf.

Weißstorch *Ciconia ciconia* (→ 154)

En: White Stork
Fr: Cigogne blanche
Es: Cigüeña blanca
It: Cicogna bianca

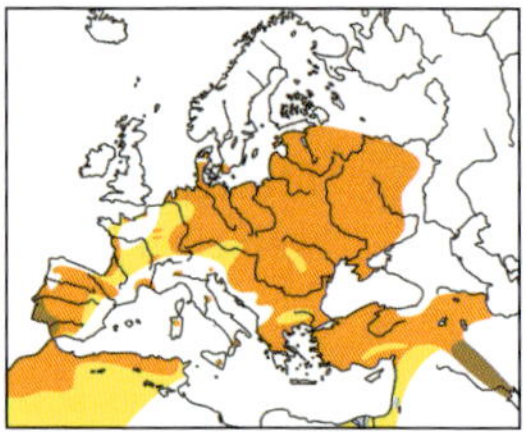

Storch mit weißem Kopf und Hals.

Status: Regelmäßiger Brutvogel und Durchzügler, seltener Wintergast.

Kleider: Geschlechter gleich, Jugendkleid sehr ähnlich Adultkleid, aber Beine heller und Schnabel etwas kürzer und mit dunkler Spitze.

Stimme: Charakteristisches Schnabelklappern am Horst, häufig von beiden Partnern im Duett.

Ähnliche Arten: Kaum zu verwechseln, beim Schwarzstorch sind Rücken, Hals und Kopf schwarz.

Basstölpel *Morus bassanus* (→ 129)

En: Northern Gannet
Fr: Fou de Bassan
Es: Alcatraz atlántico
It: Sula

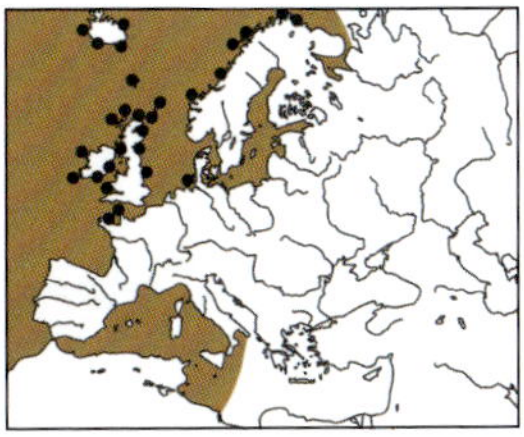

Großer Meeresvogel mit lang gestreckten Flügeln und zugespitztem Schwanz. Im Adultkleid hell mit schwarzen Flügelspitzen.

Status: Regelmäßiger Brutvogel auf Helgoland, regelmäßiger Gast in der Nordsee, in der Ostsee selten.

Kleider: Geschlechter gleich, Schlichtkleid etwas blasser als Prachtkleid, das ab dem 5. Kalenderjahr erreicht wird. Jugendkleid graubraun mit engen dunklen Stricheln an Kopf, Hals und Brust und weißen Punkten auf den Oberflügeln. Einjährige haben bereits weißen Bauch und weiße Kopfbereiche, Zweijährige (3. Kalenderjahr) oberseits noch deutlich dunkel gefleckt und mit Orange am Kopf, im 4. Kalenderjahr alle oder einzelne Armschwingen noch dunkel.

Ähnliche Arten: Kaum zu verwechseln.

Weißbauchtölpel *Sula leucogaster*

Ausnahmegast

En: Brown Booby
Fr: Fou brun
Es: Piquero pardo
It: Sula fosca

Oberseits sehr dunkler Tölpel mit weißem Bauch und weißem Gesicht.

Status: Ausnahmegast aus tropischen Küstengewässern.

Zwergscharbe *Microcarbo pygmaeus* (→ 130)

Gastvogel

En: Pygmy Cormorant
Fr: Cormoran pygmée
Es: Cormorán pigmeo
It: Marangone minore

Wirkt wie ein sehr kleiner, kurzschnäbeliger Kormoran.

Status: Seltener Brutvogel mit zunehmendem Bestand im Südosten. Sonst seltener Gastvogel.

Kleider: Geschlechter gleich. Im Schlichtkleid ist das Gefieder weniger glänzend und der Kehlbereich hell. Im Jugendkleid matter braun, Unterseite oft sehr hell.

Ähnliche Arten: Aufgrund der Größe kaum mit anderen Kormoranarten zu verwechseln.

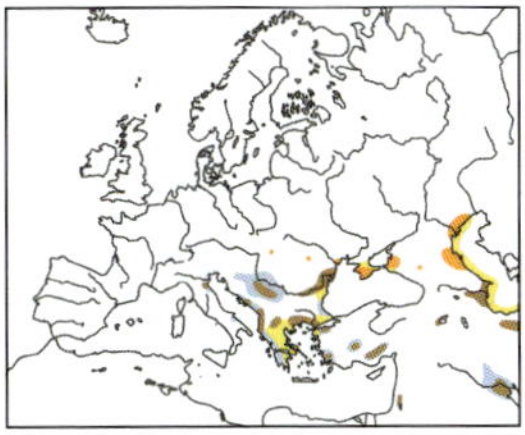

Krähenscharbe

Phalacrocorax aristotelis aristotelis
und *P. a. desmarestii* (→ 133)

Durchzügler, Wintergast

En: European Shag
Fr: Cormoran huppé
Es: Cormorán moñudo
It: Marangone dal ciuffo

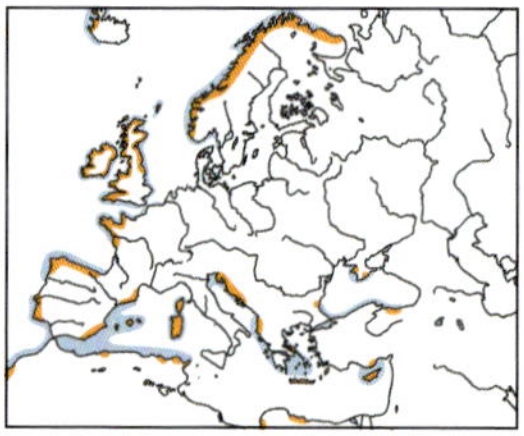

Eine zierliche, etwas kleinere Ausgabe des Kormorans mit deutlichem Hängebauch im Flug.

Status: *P. a. aristotelis* ist regelmäßiger, aber seltener Gast an der Nordseeküste, *P. a. desmaresti* lebt am Mittelmeer und Schwarzen Meer.

Kleider: Geschlechter gleich. Im Schlichtkleid ohne deutlichen Schopf, mit gelbem Unterschnabel, Gefieder weniger glänzend und im Kehlbereich hell. Jugendkleid einfarbig braun mit hellem Kehlbereich und hellen Füßen. In den beiden Folgejahren immer dunkler, bis im 4. Kalenderjahr das glänzend schwarze Prachtkleid erreicht wird.

Ähnliche Arten: Zur Unterscheidung zum Kormoran siehe Fotos.

Kormoran *Phalacrocorax carbo carbo*

(„Atlantischer Kormoran“) und *P. c. sinensis* (→ 132)

J F M A M J J A S O N D

En: Great Cormorant
Fr: Grand Cormoran
Es: Cormorán grande
It: Cormorano

Überwiegend schwarz gefärbter, schlanker und langhalsiger Wasservogel mit langgestrecktem Hakenschnabel.

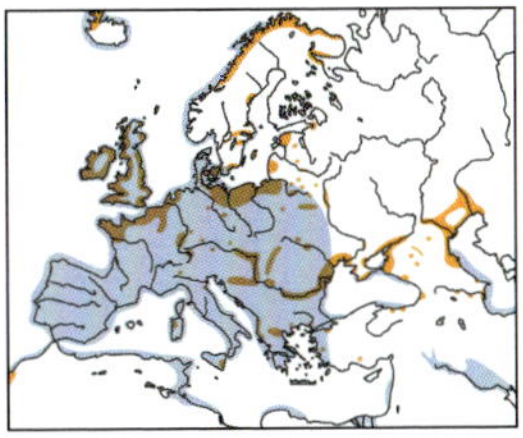

Status: Regelmäßiger Brutvogel, Durchzügler und Wintergast. Unterart *carbo* überwiegend an der Nordsee-/Atlantikküste (ausnahmsweise Binnenland), *sinensis* in Ostsee und Binnenland.

Kleider: Geschlechter gleich. Im Schlichtkleid ohne deutliche „Borsten“ am Hinterkopf, weniger kontrastreiche Kopffärbung ohne weiße Federchen in der Kappe, weniger glänzendes Gefieder und ohne den weißen Fleck am Oberschenkel. Im Jugendkleid sehr variabel bräunlich, Oberseite immer dunkel, Unterseite manchmal weiß. In den beiden Folgejahren immer dunkler, bis im 4. Kalenderjahr das glänzend schwarze Prachtkleid erreicht wird.

Verhaltensweisen: Sitzt nach dem Jagen mit abgespreizten Flügeln aufrecht in charakteristischer Pose zum Trocknen da.

Ähnliche Arten: Beim Schwimmen wird der Schnabel schräg nach oben gehalten, sodass das Profil auch an einen großen Seetaucher erinnern könnte.

Sichler *Plegadis falcinellus* (→ 135)

seltener Gast

En: Glossy Ibis
Fr: Ibis falcinelle
Es: Morito común
It: Mignattaio

Mittelgroßer, bräunlicher Ibis.

Status: Sehr seltener Gast aus dem Mittelmeerraum und Kleinasien.

Kleider: Geschlechter gleich. Im Schlichtkleid weniger rötlich braun, Kopf und Hals graubraun mit heller Sprenkelung. Jugendkleid ähnlich Schlichtkleid, aber stumpfer gefärbt und vor allem Flügel ohne Glanz.

Ähnliche Arten: Aufgrund der Schnabelform und Grundfarbe ggf. mit dem Großen Brachvogel zu verwechseln, dessen Schnabel allerdings viel dünner und dessen Gefiedermusterung anders ist.

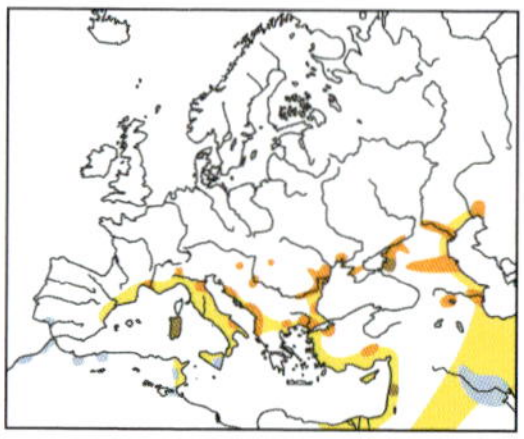

Waldrapp *Geronticus eremita* (→ 136)

Neozoon

En: Northern Bald Ibis
Fr: Ibis chauve
Es: Ibis eremita
It: Ibis eremita

Mittelgroßer, dunkler, ibisartiger Vogel, im Adultkleid mit nacktem Kopf und Federschopf.

Status: Ehemaliger Brutvogel. Neue Nachweise durch Wiederansiedlungsprojekte.

Kleider: Geschlechter gleich. Im bräunlicheren Jugendkleid ist der Kopf dunkel befiedert und ohne Schopf.

Ähnliche Arten: Kaum zu verwechseln.

Heiliger Ibis *Threskiornis aethiopicus* (→ 137)

Brutvogel an wenigen Orten

En: African Sacred Ibis
Fr: Ibis sacré
Es: Ibis sagrado
It: Ibis sacro

Mittelgroßer, schwarz-weißer Ibis.

Status: Seltener Brutvogel, Gefangenschaftsflüchtlinge und deren Nachkommen.

Kleider: Geschlechter gleich. Im Jugendkleid schmutzig weiß mit dünner, heller Befiederung am Nacken und etwas kürzerem Schnabel.

Ähnliche Arten: Kaum zu verwechseln.

Löffler *Platalea leucorodia* (→ 138)

En: Eurasian Spoonbill
Fr: Spatule blanche
Es: Espátula común
It: Spatola

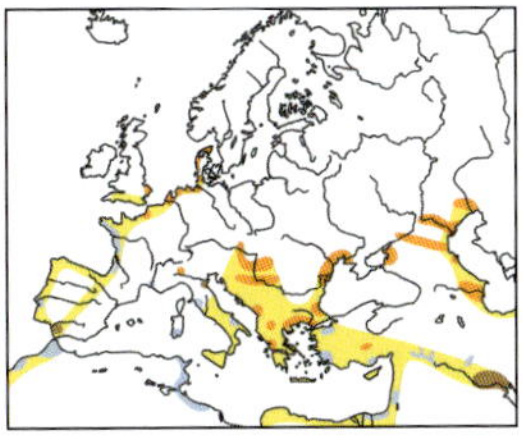

An einen weißen Reiher erinnernder Vogel mit auffälligem Löffelschnabel.

Status: Lokaler, meist seltener Brut- und Sommervogel an der Nordseeküste (zunehmend) und im pannonischen Tiefland.

Kleider: Geschlechter gleich. Im Jugendkleid Schnabel hell rosa getönt, Spitzen der Handschwingen und der Großen Handdecken schwarz.

Verhaltensweisen: Nahrungssuche im flachen Wasser mit pendelndem Schnabelschwenken.

Ähnliche Arten: Weiße Reiherarten haben einen anderen Schnabel und fliegen mit S-förmig zurückgekrümmtem Hals.

Rohrdommel *Botaurus stellaris* (→ 140)

J F M A M J J A S O N D

En: Eurasian Bittern
Fr: Butor étoilé
Es: Avetoro común
It: Tarabuso

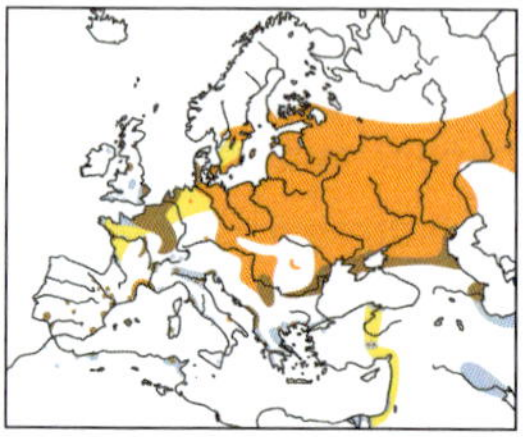

Eine große braun gemusterte Reiherart mit kompakter und etwas untersetzter Statur.

Status: Seltener lokaler Brut- und Sommervogel im Nordosten, gebietsweise seltener Wintergast.

Kleider: Geschlechter nahezu gleich gefärbt. Jugendkleid mit kürzerem und noch braunem Bartstrich.

Verhaltensweisen: Versucht sich im Röhricht oft so zu strecken, dass die senkrechten Strichelungen des Gefieders mit dem Muster der senkrechten Schilfhalme verschwimmen („Pfahlstellung“).

Stimme: Der Revierruf des Männchens ist ein weit tragendes, tiefes, hohles wiederholtes „humb“ (aus der Nähe mit Vorsilben).

Ähnliche Arten: Am Boden unverkennbar, im Flug manchmal an eine große Eule erinnernd, aber mit nach hinten gestreckten, oft auch leicht hängenden, langen Beinen.

Zwergdommel *Ixobrychus minutus* (→ 141)

J F M A M J J A S O N D

En: Little Bittern
Fr: Blongios nain
Es: Avetorillo común
It: Tarabusino

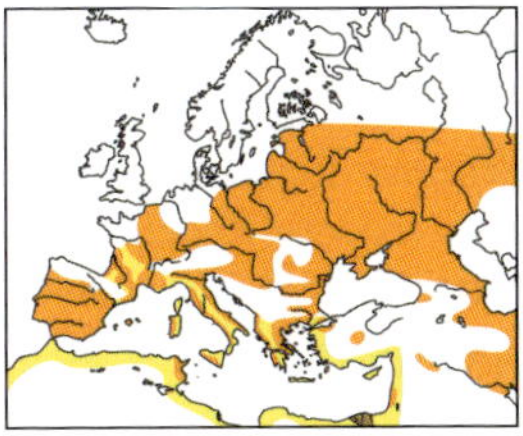

Sehr kleiner, zierlicher, an einen Nachtreiher erinnernder Vogel.

Status: Seltener Brut- und Sommervogel in Niederungsgebieten, v. a. im Osten.

Kleider: Adulte Männchen und Weibchen ähnlich, aber unterscheidbar, siehe Fotos. Jugendkleid ähnlich ad. Weibchen, aber dessen fast schwarze Gefiederpartien sind nur dunkelbraun und das helle Flügelfeld ist ebenfalls dunkel gesprenkelt.

Stimme: Singt im Schilf ein alle 2-3 Sekunden wiederholtes „wru", auch in der Nacht.

Ähnliche Arten: Kaum zu verwechseln.

Nachtreiher *Nycticorax nycticorax* (→ 143)

J F M A M J J A S O N D

En: Black-crowned Night Heron
Fr: Bihoreau gris
Es: Martinete común
It: Nitticora

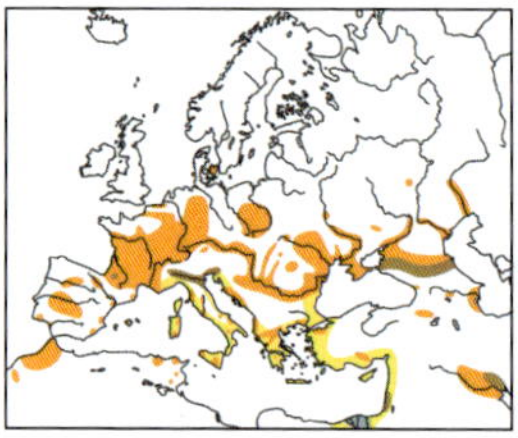

Kompakter, mittelgroßer Reiher.

Status: Im Südosten verbreiteter, im Süden seltener lokaler Brutvogel, regelmäßiger Durchzügler.

Kleider: Geschlechter gleich. Jugendkleid braun mit deutlicher heller Fleckung auf dem Rücken und dunkler Fleckung an Kopf und Unterseite. Einjährige haben einen graubraunen Rücken und eine diffuse Strichelung an den Brustseiten.

Stimme: Tagsüber sehr schweigsam, in der Abenddämmerung jedoch öfter zu hören als zu sehen: ein rau quakendes „wark“, oft im Flug geäußert.

Ähnliche Arten: Jungvögel könnten mit der Rohrdommel verwechselt werden, sind jedoch oberseits kräftig weiß gefleckt.

Rallenreiher *Ardeola ralloides* (→ 144)

seltener Durchzügler und Brutvogel

En: Squacco Heron
Fr: Crabier chevelu
Es: Garcilla cangrejera
It: Sgarza ciuffetto

Eher gedrungener, heller, kleiner Reiher mit schneeweißen Flügeln und sonst eher unauffälliger Färbung.

Status: Regelmäßiger Brutvogel nur in Ungarn, sonst im Süden unregelmäßiger Gast.

Kleider: Geschlechter gleich, im Schlichtkleid sind Kopf und Halsseiten braun gestreift und die Beine sind gelbgrün. Jugendkleid ähnlich Schlichtkleid, aber mit noch deutlicherer Streifung.

Ähnliche Arten: Könnte an jungen Nachtreiher erinnern, der aber deutlich größer ist und keine schneeweißen Flügel hat.

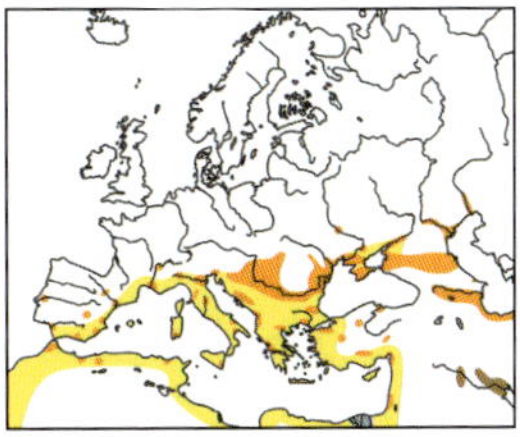

Kuhreiher *Bubulcus ibis* (→ 145)

Brutvogel an wenigen Orten

En: Western Cattle Egret
Fr: Héron garde-bœufs
Es: Garcilla bueyera
It: Airone guardabuoi

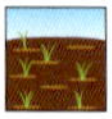
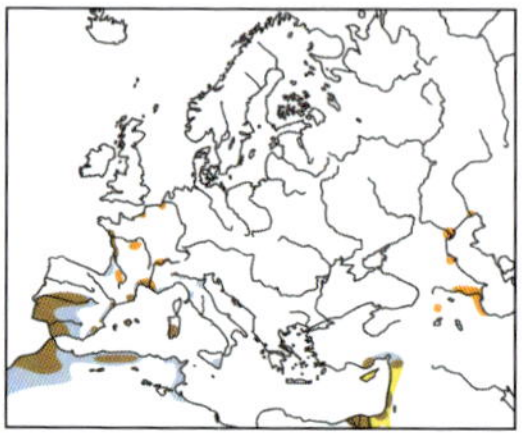

Kleiner, weißer Reiher mit kurzem Hals und Schnabel.

Status: Einzelne Bruten in Benelux, ansonsten seltener Gast, z. T. Gefangenschaftsflüchtling oder Freiflieger aus Zoos.

Kleider: Geschlechter gleich, zur Paarungszeit wird der sonst im Adultkleid gelbe Schnabel an der Basis sowie der Hautstreif vor den Augen (Zügel) rötlich. Im Jugendkleid reinweißes Gefieder und der Schnabel ist vorne dunkel, die Füße grau.

Ähnliche Arten: Alle anderen weißen Reiherarten haben deutlich längere und schlankere Schnäbel.

Graureiher *Ardea cinerea* (→ 146)

En: Grey Heron
Fr: Héron cendré
Es: Garza real
It: Airone cenerino

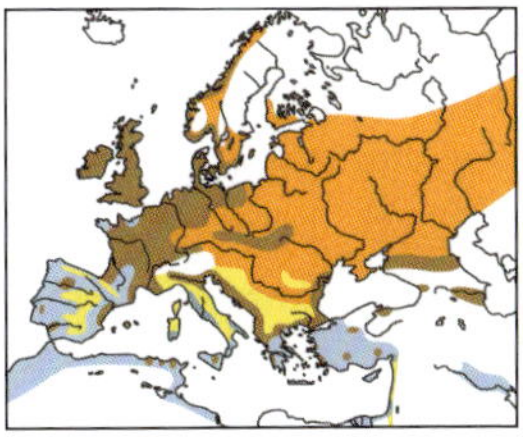

Großer Reiher mit überwiegend grauen Gefiedertönen.

Status: Häufiger Brutvogel.

Kleider: Geschlechter gleich. Im Jugendkleid Scheitel einfarbig grau, im 2. Winter bereits mit schwarzem Kopfseitenstreif, im Adultkleid dann mit weißer Stirn.

Verhaltensweisen: Steht bei der Jagd oft längere Zeit wie eingefroren bereit zum Zustoßen da.

Stimme: Ruft im Flug, auch bei Nacht, ein hartes, einsilbiges und schrilles „kraik"

Ähnliche Arten: Kaum zu verwechseln, der ebenfalls graue Kranich hat eine andere Gestalt und ist deutlich größer.

Purpurreiher *Ardea purpurea* (→ 148)

J F M A M J J A S O N D

En: Purple Heron
Fr: Héron pourpré
Es: Garza imperial
It: Airone rosso

Großer, überwiegend in Brauntönen gefärbter Reiher von sehr ähnlicher Statur wie der Graureiher.

Status: Lokaler Brutvogel v. a. im Südosten und in den Niederlanden, sonst seltener Gast.

Kleider: Geschlechter gleich. Im Jugendkleid überwiegend hellbraun und oberseits dunkel gefleckt. Einjährige ähneln Adulten, aber ihre Flügeloberseite ist noch braun gefleckt.

Stimme: Flugrufe einsilbig, nicht so schrill wie beim Graureiher.

Ähnliche Arten: Im Flug bei ungünstigem Licht nicht leicht vom Graureiher zu unterscheiden: Halskurvatur ist kantiger, Zehen werden häufig gespreizt, Gesamteindruck etwas graziler als Graureiher.

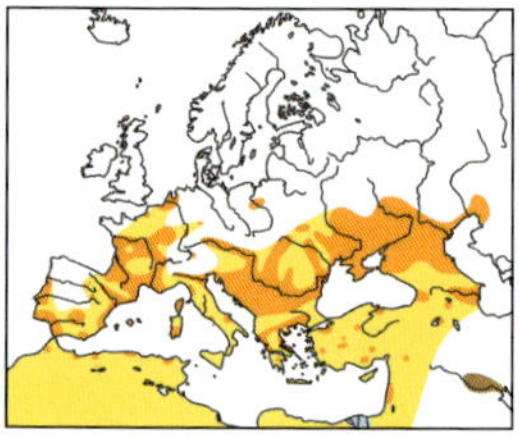

Silberreiher *Ardea alba* (→ 149)

J F M A M J J A S O N D

En: Great Egret
Fr: Grande Aigrette
Es: Garceta grande
It: Airone bianco maggiore

Ein großer, reinweißer Reiher.

Status: Regelmäßiger Gast, einzelne Bruten in Mitteleuropa, häufigerer Brutvogel vor allem östlich davon. Viele Wintergäste aus Belarus, Ukraine.

Kleider: Geschlechter gleich. Im Prachtkleid mit dunklem Schnabel und langen Schmuckfedern an Brust und Rücken. Im Schlichtkleid ist der Schnabel gelb. Das Jugendkleid ähnelt sehr dem Schlichtkleid.

Stimme: Fast immer stumm. Nur selten hart ratternde Rufe.

Ähnliche Arten: Andere weiße Reiherarten sind kleiner.

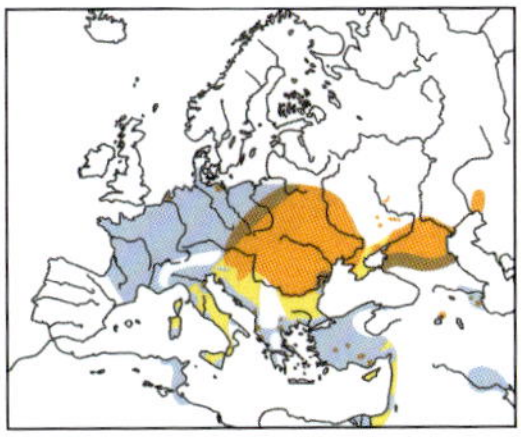

Schmuckreiher *Egretta thula* (→ 150)

Ausnahmegast

En: Snowy Egret
Fr: Aigrette neigeuse
Es: Garceta nívea
It: Garzetta nivea

Dem Seidenreiher sehr ähnlich.

Status: Ausnahmegast aus Nordamerika.

Seidenreiher *Egretta garzetta* (→ 151)

seltener Durchzügler und Brutvogel

En: Little Egret
Fr: Aigrette garzette
Es: Garceta común
It: Garzetta

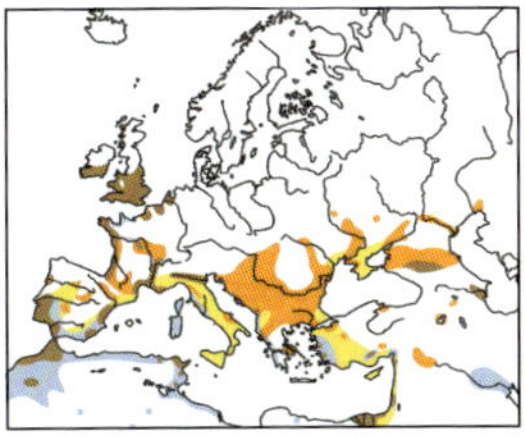

Mittelgroßer, zierlicher, reinweißer Reiher.

Status: Brutvogel in Ungarn, andernorts regional kleine Ansiedlungen, regelmäßiger Gast.

Kleider: Geschlechter gleich. Im Prachtkleid mit zwei sehr langen Schmuckfedern am Hinterkopf, zur Paarungszeit außerdem mit rosa-rötlicher Zügelhaut. Im Schlichtkleid fehlen die Schmuckfedern. Jugendkleid ebenfalls rein weiß, Beine grünlich, Unterschnabel hell.

Ähnliche Arten: Von anderen heimischen kleineren weißen Reiherarten durch die dunklen Beine mit gelben Zehen unterscheidbar.

Rosapelikan *Pelecanus onocrotalus* (→ 125)

Ausnahmegast, vor allem aber Neozoon

8

En: Great White Pelican
Fr: Pélican blanc
Es: Pelícano común
It: Pellicano comune

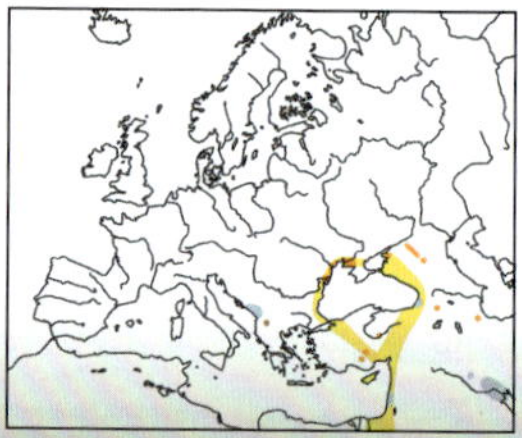

Pelikan mit gelbem Kehlsack, rosa Augenpartie und rötlichen Füßen (Prachtkleid).

Status: Ausnahmegast aus Südosteuropa und Kleinasien, wohl oft auch Gefangenschaftsflüchtling.

Kleider: Geschlechter gleich. Im Schlichtkleid Kehlsack weniger lebhaft gelb und ohne die orange-gelbliche Tönung des Prachtkleides. Jugendkleid mit viel Braun, Beine fleischfarben. Immaturkleider heller, Beine bereits mit Gelbstich, das Braun hält sich am längsten im Bereich der Flügel.

Ähnliche Arten: Der Krauskopfpelikan hat im Flug keinen schwarzen Flügelhinterrand.

Krauskopfpelikan *Pelecanus crispus* (→ 127)

Ausnahmegast, vor allem aber Neozoon

En: Dalmatian Pelican
Fr: Pélican frisé
Es: Pelícano ceñudo
It: Pellicano riccio

Pelikan mit orangerotem Kehlsack, gekräuselten Kopffedern und grauen Füßen (Prachtkleid). Im Flugbild Flügel ohne Schwarz-Weiß-Kontrast.

Status: Ausnahmegast aus Südosteuropa und Kleinasien, wohl oft auch Gefangenschaftsflüchtling.

Kleider: Geschlechter gleich. Im Prachtkleid Kehlsack kräftig orange, im Schlichtkleid gelblich rosa. Jugendkleid deutlich hellbraun, Beine rosa. Immaturkleider heller, Beine bereits mit Graustich, das Braun hält sich am längsten im Bereich der Flügel.

Ähnliche Arten: Siehe Rosapelikan.

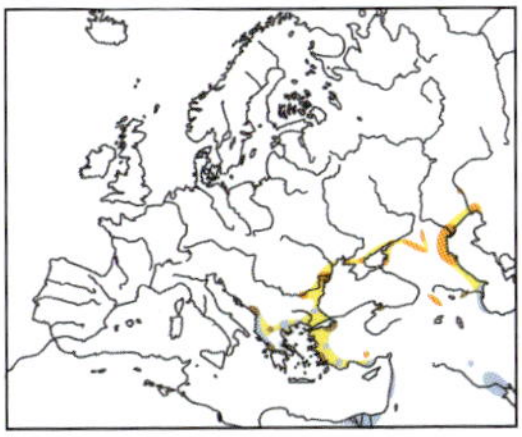

Bei den großen Adlern und den Geiern lassen sich oft wenige Färbungsmerkmale erkennen. Neben diesen liefern Flügel-, Körper- und Schwanzproportionen besonders wichtige Bestimmungshinweise.

Fischadler *Pandion haliaetus* (→ 155)

En: Western Osprey
Fr: Balbuzard pêcheur
Es: Águila pescadora
It: Falco pescatore

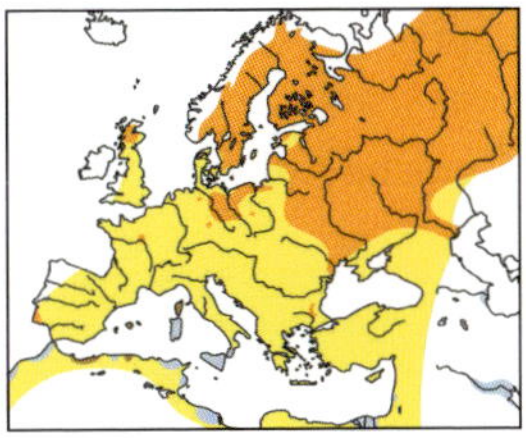

Mittelgroßer Greifvogel mit heller Unterseite und auffällig langen Flügeln.

Status: Seltener Brutvogel hauptsächlich im Osten, regelmäßiger Durchzügler.

Kleider: Geschlechter ähnlich, das braune Brustband ist bei den Weibchen markanter ausgeprägt. Im Jugendkleid Rückenfedern mit hellen Säumen, die ein Schuppenmuster bilden.

Stimme: Rufe sind duchweg pfeifend und hochtonig, bei Balz in langen Reihen.

Ähnliche Arten: Kaum zu verwechseln.

seltener Durchzügler

Gleitaar *Elanus caeruleus* (→ 156)

En: Black-winged Kite
Fr: Élanion blac
Es: Elanio común
It: Nibbio bianco

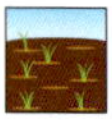

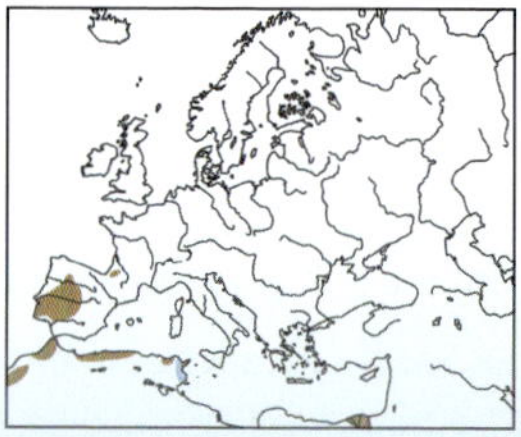

Kleiner schwarz-weißer Greifvogel mit kurzem Schwanz.

Status: Ausnahmegast aus dem westlichen Mittelmeerraum , vor allem von der Iberischen Halbinsel.

Kleider: Geschlechter gleich. Im Jugendkleid mit Braun an Kopf und Brust, Rückengefieder mit weißen Säumen (Schuppenmuster).

Ähnliche Arten: Kaum zu verwechseln.

Bartgeier *Gypaetus barbatus* (→ 158)

Brutvogel an wenigen Orten

En: Bearded Vulture
Fr: Gypaète barbu
Es: Quebrantahuesos
It: Gipeto

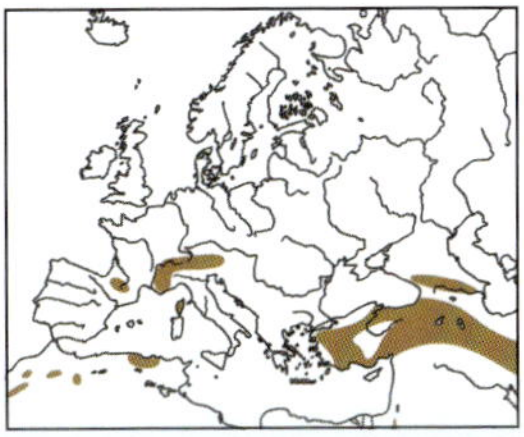

Großer langflügeliger und langschwänziger Geier.

Status: Wiedereingebürgerter Brutvogel in den Alpen.

Kleider: Geschlechter gleich. Im Jugendkleid dunkelbraun und hellgrau, oberer Rücken hell. In den Folgejahren schrittweise dem Adultkleid immer ähnlicher, am längsten bleibt der Kopfbereich dunkel. Das vollständige Adultkleid wird erst etwa im 5. Kalenderjahr erreicht.

Ähnliche Arten: Kaum zu verwechseln. Adler haben eine andere Silhouette.

Schmutzgeier *Neophron percnopterus* (→ 159)

seltener Durchzügler

En: Egyptian Vulture
Fr: Vautour percnoptère
Es: Alimoche común
It: Capovaccaio

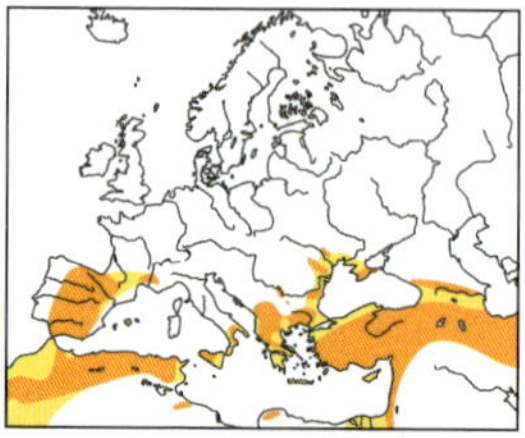

Kleiner, im Adultkleid bis auf die Schwungfedern fast weißer Geier mit charakteristisch keilförmigem Schwanz.

Status: Ausnahmegast aus dem Mittelmeerraum, aus Kleinasien und Nordafrika.

Kleider: Geschlechter gleich. Jugendkleid braun mit graublauem unbefiedertem Gesichtsfeld. In den folgenden Jahren heller braun und mit immer mehr weißlichen Federn, bis im 5. Kalenderjahr das volle Prachtkleid erreicht ist.

Ähnliche Arten: Kaum zu verwechseln.

Bei fliegenden Bussarden, Milanen und kleinen Adlern liefern Flügelform und Flügelproportionen zusammen mit besonderen Färbungsmerkmalen auf den Unterflügeln und die Bänderung des Schwanzes besonders wichtige Bestimmungshinweise.

Wespenbussard *Pernis apivorus* (→ 160)

J F M A M J J A S O N D

En: European Honey Buzzard
Fr: Bondrée apivore
Es: Abejero europeo
It: Falco pecchiaiolo

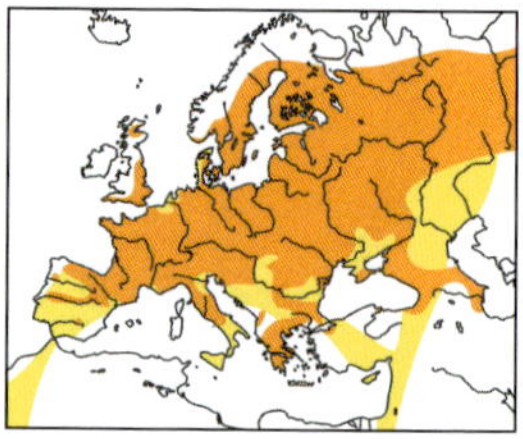

Mittelgroßer bussardartiger Greifvogel mit auffällig kleinem Kopf, langen Flügeln und langem Schwanz.

Status: Regelmäßiger, aber nirgends häufiger Brutvogel und Durchzügler.

Kleider: Gefiedertönung sehr variabel. Geschlechter oft unterscheidbar, Männchen typischerweise an Oberseite un Kopf grauer gefärbt, aber alte Weibchen können Männchen sehr ähnlich sein. Bei einem Großteil der bräunlicheren Weibchen fallen auch aus der Distanz aufgehellte Handschwingenbasen auf. Im Jugendkleid mindestens an der Brust deutlich längs (nicht quer) gestrichelt, Iris dunkel und Wachshaut am Schnabel gelb.

Stimme: Rufe sind hoch und melodisch pfeifend, oft auch mehrsilbig mit Tonsprüngen.

Ähnliche Arten: Unterflügel und Schwanz auffälliger gebändert als beim Mäusebussard, Flügel schlanker, Kopf wirkt kleiner, Schwanz etwas länger. Jungvögel teils schwer von Mäusebussard zu unterscheiden.

Gänsegeier *Gyps fulvus* (→ 163)

seltener Gastvogel

En: Griffon Vulture
Fr: Vautour fauve
Es: Buitre leonado
It: Grifone

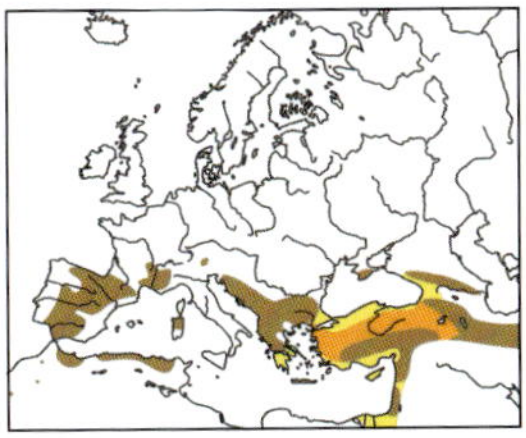

Typischer, großer Geier.

Status: Seltener Gast, neuerdings häufigere Einflüge, in den Ostalpen übersommernd.

Kleider: Geschlechter gleich. Im Jugendkleid Halskrause braun und Schnabel grau. Das vollständige Adultkleid wird im 5. oder 6. Kalenderjahr erreicht.

Ähnliche Arten: Nur mit asiatischen oder afrikanischen Arten zu verwechseln. Siehe auch Mönchsgeier.

Mönchsgeier *Aegypius monachus* (→ 162)

seltener Durchzügler

En: Cinereous Vulture
Fr: Vautour moine
Es: Buitre negro
It: Avvoltoio monaco

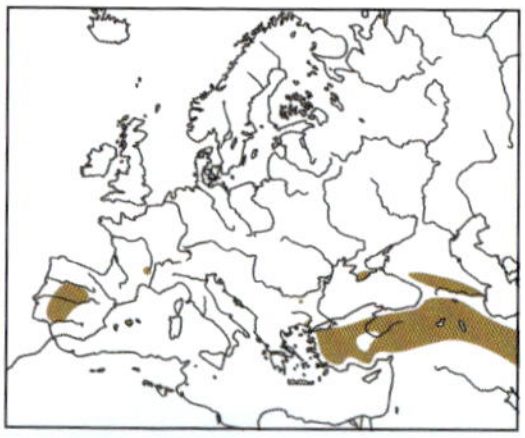

Großer, sehr dunkler Geier.

Status: Ausnahmegast, z. T. aus Wiedereinbürgerungsprojekten.

Kleider: Geschlechter gleich. Im Jugendkleid Kopf und Halskrause schwarz, Gefieder braunschwarz. Das vollständige Adultkleid wird meist ab dem 6. Kalenderjahr erreicht.

Ähnliche Arten: Gänsegeier ist etwas kleiner und heller.

Schlangenadler *Circaetus gallicus* (→ 161)

Brutvogel an wenigen Orten

En: Short-toed Snake Eagle
Fr: Circaète Jean-le-Blanc
Es: Culebrera europea
It: Biancone

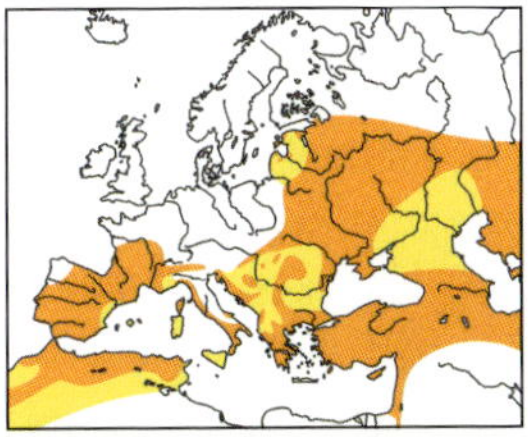

Heller, sehr bussardähnlicher, kleiner Adler.

Status: In Ungarn, Polen und der Slowakei sehr seltener Brutvogel, sonst lokal einzelne Übersommerer, Durchzügler.

Kleider: Geschlechter gleich. Das Jugendkleid ist kaum vom Alterskleid zu unterscheiden, die Variabilität in der Gefiederhelligkeit zwischen Individuen ist dagegen hoch.

Ähnliche Arten: Im Gegensatz zum etwa ein Drittel kleineren Mäusebussard hat der Schlangenadler nie dunkle Flecken am Flügelbug, 3-4 Binden am Schwanz, einen großen, meist dunklen Kopf, gelbe Augen und blaugraue Beine.

Schreiadler *Aquila pomarina* (→ 168)

Brutvogel an wenigen Orten

6

En: Lesser Spotted Eagle
Fr: Aigle pomarin
Es: Águila pomerana
It: Aquila anatraia minore

Mittelgroßer bis großer, sehr dunkler Adler.

Status: Seltener Brutvogel im Nordosten und Osten, ansonsten seltener Durchzügler.

Kleider: Geschlechter gleich. Im Jugendkleid sind die Flügeldecken dunkler und haben, wie auch Hand- und Armschwingen, eine weiße Spitze. Diese Federn werden bis zum 5. oder 6. Kalenderjahr allmählich durch einfarbig braune Federn ersetzt. Gefiederhelligkeit kann zwischen Individuen deutlich variieren.

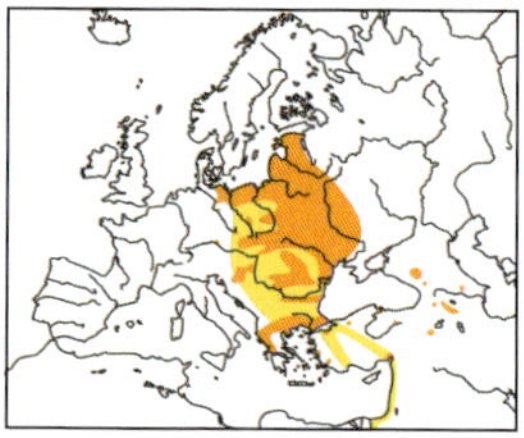

Stimme: Im Brutgebiet wird ein melodisches „tjück" (aus der Nähe zweisilbig und schärfer klingend) geäußert, nicht selten auch gereiht.

Ähnliche Arten: Siehe Schelladler.

Durchzügler, Wintergast

Schelladler *Clanga clanga* (→ 167)

En: Greater Spotted Eagle
Fr: Aigle criard
Es: Águila moteada
It: Aquila anatraia maggiore

Mittelgroßer bis großer, sehr dunkler Adler.

Status: Sehr seltener Brutvogel in Ostpolen, seltener Durchzügler, sehr vereinzelt Wintergast.

Kleider: Geschlechter gleich. Im Jugendkleid wirkt der ganze Vogel viel dunkler und ist durch weiße Federspitzen an Rücken, Körperseiten und Hosen deutlich hell gefleckt. Diese Federn werden bis zum 5. oder 6. Kalenderjahr allmählich durch einfarbig braune Federn ersetzt. Gefiederhelligkeit kann zwischen Individuen deutlich variieren.

Ähnliche Arten: Der etwas kleinere Schreiadler hat in der Regel Unterflügeldecken, die heller als die Schwungfedern sind (bei Schelladler meist dunkler), der gleichgroße Steppenadler wirkt langköpfiger und hat einen bis unters Auge weit nach hinten reichenden Schnabelwinkel.

Zwergadler *Hieraaetus pennatus* (→ 165)

Brutvogel an wenigen Orten

En: Booted Eagle
Fr: Aigle botté
Es: Águila calzada
It: Aquila minore

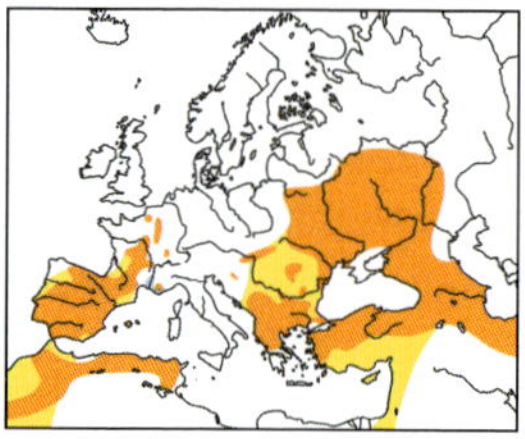

Kleiner Adler, der nur etwa so groß wie ein Mäusebussard ist.

Status: Extrem seltener Brutvogel, v. a. im Osten, seltener Gastvogel.

Kleider: Geschlechter gleich. Es wird eine hellbäuchige („helle“) und eine dunkelbäuchige („dunkle“) Morphe unterschieden. Aufgrund der ohnehin großen Variabilität der Gefiederhelligkeit ist das Jugendkleid kaum vom Adultkleid zu unterscheiden.

Stimme: Ruft in der Brutzeit häufig. Schrille Rufreihen wie „kli-kli-kli...“ oder „ksik-ksik-ksik...“.

Ähnliche Arten: Verwechslungsgefahr mit Mäusebussard und bei dunkler Morphe mit Schwarzmilan. Von diesen durch stark gefingerte Flügel, eckigen Schwanz und bei der dunklen Morphe durch weiße Flecke an der Basis der Flügelvorderkante („Positionslichter“) unterscheidbar.

Steppenadler *Aquila nipalensis* (→ 170)

seltener Durchzügler

En: Steppe Eagle
Fr: Aigle des steppes
Es: Águila esteparia
It: Aquila delle steppe

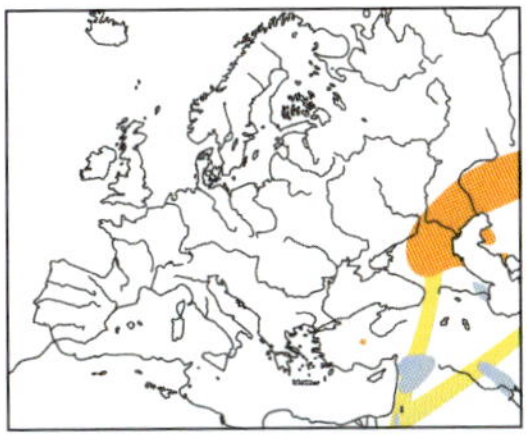

Großer Adler mit langen und breiten Flügeln.

Status: Sehr seltener Ausnahmegast vom Kaspischen Meer, wohl auch Gefangenschaftsflüchtling.

Kleider: Geschlechter gleich. Jugendkleid heller braun, durch weiße Spitzen der Flügeldecken und Schwungfedern auf der Flügelober- und -unterseite und an der Flügelhinterkante ein deutliches weißes Band, das in den folgenden ca. 5 Jahren durch vermauserte und dann einfarbig braune Federn immer mehr verschwindet.

Ähnliche Arten: Siehe Schelladler.

Kaiseradler *Aquila heliaca* (→ 171)

Brutvogel an wenigen Orten

En: Eastern Imperial Eagle
Fr: Aigle impérial
Es: Águila imperial oriental
It: Aquila imperiale

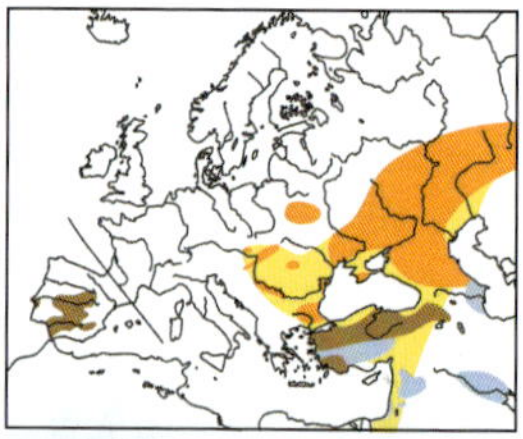

Dem Steinadler ähnlicher, großer Adler, der im Adultkleid auffällige weiße Schulterfedern trägt.

Status: Sehr seltener Brutvogel in Ungarn und der Slowakei, ansonsten Ausnahmegast.

Kleider: Geschlechter gleich. Im Jugendkleid ist der ganze Vogel heller braun und durch helle Federspitzen an Rücken, Hals und Körperseiten deutlich hell gefleckt. Diese Federn werden bis zum 6. Kalenderjahr allmählich durch einfarbig braune Federn ersetzt.

Ähnliche Arten: Steinadler hat längeren Schwanz und nicht so geraden Flügelhinterrand.

Iberienadler (Spanischer Kaiseradler)

Aquila adalberti (→ 172)

seltener Durchzügler

En: Spanish Imperial Eagle
Fr: Aigle ibérique
Es: Águila imperial ibérica
It: Aquila imperiale iberica

Sehr ähnlich dem Kaiseradler, im Adultkleid aber mit weißem Flügelvorderrand.

Status: Extreme Ausnahmeerscheinung von der Iberischen Halbinsel.

Steinadler *Aquila chrysaetos* (→ 166)

Brutvogel an wenigen Orten

En: Golden Eagle
Fr: Aigle royal
Es: Águila real
It: Aquila reale

Sehr großer langflügeliger Adler.

Status: Brutvogel in den Alpen und Karpaten. Sonst seltener Gast.

Kleider: Geschlechter gleich. Im Jugendkleid Rücken einfarbig dunkelbraun, Schwanz weiß mit schwarzer Endbinde und deutliches weißes Feld im Handflügel. Diese Merkmale verschwinden graduell, bis im 6. Kalenderjahr das volle Adultkleid erreicht wird.

Ähnliche Arten: Von anderen Adlerarten im Flug durch den s-förmigen Flügelhinterrand unterscheidbar.

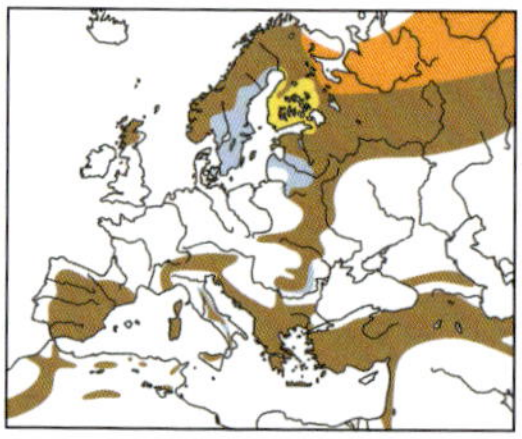

Habichtsadler *Aquila fasciata* (→ 164)

seltener Durchzügler

En: Bonelli's Eagle
Fr: Aigle de Bonelli
Es: Águila perdicera
It: Aquila di Bonelli

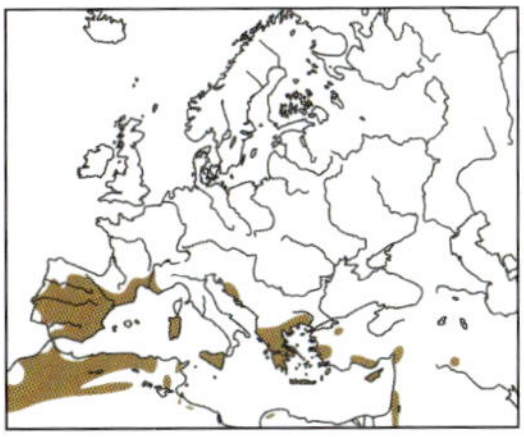

Mittelgroßer Adler mit breitem Schwanz und langen Flügeln.

Status: Ausnahmegast aus dem Mittelmeerraum.

Kleider: Geschlechter gleich. Im Jugendkleid ohne Endbinde am Schwanz und mit rostgelbem, ungesprenkeltem Bauch, der allerdings auch sehr hell ausbleichen kann. Das Adultkleid mit hellem Bauch, deutlichen Sprenkeln und Endbinde am Schwanz wird ab dem Ende des 5. Kalenderjahres erreicht.

Stimme: Im Flug gedehnte pfeifende Einzelrufe mit Tonsprüngen: „klüiije".

Ähnliche Arten: Je nach Kleid mit anderen mittelgroßen Greifvögeln verwechselbar, siehe Fotos.

Kurzfangsperber *Accipiter brevipes* (→ 178)

seltener Durchzügler

En: Levant Sparrowhawk
Fr: Épervier à pieds courts
Es: Gavilán griego
It: Sparviere levantino

Sehr ähnlich Sperber.

Status: Ausnahmegast aus Südosteuropa und Kleinasien.

Kleider: Geschlechter gleich groß, beide im Adultkleid gut unterscheidbar, siehe Fotos. Jugendkleid: braun, heller Bauch mit deutlicher vertikaler Sprenkelung (nicht horizontaler Wellung wie beim ad. Weibchen).

Verhaltensweisen: Wandert gemeinschaftlich im Trupp.

Stimme: Die mehrsilbigen Rufreihen „kii-wík" (auch gereiht) des Weibchens klingen völlig anders als die Rufe des Sperbers.

Ähnliche Arten: Im Gegensatz zum Sperber Silhouette mehr falkenartig mit schmaleren und spitzeren Flügeln und ohne gelbe Augen.

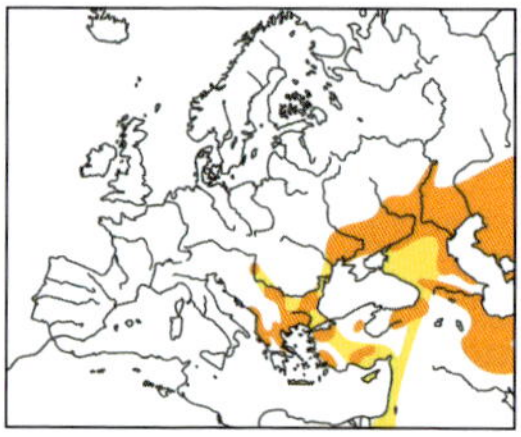

Sperber *Accipiter nisus* (→ 179)

J F M A M J J A S O N D

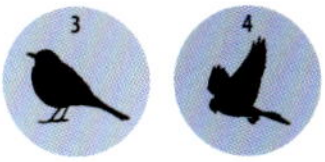

♂ ♀

En: Eurasian Sparrowhawk
Fr: Épervier d'Europe
Es: Gavilán común
It: Sparviere

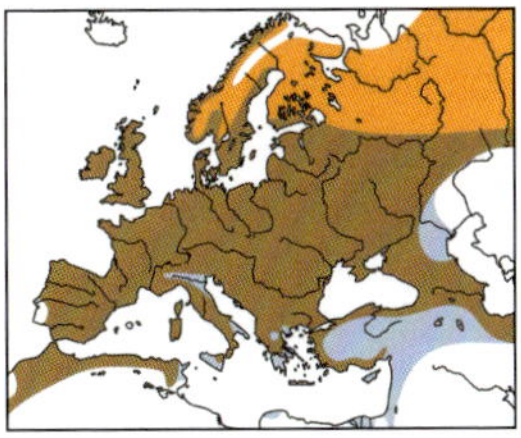

Kleiner Greifvogel mit runden Flügeln und relativ langem Schwanz.

Status: Verbreiteter Brutvogel, Durchzügler und Wintergast.

Kleider: Weibchen deutlich größer als Männchen, beide Geschlechter im Adultkleid gut unterscheidbar, siehe Fotos. Jugendkleid: braun, am Bauch grobe dunkelbraune Querbänderung.

Verhaltensweisen: Beim Flug über offenes Gelände wechseln meist Schlag- und Gleitflugphasen ab, während der Turmfalke kaum gleitet.

Stimme: Einsilbiger Ruf „tjik - tjik...“, in langer Reihung, anders als Kurzfangsperber, aber ähnlich dem Beunruhigungsruf des Habichts in Nestnähe.

Ähnliche Arten: Im Gegensatz zum Habicht zeigen Sperber im Flug einen ziemlich gerade endenden, eckigen Schwanz, einen schlanken Hüftbereich und wirken „halslos“

Habicht *Accipiter gentilis gentilis* und *A. g. buteoides* (→ 177)

J F M A M J J A S O N D

En: Northern Goshawk
Fr: Autour des palombes
Es: Azor común
It: Astore

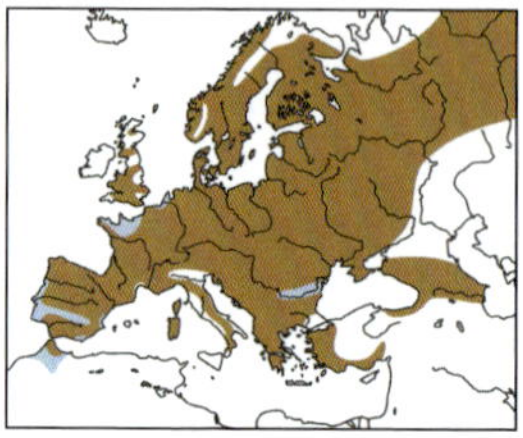

Kleiner (Männchen) bis mittelgroßer (Weibchen) Greifvogel mit langem Schwanz und kurzen runden Flügeln.

Status: Unterart *gentilis* regelmäßiger Brutvogel und Wintergast, Unterart *buteoides* seltener Gast, brütet von Nordschweden an östlich.

Kleider: Weibchen deutlich größer als Männchen, Geschlechter nur anhand der Größe zu unterscheiden. Jugendkleid: braun, heller Bauch mit deutlicher vertikaler Sprenkelung (nicht horizontaler Wellung wie bei adulten Vögeln).

Stimme: Bei Beunruhigung in Nestnähe rufen beide Partner in langen Reihen „kikikiki...".

Ähnliche Arten: Mäusebussard hat schmälere und längere Flügel. Siehe auch unter Sperber und Fotos.

Rohrweihe *Circus aeruginosus* (→ 173)

En: Western Marsh Harrier
Fr: Busard des roseaux
Es: Aguilucho lagunero occidental
It: Falco di palude

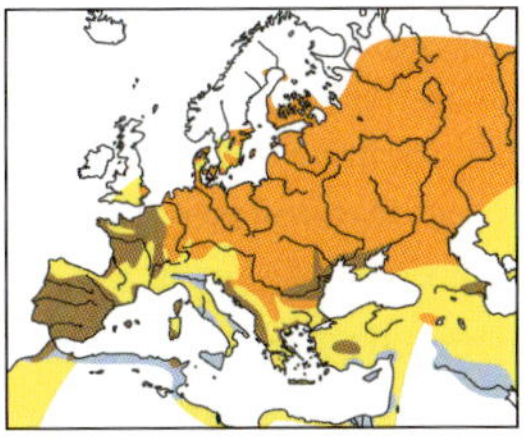

Schlanker, überwiegend brauner, mittelgroßer Greifvogel.

Status: Regelmäßiger, aber spärlicher Brutvogel, regelmäßiger Gast.

Kleider: Geschlechter im Adultkleid deutlich unterscheidbar, siehe Fotos . Im Jugendkleid sehr dunkel braun (Unterflügeldecken und Schwanz dunkler als beim ad. Weibchen) mit hellem Kopf mit dunklem Augen-Wangen-Feld. Gefiederhelligkeit variabel, es wurde auch eine seltene, (sehr) dunkle Morphe beschrieben.

Ähnliche Arten: Zur Unterscheidung von anderen Weihen siehe Fotos.

Kornweihe *Circus cyaneus* (→ 174)

J F M A M J J A S O N D

En: Hen Harrier
Fr: Busard Saint-Martin
Es: Aguilucho pálido
It: Albanella reale

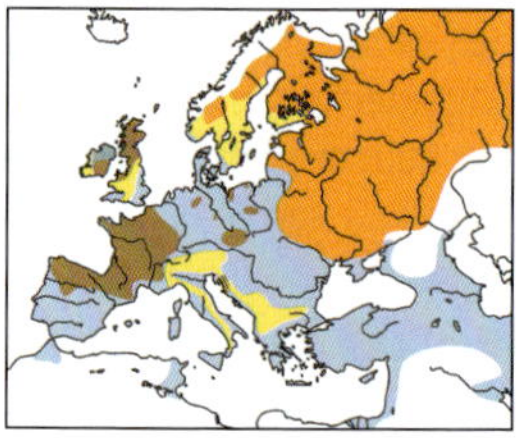

Schlanker, mittelgroßer Greifvogel, Männchen überwiegend grau, Weibchen braun.

Status: Sehr seltener Brutvogel im Norden, als Durchzügler und Wintergast lokal häufiger.

Kleider: Geschlechter im Adultkleid deutlich unterscheidbar, siehe Fotos. Im Jugendkleid ähnlich ad. Weibchen, aber Grundfarbe der Brust mehr gelblich als weiß und Brust schwächer gestrichelt, Strichelung nach hinten verschwindend. Das vollständige Adultkleid wird erst im 3. Kalenderjahr erreicht.

Ähnliche Arten: Zur Unterscheidung von anderen Weihen siehe Fotos.

Steppenweihe *Circus macrourus* (→ 175)

seltener Durchzügler

En: Pallid Harrier
Fr: Busard pâle
Es: Aguilucho papialbo
It: Albanella pallida

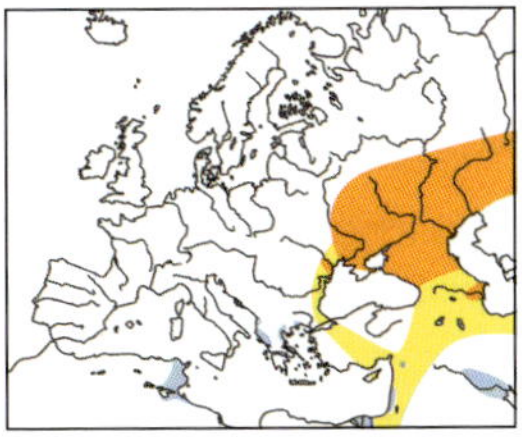

Schlanker, mittelgroßer Greifvogel, Männchen überwiegend grau, Weibchen braun.

Status: Seltener Durchzügler, ausnahmsweise Brutversuche.

Kleider: Geschlechter im Adultkleid deutlich unterscheidbar, siehe Fotos. Im Jugendkleid ähnlich ad. Weibchen, aber rostfarbener und Brust und Vorderflügel ungestrichelt. Das Adultkleid wird erst im 3. Kalenderjahr erreicht.

Ähnliche Arten: Zur Unterscheidung von anderen Weihen siehe Fotos.

Wiesenweihe *Circus pygargus* (→ 176)

J F M A M J J A S O N D

En: Montagu's Harrier
Fr: Busard cendré
Es: Aguilucho cenizo
It: Albanella minore

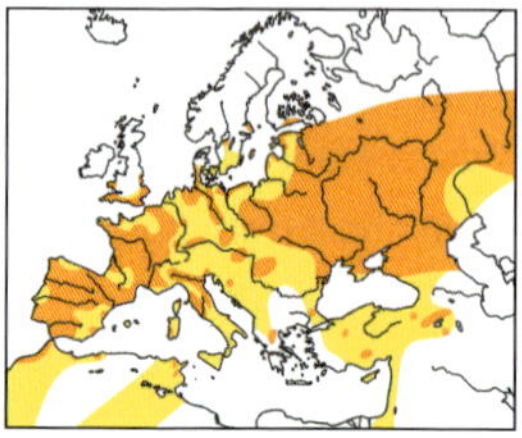

Schlanker, mittelgroßer Greifvogel, Männchen überwiegend grau, Weibchen braun.

Status: Seltener, lückenhaft verbreiteter Brutvogel, regelmäßiger Durchzügler.

Kleider: Geschlechter im Adultkleid deutlich unterscheidbar, siehe Fotos. Im Jugendkleid ähnlich ad. Weibchen, aber rostfarbener und Brust und Vorderflügel ungestrichelt. Das Adultkleid wird erst im 3. Kalenderjahr erreicht.

Ähnliche Arten: Zur Unterscheidung von anderen Weihen siehe Fotos.

Rotmilan *Milvus milvus* (→ 180)

J F M A M J J A S O N D

En: Red Kite
Fr: Milan royal
Es: Milano real
It: Nibbio reale

Mittelgroßer, kontrastreich gefärbter Greifvogel mit langen Flügeln und deutlich gegabeltem Schwanz.

Status: Regelmäßiger Brutvogel, Überwinterer und Durchzügler.

Kleider: Geschlechter gleich. Im Jugendkleid rötliche Flügelvorderkante deutlicher gesprenkelt, Spitzen der Großen Armdecken hell (dadurch helles Band), Unterschwanzdecken heller als bei ad. und Iris dunkel.

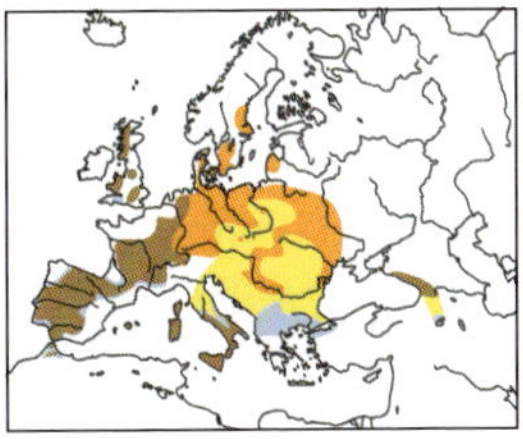

Stimme: Relativ oft zu hörende Rufe „hijüüüüüü-hie-hie", ähnlich Schwarzmilan, aber im Endteil deutlicheres „Wiehern".

Ähnliche Arten: Schwarzmilan ist dunkler, etwas kleiner und hat viel weniger gegabelten Schwanz.

Schwarzmilan *Milvus migrans* (→ 181)

J F M A M J J A S O N D

En: Black Kite
Fr: Milan noir
Es: Milano negro
It: Nibbio bruno

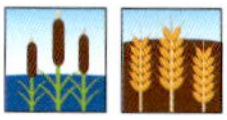

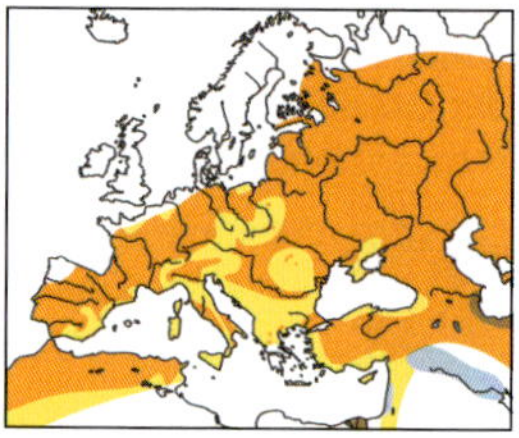

Mittelgroßer, dunkel gefärbter Greifvogel mit schwach gegabeltem („gebuchtetem“) Schwanz.

Status: Regelmäßiger Brutvogel und Durchzügler, im Winter nur ausnahmsweise.

Kleider: Geschlechter gleich. Jugendkleid wirkt sprenkeliger durch dunkle Schaftstriche der Federn auf der Oberseite und helle Spitzenflecke auf der Unterseite. Im Jugendkleid außerdem Iris und Augenpartie dunkel.

Stimme: Der häufigste Ruf (neben bussardartigen Rufen) ähnelt stark dem des Rotmilans, ist aber etwas höher und spitzer und das „Wiehern“ etwas schneller („piee-gügügügü“).

Ähnliche Arten: Siehe Rotmilan.

Bindenseeadler *Haliaeetus leucoryphus* (→ 182)

seltener Durchzügler

En: Pallas's Fish Eagle
Fr: Pygargue de Pallas
Es: Pigargo de Pallas
It: Aquila di mare di Pallas

Ähnlich Seeadler. Altvogel mit schwarz-weißem Schwanz.

Status: Ausnahmegast aus Zentral- und Südasien.

Seeadler *Haliaeetus albicilla* (→ 183)

J F M A M J J A S O N D

En: White-tailed Eagle
Fr: Pygargue à queue blanche
Es: Pigargo europeo
It: Aquila di mare

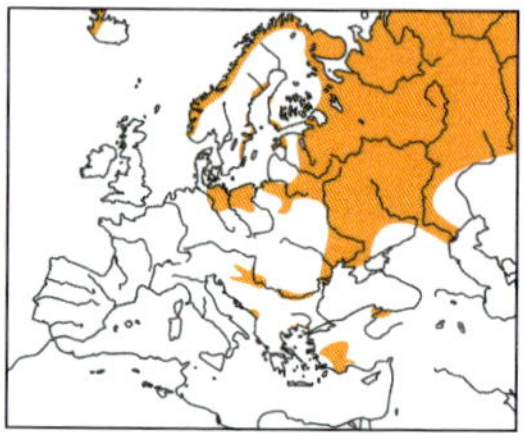

Großer Adler mit langen und breiten Flügeln und sehr kurzem, leicht keilförmigem Schwanz.

Status: Lückig verbreiteter, regelmäßiger Brutvogel im Osten, regelmäßiger Wintergast.

Kleider: Geschlechter gleich. Im Jugendkleid dunkler, stark gesprenkelt, mit dunklem Schwanz und dunklem Schnabel. Diese Merkmale gehen graduell ins Adultkleid über, das im 6. oder 7. Kalenderjahr erreicht wird. Altvogel mit weißem Schwanz.

Stimme: Die klirrenden Rufreihen von adulten Seeadlern am Horst sind weit zu hören.

Ähnliche Arten: Aufgrund der Größe und Flugsilhouette kaum verwechselbar.

Raufußbussard *Buteo lagopus* (→ 186)

Durchzügler, Wintergast

En: Rough-legged Buzzard
Fr: Buse pattue
Es: Busardo calzado
It: Poiana calzata

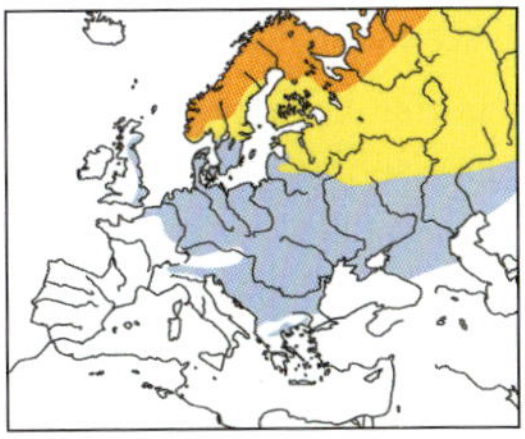

Sehr ähnlich Mäusebussard, aber geringfügig langflügeliger.

Status: Im Norden und Osten regelmäßiger Durchzügler und Wintergast, im Süden selten und unregelmäßig.

Kleider: Geschlechter sehr ähnlich, adulte Weibchen zeigen einen ausgedehnten dunklen Bauchfleck (Männchen sind dort gebändert), die Unterflügel sind heller und der Schwanz hat nur 1-2 Binden (Männchen 3-4). Jugendkleid ähnlich ad. Weibchen, aber Schwanzbinde und Kontraste insgesamt diffuser, Oberseite des Handflügels großteils sehr hell.

Stimme: Die Rufe sind ähnlich wie beim Mäusebussard.

Ähnliche Arten: Siehe Mäusebussard.

Adlerbussard *Buteo rufinus rufinus* und *B. r. cirtensis* (→ 185)

Brutvogel an wenigen Orten

En: Long-legged Buzzard
Fr: Buse féroce
Es: Busardo moro
It: Poiana codabianca

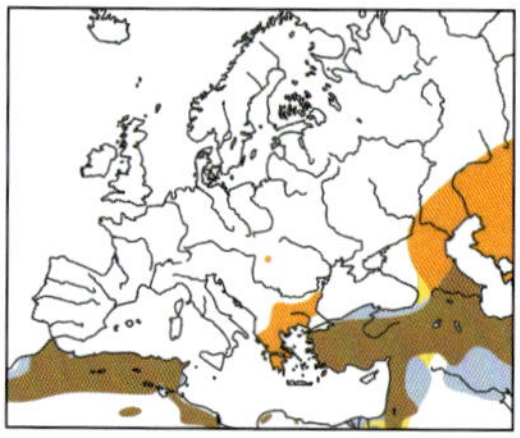

Großer, langflügeliger Bussard.

Status: *B. r. rufinus* sehr seltener Brutvogel in Ungarn, zunehmende Nachweise auch in Österreich. Sonst Ausnahmeerscheinung. *B. r. cirtensis* kommt in Nordafrika und im Nahen Osten vor.

Kleider: Geschlechter gleich. Helligkeit des Gefieders insgesamt sehr variabel, es werden eine helle, eine rotbraune und eine dunkle Morphe benannt. Jugendkleid: Schwanz graugelblich, insgesamt heller als ad., daher dunkle Hosen auffällig. Bei *B. r. cirtensis* sind Bauch und Hosen rostbraun.

Ähnliche Arten: Langflügeliger als Mäusebussard und mit ruhigeren Flügelschlägen unterwegs. Verwechslungsgefahr mit Raufußbussard aufgrund unterschiedlicher Jahreszeiten des Auftretens eher gering.

Mäusebussard *Buteo buteo buteo*
und *B. b. vulpinus* („Falkenbussard") (→ 184)

J F M A M J J A S O N D

En: Common Buzzard
Fr: Buse variable
Es: Busardo ratonero
It: Poiana

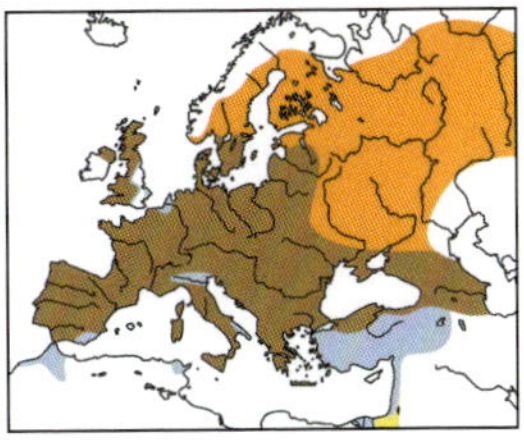

Mittelgroßer Greifvogel mit breiten Flügeln, mäßig langem gerundetem Schwanz und sehr variablem Gefieder von fast weiß bis dunkelbraun.

Status: Unterart *buteo* regelmäßiger Brutvogel, Durchzügler und Wintergast. Unterart *vulpinus* seltener Gast, Brutvogel vom nordöstlichen Europa an ostwärts.

Kleider: Beide Unterarten sehr variabel im Gefieder, deutliche Überlappung im Färbungsmuster. Im Jugendkleid trägt der Schwanz zwar dünne Linien, aber keine deutliche dicke Schwanzbinde und die Bruststrichelung ist vertikal angeordnet (später quer gebändert). Der „Falkenbussard" ist insgesamt wärmer rostfarben getönt und das helle Brustband kann fehlen (aber auch hier gibt es große Färbungsvarianz).

Stimme: Häufigster Ruf ist das typische miauende „hijää", bei Beunruhigung bzw. als Warnruf auch schärfer „pijääh".

Ähnliche Arten: Vom Raufußbussard gut unterscheidbar durch den immer eng gebänderten Schwanz und die unbefiederten Beine, die deshalb stets gelb wirken.

Vor allem durch die nach vorne gerichteten Augen erinnern uns Gesichter von Eulen an menschliche Gesichtsausdrücke. Das kann man sich bei der Unterscheidung der Arten zunutze machen.

Schleiereule
S. 345

Uhu
S. 348

Habichtskauz
S. 350

Waldkauz
S. 349

Raufußkauz
S. 355

Steinkauz
S. 354

Sperlingskauz
S. 353

Waldohreule
S. 356

Sumpfohreule
S. 357

Schleiereule *Tyto alba alba* und *T. a. guttata* (→ 363)

En: Western Barn Owl
Fr: Effraie des clochers
Es: Lechuza común
It: Barbagianni

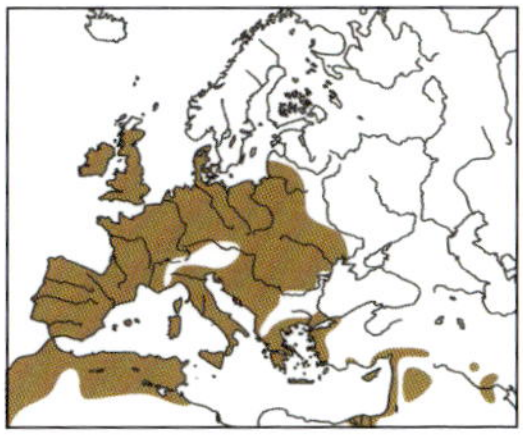

Durch den herzförmigen hellen Gesichtsschleier unverwechselbare, mittelgroße, langbeinige Eule.

Status: Unterart *guttata* regelmäßiger Brutvogel, ganzjährig anwesend, Unterart *alba* seltener Gast (brütet in West- und Südeuropa).

Kleider: Geschlechter gleich. Jugendkleid sehr ähnlich Adultkleid. Unterart *alba* meist mit weißem Bauch, Unterart *guttata* am Bauch meist braun, dies ist aber kein sicherer Hinweis auf die Unterart. Bei Dunenjungen Gesichtsschleier bereits früh erkennbar.

Verhaltensweisen: Schleiereulen würgen Haar- und Knochenreste als etwa daumengroße, dunkle Gewölle aus, die sich unter den Ruheplätzen finden lassen.

Stimme: Nachts kündet oft der schrill schnurrende Laut „gürirrr" von der Anwesenheit von Schleiereulen. Ähnlich das rhythmische Kreischen bettelnder Jungvögel am Brutplatz.

Ähnliche Arten: Unverwechselbar.

Zwergohreule *Otus scops* (→ 364)

J	F	M	A	M	J	J	A	S	O	N	D

En: Eurasian Scops Owl
Fr: Petit-duc scops
Es: Autillo europeo
It: Assiolo

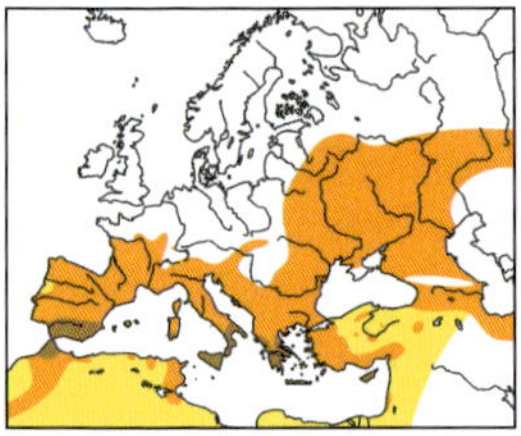

Sehr kleine, graubraun gemusterte Eule mit deutlichen Federohren.

Status: Regelmäßiger Brutvogel in Teilen Österreichs, der Schweiz und der Slowakei. Seltener Gast mit vereinzelten Brutversuchen in Süddeutschland.

Kleider: Geschlechter gleich. Im Jugendkleid mit schwarzen senkrechten Stricheln und nur undeutlicher brauner Querbänderung auf Brust und Bauch. Es wird eine graubraune und eine seltenere rotbraune Morphe unterschieden.

Stimme: Der Gesang besteht aus einem in langen Reihen mit etwa 2-3 Sekunden Abstand vorgetragenen „djü". Ähnlich Sperlingskauz (dieser ruft mehr „gühg") und Geburtshelferkröte. Wie bei anderen Eulen singen auch die Weibchen.

Ähnliche Arten: Kaum mit anderen kleinen Eulen verwechselbar, siehe Fotos.

Schneeeule *Bubo scandiacus* (→ 369)

Wintergast

En: Snowy Owl
Fr: Harfang des neiges
Es: Búho nival
It: Gufo delle nevi

Sehr große, überwiegend oder ganz weiß gefärbte Eule mit gelben Augen.

Status: Ausnahmegast aus der Arktis.

Kleider: Adulte Männchen sind schneeweiß, Weibchen fein dunkelgrau gebändert. Junge im Daunenkleid sind großflächig grau gemustert, im ersten Winter dicht grau gebändert.

Ähnliche Arten: Unverwechselbar.

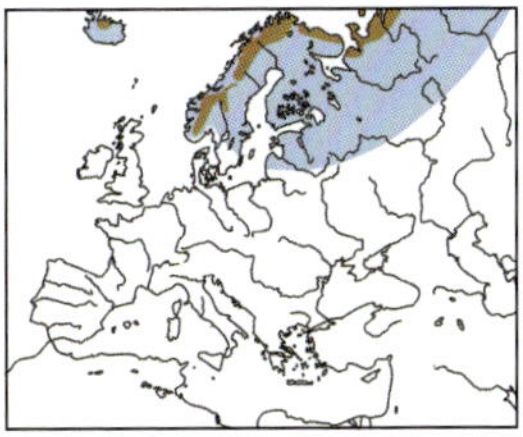

Uhu *Bubo bubo* (→ 367)

J F M A M J J A S O N D

En: Eurasian Eagle-Owl
Fr: Grand-duc d'Europe
Es: Búho real
It: Gufo reale

Sehr große Eule mit kräftigen Füßen, orangeroten Augen und deutlichen Federohren.

Status: Regelmäßiger Brutvogel in geringer Dichte.

Kleider: Geschlechter gleich. Jugendkleid sehr ähnlich Adultkleid. Daunenjunge sind hell bräunlich gefärbt und haben bereits die orangefarbene Irisfärbung der Altvögel, aber zunächst noch kein Federohren.

Stimme: Gesang ist ein kräftiges, hohl klingendes und weittragendes „búoh“ etwa alle 3-10 Sekunden, manchmal im Duett der Partner.

Ähnliche Arten: Die ähnlich gestaltete Waldohreule ist viel kleiner, andere in Mitteleuropa auftretende, große Arten haben keine Federohren.

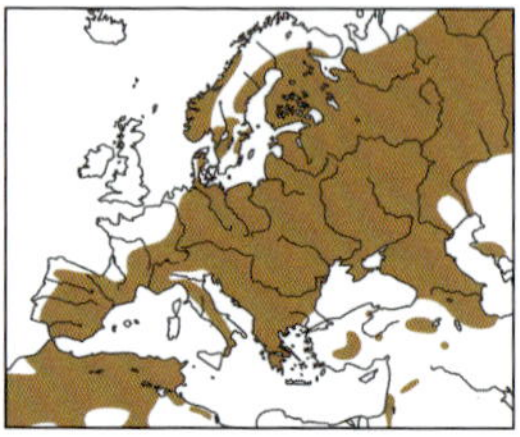

Waldkauz *Strix aluco* (→ 370)

J F M A M J J A S O N D

En: Tawny Owl
Fr: Chouette hulotte
Es: Cárabo común
It: Allocco

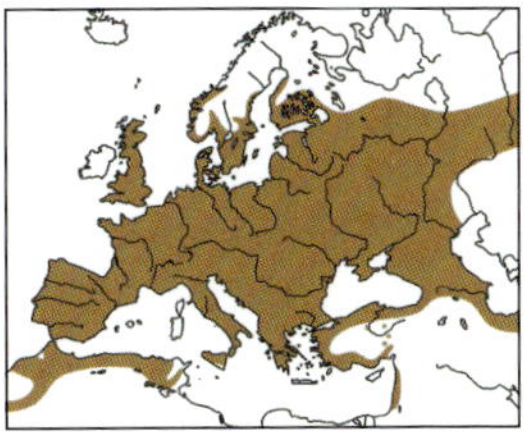

Mittelgroße, kräftige Eule mit großem, rundem Kopf und großen dunklen Augen.

Status: Regelmäßiger Brut- und Standvogel.

Kleider: Geschlechter gleich. Jugendkleid sehr ähnlich Adultkleid, Daunenjunge überwiegend grau meliert. Bei Adulten werden eine graubraune und eine rotbraune Morphe unterschieden.

Verhaltensweisen: Kann zur Brutzeit nahe dem Nest aggressiv gegenüber Menschen reagieren.

Stimme: Das Männchen äußert den typischen, hohl flötenden Kauzgesang „huúuu-u-uhuhu-huuuu“, das Weibchen ruft am häufigsten „kju-witt“, manchmal sind beide im Duett zu hören.

Ähnliche Arten: Der Habichtskauz ist größer und heller gemustert. Ihm fehlen die hellen Scheitelstreifen des Waldkauzes.

Habichtskauz *Strix uralensis macroura* und *S. u. liturata* (→ 371)

J F M A M J J A S O N D

En: Ural Owl
Fr: Chouette de l'Oural
Es: Cárabo uralense
It: Allocco degli Urali

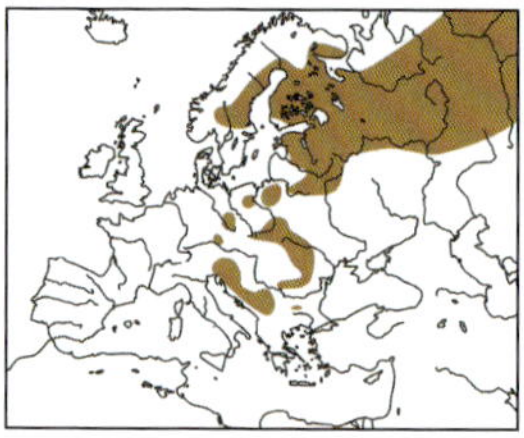

Große, kräftige Eule mit großem, rundem Kopf und großen dunklen Augen.

Status: Unterart *macroura* regelmäßiger Brutvogel der Karpaten und auf dem Balkan, im Bayerischen Wald und in Nordösterreich wieder angesiedelt. Unterart *liturata* seltener Gast (brütet von Nordostpolen bis Russland).

Kleider: Geschlechter gleich. Im Jugendkleid Brust und Bauch matt graubraun waagrecht gestreift.

Verhaltensweisen: Kann zur Brutzeit nahe dem Nest aggressiv gegenüber Menschen reagieren.

Stimme: Ein Strophentyp besteht aus einer sich steigernden Folge von dumpfen kurzen „hu"-Elementen.

Ähnliche Arten: Siehe Waldkauz.

Bartkauz *Strix nebulosa* (→ 372)

seltener Durchzügler

En: Great Grey Owl
Fr: Chouette lapone
Es: Cárabo lapón
It: Allocco della Lapponia

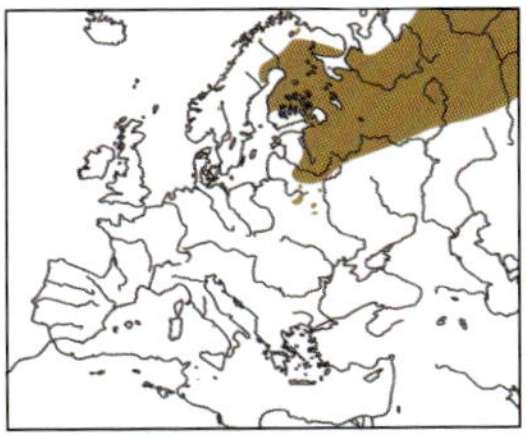

Große, kräftige Eule mit typischer, grau gestreifter Gesichtszeichnung und gelben Augen.

Status: Ausnahmegast, nur in Ostpolen sehr seltener Brutvogel.

Ähnliche Arten: Uhu und Habichtskauz haben anders gefärbte Augen und nicht die für den Bartkauz typische, breite, dunkle Endbinde am Schwanz.

Sperbereule *Surnia ulula* (→ 373)

seltener Gast

En: Northern Hawk-Owl
Fr: Chouette épervière
Es: Cárabo gavilán
It: Ulula

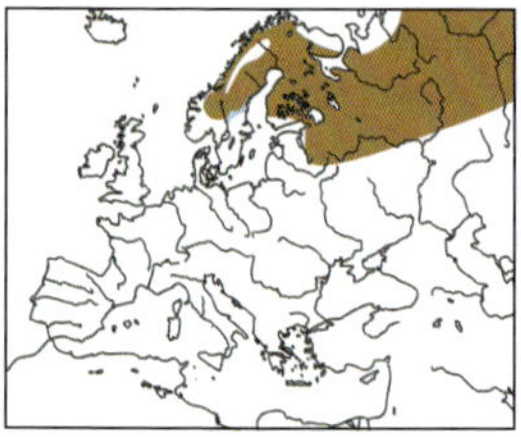

Mittelgroße, langschwänzige, auffällig grauschwarz und weiß gemusterte Eule mit gelben Augen.

Status: Seltener Gast im Norden, sonst Ausnahmegast aus Skandinavien und Nordrussland.

Kleider: Geschlechter gleich, Jugendkleid sehr ähnlich, aber etwas matter. Daunenjunge schiefergrau gemustert und bereits mit gelber Iris.

Verhalten: Jagt oft auch tagsüber.

Ähnliche Arten: Im Flug und im Sitzen an einen Sperber erinnernd, jedoch durch den rundlichen, breiten Eulenkopf gut erkennbar.

Sperlingskauz *Glaucidium passerinum* (→ 374)

J F M A M J J A S O N D

En: Eurasian Pygmy Owl
Fr: Chevêchette d'Europe
Es: Mochuelo alpino
It: Civetta nana

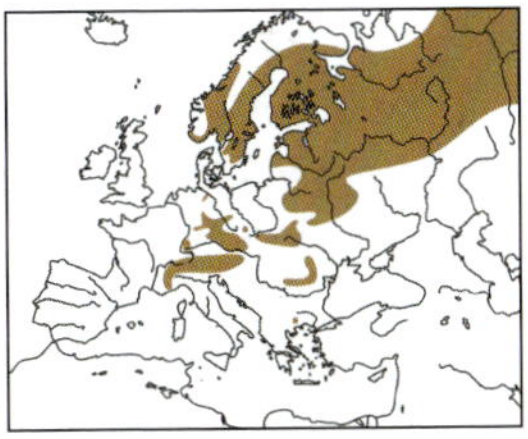

Nur etwa starengroße, oberseits braune Eule mit relativ langem Schwanz und gelben Augen. Lebt tagaktiv im Fichtenwald.

Status: Regelmäßiger Brutvogel in den Alpen und den Mittelgebirgen, ansonsten nur lokal und selten.

Kleider: Geschlechter gleich. Im Jugendkleid sind die Flanken noch nicht dunkelbraun gebändert und der Scheitel ist noch nicht weiß gepunktet.

Stimme: Im Brutterritorium singen Männchen zu allen Jahreszeiten pfeifend „gühg" in monotoner Wiederholung. Siehe auch Zwergohreule.

Ähnliche Arten: Andere kleine Eulen haben Federohren (Zwergohreule) oder einen viel ausgeprägteren Gesichtsschleier (Raufußkauz). Der Steinkauz ist deutlich größer.

J F M A M J J A S O N D

Steinkauz *Athene noctua* (→ 375)

En: Little Owl
Fr: Chevêche d'Athéna
Es: Mochuelo europeo
It: Civetta

Kleine, braun gemusterte, langbeinige Eule der eher offenen Landschaften.

Status: Regelmäßiger Brutvogel, nicht mehr überall in Mitteleuropa, aber lokal zunehmend.

Kleider: Geschlechter gleich. Im Jugendkleid ist die Brust einfarbig braun und der Scheitel ist noch nicht weiß gepunktet.

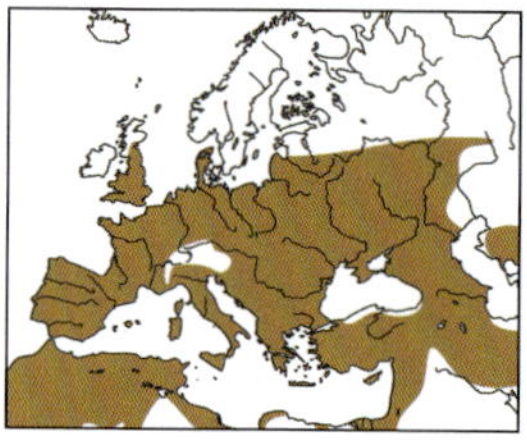

Verhaltensweisen: Bei Erregung auffällige Auf- und Abbewegung des ganzen Körpers („Knicksen"), außerdem ruckartige seitliche Bewegungen des Kopfes, um ein Objekt zu fixieren.

Stimme: Der am häufigsten zu hörende Gesang des Männchens ist ein aufsteigendes, fragendes und nasales „guuig?" oder „gwuäig?".

Ähnliche Arten: Durch lange Beine und kurzen Schwanz kaum verwechselbar. Sperlingskauz ist deutlich kleiner.

Raufußkauz *Aegolius funereus* (→ 376)

En: Boreal Owl
Fr: Nyctale de Tengmalm
Es: Mochuelo boreal
It: Civetta capogrosso

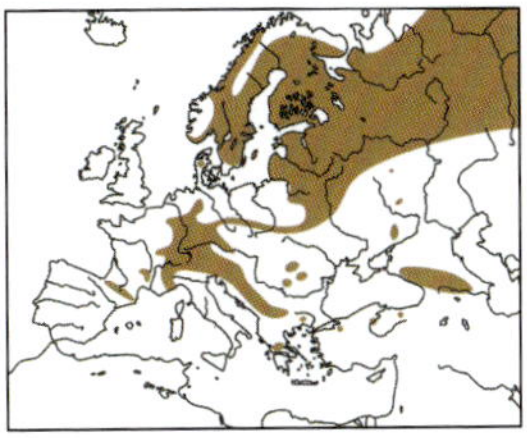

Kleine bis mittelgroße Eule mit deutlichem Gesichtsschleier und oberseits heller, unterseits dunkler, deutlicher Fleckung. „Fragender" Gesichtsausdruck.

Status: Regelmäßiger, aber stark fluktuierender und lückig verbreiteter Brutvogel vor allem im Bergland, aber auch im Flachland.

Kleider: Geschlechter gleich, Jugendkleid sehr ähnlich Adultkleid. Daunenjunge ziemlich einheitlich schokoladenbraun, Iris gelb.

Stimme: Der Gsang besteht aus Strophen nasal klingender Flötentöne, die in der Tonhöhe etwas ansteigen.

Ähnliche Arten: Durch markante Gesichtszeichnung und Fleckung kaum mit anderen Eulen zu verwechseln.

Waldohreule *Asio otus* (→ 365)

En: Long-eared Owl
Fr: Hibou moyen-duc
Es: Búho chico
It: Gufo comune

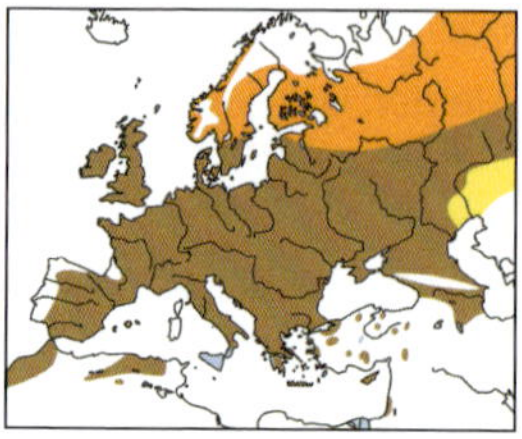

Mittelgroße, braun gemusterte Eule mit orangefarbenen Augen und deutlichen Federohren.

Status: Regelmäßiger Brutvogel und Wintergast.

Kleider: Geschlechter gleich, Jugendkleid sehr ähnlich Adultkleid. Daunenjunge sehr hell braun mit dunklem Gesicht und orangefarbener Iris.

Stimme: Das Männchen singt einsilbig dumpf und eher leise „huh… huh… huh" mit einigen Sekunden Abstand. Das Weibchen singt ähnlich.

Ähnliche Arten: Der ebenfalls Federohren tragende Uhu ist viel größer und die Sumpfohreule hat kleinere Federohren und gelbe Augen.

Sumpfohreule *Asio flammeus* (→ 366)

Brutvogel an wenigen Orten

En: Short-eared Owl
Fr: Hibou des marais
Es: Búho campestre
It: Gufo di palude

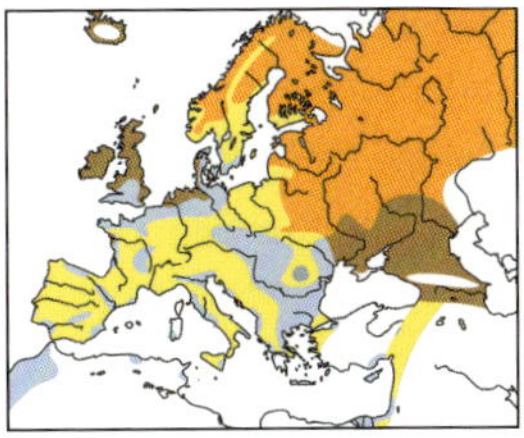

Mittelgroße, braun gemusterte, helle Eule mit gelben Augen und kleinen Federohren.

Status: Seltener Brutvogel im Norden und Osten. Nach Süden zunehmend seltener Wintergast, z. T. invasionsartige Einflüge.

Kleider: Geschlechter gleich, Jugendkleid sehr ähnlich Adultkleid. Daunenjunge sehr hell graubraun mit dunklem Gesicht und gelber Iris.

Verhaltensweisen: Jagt bei Tage und in der Dämmerung.

Stimme: Folge von „bubububu…“-Strophen, häufig im Singflug über dem Revier vorgetragen, zusätzlich knatterndes Flügelpeitschen.

Ähnliche Arten: Siehe Waldohreule, Flügelspitzen schwarz.

Jugendkleid

Juv. (Nestling)

Wiedehopf *Upupa epops* (→ 385)

J F M A M J J A S O N D

En: Eurasian Hoopoe
Fr: Huppe fasciée
Es: Abubilla común
It: Upupa

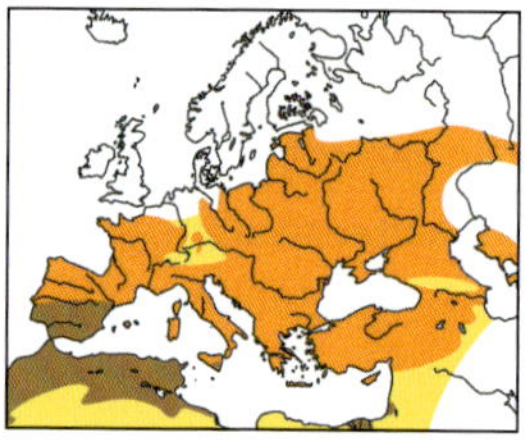

Etwa taubengroßer, unverwechselbarer Vogel mit sehr auffälligem Schwarz-Weiß-Muster an den Flügeln, mit aufrichtbarer Haube und abwärts gebogenem Schnabel.

Status: Regelmäßiger Brutvogel mit allerdings großen Verbreitungslücken sowie regelmäßiger, aber seltener Durchzügler andernorts.

Kleider: Geschlechter gleich, Jugendkleid sehr ähnlich Adultkleid.

Stimme: Der dumpfe, aber weittragende Gesang „ub-ub-ub ... ub-ub-ub ...“ ist für diese Art sehr bezeichnend. Zwischen den in Zweier- bis Fünfergruppen vorgetragenen Strophen liegen 1-2 Sekunden Pause.

Ähnliche Arten: Unverwechselbar.

Blauracke *Coracias [garrulus] garrulus* (→ 386)

seltener Gastvogel

En: European Roller
Fr: Rollier d'Europe
Es: Carraca europea
It: Ghiandaia marina

Etwa dohlengroßer, überwiegend türkisblau und rotbraun gefärbter Vogel von Krähengestalt.

Status: Regelmäßiger Brutvogel nur noch in Ungarn, sonst sehr selten oder ausgestorben, sehr seltener Sommergast.

Kleider: Geschlechter gleich. Jugendkleid weniger intensiv blau, Brust undeutlich braun auf lichtblauem Grund gestreift.

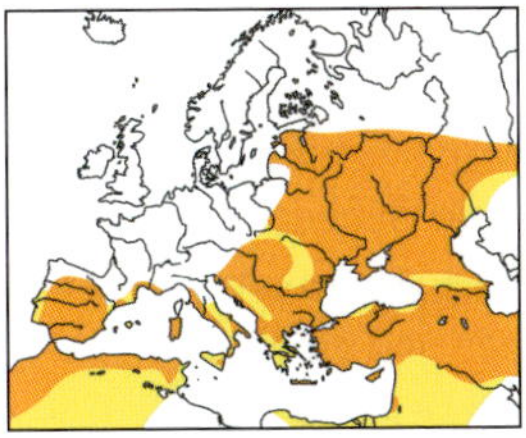

Stimme: Im Schauflug gedehntes, sägendes „krääää-krääää...", auch „krra-krra..." im Stakkato.

Ähnliche Arten: Innerhalb Europas unverwechselbar.

Eisvogel *Alcedo atthis* (→ 389)

J F M A M J J A S O N D

2

En: Common Kingfisher
Fr: Martin-pêcheur d'Europe
Es: Martín pescador común
It: Martin pescatore

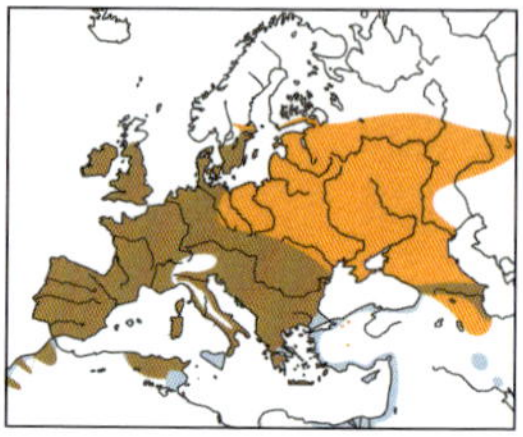

Kleiner, kompakter Vogel mit langem geradem Schnabel, leuchtend blauer Oberseite und orangefarbenem Bauch.

Status: Regelmäßiger, aber nirgends zahlreicher Brutvogel, Durchzügler und Wintergast.

Kleider: Gefieder bei beiden Geschlechtern gleich, aber adulte Weibchen haben eine rote Unterschnabelbasis, Männchen einen komplett schwarzen Schnabel. Im Jugendkleid Gefieder eher grünlich als glänzend blau und Beine grau.

Verhaltensweisen: Bei Erregung wird der Kopf ruckartig gehoben und gesenkt.

Stimme: Oft kündigt sich der Eisvogel durch seinen schrillen, hohen und spitzen Ruf „zit" oder „tsi-tsüh" (manchmal auch mehrfach wiederholt) an, eher er zu sehen ist.

Ähnliche Arten: Unverwechselbar.

Gürtelfischer *Megaceryle alcyon* (→ 391)

Ausnahmegast

En: Belted Kingfisher
Fr: Martin-pêcheur d'Amérique
Es: Martín gigante norteamericano
It: Martin pescatore americano

Große, auffällige Eisvogelart mit blaugrauem Gefieder und einer Haube aus auffällig verlängerten Kopf- und Nackenfedern.

Status: Ausnahmegast aus Nordamerika.

Graufischer *Ceryle rudis* (→ 390)

Ausnahmegast

En: Pied Kingfisher
Fr: Martin-pêcheur pie
Es: Martín pescador pío
It: Martin pescatore bianco e nero

Großer, schwarz-weiß gefärbter Eisvogel, der oft rüttelnd in der Luft steht.

Status: Ausnahmegast aus Kleinasien.

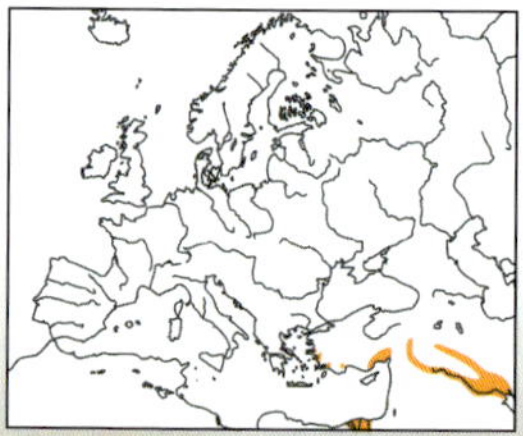

Blauwangenspint *Merops persicus* (→ 388)

Ausnahmegast

En: Blue-cheeked Bee-eater
Fr: Guêpier de Perse
Es: Abejaruco persa
It: Gruccione egiziano

Reichlich drosselgroßer, überwiegend in Grüntönen gefärbter Vogel mit etwa kopflangem, abwärts gebogenem Schnabel.

Status: Ausnahmegast aus Nordafrika und Kleinasien.

Kleider: Geschlechter fast gleich, Schwanzspieße beim Männchen etwas länger. Im Jugendkleid mit einheitlich rostroter Kehle und ohne Blau im Augen- und Stirnbereich.

Ähnliche Arten: Siehe Bienenfresser.

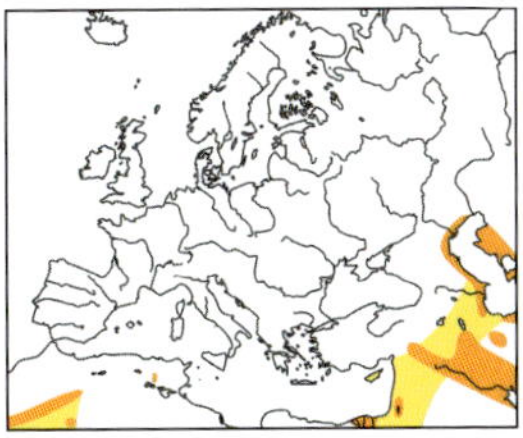

Bienenfresser *Merops apiaster* (→ 387)

J F M A M J J A S O N D

En: European Bee-eater
Fr: Guêpier d'Europe
Es: Abejaruco europeo
It: Gruccione

Reichlich drosselgroßer, sehr bunt gefärbter Vogel mit etwa kopflangem, abwärts gebogenem Schnabel.

Status: Seltener, aber regelmäßiger Brutvogel in wärmebegünstigten Regionen, seltener Durchzügler.

Kleider: Geschlechter gleich. Im Jugendkleid ist vor allem der Rücken hell gefärbt und nicht rostrot und die Kopfzeichnung ist kontrastärmer.

Stimme: Die meistens mehrfach hintereinander geäußerten Rufe fliegender Bienenfresser „pür" oder „prü" machen oft erst auf die Anwesenheit der Art aufmerksam.

Ähnliche Arten: Blauwangenspint hat grünen statt blauen Bauch und trägt längere Schwanzspieße.

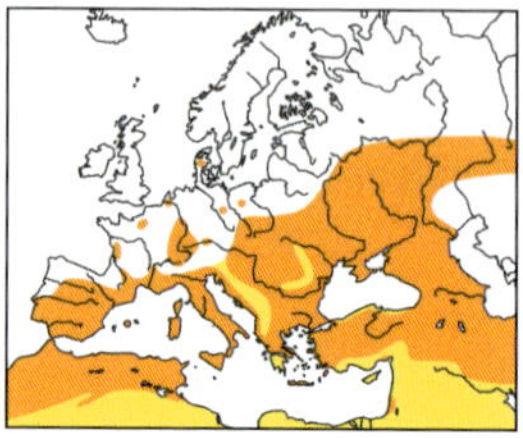

Wendehals *Jynx torquilla* (→ 392)

J F M A M J J A S O N D

En: Eurasian Wryneck
Fr: Torcol fourmilier
Es: Torcecuello euroasiático
It: Torcicollo

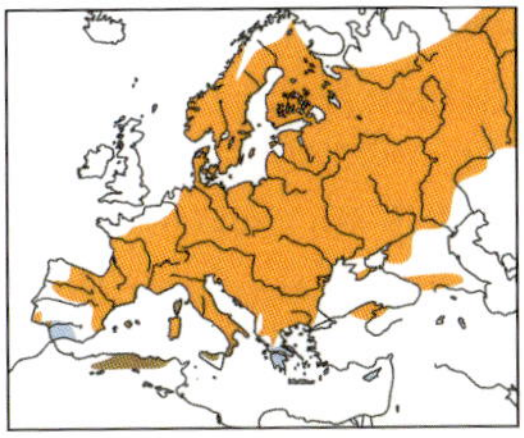

Schlanke, spatzengroße Vogelart mit graubraunem, rindenartig gemustertem Tarngefieder.

Status: Regelmäßiger Brutvogel mit großen Vorkommenslücken, regelmäßiger, aber nicht häufiger Durchzügler.

Kleider: Geschlechter gleich, Jugendkleid sehr ähnlich Adultkleid.

Stimme: Der Gesang besteht aus einer aufsteigenden Reihe nasaler „gjä"-Elemente (auch schärfer „kje" und mit bis zu 22 Elementen). Manchmal Kontergesang zweier Partner. Trommelt nicht.

Ähnliche Arten: Ggf. mit braun gemusterten Singvögeln zu verwechseln, jedoch am typischen Spechtschnabel, der gestreckteren Gestalt und den auffälligen Längsstreifen auf der Körperoberseite meist gut erkennbar.

Dreizehenspecht *Picoides tridactylus* (→ 396)

J | F | M | A | M | J | J | A | S | O | N | D

En: Eurasian Three-toed Woodpecker
Fr: Pic tridactyle
Es: Pico tridáctilo
It: Picchio tridattilo

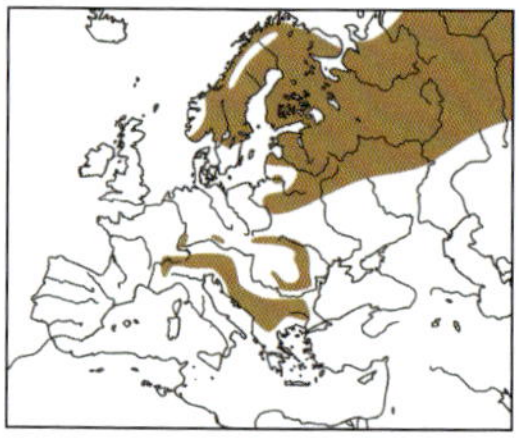

Sehr dunkel wirkender, mittelgroßer, schwarz-weißer Specht mit dichter dunkler Bauchbänderung und ohne jedes Rot.

Status: Seltener Brutvogel der Alpen und höheren Mittelgebirge sowie in NE-Polen (Unterart *tridactylus*), andernorts seltener Gast.

Kleider: Männchen im Adultkleid mit gelbem Scheitel, Weibchen dort nur dunkelgrau mit weißen Stricheln. Jugendkleid ähnlich ad. Weibchen, junge Männchen mit weniger Gelb als Adulte.

Stimme: Das Trommeln ist mit ca. 20 schnellen Schlägen relativ lang und am Schluss beschleunigt.

Ähnliche Arten: Unter den ähnlichen, schwarz-weiß gemusterten Spechten der einzige mit schwarzen Wangen.

Mittelspecht *Dendrocoptes medius* (→ 397)

J F M A M J J A S O N D

En: Middle Spotted Woodpecker
Fr: Pic mar
Es: Pico mediano
It: Picchio rosso mezzano

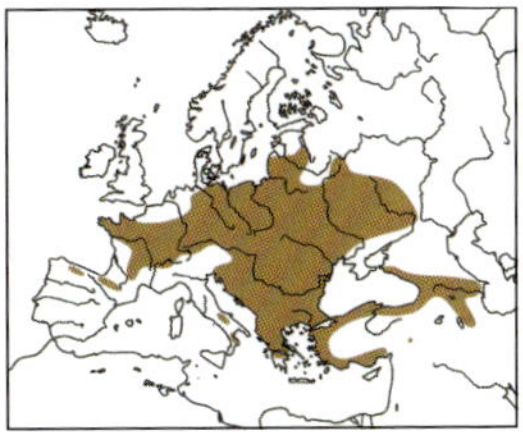

Mittelgroßer, schwarz, weiß und rot gefärbter Specht ohne Schwarz über den Augen.

Status: Regelmäßiger Brutvogel, nach Süden zu mit Verbreitungslücken.

Kleider: Geschlechter nahezu gleich, rote Haube bei Männchen etwas weiter nach hinten reichend und kräftiger rot. Jugendkleid sehr ähnlich ad. Weibchen.

Stimme: Die Reviermarkierung besteht aus viel weniger Trommeln als bei anderen Spechten, dafür einem kläglichen Quäken aus meist vier bis sechs „quää-quää"-Lauten.

Ähnliche Arten: Zur Unterscheidung von den anderen schwarz-weiß gefärbten Spechten siehe Fotos.

Kleinspecht *Dryobates minor minor* und *D. m. hortorum* (→ 401)

J F M A M J J A S O N D

En: Lesser Spotted Woodpecker
Fr: Pic épeichette
Es: Pico menor
It: Picchio rosso minore

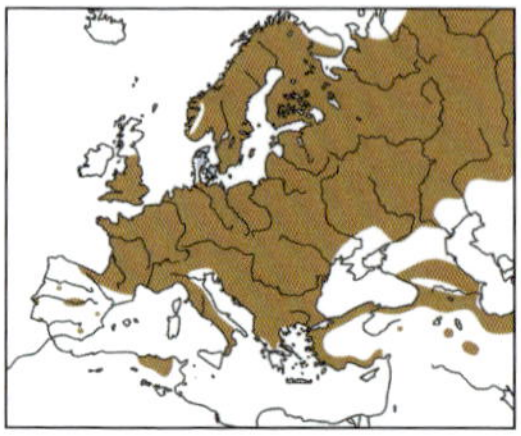

Kleiner, schwarz, weiß und rot gefärbter Specht mit auffälliger weißer Querbänderung auf dem Rücken.

Status: Unterart *hortorum* regelmäßiger, ganzjährig anwesender Brutvogel, nur in Berglagen z. T. fehlend; Unterart *minor* seltener Gast (brütet von Skandinavien bis zum Ural).

Kleider: *D. m. minor* mit hellerer, fast weißer Grundfarbe auf der Unterseite, weniger schwarzen Punkten auf den äußeren Schwanzfedern und weniger Schwarz im weißen Rückenfeld als *D. m. hortorum*. Adultes Männchen mit rotem, Weibchen mit schwarzem Scheitel. Jugendkleid kontrastärmer, Kopfseiten mehr schmutzig weiß.

Stimme: Reviermarkierung durch langes, gleichmäßiges und schnelles Trommeln. Der Gesang besteht aus einem ziemlich gleichförmigen „ki-ki-ki-ki....".

Ähnliche Arten: Zur Unterscheidung von den anderen schwarz-weiß gefärbten Spechten siehe Fotos.

Blutspecht *Dendrocopos syriacus* (→ 400)

Brutvogel an wenigen Orten

En: Syrian Woodpecker
Fr: Pic syriaque
Es: Pico sirio
It: Picchio rosso di Siria

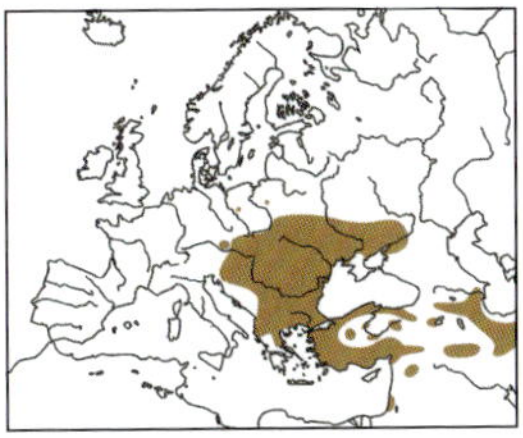

Mittelgroßer, dem Buntspecht sehr ähnlicher Specht.

Status: Brutvogel im östlichen Mitteleuropa, westlich davon sehr selten, in Deutschland Ausnahmegast.

Kleider: Ad. Männchen mit rotem Fleck im Nacken, ad. Weibchen am Kopf nur schwarz-weiß. Im Jugendkleid Brustseiten dunkel gestrichelt und ausgedehnt roter Scheitel – auch bei Weibchen, dort aber kleiner.

Stimme: Siehe Buntspecht, der Ruf ist etwas weicher, das Trommeln etwas länger als bei diesem.

Ähnliche Arten: Zur Unterscheidung von den anderen schwarz-weiß gefärbten Spechten siehe Fotos.

Buntspecht *Dendrocopos major major* und *D. m. pinetorum* (→ 399)

J | F | M | A | M | J | J | A | S | O | N | D

En: Great Spotted Woodpecker
Fr: Pic épeiche
Es: Pico picapinos
It: Picchio rosso maggiore

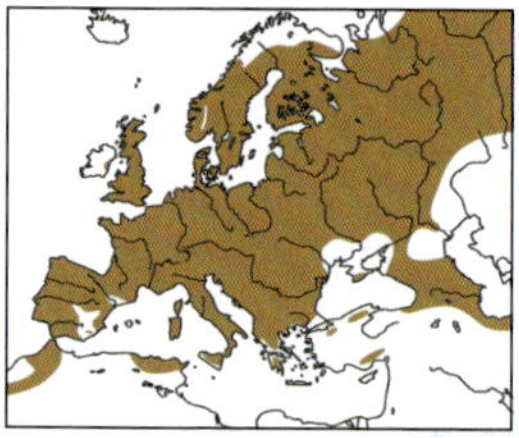

Mittelgroßer, schwarz, weiß und rot gefärbter Specht mit deutlichen weißen Schulterflecken.

Status: Unterart *pinetorum* regelmäßiger, ganzjährig anwesender Brutvogel, Unterart *major* regelmäßiger Durchzügler und Wintergast (brütet in Skandinavien, von Nordpolen bis Sibirien)

Kleider: Ad. Männchen mit rotem Fleck im Nacken, ad. Weibchen am Kopf nur schwarz-weiß, im Jugendkleid ausgedehnt roter Scheitel – auch bei Weibchen, dort aber kleiner.

Stimme: Trommelwirbel aus meist 10 bis 16 Schlägen, am Anfang etwas stärker, gegen Ende verklingend und etwas schneller, der Ruf ist ein scharfes „kix" (auch gereiht).

Ähnliche Arten: Zur Unterscheidung von den anderen schwarz-weiß gefärbten Spechten ist die Verteilung von Rot und Schwarz an Kopf und im Schulterbereich bedeutend.

Weißrückenspecht

Dendrocopos leucotos (→ 398)

J F M A M J J A S O N D

3

En: White-backed Woodpecker
Fr: Pic à dos blanc
Es: Pico dorsiblanco
It: Picchio dorsobianco

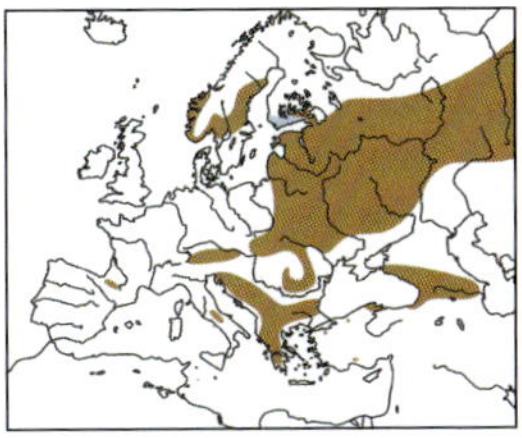

Mittelgroßer, schwarz, weiß und rot gefärbter Specht mit weißem Hinterrücken.

Status: Regelmäßiger, aber seltener Brutvogel in den Alpen und vereinzelt im Osten Mitteleuropas.

Kleider: Adulte Männchen mit rotem Oberkopf, Weibchen am Kopf nur schwarz-weiß. Im Jugendkleid mit wenig Rot an der Stirn.

Stimme: Das Trommeln ist mit 30-40 Schlägen in ca. 1,5 Sekunden relativ lang und beschleunigt sich am Ende.

Ähnliche Arten: Zur Unterscheidung von den anderen schwarz-weiß gefärbten Spechten siehe Fotos.

Schwarzspecht *Dryoscopus martius* (→ 393)

J F M A M J J A S O N D

En: Black Woodpecker
Fr: Pic noir
Es: Picamaderos negro
It: Picchio nero

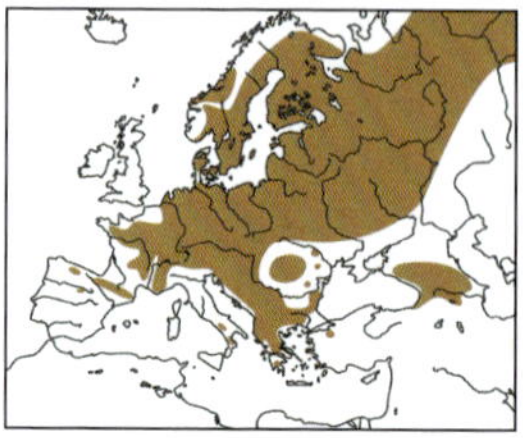

Krähengroßer, ganz schwarzer Specht mit Rot am Kopf.

Status: Regelmäßiger Brutvogel, ganzjährig anwesend.

Kleider: Adulte Männchen mit komplett rotem Oberkopf, bei Weibchen Rot nur am Hinterscheitel. Jugendkleid sehr ähnlich Adultkleid, auch Geschlechterunterschied bereits deutlich.

Stimme: Im Flug wird ein weittragender Ruf „krü-krü-krü…" geäußert, im Sitzen ein gezogener „kliööh"-Ruf. Das reviermarkierende Trommeln ist langsam und kräftig, bis zu 3 Sekunden lang.

Ähnliche Arten: Im Flug von einer Krähe durch hellen Schnabel und Rot mindestens am Hinterkopf unterscheidbar.

Grünspecht *Picus viridis* (→ 395)

J F M A M J J A S O N D

En: European Green Woodpecker
Fr: Pic vert
Es: Pito real euroasiático
It: Picchio verde

Mittelgroßer grüner Specht, in allen Kleidern mit Rot von der Stirn bis in den Nacken.

Status: Regelmäßiger Brutvogel, ganzjährig anwesend.

Kleider: Adulte Männchen mit innen rotem Bartstreif (Weibchen nur schwarz). Im Jugendkleid an Kopf, Brust und Bauch kräftig dunkel gefleckt, am Rücken hell gefleckt.

Verhaltensweisen: Oft zur Nahrungssuche auf dem Boden unterwegs (Erdspecht).

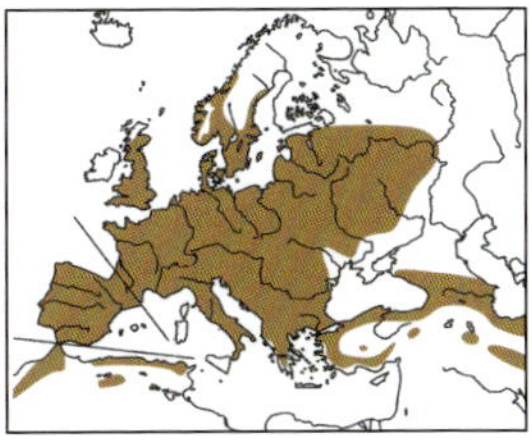

Stimme: Gesang hart lachend „kjükjükjük“, im Unterschied zum Grauspecht kaum in der Tonhöhe fallend. Trommelt sehr selten.

Ähnliche Arten: Grauspecht ist etwas kleiner und nur das Männchen hat am Kopf einen kleinen roten Stirnfleck.

Grauspecht *Picus canus* (→ 394)

J F M A M J J A S O N D

En: Grey-headed Woodpecker
Fr: Pic cendré
Es: Pito cano
It: Picchio cenerino

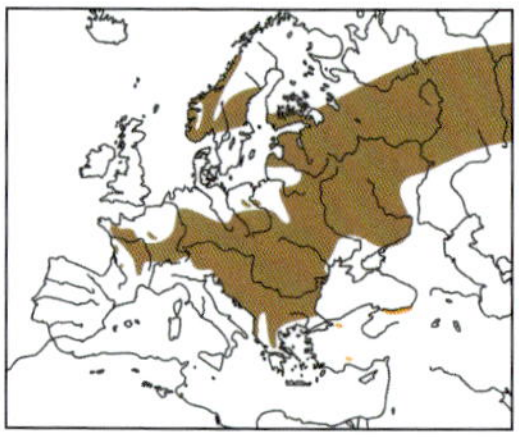

Mittelgroßer grüner Specht mit grauem Kopf (nur bei Männchen kleiner roter Stirnfleck).

Status: Regelmäßiger Brutvogel im Süden, dort ganzjährig anwesend.

Kleider: Adulte Männchen mit rotem Stirnfleck, bei adulten Weibchen ist die Stirn grau (am Kopf nirgends Rot). Im Jugendkleid Männchen mit angedeuteter roter Scheitelplatte, graugrünem Gefieder und undeutlicher dunkler Bänderung am Bauch. Weibchen im Jugendkleid sehr ähnlich adulten Weibchen.

Stimme: Trommelt mit etwa 20 Schlägen pro Sekunde für 1-2 Sekunden Dauer. Der Gesang besteht aus einer rein klingenden, pfeifenden Reihe „kü-kü-kü…", die gegen Ende deutlich absinkt und etwas langsamer wird.

Ähnliche Arten: Grünspecht ist etwas größer und hat Rot von der Stirn bis in den Nacken.

Rötelfalke *Falco naumanni* (→ 195)

Ausnahmegast

En: Lesser Kestrel
Fr: Faucon crécerellette
Es: Cernícalo primilla
It: Grillaio

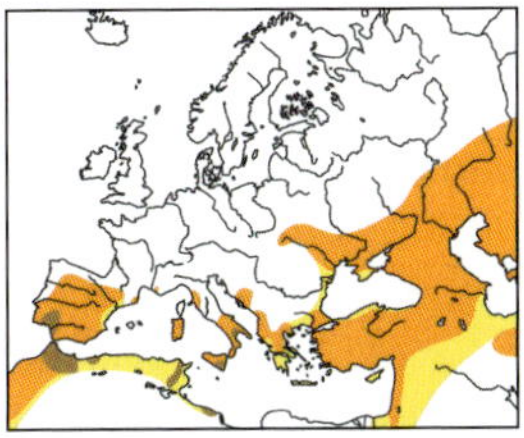

Kleiner bis mittelgroßer, dem Turmfalken sehr ähnlicher Falke.

Status: In Mitteleuropa Ausnahmegast.

Kleider: Geschlechter im Adultkleid leicht unterscheidbar, siehe Fotos. Jugendkleid sehr ähnlich demjenigen der ad. Weibchen, aber oberseits mehr gelblich und unterseits gröber gestrichelt. Einjährige Männchen haben auf der Oberseite des Handflügels vorne bereits das ungezeichnete Rotbraun, hinten dagegen noch die Fleckung.

Stimme: Ruft weniger klar und zuweilen ausgesprochen heiser wetzend im Vergleich zum Turmfalken.

Ähnliche Arten: Etwas kleiner als Turmfalke und anhand des charakteristischen „tsche - tsche - tsche"-Rufes von diesem zu unterscheiden. Weitere Unterscheidungsmerkmale siehe Fotos.

Turmfalke *Falco tinnunculus* (→ 196)

En: Common Kestrel
Fr: Faucon crécerelle
Es: Cernícalo vulgar
It: Gheppio

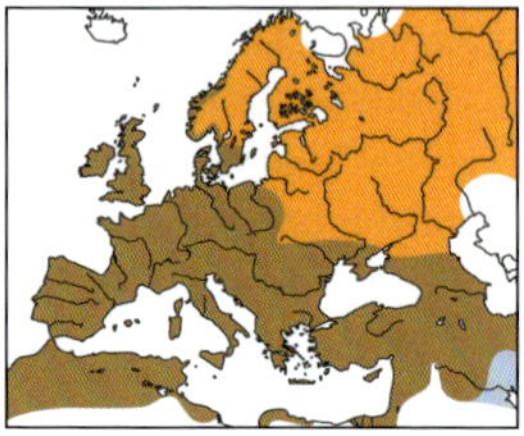

Mittelgroßer Falke mit langen Flügeln und Schwanz.

Status: Regelmäßiger Brutvogel, Durchzügler und Wintergast.

Kleider: Geschlechter im Adultkleid leicht unterscheidbar, siehe Fotos. Jugendkleid sehr ähnlich demjenigen der ad. Weibchen, aber oberseits mehr gelblich und unterseits gröber gestrichelt.

Verhaltensweisen: Eine typische Jagdtechnik besteht darin, im Rüttelflug den Boden nach Beute abzusuchen.

Stimme: Häufig ist eine Rufreihe „kji-kji-kji…“ zu hören, die mit Rufen des Kleinspechts verwechselt werden kann, jedoch kräftiger und gepresster klingt.

Ähnliche Arten: Der ähnliche, im Mittelmeerraum beheimatete Rötelfalke ist etwas kleiner und ruft anders. Einige typische Turmfalkenmerkmale fehlen ihm, siehe Fotos.

Rotfußfalke *Falco vespertinus* (→ 194)

En: Red-footed Falcon
Fr: Faucon kobez
Es: Cernícalo patirrojo
It: Falco cuculo

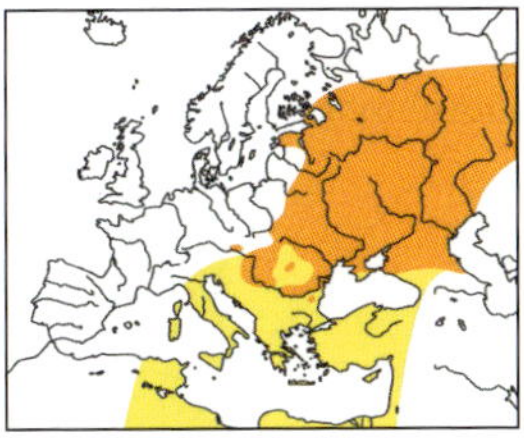

Kleiner Falke mit roten Füßen.

Status: Brutvogel in der pannonischen Tiefebene, andernorts regelmäßiger, seltener Gast, ausnahmsweise Brutversuche.

Kleider: Geschlechter im Adultkleid deutlich unterscheidbar, siehe Fotos. Jugendkleid oberseits braungrau, unterseits hell ocker mit kräftigen dunklen Stricheln. Junge Männchen haben als Einjährige bereits den überwiegend schiefergrauen Bauch, tragen aber erst als Zweijährige ausnahmslos von unten einfarbig graue Schwungfedern.

Stimme: In der Brutkolonie ruffreudig: Schnelle lange Rufreihen, höher klingend als die des Turmfalken.

Ähnliche Arten: Adulte Vögel kaum verwechselbar. Zur Identifikation der (noch gelbfüßigen) Jungvögel v. a. gegenüber dem Baumfalken siehe Fotos.

Amurfalke *Falco amurensis* (→ 194 A)

Ausnahmegast

En: Amur Falcon
Fr: Faucon de l'Amour
Es: Cernícalo del Amur
It: Falco dell'Amur

Ähnlich Rotfußfalke.

Status: Ausnahmegast aus Ostasien.

Eleonorenfalke *Falco eleonorae* (→ 192)

Ausnahmegast

En: Eleonora's Falcon
Fr: Faucon d'Éléonore
Es: Halcón de Eleonora
It: Falco della Regina

Mittelgroßer, schlanker Falke mit langem Schwanz und langen schmalen Flügeln.

Status: Ausnahmegast aus dem Mittelmeerraum.

Kleider: Geschlechter gleich. Im Jugendkleid Oberseite graubraun mit hellen Federrändern, Brust und Bauch ocker mit kräftiger dunkler Strichelung, Schwanz mit weißer Endbinde. Es werden eine im Adultkleid einfarbig dunkelbraune („dunkle") und eine „helle" Morphe unterschieden.

Ähnliche Arten: Verwechslungsgefahr mit Baumfalke, siehe Fotos.

Merlin *Falco columbarius aesalon* und *F. c. subaesalon* (→ 191)

En: Merlin
Fr: Faucon émerillon
Es: Esmerejón
It: Smeriglio

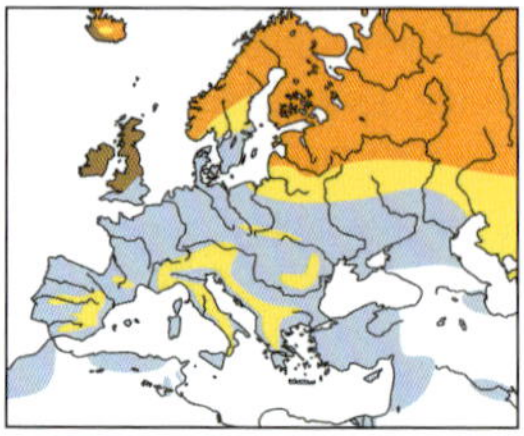

Kleiner Falke mit breiten Armflügeln, spitzen Handflügeln und einer an den Wanderfalken erinnernden „Brustlastigkeit“.

Status: Unterart *aesalon* regelmäßiger, aber spärlicher Durchzügler und Wintergast; Rasse *subaesalon* seltener Gast (Brutvogel in Island).

Kleider: Geschlechter im Adultkleid deutlich unterscheidbar, siehe Fotos. Jugendkleid sehr ähnlich demjenigen adulter Weibchen.

Stimme: Am Brutplatz beim Hassen auf einen Greifvogel schnelle Phrasen wie „kji-kji-kji...“.

Ähnliche Arten: Vom etwa gleich großen Sperbermännchen durch spitze Flügel unterscheidbar. Silhouette erinnert an den viel größeren Wanderfalken.

Baumfalke *Falco subbuteo* (→ 193)

J F M A M J J A S O N D

En: Eurasian Hobby
Fr: Faucon hobereau
Es: Alcotán europeo
It: Lodolaio

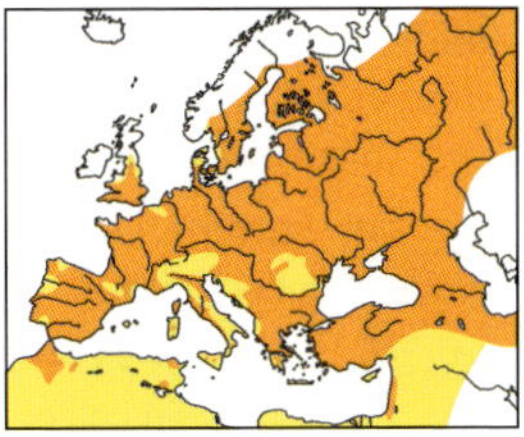

Mittelgroßer, schlanker Falke mit langen, spitzen Flügeln.

Status: Regelmäßiger, aber seltener Brutvogel und Durchzügler.

Kleider: Geschlechter gleich. Jugendkleid oberseits graubraun mit hellen Federrändern, unterseits ocker. Unterschwanzdecken und „Hosen“ ebenfalls ocker und noch nicht rot wie bei Adulten.

Stimme: Ruft zur Brutzeit häufig ein rasches Lahnen wie „gügügigi...“, das an den Gesang des Wendehalses erinnert, außerdem gereihte Stakkato-Rufe „kjikjikjik...“.

Ähnliche Arten: Verwechslungsgefahr mit Wander- und Eleonorenfalke, siehe Fotos.

Lannerfalke *Falco biarmicus* (→ 190)

Ausnahmegast

5

En: Lanner Falcon
Fr: Faucon lanier
Es: Halcón borní
It: Lanario

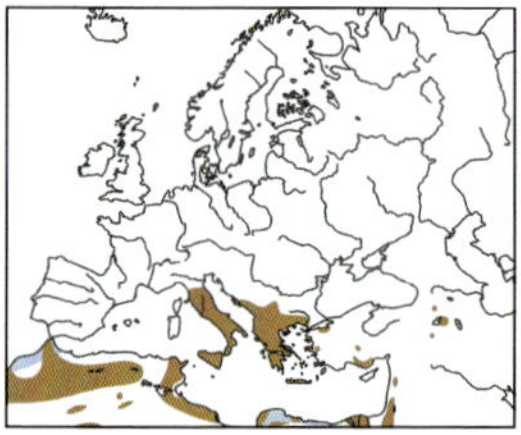

Großer, der Silhouette nach etwas an einen Turmfalken erinnernder Falke mit relativ schmalen Flügeln und schmalem Schwanz.

Status: Ausnahmegast in Tschechien und der Slowakei, außerdem Falknervögel.

Kleider: Geschlechter gleich. Im Jugendkleid bei europäischen Vögeln Rücken sehr dunkel graubraun, Unterseite ocker (nicht weiß), mit dunklen Flecken.

Stimme: Lautes, hölzern klingendes Lahnen („kwäh-kwäh…“), nicht oft zu hören.

Ähnliche Arten: Zur Unterscheidung von anderen größeren Falkenarten siehe Fotos.

Würgfalke (Sakerfalke) *Falco cherrug* (→ 189)

Brutvogel an wenigen Orten

En: Saker Falcon
Fr: Faucon sacre
Es: Halcón sacre
It: Sacro

Großer, überwiegend braun gefärbter Falke mit breiten, eher stumpfen Flügeln.

Status: Sehr seltener Brutvogel in der pannonischen Tiefebene, sonst seltener Gastvogel und frei fliegende Falknervögel.

Kleider: Geschlechter gleich. Im Jugendkleid Rücken sehr dunkel graubraun, Fleckung der Unterseite gröber. Beine und Wachshaut graublau (bei ad. gelb).

Ähnliche Arten: Zur Unterscheidung von anderen größeren Falkenarten siehe Fotos.

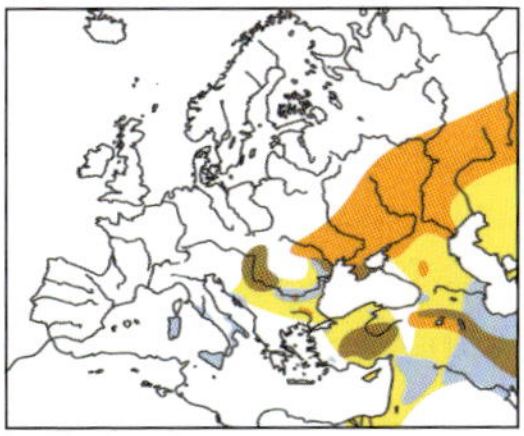

Gerfalke *Falco rusticolus* (→ 188)

seltener Gast

En: Gyrfalcon
Fr: Faucon gerfaut
Es: Halcón gerifalte
It: Girfalco

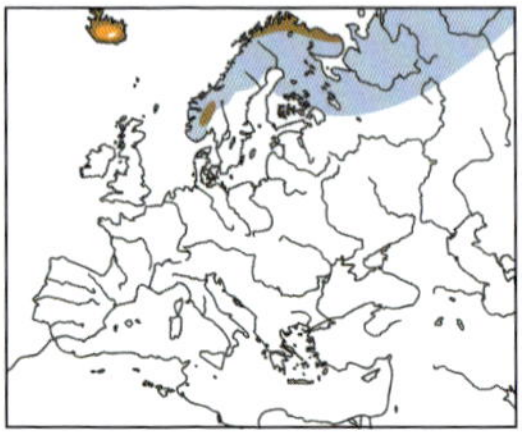

Größter bei uns gelegentlich zu beobachtender Falke mit überwiegend grau und weiß gefärbtem Gefieder und breiten Flügeln.

Status: Die hier gezeigte graue Morphe tritt im Norden als sehr seltener Wintergast auf, ferner werden frei fliegende Falknervögel (dann auch die weiße Morphe) und Hybriden beobachtet.

Kleider: Geschlechter gleich. Im Jugendkleid Rücken sehr dunkel graubraun, Fleckung der Unterseite gröber. Beine und Wachshaut graublau (bei ad. gelb). Es werden eine in Grönland beheimatete „weiße" und eine „graue" Morphe unterschieden.

Verhaltensweisen: Neigt dazu, Beute am Boden zu machen.

Stimme: Am Brutplatz vom Altvogel rau wetzende Stakkato-Ruffolgen.

Ähnliche Arten: Zur Unterscheidung von anderen größeren Falkenarten siehe Fotos.

Wanderfalke *Falco peregrinus peregrinus* und *F. p. calidus* (→ 187)

J F M A M J J A S O N D

En: Peregrine Falcon
Fr: Faucon pèlerin
Es: Halcón peregrino
It: Falco pellegrino

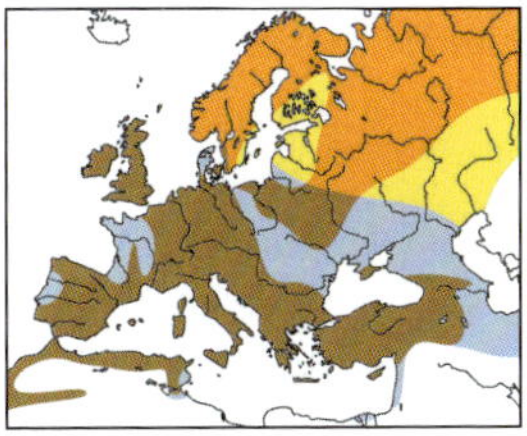

Kräftig gebauter, im Flug „brustlastiger", mittelgroßer Falke. Wid häufig für Falknereizwecke benutzt.

Status: Unterart *peregrinus* regelmäßiger Brut- und Gastvogel, Unterart *calidus* seltener, aber regelmäßiger Durchzügler (Brutvogel der Eurasischen Tundra).

Kleider: Geschlechter nahezu gleich, Weibchen sind größer. Im Jugendkleid ockerfarbener Bauch mit Längsstricheln, im Adultkleid weißer Bauch mit Querbänderung. Unterart *calidus* ist generell etwas heller als *peregrinus*.

Verhaltensweisen: Schlägt nur fliegende Beute im rasanten Stoßflug.

Stimme: Zur Brutzeit lauter als andere Großfalken, oft z. B. „Lahnen" wie „gääi-gääi..." mit etwa eine Sekunde dauernden, anschwellenden Einzelelementen, auch hölzern keckernde Erregungsrufe, zugleich rau und schrill.

Ähnliche Arten: Zur Unterscheidung von anderen größeren Falkenarten siehe Fotos.

Mönchssittich *Myiopsitta monachus* (→ 356)

Neozoon

En: Monk Parakeet
Fr: Conure veuve
Es: Cotorra argentina
It: Parrocchetto monaco

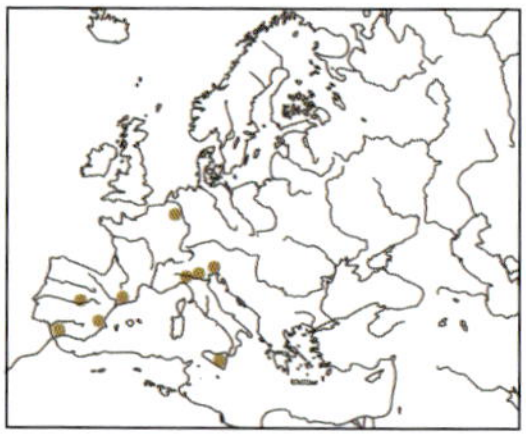

Mittelgroßer, oberseits grüner, unterseits hellgrauer Papagei mit viel Blau in den Flügeln, Grau am Kopf und hornfarbenem Schnabel.

Status: In einzelnen Regionen frei brütend, z. B. Belgien, Niederlande, Slowakei.

Kleider: Geschlechter gleich. Im Jugendkleid Stirn grünlich.

Stimme: Ruft in der Brutkolonie laut, schrill und metallisch „krijehjekrije", auch Einzelrufe.

Ähnliche Arten: Aufgrund der Färbung mit keinem anderen in Europa auftretenden Papagei verwechselbar.

Gelbkopfamazone (Große Gelbkopfamazone)

Amazona oratrix (→ 357)

Neozoon

En: Yellow-headed Amazon
Fr: Amazone à tête jaune
Es: Amazona cabecigualda
It: Amazzone testagialla

Kurzschwänziger, eher gedrungener, grüner Papagei mit gelber Stirn und dunkelgrauem Schnabel.

Status: Kleine, aber inzwischen etablierte, frei lebende Population in Stuttgart.

Kleider: Geschlechter gleich. Im Jugendkleid ist das Gelb weniger ausgedehnt. Das volle Adultkleid wird im 3. oder 4. Lebensjahr erreicht.

Stimme: Vielgestaltige Ruffolgen, besonders in Gemeinschaft, oft mit Tonsprüngen, erinnern zuweilen an Kinderstimmen.

Ähnliche Arten: Von gelegentlich auftretenden anderen Amazonenarten durch Gefiederfärbung unterscheidbar.

Alexandersittich *Psittacula eupatria* (→ 354)

Neozoon

En: Alexandrine Parakeet
Fr: Perruche alexandre
Es: Cotorra alejandrina
It: Parrocchetto di Alessandro

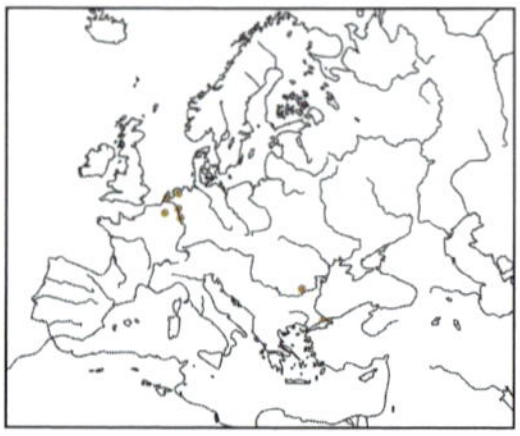

Mittelgroßer, grüner Papagei mit rotem Schnabel und rötlichem Schulterfeld, etwas größer als Halsbandsittich.

Status: Lokaler Brutvogel aus Einbürgerungen, in Deutschland (z. B. Rheingebiet) und Belgien und weiteren Orten in Mitteleuropa etabliert, sonst Gefangenschaftsflüchtling.

Kleider: Adulte Männchen mit deutlichem schwarzem Halsband, Weibchen ohne und außerdem etwas matter gefärbt. Im Jugendkleid sehr ähnlich ad. Weibchen, aber mit kürzerem Schwanz.

Stimme: Ruft laute gutturale Einzelrufe wie „krijak“ oder blechern trillernd „kjääk“.

Ähnliche Arten: Der ähnlich gefärbte Halsbandsittich ist kleiner und hat kein rötliches Schulterfeld.

Halsbandsittich *Psittacula krameri* (→ 355)

Neozoon

En: Rose-ringed Parakeet
Fr: Perruche à collier
Es: Cotorra de Kramer
It: Parrocchetto dal collare

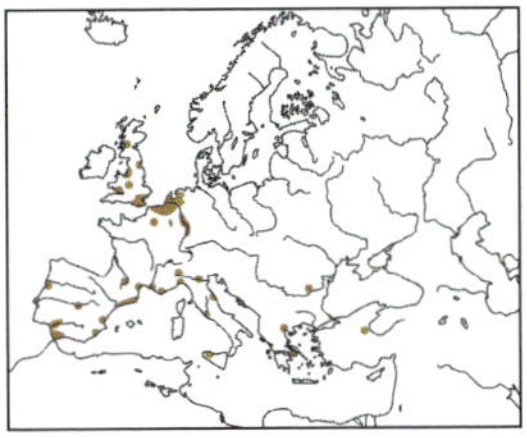

Mittelgroßer, grüner Papagei mit rotem Schnabel, ohne rötliches Schulterfeld.

Status: Als Gefangenschaftsflüchtling lokaler Brut- und Jahresvogel im Westen, vor allem in Städten.

Kleider: Adulte Männchen haben schwarzen Kinnlatz und schwarzes Halsband, beides fehlt den Weibchen, die außerdem etwas matter gefärbt sind. Im Jugendkleid Wachshaut und Iris dunkel, Schwanz kürzer, aber ansonsten sehr ähnlich ad. Weibchen.

Verhaltensweisen: Treffen sich abends scharenweise und lärmend am Gemeinschaftsschlafplatz in ausgesuchten Bäumen.

Stimme: Ruft laut, kreischend gereiht „kihek kijek…“ oder „schrie-schrie-schrie…“

Ähnliche Arten: Der ähnlich gefärbte Alexandersittich ist größer und hat ein rötliches Schulterfeld.

Braunwürger *Lanius cristatus* (→ 407)

Ausnahmegast

En: Brown Shrike
Fr: Pie-grièche brune
Es: Alcaudón pardo
It: Averla bruna

Ähnlich Neuntöter, aber auch Männchen ausschließlich in Braun- und Beigetönen gefärbt und mit sehr markanter Gesichtsmaske in allen Kleidern.

Status: Ausnahmegast aus Zentral- und Ostasien.

Stimme: Bei Beunruhigung am Brutplatz stakkatoartige raue Phrasen wie „dsed-dsed-dsed…".

Neuntöter *Lanius collaris* (→ 408)

J F M A M J J A S O N D

En: Red-backed Shrike
Fr: Pie-grièche écorcheur
Es: Alcaudón Dorsirrojo
It: Averla piccola

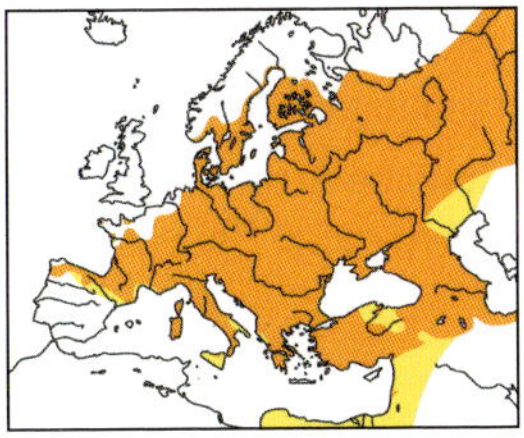

Kräftig gebauter, über sperlingsgroßer Singvogel mit starkem hakigem Würgerschnabel und je nach Kleid mehr oder weniger auffälliger Augenmaske.

Status: Regelmäßiger Brutvogel und Durchzügler.

Kleider: Geschlechter im Prachtkleid deutlich unterscheidbar, siehe Fotos. Im Jugendkleid ähnlich Weibchen, aber Stirn und Rücken dunkelbraun gewellt.

Stimme: Flüssiger Wartengesang mit zahlreichen Imitationen.

Ähnliche Arten: Weibchen und Jungvögel des Rotkopfwürgers sind nur wenig größer, haben aber einen kräftigeren Schnabel und sind v. a. am Kopf mehr kastanienbraun getönt. Schulterfedern der braunen Kleider beim Neuntöter haben braune Zentren.

Isabellwürger *Lanius isabellinus* (→ 409)

Ausnahmegast

2

En: Isabelline Shrike
Fr: Pie-grièche isabelle
Es: Alcaudón Isabel
It: Averla isabellina

Ähnlich Neuntöter, aber überwiegend in sandfarbenen und graubraunen Tönen gefärbt.

Status: Ausnahmegast aus Gebieten vom Kaspischen Meer ostwärts.

Kleider: Geschlechter sehr ähnlich, Männchen mit schwärzerer Augenmaske, Weibchen mit schwacher Wellenzeichnung an Brust und Flanken. Im Jugendkleid Maske braun.

Ähnliche Arten: Vom Neuntöter durch den rostroten Schwanz und die überwiegend sand- und ockerfarbene Gefiedertönung unterschieden. Beachte Unterschiede zu Rotschwanzwürger.

Rotschwanzwürger

Lanius phoenicuroides

Ausnahmegast

En: Red-tailed Shrike
Fr: Pie-grièche du Turkestan
Es: Alcaudón colirrojo
It: Averla codirossa

Etwa neuntötergroßer, braungrauer Würger mit rotbraunem Schwanz. Die Unterscheidung vom Isabellwürger kann schwierig sein.

Status: Ausnahmegast aus Gebieten vom Kaspischen Meer ostwärts.

Schachwürger *Lanius schach* (→ 410)

Ausnahmegast

2

En: Long-tailed Shrike
Fr: Pie-grièche schach
Es: Alcaudón Schach
It: Averla dorsorossiccio

Langschwänziger, mittelgroßer Würger, je nach Unterart mit grauem Kopf und schwarzer Maske oder komplett schwarzer Kappe, aber immer rostroten Flanken.

Status: Ausnahmegast aus Zentral- und Südostasien.

Kleider: Geschlechter fast gleich, Weibchen manchmal oberseits schwach gebändert. Jungvögel oberseits mit dunkelgrauem Wellenmuster. Farblich starke Unterschiede zwischen verschiedenen Unterarten, von denen einige evtl. auch Artstatus haben.

Ähnliche Arten: Unterarten mit schwarzer Maske ähnlich Neuntöter, aber mit grauem Rücken und rostroten Flanken.

Schwarzstirnwürger *Lanius minor* (→ 411)

Brutvogel an wenigen Orten

En: Lesser Grey Shrike
Fr: Pie-grièche à poitrine rose
Es: Alcaudón Chico
It: Averla cenerina

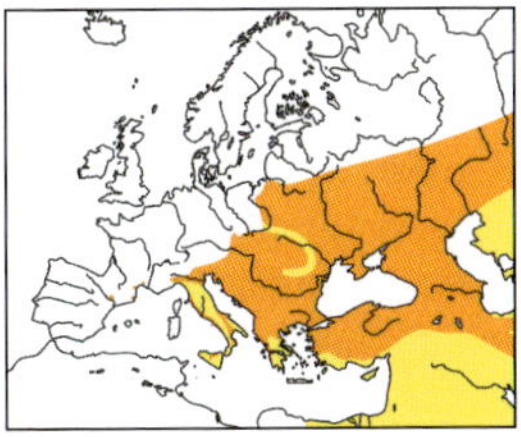

Mittelgroßer, schwarz-weißer Würger, Adulte mit pfirsichfarbenem Anflug an Brust und Bauch.

Status: Als Brutvogel heute nur noch in Ungarn und der Slowakei regelmäßig, sonst unregelmäßig und in den meisten Gebieten ausgestorben.

Kleider: Geschlechter ähnlich, bei Weibchen Stirn weniger kräftig schwarz. Im Jugendkleid an Scheitel und Rücken schwach dunkel gewellt oder gebändert, Stirn bis in den 1. Winter hinein noch grau (nicht schwarz).

Stimme: Gesang besteht aus Folgen von wechselnden Kurzmotiven, ähnlich wie bei Raubwürgern.

Ähnliche Arten: Etwas kleiner, kurzschwänziger und langflügeliger als Raubwürger, der nie eine breit schwarze Stirn hat (allerdings haben dies Schwarzstirnwürger im Winter auch nicht).

Raubwürger *Lanius excubitor excubitor* und *L. e. homeyeri* (→ 412)

J F M A M J J A S O N D

En: Great Grey Shrike
Fr: Pie-grièche grise
Es: Alcaudón Norteño
It: Averla maggiore

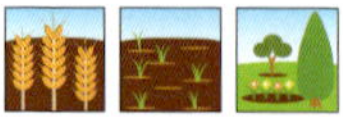

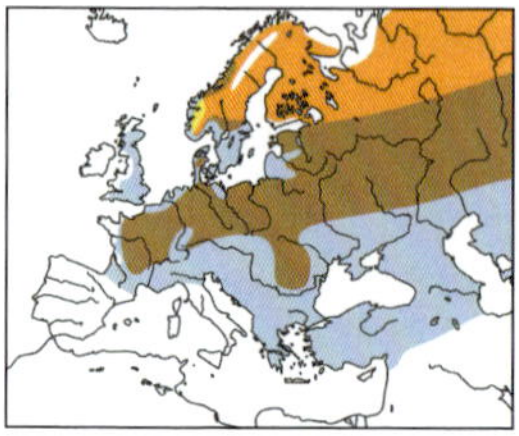

Großer, schwarz-weißer Würger.

Status: Unterart *excubitor* seltener Brutvogel, nur in Polen noch häufiger, ansonsten auch mit großen Verbreitungslücken. Seltener, aber regelmäßiger Überwinterer und Durchzügler. Unterart *homeyeri* sehr seltener Gast (brütet vom Balkan bis Westsibirien).

Kleider: Geschlechter ähnlich, die Weibchen sind weniger ausgeprägt schwarz an Zügel und Flügeln und an den Flanken blass gebändert. Im Jugendkleid Unterseite schmutzig weiß mit dünnem grauem Wellenmuster.

Stimme: Gesang bei Schönwetter im Spätwinter von erhöhter Warte aus: Wiederholung von Kurzmotiven.

Ähnliche Arten: Siehe Schwarzstirnwürger.

Iberienraubwürger

Lanius meridionalis (→ 413)

Ausnahmegast

En: Southern Grey Shrike
Fr: Pie-grièche méridionale
Es: Alcaudón Real
It: Averla meridionale

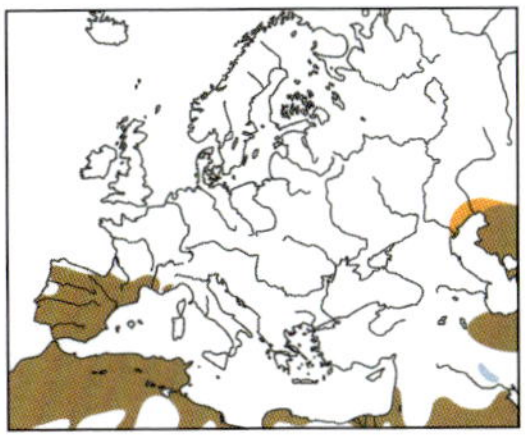

Ein großer, schwarz-weißer Würger, der etwas dunkler als der Raubwürger gefärbt ist, Adulte mit rosa getönter Unterseite.

Status: Ausnahmegast aus dem Mittelmeerraum.

Kleider: Verhältnisse bei den Kleidern sehr ähnlich Raubwürger.

Stimme: Singt wie Raubwürger wiederholte Kurzmotive von einer Warte aus. Wechsel der Motive.

Ähnliche Arten: Schwarzstirnwürger ist deutlich kleiner und hat eine schwarze Stirn, Raubwürger ohne Rosaton auf der Brust und heller.

Rotkopfwürger *Lanius senator* (→ 405)

J F M A M J J A S O N D

En: Woodchat Shrike
Fr: Pie-grièche à tête rousse
Es: Alcaudón Común
It: Averla capirossa

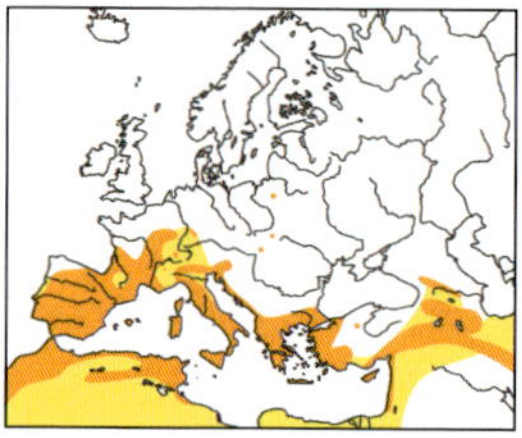

Bullig wirkender Singvogel mit kräftigem Würgerschnabel, Altvögel schwarz-weiß mit rostroter Kappe.

Status: Unregelmäßiger und sehr seltener lokaler Brutvogel, sehr seltener Gastvogel.

Kleider: Geschlechter ähnlich, das Weibchen ist etwas weniger kräftig gefärbt und hat ein breiteres helles Band oberhalb des Schnabelansatzes. Im Jugendkleid braun mit dunklem Wellenmuster an Rücken, Bauch und Kopf. Männchen im 2. Kalenderjahr ähnlich adultem Weibchen.

Stimme: Gesang flüssig und kontinuierlich, voller Imitationen.

Ähnliche Arten: Weibchen und Jungvögel des Neuntöters sind kleiner, haben einen schlankeren Schnabel und sind v. a. am Kopf mehr grau getönt. Schulterfedern der braunen Kleider des Rotkopfwürgers haben helle Zentren.

Maskenwürger *Lanius nubicus* (→ 406)

Im Adultkleid auffällig schwarz-weiß oder grauweiß gefärbter Würger mit Orangeton an den Flanken.

Status: Ausnahmegast aus dem Östlichen Mittelmeerraum und Kleinasien.

Ausnahmegast

En: Masked Shrike
Fr: Pie-grièche masquée
Es: Alcaudón Núbico
It: Averla mascherata

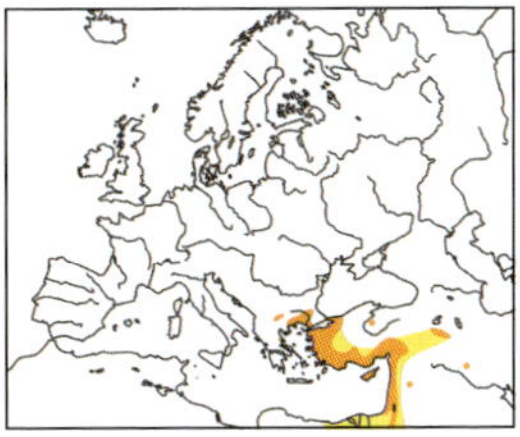

Gelbkehlvireo *Vireo flavifrons* (→ 402)

Ausnahmegast

1

En: Yellow-throated Vireo
Fr: Viréo à gorge jaune
Es: Vireo gorjiamarillo
It: Vireo frontegialla

Laubsängerartiger Vogel mit sehr kräftigem Schnabel und gelber Kehle.

Status: Ausnahmegast aus Amerika.

Rotaugenvireo *Vireo olivaceus* (→ 403)

Ausnahmegast

2

En: Red-eyed Vireo
Fr: Viréo aux yeux rouges
Es: Vireo chiví
It: Vireo occhirossi

Laubsängerartiger Vogel mit sehr kräftigem Schnabel, olivgrüner Oberseite und markantem weißlichem Überaugenstreif.

Status: Ausnahmegast aus Amerika.

J F M A M J J A S O N D

Pirol *Oriolus oriolus* (→ 404)

En: Eurasian Golden Oriole
Fr: Loriot d'Europe
Es: Oropéndola Europea
It: Rigogolo

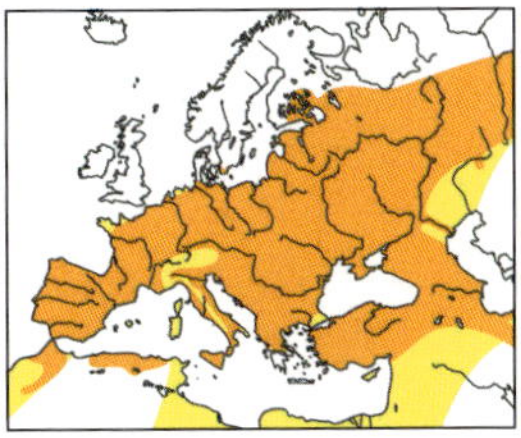

Großer, an eine Drossel erinnernder Singvogel mit gelb-schwarzem oder leuchtend grün-schwarzem Gefieder und rotem Schnabel.

Status: Regelmäßiger Brutvogel, Durchzügler und Gastvogel.

Kleider: Im Adultkleid Männchen (gelb-schwarz) und Weibchen (grünlich schwarz) meist deutlich unterscheidbar, allerdings können Weibchen gelegentlich fast so intensiv gelb wie Männchen sein. Im Jugendkleid grünlich mit deutlicher heller Schuppung auf dem Rücken und Strichelung der Unterseite. Einjährige Männchen sehen nahezu wie adulte Weibchen aus und auch zweijährige Männchen haben noch einen Grünstich am Rücken, eine weißliche Unterseite und Strichel an den Flanken.

Stimme: Der Gesang besteht aus variablen kurzen Flötenstrophen wie „düdlio" oder „dülioliu". Der Ruf bei Beunruhigung ist ein heiseres „rä-i".

Ähnliche Arten: Unverwechselbar.

Unglückshäher *Perisoreus infaustus* (→ 415)

Ausnahmegast

Kleiner Häher mit überwiegend graubraunem Gefieder und viel Rostrot in Schwanz und Oberflügel.

Status: Ausnahmegast aus Skandinavien.

En: Siberian Jay
Fr: Mésangeai imitateur
Es: Arrendajo Siberiano
It: Ghiandaia siberiana

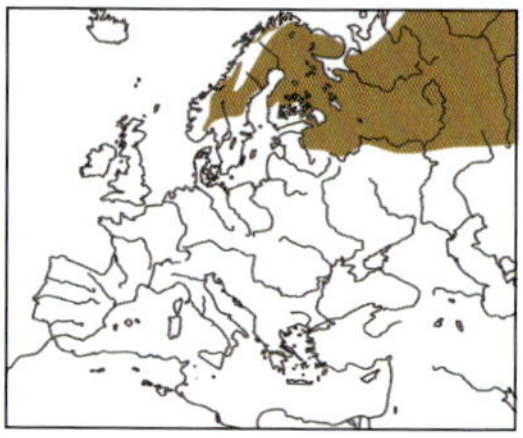

Eichelhäher *Garrulus glandarius* (→ 414)

J F M A M J J A S O N D

En: Eurasian Jay
Fr: Geai des chênes
Es: Arrendajo Euroasiático
It: Ghiandaia

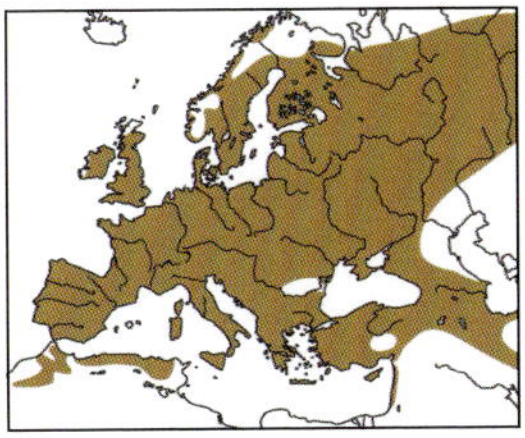

Kleiner Rabenvogel mit überwiegend rosa-braunem Gefieder, markantem Bartstreif und weiß-blau-schwarz- gebänderten Flügeldecken sowie Alula.

Status: Regelmäßiger Brutvogel, Durchzügler und Wintergast, gelegentliche Invasionen aus Nordosten.

Kleider: Geschlechter gleich. Im Jugendkleid Bartstreif mehr braun und Schnabel zunächst heller.

Stimme: Sehr variable Lautäußerungen, darunter auch zahlreiche Imitationen. Häufigster Ruf ist das Rätschen „schräit äät", das auch auf andere Arten alamierend wirkt.

Ähnliche Arten: Aufgrund der Färbung und der Stimme unverwechselbar.

Elster *Pica pica* (→ 417)

En: Eurasian Magpie
Fr: Pie bavarde
Es: Urraca Común
It: Gazza

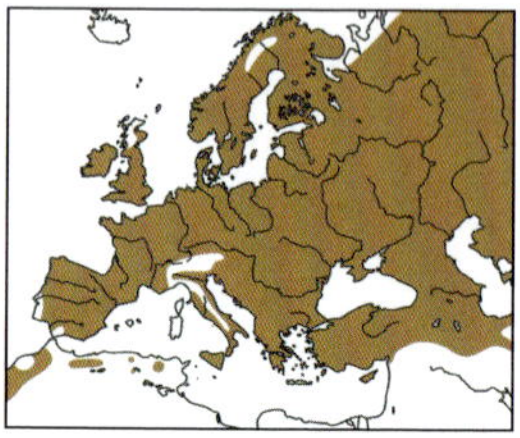

Hochbeiniger, mittelgroßer, schwarz-weißer Rabenvogel mit langem Schwanz und metallisch schimmerndem Großgefieder.

Status: Regelmäßiger Brutvogel, Durchzügler und Wintergast.

Kleider: Geschlechter gleich. Im Jugendkleid zunächst mit kürzerem Schwanz.

Verhaltensweisen: Der Schwanz wird vor allem bei Erregung ruckartig angehoben.

Stimme: Ruft schnell schackernd „gäkgäkgäk" oder „tsche-tsche-tsche".

Ähnliche Arten: Durch den sehr langen Schwanz und das schwarz-weiße Gefieder unverwechselbar.

Tannenhäher *Nucifraga caryocatactes caryocatactes* und *N. c. macrorhynchos* („Sibirischer Tannenhäher“) (→ 418)

J F M A M J J A S O N D

En: Spotted Nutcracker
Fr: Cassenoix moucheté
Es: Cascanueces Común
It: Nocciolaia

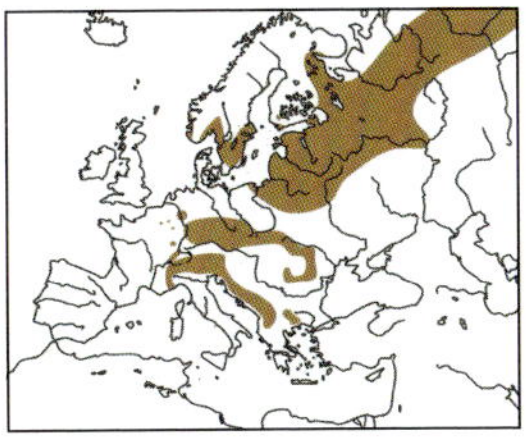

Kleiner Rabenvogel mit braunem Gefieder und auffälligen weißen Flecken.

Status: Unterart *caryocatactes* regelmäßiger Brutvogel der Alpen und Mittelgebirge und im Nordosten Polens. Andernorts seltener Gast. Unterart *macrorhynchos* seltener Durchzügler und Wintergast (brütet in Nord- und Nordost-Asien), gelegentlich Invasionen.

Kleider: Geschlechter gleich. Jugendkleid sehr ähnlich Adultkleid. Bei *macrorhynchos* weiße Schwanzendbinde breiter.

Stimme: Häufigster Ruf ist ein lautes, hartes und vielsilbiges Schnarren „krärr-krärr“, das aber auch in Reihen von 2-3 Silben geäußert wird.

Ähnliche Arten: Flugweise ähnlich Eichelhäher, aber großköpfiger. Weißgetupftes Gefieder erinnert an einen Star im frischen Ruhekleid. Dieser hat jedoch einen viel kleineren Schnabel und kein Weiß an Schwanz oder Steiß.

Alpenkrähe *Pyrrhocorax pyrrhocorax* (→ 419)

Brutvogel an wenigen Orten

En: Red-billed Chough
Fr: Crave à bec rouge
Es: Chova Piquirroja
It: Gracchio corallino

Etwa dohlengroßer, schwarzer Rabenvogel mit breiten Flügeln und rotem Schnabel.

Status: Sehr seltener Brutvogel im Wallis, in den Alpen ansonsten seltener Gast, außerhalb Ausnahmeerscheinung.

Kleider: Geschlechter gleich. Im Jugendkleid ist der Schnabel dunkel gelblich.

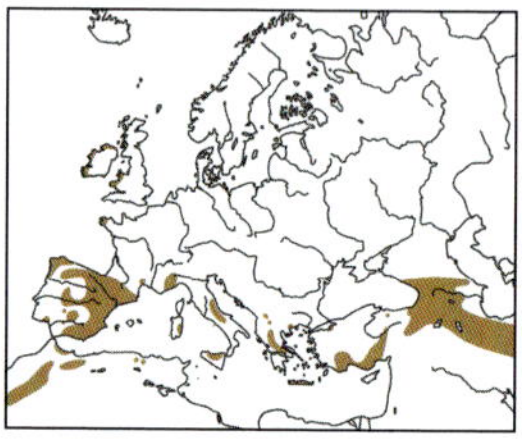

Stimme: Ruft hart und gedehnt „kjarr" oder herabgezogen „kjärr".

Ähnliche Arten: Einziger schwarzer Rabenvogel mit rotem Schnabel.

Alpendohle *Pyrrhocorax graculus* (→ 420)

Brutvogel an wenigen Orten

En: Alpine Chough
Fr: Chocard à bec jaune
Es: Chova Piquigualda
It: Gracchio alpino

Etwa dohlengroßer, schwarzer Rabenvogel mit gelbem Schnabel.

Status: Regelmäßiger Brutvogel in den Alpen, ganzjährig anwesend. Außerhalb der Alpen im Süden Ausnahmeerscheinung.

Kleider: Geschlechter gleich. Im Jugendkleid weniger glänzend schwarz, Beine noch nicht rot und Schnabel oft mit dunkler Spitze.

Stimme: Rufe relativ hoch für einen Rabenvogel: „trii", „srii" und ein scharfes „pschirr".

Ähnliche Arten: Alpenkrähe ist breitflügeliger, kurzschwänziger und hat roten Schnabel, die anderen schwarzen Rabenvögel haben dunkle Schnäbel und Beine.

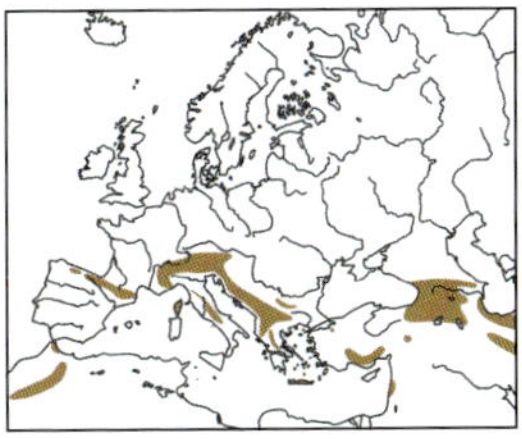

Dohle *Coloeus monedula monedula, C. m. spermologus* und *C. m. soemmerringii* („Halsbanddohle“) (→ 421)

J F M A M J J A S O N D

En: Jackdaw
Fr: Choucas des tours
Es: Grajilla Occidental
It: Taccola

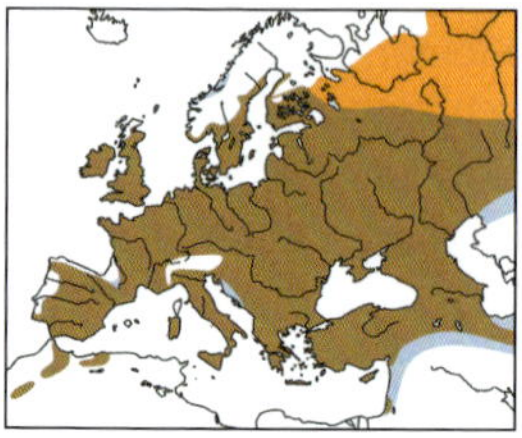

Kleiner, grau und schwarz gefärbter Rabenvogel mit heller Iris und kurzem Schnabel.

Status: Unterart *spermologus* regelmäßiger Brutvogel, Durchzügler und Wintergast, Unterart *monedula* regelmäßiger Wintergast (brütet in Skandinavien), *soemmerringii* seltener Wintergast (aus E-Europa und Asien).

Kleider: Geschlechter gleich. Jugendkleid sehr ähnlich Adultkleid. Unterart *soemmerringii* und z. T. auch andere Unterarten mit hellgrauem Nackenband.

Stimme: Charakteristisch sind die kurzen, lauten und abfallenden Rufe „kjak kjak“ oder „kjää kjää“.

Ähnliche Arten: Größe, graue Gefiederpartien, die helle Iris und der dunkle, kurze Schnabel unterscheiden die Dohle von allen anderen dunklen Rabenvögeln.

Elsterdohle *Coloeus dauuricus* (→ 422)

Eine Dohle mit elsternartiger Schwarz-Weiß-Zeichnung im Adultkleid.

Status: Ausnahmegast aus Ostasien.

Ausnahmegast

En: Daurian Jackdaw
Fr: Choucas de Daourie
Es: Grajilla Oriental
It: Taccola della Dauria

Glanzkrähe *Corvus splendens* (→ 423)

Neozoon

En: House Crow
Fr: Corbeau familier
Es: Cuervo Indio
It: Cornacchia delle case

Sehr ähnlich einer schlanken Rabenkrähe mit dunklem Gesicht und steiler Stirn.

Status: Lokal etabliertes Neozoon in den Niederlanden mit Herkunft aus Indien.

Saatkrähe *Corvus frugilegus* (→ 424)

J F M A M J J A S O N D

En: Rook
Fr: Corbeau freux
Es: Graja
It: Corvo comune

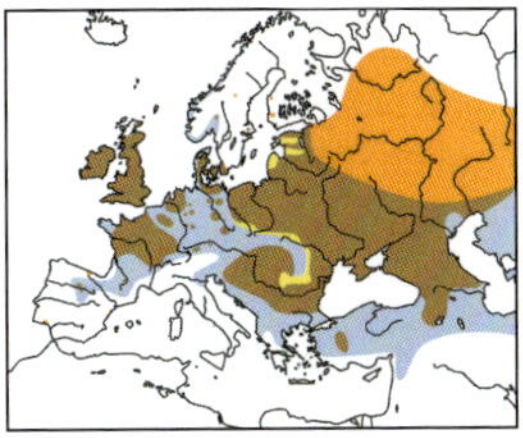

Mittelgroßer, fast rein schwarzer Rabenvogel mit spitzem, geradem Schnabel mit heller Basis und bei Adulten mit nackter Hautpartie am Schnabelansatz.

Status: Regelmäßiger Brutvogel mit lückiger Verbreitung und nicht im Gebirge, regelmäßiger Durchzügler und Wintergast.

Kleider: Geschlechter gleich. Jungvögel haben noch einen schwarz befiederten Schnabelgrund, die nackte helle Gesichtspartie entsteht erst am Ende des ersten Lebensjahres.

Verhaltensweisen: Brütet im Gegensatz zur Rabenkrähe in Kolonien.

Stimme: Ruft tief, sonor und rau „korr“ oder „krah“ und ähnlich einer Dohle kürzer „kjä“.

Ähnliche Arten: Kopfprofil im Gegensatz zu dem der Rabenkrähe mehr eckig, Schnabelfirst gerade und Altvögel mit heller, unbefiederter Schnabelwurzel.

Rabenkrähe *Corvus corone* (→ 425)

En: Carrion Crow
Fr: Corneille noire
Es: Corneja Negra
It: Cornacchia nera

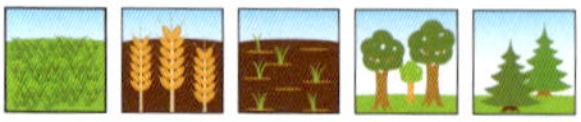

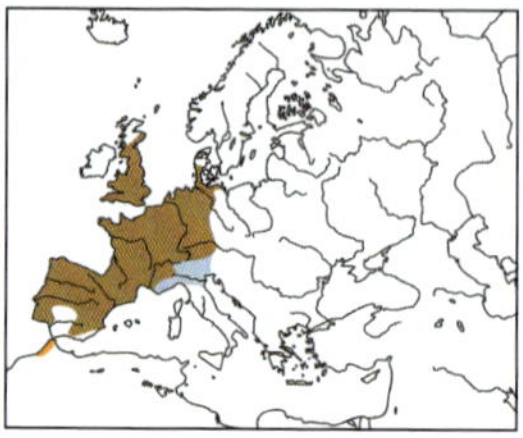

Mittelgroßer, fast rein schwarzer Rabenvogel mit oberseits gewölbtem Schnabel und in allen Kleidern befiederter Schnabelwurzel.

Status: Regelmäßiger, ganzjährig anwesender Brutvogel, Durchzügler und Wintergast.

Kleider: Geschlechter gleich, im Jugendkleid Iris zunächst graublau und Schnabelgrund rötlich, später sehr ähnlich Adultkleid.

Stimme: Der typische Krähenruf ist ein mehrsilbiges metallisches „krääh“ oder „kraah“, das heller als bei der Saatkrähe klingt. Häufig individuelle Varianten im Klang.

Ähnliche Arten: Mehr rundes Kopfprofil als Saatkrähe, Schnabelfirst gebogen. Der ebenfalls ähnliche Kolkrabe ist größer, hat einen viel kräftigeren Schnabel und einen keilförmigen Schwanz.

Nebelkrähe *Corvus cornix* (→ 426)

J F M A M J J A S O N D

En: Hooded Crow
Fr: Corneille mantelée
Es: Corneja Cenicienta
It: Cornacchia grigia

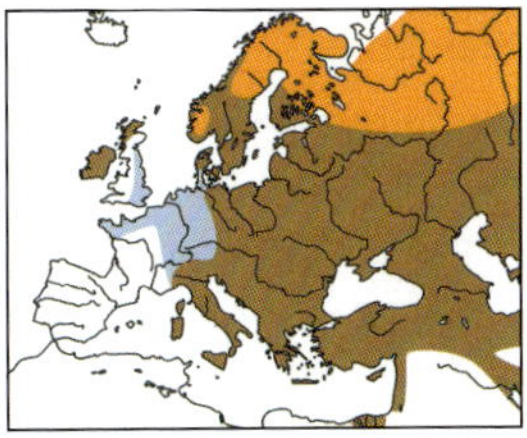

Eine hellgrau und schwarz gefärbte, mittelgroße Krähe, nächstverwandt mit der Rabenkrähe.

Status: Regelmäßiger, ganzjährig anwesender Brutvogel, Durchzügler und Wintergast im Nordosten, im Westen und Süden seltener Gast.

Kleider: Siehe Rabenkrähe. Hybriden mit dieser sind nicht selten, dabei ist der Grauanteil variabel.

Stimme: Ruft wie Rabenkrähe, manchmal etwas blecherner.

Ähnliche Arten: Neben der viel kleineren Dohle der einzige einheimische Rabenvogel mit grauweißen Gefiederanteilen und deshalb unverwechselbar.

Kolkrabe *Corvus corax* (→ 427)

En: Northern Raven
Fr: Grand Corbeau
Es: Cuervo Grande
It: Corvo imperiale

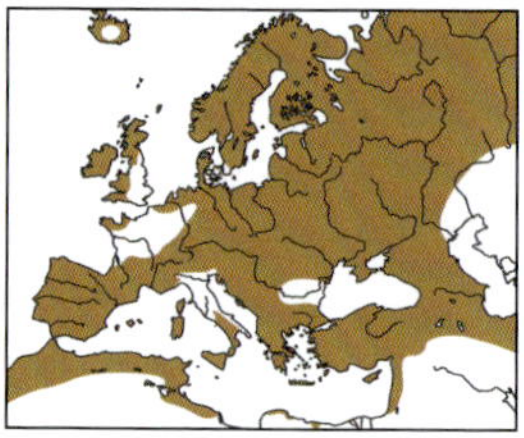

Großer, vollkommen schwarzer Rabenvogel mit kräftigem Schnabel und keilförmigem Schwanz.

Status: Regelmäßiger und ganzjährig anwesender Brutvogel vor allem im Süden und Nordosten, andernorts seltener Gast.

Kleider: Geschlechter gleich.

Verhaltensweisen: Kann im Brutrevier eindrucksvolle Flugspiele zeigen.

Stimme: Häufigster Ruf ist ein tief gurgelndes und etwas hohl klingendes „bra-bra-bra" oder „kro-kro-kro" aus kurzen Elementen.

Ähnliche Arten: Die anderen schwarzen Rabenvogelarten sind alle kleiner und haben fächerförmige Schwänze.

Seidenschwanz *Bombycilla garrulus* (→ 430)

J F M A M J J A S O N D

En: Bohemian Waxwing
Fr: Jaseur boréal
Es: Ampelis Europeo
It: Beccofrusone

Starengroßer, hell bräunlicher Vogel mit deutlicher Haube.

Status: Regelmäßiger Durchzügler und Wintergast, im Süden deutlich seltener und in vielen Jahren fehlend. In manchen Wintern Invasionen.

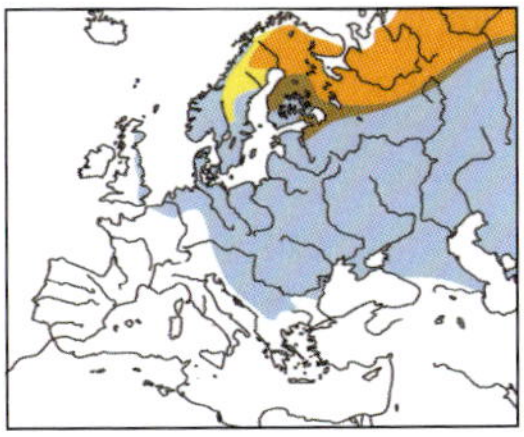

Kleider: Geschlechter nahezu gleich, adulte Männchen haben einen scharf abgesetzten schwarzen Latz und eine stark kontrastierende Zeichnung der Schwungfederspitzen, bei adulten Weibchen ist beides diffuser. Im Jugendkleid ähnlich ad. Weibchen, aber gelbe Schwanzendbinde schmäler, Schwungfederspitzen nur gelblich, ohne weiß, und rote Hornplättchen der Armschwingen fehlend.

Stimme: Seidenschwänze verraten sich durch kennzeichnende hohe, verhaltene Trillerrufe „sirrr“.

Ähnliche Arten: Gelegentlich kommt es zu Verwechslungen mit dem in ähnlichem Farbton gefärbten Kernbeißer, der aber keine Haube und eine viel kräftigeren Schnabel hat. Im Flug an Stare erinnernd, aber meist durch den charakteristischen Ruf auffallend.

Tannenmeise *Periparus ater* (→ 435)

J F M A M J J A S O N D

En: Coal Tit
Fr: Mésange noire
Es: Carbonero Garrapinos
It: Cincia mora

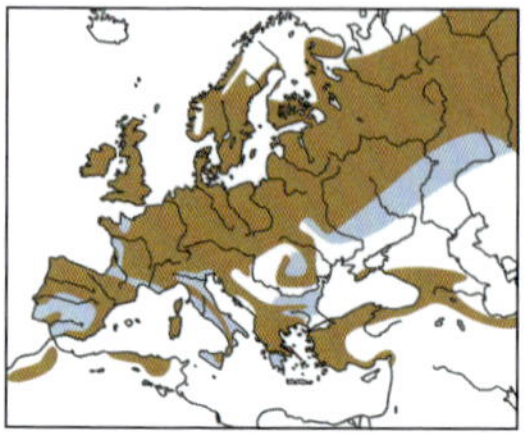

Kleine Meise mit graubraunem Gefieder und schwarz-weißer Kopfzeichnung.

Status: Regelmäßiger Brutvogel, Durchzügler und Wintergast.

Kleider: Geschlechter gleich. Im Jugendkleid schwarze Kopfzeichnung matter.

Verhaltensweisen: Bevorzugt wie die Haubenmeise Nadelbäume.

Stimme: Gesang ist typischerweise eine Reihe von zwei bis vier „witje-witje"-Motiven. Kontaktlaut im Schwarm oder zwischen Partnern ist ein variables „si".

Ähnliche Arten: Sumpf- und Weidenmeise sind ähnlich gefärbt, haben aber nicht den für die Tannenmeise typischen weißen Fleck an Hinterkopf und Nacken.

Haubenmeise *Lophophanes cristatus* (→ 436)

J F M A M J J A S O N D

1

En: European Crested Tit
Fr: Mésange huppée
Es: Herrerillo Capuchino
It: Cincia dal ciuffo

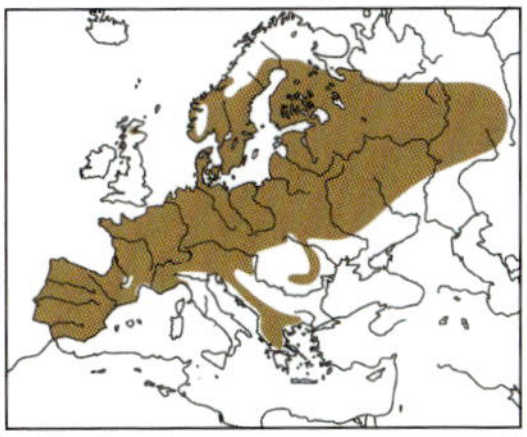

Kleine Meise mit graubraunem Gefieder und aufrichtbarer schwarz-weißer Haube.

Status: Regelmäßiger Brutvogel, Durchzügler und Wintergast.

Kleider: Geschlechter gleich. Jugendkleid sehr ähnlich Adultkleid.

Verhaltensweisen: Bevorzugt wie die Tannenmeise Nadelbäume.

Stimme: Der Ruf „zizi-gürrrr“ oder „gürrr-gürrr“ ist für die Haubenmeise charakteristisch. Gesang so gut wie nicht bekannt.

Ähnliche Arten: Aufgrund der Haube unverkennbar.

Sumpfmeise *Poecile palustris* (→ 437)

En: Marsh Tit
Fr: Mésange nonnette
Es: Carbonero Palustre
It: Cincia bigia

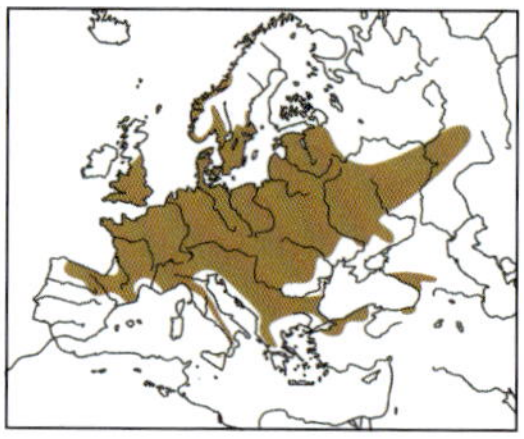

Kleine Meise mit graubraunem Gefieder und schwarz-weißer Kopfzeichnung.

Status: Regelmäßiger Brutvogel, Durchzügler und Wintergast.

Kleider: Geschlechter gleich. Jugendkleid sehr ähnlich Adultkleid.

Stimme: Kontaktruf ist ein variables, scharf herabgezogenes „zju", auch in Kombinationen wie „zje-pist-je-dedede" (wobei die letzten Elemente nicht so breit gezogen werden wie bei der Weidenmeise). Gesang unter anderem kennzeichnend „zi-wüd-zi-wüd…".

Ähnliche Arten: Von der sehr ähnlichen Weidenmeise am besten anhand des Rufes (Weidenmeise: „zizi-dääh dääh") zu unterscheiden. Die Tannenmeise hat einen weißen Fleck im Nacken.

Weidenmeise *Poecile montanus rhenanus*, *P. m. montanus* („Alpenmeise") und *P. m. salicarius* (→ 438)

Brutvogel

En: Willow Tit
Fr: Mésange boréale
Es: Carbonero Montano
It: Cincia alpestre

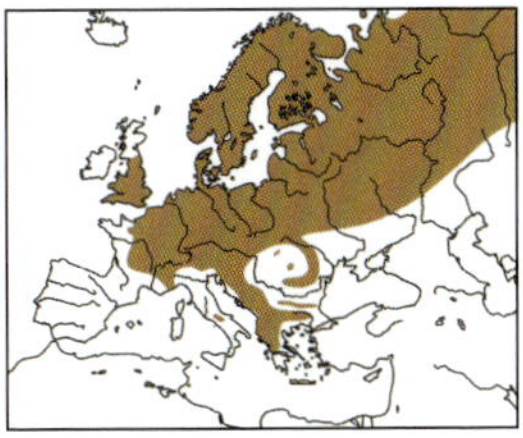

Kleine Meise mit graubraunem Gefieder und schwarz-weißer Kopfzeichnung.

Status: Alle drei Unterarten fast überall regelmäßiger Brutvogel, Durchzügler und Wintergast. Unterart *rhenanus* im Westen, *salicarius* östlich und südlich davon, *montanus* v. a. im Alpenraum.

Kleider: Geschlechter gleich. Jugendkleid sehr ähnlich Adultkleid. Unterart *salicarius* (*rhenanus* sehr ähnlich) mit kräftig gefärbter Oberseite, schmutzig weißer Unterseite mit kalt steingrauem Anflug und gräulich weißen Wangen, Unterart *montanus* mit blasserer Oberseite, schmutzig weißer Unterseite mit rosa-hellbeigem Anflug und auffallend weißen Kopfseiten.

Stimme: Der charakteristische Ruf „zi-zi-zi dääh dääh" ist bei der Unterscheidung zur Sumpfmeise sehr hilfreich.

Ähnliche Arten: Zur Unterscheidung von der Sumpfmeise siehe Fotos und Angaben zur Stimme. Tannenmeise hat einen weißen Fleck im Nacken.

Blaumeise *Cyanistes caeruleus* (→ 433)

En: Eurasian Blue Tit
Fr: Mésange bleue
Es: Herrerillo Común
It: Cinciarella

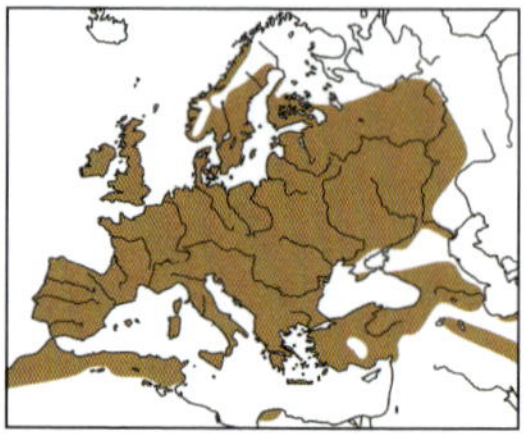

Kleine Meise mit gelbem Bauch und blauer oder mindestens bläulicher Kopfplatte.

Status: Regelmäßiger Brutvogel, Durchzügler und Wintergast.

Kleider: Geschlechter gleich, adulte Weibchen manchmal am Flügelbug weniger leuchtend blau als adulte Männchen. Im Jugendkleid Wangen gelblich statt weiß und Kopfplatte grünblau.

Stimme: Gesang hell klingend „tii-ti-ti-tirrrr“ mit hohen klaren Eingangselementen und tieferem Triller. Neben zahlreichen Rufen ist ein nasaler, ansteigender und sich dabei verlangsamender Triller „tscherretretretre“ typisch.

Ähnliche Arten: Die einzige andere heimische Meise mit gelbem Bauch ist die größere Kohlmeise, die auch eine andere Kopfzeichnung hat.

Lasurmeise *Cyanistes cyanus* (→ 434)

Ausnahmegast

En: Azure Tit
Fr: Mésange azurée
Es: Herrerillo azul
It: Cinciarella azzurra

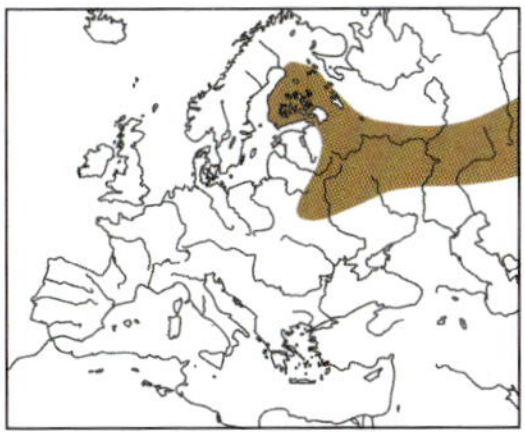

Große, nur weiß, schwarz, grau und blau gefärbte Meise mit weißer Kopfplatte. Wirkt im Flug wie weiß-blauer Schmetterling.

Status: Ausnahmegast aus der borealen Zone Russlands und Sibiriens, auch Hybriden mit der Blaumeise kommen vor.

Kleider: Geschlechter gleich, Jugendkleid sehr ähnlich Adultkleid. Hybriden mit Blaumeise haben einen bläulichen statt reinweißen Stirnbereich.

Stimme: Rufe bei Beunruhigung am Nest sind ähnlich denen der Blaumeise.

Ähnliche Arten: Unverwechselbar.

Kohlmeise *Parus major* (→ 432)

J	F	M	A	M	J	J	A	S	O	N	D

En: Great Tit
Fr: Mésange charbonnière
Es: Carbonero Común
It: Cinciallegra

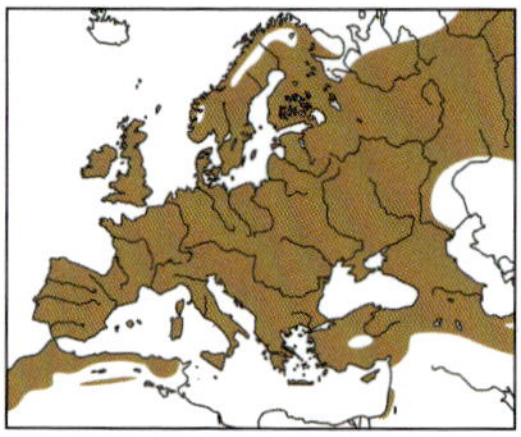

Große Meise mit gelbem Bauch, schwarzem Latz und schwarz-weißer Kopfzeichnung.

Status: Regelmäßiger Brutvogel, Durchzügler und Wintergast.

Kleider: Geschlechter im Adultkleid anhand des schwarzen Bauchstriches unterscheidbar: dieser ist beim Männchen breiter als beim Weibchen und wird nach hinten zu sogar noch breiter. Im Jugendkleid sind die Wangen gelb statt weiß und das ganze Gefieder ist matter und gelbgrün getönt.

Stimme: Singt kurze Strophen aus 1 bis 4 wiederholten Silben, oft anfangsbetont: „zízibebe-zízibebe" oder „di-djü-di-djü…". Rufe vielfältig, typisch in Nestnähe „zi-pink-dädädä". Ahmt auch Stimmen anderer Arten nach.

Ähnliche Arten: Die Blaumeise hat als einzige andere heimische Meise einen gelben Bauch, aber eine andere Kopfzeichnung.

Beutelmeise *Remiz pendulinus* (→ 431)

En: Eurasian Penduline Tit
Fr: Rémiz penduline
Es: Pájaro-moscón Europeo
It: Pendolino

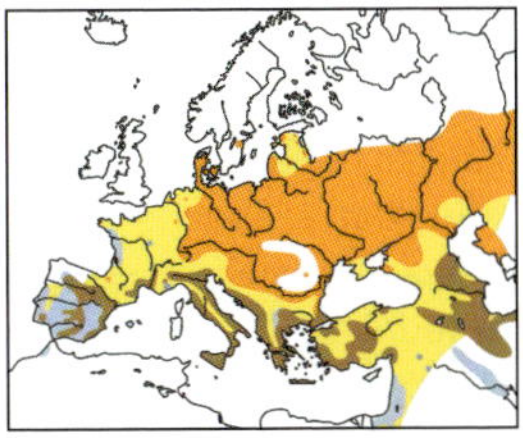

Zierlicher, meisenartiger Kleinvogel, Altvögel mit markanter schwarzer Maske.

Status: Regelmäßiger, sehr lückig verbreiteter Brutvogel vor allem im Osten, regelmäßiger Durchzügler auch andernorts, seltener Wintergast.

Kleider: Männchen haben im Adultkleid eine breite schwarze Maske, einen rotbraunen Rücken und rotbraune Flecken an der Brust. Adulte Weibchen haben eine schmälere Maske und die rotbraune Färbung fehlt. Jungvögel mit recht einförmig hellbraunem Kopf.

Stimme: Der typische, lang abwärtsgezogene, hohe Ruf „ziiih" oder „ziiüü" verrät oft erst die Anwesenheit von Beutelmeisen. Rohrammer ruft ähnlich, aber kürzer.

Ähnliche Arten: Eine auffällige schwarze Maske haben in Mitteleuropa noch Steinschmätzer und Neuntöter. Beide sind größer und von anderer Körpergestalt. Jungvögel könnten z. B. mit Grasmücken oder Braunkehlchen verwechselt werden, zeigen im Gegensatz zu diesen jedoch häufig die meisenartige hängend-klammernde Fortbewegungsweise.

Bartmeise *Panurus biarmicus* (→ 495)

J F M A M J J A S O N D

En: Bearded Reedling
Fr: Panure à moustaches
Es: Bigotudo
It: Basettino

Unverwechselbar gefärbter, langschwänziger, meisenähnlicher Schilfbewohner.

Status: Regelmäßiger, aber seltener Brutvogel, v. a. im Norden, aber überall regelmäßiger, allerdings sehr unsteter Durchzugs- und Wintergast.

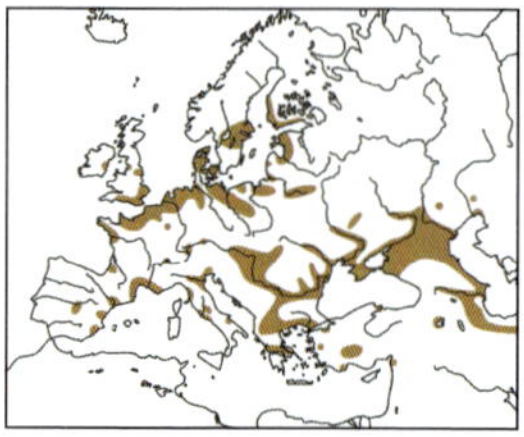

Kleider: Männchen und Weibchen im Adultkleid deutlich unterschiedlich, siehe Fotos. Im Jugendkleid Rücken schwarz, äußere Schwanzfedern mit viel Schwarz. Geschlechter bereits unterscheidbar: Männchen mit schwarzem Zügelstreif und Unterschwanz sowie rein orangegelbem Schnabel, Weibchen mit undeutlichem dunkelgrauem oder fehlendem Zügelstreif und hellerem Schnabel.

Stimme: Gruppenmitglieder stehen nahezu ständig über die nasalen „dsching-dsching" Rufe in Kontakt.

Ähnliche Arten: Unverwechselbar.

Heidelerche *Lullula arborea* (→ 452)

J F M A M J J A S O N D

En: Woodlark
Fr: Alouette lulu
Es: Alondra Totovía
It: Tottavilla

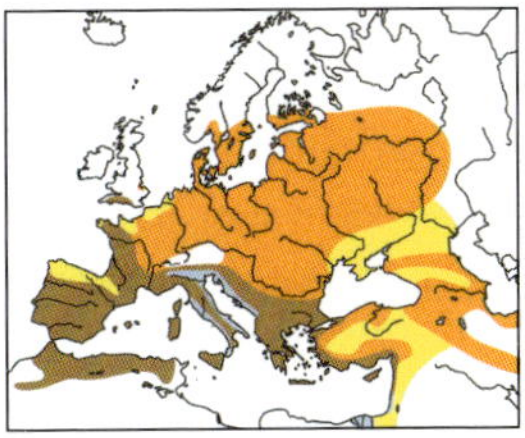

Mittelgroße, kurzschwänzige Lerche mit deutlichem Überaugenstreif, schlankem Schnabel und auffallender weiß-schwarz-weißer Marke an der Vorderkante des angelegten Flügels.

Status: Seltener und lückig verbreiteter Brutvogel, regelmäßiger Durchzügler und seltener Wintergast.

Kleider: Geschlechter gleich, Jugendkleid sehr ähnlich Adultkleid, aber mit kräftig kontrastierten hellen Säumen.

Stimme: Gesang wird von einer Warte aus oder im Singflug vorgetragen und besteht aus angenehm flötenden, vollen Tönen, u. a. immer wieder „tlü-tlü-tlü". Wechselnde Motive.

Ähnliche Arten: Durch deutlichen Überaugenstreif und Flügelmarke von der Feldlerche und oberseits ähnlich gemusterten Lerchen unterscheidbar. Männchen kann auch eine kleine Haube stellen.

Weißflügellerche *Alauda leucoptera* (→ 447)

Ausnahmegast

En: White-winged Lark
Fr: Alouette leucoptère
Es: Calandria Aliblanca
It: Calandra siberiana

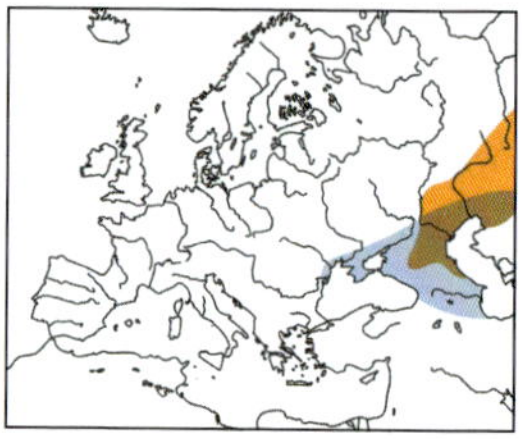

Reichlich feldlerchengroßer Vogel mit sehr auffälliger weiß-schwarz-brauner Flügelzeichnung. Flügel wirkt gegen hellen Himmel sehr schmal..

Status: Ausnahmegast aus Steppenregionen östlich der Wolga.

Kleider: Im Adultkleid Männchen mit rotbraunem Scheitel und schwach gestrichelter Brust, Weibchen mit deutlich dunkel gestricheltem Scheitel und gestrichelter Brust. Jugendkleid sehr ähnlich ad. Weibchen.

Ähnliche Arten: Durch Flügelmuster unverwechselbar.

Feldlerche *Alauda arvensis* (→ 453)

En: Eurasian Skylark
Fr: Alouette des champs
Es: Alondra Común
It: Allodola

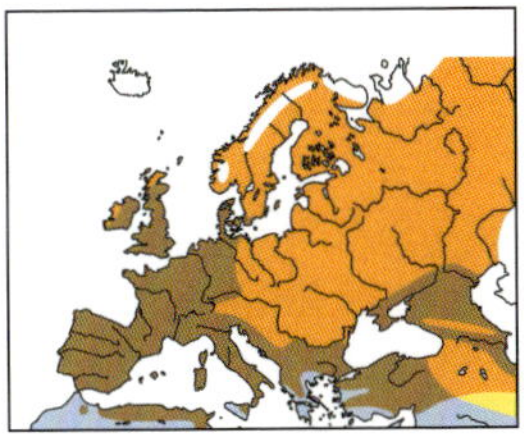

Graubraune, auf der Oberseite und an den Flanken kräftig gestrichelte, mittelgroße Lerche, gelegentlich mit kleiner stumpfer Haube.

Status: Regelmäßiger Brutvogel im Tiefland, teilweise auch in höheren Lagen der Mittelgebirge, gebietsweise verschwunden. Regelmäßiger Durchzügler und in günstigen Gebieten Wintergast.

Kleider: Geschlechter gleich. Im Jugendkleid Scheitel, Wangen, Rücken und Brust mehr getupft als gestrichelt. Flügeldecken mit schwarzem und davor weißem Rand.

Stimme: Gesang wird fast nur im Singflug vorgetragen und besteht aus anhaltendem, schnellem Tirilieren, z. T. auch mit Imitationen anderer Arten.

Ähnliche Arten: Kontrastreicher als Haubenlerche und ohne deren spitze Haube, am Kopf weniger kontrastreich als Heidelerche und ohne deren markante Flügelmarke.

Haubenlerche *Galerida cristata* (→ 451)

En: Crested Lark
Fr: Cochevis huppé
Es: Cogujada Común
It: Cappellaccia

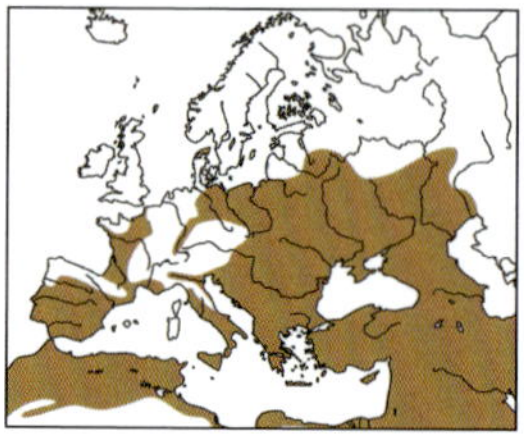

Größer als Feldlerche und kontrastärmer mit immer gut erkennbarer spitzer Haube.

Status: Lückig verbreiteter Brutvogel im Flachland, anderswo seltener Gast.

Kleider: Geschlechter gleich, Jugendkleid ähnlich Adultkleid bis auf die Fleckung des Rückengefieders.

Stimme: Typisch sind die kurzen flötend-zwitschernden Strophen des Singflugs, die zahlreiche Imitationen enthalten können.

Ähnliche Arten: Feldlerche ist kontrastreicher gefärbt, hat einen etwas kürzeren Schnabel und eine kleinere, nicht immer erkennbare Haube.

Ohrenlerche *Eremophila alpestris* (→ 444)

Durchzügler, Wintergast

En: Horned Lark
Fr: Alouette hausse-col
Es: Alondra Cornuda
It: Allodola golagialla

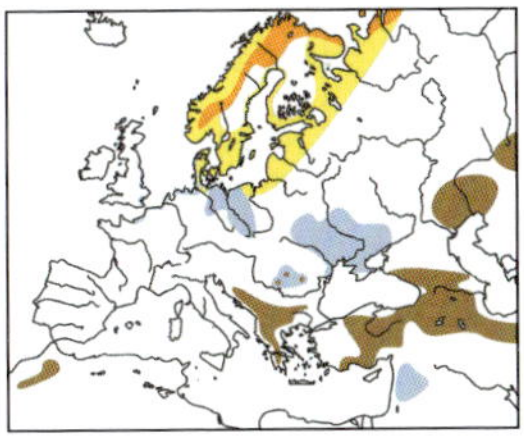

Kleine Lerche mit charakteristischer schwarz-gelber oder schwarz-weißer Kopfzeichnung und Federohren.

Status: Regelmäßiger Durchzügler und Überwinterer in geringer Zahl an den Küsten, nach Süden hin zunehmend seltener Gast im Binnenland.

Kleider: Im Prachtkleid Männchen mit längeren Federohren und kräftiger gelber Kopfzeichnung. Im Schlichtkleid schwarze Kopfzeichnung weniger scharf begrenzt, fast keine Federohren. Jugendkleid mit gesprenkeltem Oberkopf und Wangenbereich, Rückenfedern auffällig schwarz und davor hellgrau umrandet.

Stimme: Im Überwinterungsgebiet als einzige Lerche mit reinen (nicht rauen) Rufen wie „tiih“ oder „siit-di-dit“.

Ähnliche Arten: Im Jugendkleid mit anderen Lerchen zu verwechseln, jedoch ist die Oberseite wie bei keiner anderen heimischen Art dicht schwarz-weiß gesprenkelt.

Kurzzehenlerche *Calandrella brachydactyla brachydactyla* und *C. b. longipennis* (→ 449)

Wintergast

En: Greater Short-toed Lark
Fr: Alouette calandrelle
Es: Terrera Común
It: Calandrella

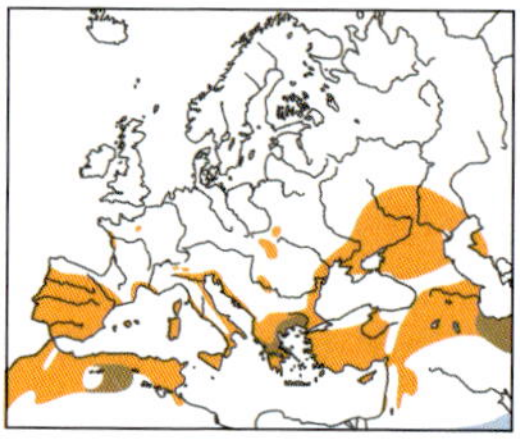

Kleine Lerche mit ungemustert weißer Brust.

Status: Beide Unterarten (*brachydactyla* aus Süd, *longipennis* aus Ost) sind seltene jährliche Gäste.

Kleider: Geschlechter gleich, bei Unterart *brachydactyla* Scheitel oft mehr rotbräunlich. Im Jugendkleid haben die Rückenfedern einen hellen Rand.

Stimme: Gesang aus kurzen Strophen, in wellenartigem Singflug, oft mit langsameren Elementen beginnend.

Ähnliche Arten: Alle heimischen Lerchen mit ähnlich gemusterter Oberseite haben eine gestrichelte Brust, Schnabel etwas kräftiger als bei Feldlerche und stumpfer als bei Stummellerche.

Bergkalanderlerche

Melanocorypha bimaculata (→ 446)

Ausnahmegast

En: Bimaculated Lark
Fr: Alouette monticole
Es: Calandria Bimaculada
It: Calandra asiatica

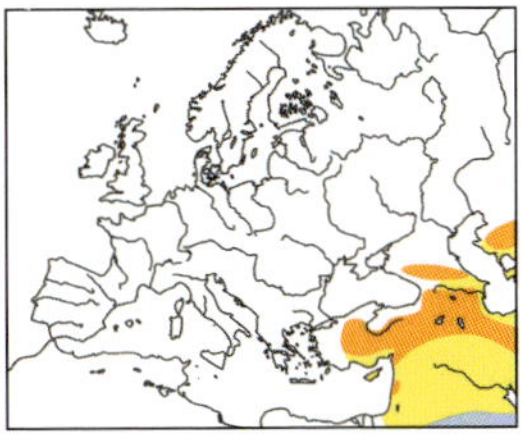

Ähnlich Kalanderlerche, aber mit helleren Unterflügeln und ohne weißen Flügelhinterrand.

Status: Ausnahmegast aus Klein- und Zentralasien.

Kalanderlerche *Melanocorypha calandra* (→ 445)

Ausnahmegast

En: Calandra Lark
Fr: Alouette calandre
Es: Calandria Común
It: Calandra

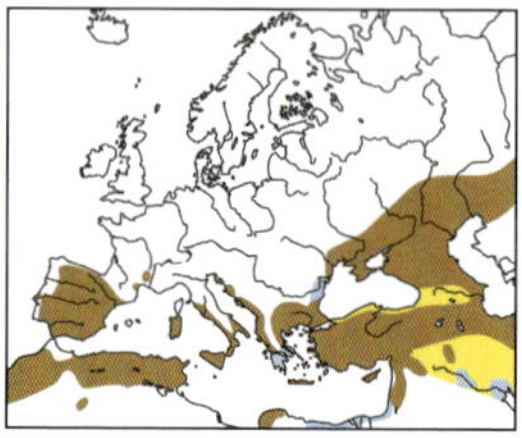

Große Lerche mit kräftigem Schnabel und markantem schwarzem Fleck auf jeder Brustseite.

Status: Ausnahmegast aus Südeuropa und Kleinasien.

Kleider: Geschlechter gleich, Jugendkleid ähnlich Adultkleid.

Stimme: Gesang ähnlich Haubenlerche, aber ohne Strophengliederung und schneller, mit vielen Imitationen.

Ähnliche Arten: Ähnlich Bergkalanderlerche, aber mit deutlichem weißem Flügelhinterrand. Andere mitteleuropäische Lerchen haben weniger kräftige Schnäbel und sind durchweg kleiner.

Schwarzsteppenlerche (Mohrenlerche)

Melanocorypha yeltoniensis (→ 448)

Ausnahmegast

En: Black Lark
Fr: Alouette nègre
Es: Calandria Negra
It: Calandra nera

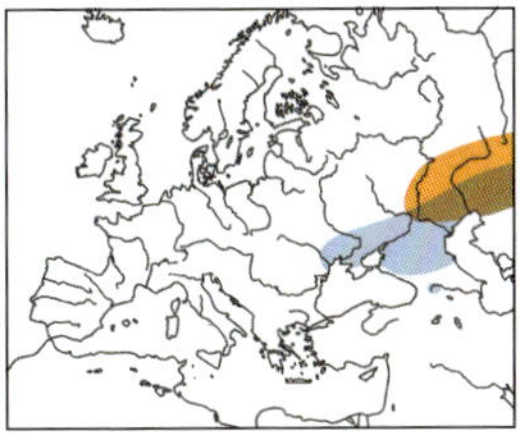

Große Lerche mit kräftigem Schnabel und dunklen Beinen, Männchen im Prachtkleid fast schwarz.

Status: Ausnahmegast aus Zentralasien.

Kleider: Männchen im Adultkleid mit nahezu schwarzem Gefieder, Weibchen braungrau. Jugendkleid ähnlich demjenigen der adulten Weibchen.

Stimme: Gesang erinnert stark an den der Feldlerche.

Ähnliche Arten: Weibliche Kalanderlerche hat helle Beine, Merkmale anderer Lerchen siehe Fotos. Dunkle Männchen erinnern im Flug an einen Star, haben aber einen anders geformten Schnabel.

Stummellerche *Alaudula rufescens* (→ 450)

Ausnahmegast

En: Lesser Short-toed Lark
Fr: Alouette pispolette
Es: Terrera Marismeña
It: Calandrina

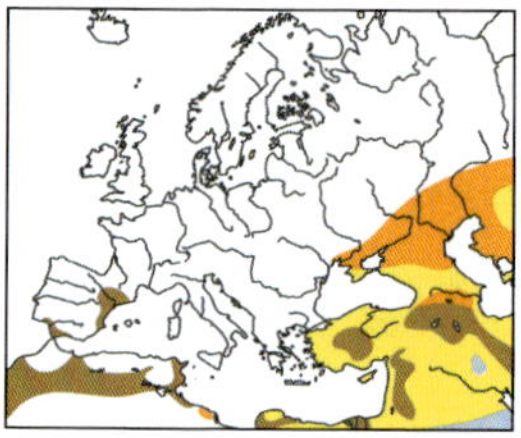

Ähnelt der Kurzzehenlerche, ist aber grauer und gleichmäßiger gestrichelt als diese und hat eine gestrichelte Brust sowie viel kürzere Schirmfedern.

Status: Ausnahmegast von der Iberischen Halbinsel, aus Nordafrika und Kleinasien.

Stimme: Gesang, meist im Singflug vorgetragen, aus quirlend schnell gesungenen Strophen, manchmal mit Ruffolgen untermischt.

Uferschwalbe *Riparia riparia* (→ 439)

J	F	M	A	M	J	J	A	S	O	N	D

En: Sand Martin
Fr: Hirondelle de rivage
Es: Avión Zapador
It: Topino

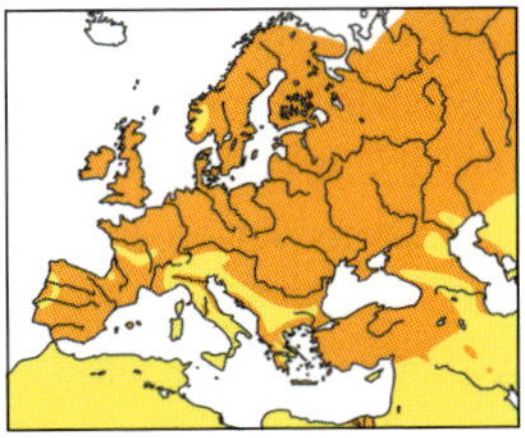

Braune Schwalbe mit weißem Bauch und braunem Brustband.

Status: Regelmäßiger, aber nur lokal häufiger Brutvogel, regelmäßiger Durchzügler.

Kleider: Geschlechter gleich. Im Jugendkleid mit unvollständigem Brustband und oberseits mit Schuppenmuster durch hellbraune Federränder.

Verhaltensweisen: Baut kolonieweise Bruthöhlen in sandigen Abbrüchen in Kies- und Sandgruben oder an Flussufern.

Stimme: Der Ruf klingt reibend „tschrd“ oder „tschr“. Gesangsstrophen bestehen aus solchen rufartigen Elementen.

Ähnliche Arten: Einzige heimische Schwalbe mit braunem Brustband auf weißem Bauch.

Rauchschwalbe *Hirundo rustica* (→ 443)

En: Barn Swallow
Fr: Hirondelle rustique
Es: Golondrina Común
It: Rondine

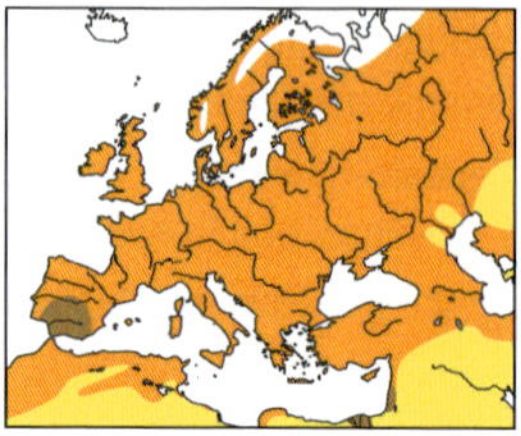

Oberseits durchgehend dunkle Schwalbe mit roter Kehle, schwarzem Brustband und bei Adulten langen Schwanzspießen.

Status: Regelmäßiger Brutvogel und Durchzügler.

Kleider: Geschlechter gleich. Adulte Männchen haben längere Schwanzspieße als adulte Weibchen. Im Jugendkleid Schwanzspieße noch kürzer, Gesichtsfärbung rötlich beige und blaugraue Oberseite nicht glänzend.

Verhaltensweisen: Brütet in Napfnestern meist innerhalb von Gebäuden.

Stimme: Gesang ist ein melodisches, rasches, schwätzendes Zwitschern mit einem langgezogenen Schnurren am Strophenende. Häufigster und kennzeichnender Ruf ist ein zwei- oder mehrsilbiges „wid-wid".

Ähnliche Arten: Rötelschwalbe und Mehlschwalbe haben einen hellen Bürzel.

Felsenschwalbe *Ptyonoprogne rupestris* (→ 442)

Brutvogel an wenigen Orten

En: Eurasian Crag Martin
Fr: Hirondelle de rochers
Es: Avión Roquero
It: Rondine montana

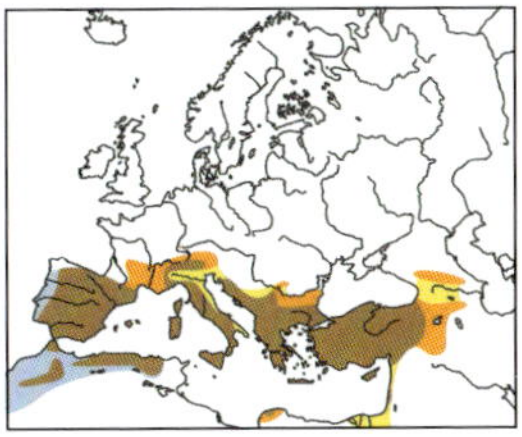

Graubraune Schwalbe mit dunklen Unterflügeldecken und weißen Schwanzpunkten.

Status: Seltener Brutvogel in den Alpen, in der Schweiz und SW-Deutschland zunehmend auch im tieferen Bergland, sonst Ausnahmegast.

Kleider: Geschlechter gleich. Im Jugendkleid oberseits mit Schuppenmuster durch hellbraune Federränder.

Stimme: Flugrufe sehr kurz „pt“ oder „trt“, nur aus der Nähe zu hören.

Ähnliche Arten: Die ähnlich gefärbte Uferschwalbe hat ein dunkelbraunes Brustband und helle Unterflügeldecken.

Mehlschwalbe *Delichon urbicum* (→ 440)

J F M A M J J A S O N D

En: Common House Martin
Fr: Hirondelle de fenêtre
Es: Avión Común
It: Balestruccio

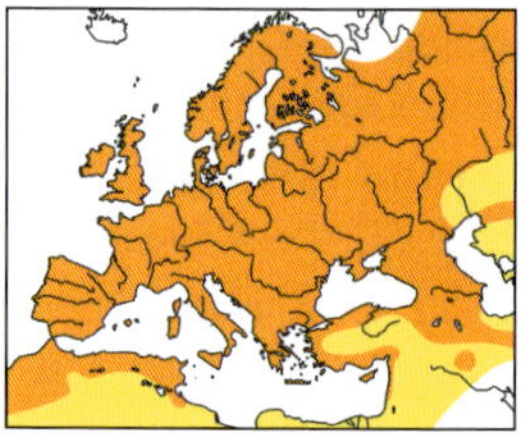

Kleine Schwalbe, oberseits dunkel mit weißem Bürzel, unterseits weiß mit dunklem Schwanz.

Status: Regelmäßiger Brutvogel und Durchzügler.

Kleider: Geschlechter fast gleich, bei adulten Weibchen Kehle z. T. nicht so strahlend weiß wie bei Männchen. Im Jugendkleid Kehle schmutzig weiß gestrichelt und schwarz-bläuliche Oberseite ohne Metallglanz.

Verhaltensweisen: Brütet in kugeligen Nestern mit kleinem Eingang meist außen an Gebäuden.

Stimme: Typisch ist der aus der Ferne weich wie „brüd", aus der Nähe härter wie „prt" oder „pr-pit" klingende Ruf.

Ähnliche Arten: Einzige heimische Schwalbe mit durchgehend dunkler Oberseite und rein weißer Unterseite.

Rötelschwalbe *Cecropis daurica* (→ 441)

seltener Gast

En: Red-rumped Swallow
Fr: Hirondelle rousseline
Es: Golondrina Dáurica
It: Rondine rossiccia

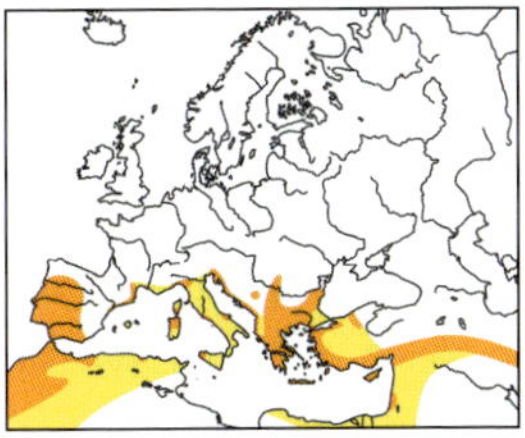

An eine Rauchschwalbe erinnernde Schwalbe mit hellem Bürzel und heller Kehle

Status: Seltener Gast aus dem Mittelmeerraum.

Kleider: Geschlechter fast gleich, ad. Männchen mit etwas längeren Schwanzspießen als ad. Weibchen. Im Jugendkleid Gesichtsmaske nicht rötlich, sondern beigebraun und Rückenfedern ohne Metallglanz, aber mit schmalen weißlichen Säumen.

Stimme: Ruft typisch weich-nasal „wüid" oder „bschüid".

Ähnliche Arten: Von Rauch- und Mehlschwalbe durch hellen Bürzel und helles Nackenband unterscheidbar.

Seidensänger *Cettia cetti* (→ 456)

Brutvogel an wenigen Orten

En: Cetti's Warbler
Fr: Bouscarle de Cetti
Es: Cetia ruiseñor
It: Usignolo di fiume

Mittelgroßer Zweigsänger mit warmbrauner Oberseite und gräulicher Unterseite. Schnabel spitz und recht kurz, Schwanz wird oft gestelzt.

Status: Seltener Brutvogel an sehr wenigen Orten im Westen, aber zunehmend und in Ausbreitung, ansonsten seltener Sommergast.

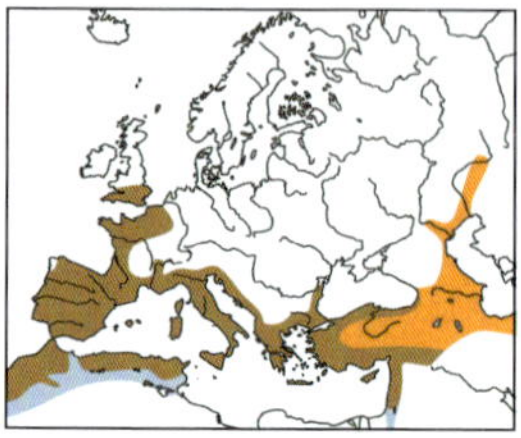

Kleider: Geschlechter gleich, Jugendkleid sehr ähnlich Adultkleid.

Verhaltensweisen: Wechselt meist zwischen den einzelnen Gesangsstrophen den Ort.

Stimme: Typisch ist der plötzlich und sehr laut ausbrechende Strophengesang „zit -- zit-zit-da-zit-da...", bei dem der Sänger in der Regel in dichter Deckung verborgen bleibt.

Ähnliche Arten: Ungestreifte Rohrsänger und Schwirle sehen sehr ähnlich aus, stelzen aber selten den Schwanz und sind unterseits hellbraun bis olive-beige, aber nie gräulich.

J F M A M J J A S O N D

Schwanzmeise *Aegithalos caudatus caudatus* („Weißkopf-Schwanzmeise") und *A. c. europaeus* („Streifenkopf-Schwanzmeise") (→ 454)

En: Long-tailed Tit
Fr: Mésange à longue queue
Es: Mito Común
It: Codibugnolo

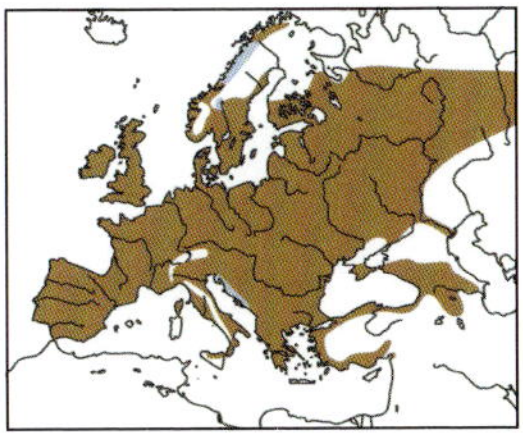

Sehr kleiner Singvogel mit über körperlangem Schwanz und weißem oder schwarz-weiß gestreiftem Kopf.

Status: Unterart *europaeus* regelmäßiger, ganzjährig anwesender Brutvogel, außerdem regelmäßiger Durchzügler und Wintergast, *caudatus* weniger häufiger Wintergast aus Skandinavien und Osteuropa.

Kleider: Geschlechter gleich; im Jugendkleid sind die Bereiche um die Augen herum rußfarben dunkel und die Rosatönung fehlt weitgehend. Unterart *caudatus* mit reinweißem Kopf, *europaeus* (und andere) mit meist deutlichem, manchmal aber auch fast fehlendem, breitem Überaugenstreif.

Stimme: Paare und Gruppen stehen fast ständig über zwei typische Rufe in Kontakt: einerseits bei Alarm ein trocken trillerndes „tserr-tserr...", andererseits ein hohes, oft mehrsilbiges „zi-zi-zi". Im Flug kurzes „pt".

Ähnliche Arten: Unverwechselbar.

adult *A. c. europaeus*

A. c. caudatus adulter Vogel aus dem norwegischem Brutgebiet

adult *A. c. europaeus*

Jugendkleid

Zur Bestimmung von Laubsängern sollte man besonders auf Flügelbinden, Streifen am Kopf und die Farben von Bauch, Beinen und Bürzel achten. Grundsätzlich helfen hier auch Rufe und Gesänge weiter.

Waldlaubsänger *Phylloscopus sibilatrix* (→ 478)

En: Wood Warbler
Fr: Pouillot siffleur
Es: Mosquitero Silbador
It: Luì verde

Mittelgroßer Laubsänger mit schneeweißem Bauch, gelber Kehle und gelbem Überaugenstreif.

Status: Regelmäßiger Brutvogel und Durchzügler, im Süden teilweise flächig fehlend.

Kleider: Geschlechter gleich, Jugendkleid sehr ähnlich Adultkleid.

Stimme: Der Gesang besteht aus einer kurzen Schwirrstrophe „sib-sib-sib-sirrr...“.

Ähnliche Arten: Andere heimische Laubsänger haben nicht die Kombination aus weißem Bauch, gelber Kehle und gelbem Überaugenstreif.

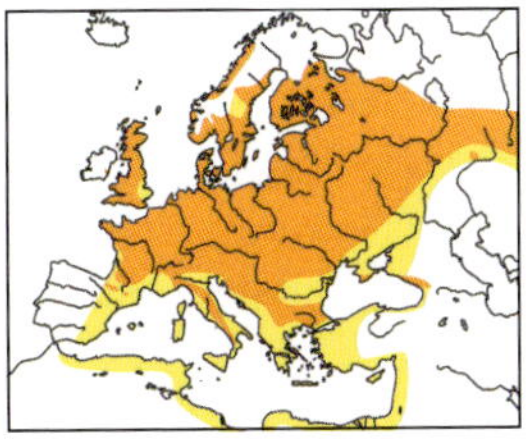

Berglaubsänger *Phylloscopus bonelli* (→ 479)

Brutvogel an wenigen Orten

En: Western Bonelli's Warbler
Fr: Pouillot de Bonelli
Es: Mosquitero Papialbo
It: Luì bianco

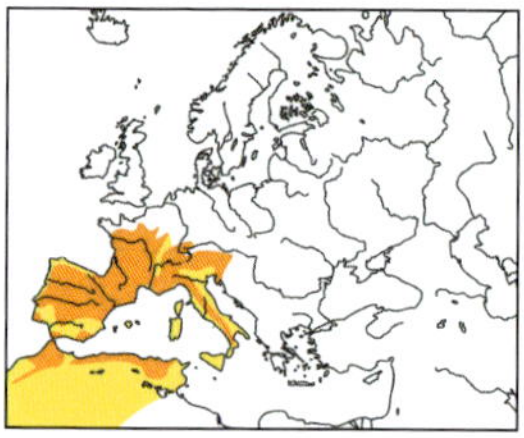

Mittelgroßer Laubsänger mit reinweißem Bauch, braungrauer Oberseite und leuchtend grünem Bürzel.

Status: Seltener, regelmäßiger Brutvogel in Süddeutschland, in den Alpen häufiger, andernorts sehr seltener Gast.

Kleider: Geschlechter gleich, Jugendkleid sehr ähnlich Adultkleid.

Stimme: Der Gesang besteht aus einem variierten, kurzen, schwirrenden Triller, der etwas langsamer als der Endtriller des Waldlaubsängers klingt. Ruf „düije".

Ähnliche Arten: Eine weiße Unterseite haben unter den heimischen Laubsängern auch Waldlaubsänger (der aber mit gelber Kehle) und Balkanlaubsänger (siehe dort).

Balkanlaubsänger *Phylloscopus orientalis* (→ 480)

Ausnahmegast

En: Eastern Bonelli's Warbler
Fr: Pouillot oriental
Es: Mosquitero oriental
It: Luì bianco orientale

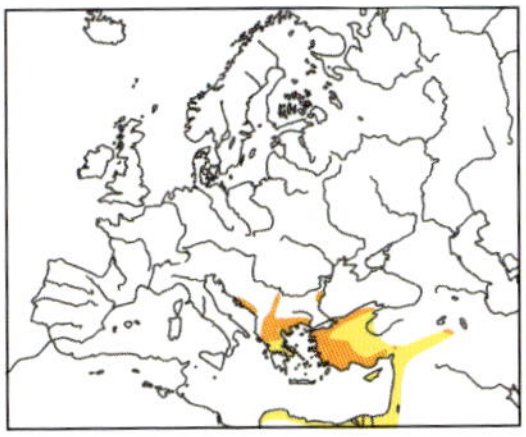

Mittelgroßer, dem Berglaubsänger sehr ähnlicher Laubsänger.

Status: Ausnahmegast vom Balkan oder aus der Türkei.

Kleider: Geschlechter gleich, Jugendkleid sehr ähnlich Adultkleid.

Stimme: Singt eine dem Berglaubsänger ähnliche, aber monotonere und noch kürzere und schnellere Schwirrstrophe. Neben dem Ruf („tjep") zuverlässigstes Unterscheidungsmerkmal zum Berglaubsänger.

Ähnliche Arten: Gegenüber Berglaubsänger geringfügig größer und mit längeren Handschwingen. Oberseits etwas grauer gefärbt, die Achselfedern und Unterflügeldecken aber blasser. Insgesamt nach Gefiedermerkmalen i. d. R. nicht sicher vom Berglaubsänger zu unterscheiden.

Tienschan-Laubsänger

Phylloscopus humei (→ 489)

Ausnahmegast

1

En: Hume's Leaf Warbler
Fr: Pouillot de Hume
Es: Mosquitero de Hume
It: Luì di Hume

Sehr ähnlich Gelbbrauenlaubsänger.

Status: Ausnahmegast aus Zentralasien.

Kleider: Geschlechter gleich, Jugendkleid sehr ähnlich Adultkleid.

Stimme: Ruft weich und meist deutlich herabgezogen zweisilbig „tsilip", auch „ziwüid".

Ähnliche Arten: Zur Unterscheidung von Goldhähnchen- und Gelbbrauen-Laubsänger siehe Fotos.

Gelbbrauen-Laubsänger

Phylloscopus [inornatus] inornatus (→ 488)

J F M A M J J A S O N D

En: Yellow-browed Warbler
Fr: Pouillot à grands sourcils
Es: Mosquitero Bilistado
It: Luì forestiero

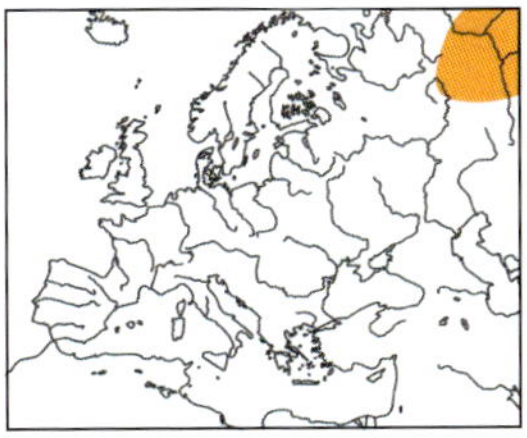

Kleiner Laubsänger mit deutlichem gelbem Überaugenstreif und zwei Flügelbinden.

Status: Seltener Gast aus der Taiga östlich des Urals.

Kleider: Geschlechter gleich, Jugendkleid sehr ähnlich Adultkleid.

Stimme: Ruf hoch, dünn, aber dennoch laut „tsuii“ oder „tsiwiist“.

Ähnliche Arten: Goldhähnchen-Laubsänger hat einen deutlichen Scheitelstreif und einen gelben Bürzel. Tienschan-Laubsänger ist matter und dunkler beige gefärbt.

Goldhähnchen-Laubsänger

Phylloscopus proregulus (→ 487)

seltener Gastvogel

1

En: Pallas's Leaf Warbler
Fr: Pouillot de Pallas
Es: Mosquitero de Pallas
It: Luì di Pallas

Kleiner Laubsänger mit markantem dreistreifigem Kopfmuster, zwei Flügelbinden und gelbem Bürzel.

Status: Sehr seltener, aber an der Küste fast regelmäßiger Gastvogel im Herbst, im Binnenland Ausnahmegast. Brutgebiete in Südsibirien.

Kleider: Geschlechter gleich, Jugendkleid sehr ähnlich Adultkleid.

Stimme: Ruf hoch, fein und etwas nasal zweisilbig „djuii", „siüt" u. a., auch mehr metallisch „tschä-ii" oder „tje-wit".

Ähnliche Arten: Gelbbrauen-Laubsänger hat bestenfalls einen undeutlich angedeuteten Scheitelstreif und keinen gelben Bürzel.

Bartlaubsänger *Phylloscopus schwarzi* (→ 482)

Ausnahmegast

1

En: Radde's Warbler
Fr: Pouillot de Schwarz
Es: Mosquitero de Schwarz
It: Luì di Radde

Großer, überwiegend bräunlicher Laubsänger ohne Gelb oder Grün im Gefieder, aber mit deutlichem, fast weißem Überaugenstreif.

Status: Ausnahmegast aus Mittelsibirien.

Kleider: Geschlechter gleich, Jugendkleid sehr ähnlich Adultkleid.

Stimme: Warme, weiche „bid-bid" oder „wid-wid...", bei Erregung zu schnellen Trillern vereint.

Ähnliche Arten: Zur Unterscheidung vom ähnlich gefärbten Dunkellaubsänger siehe Fotos.

Fitis *Phylloscopus trochilus trochilus* und *P. t. acredula* (→ 483)

J F M A M J J A S O N D

1

En: Willow Warbler
Fr: Pouillot fitis
Es: Mosquitero Musical
It: Luì grosso

Dem Zilpzalp ähnlicher, graugrüner, mittelgroßer Laubsänger mit gelblicher Brust, weißlichem Bauch und hellen Beinen.

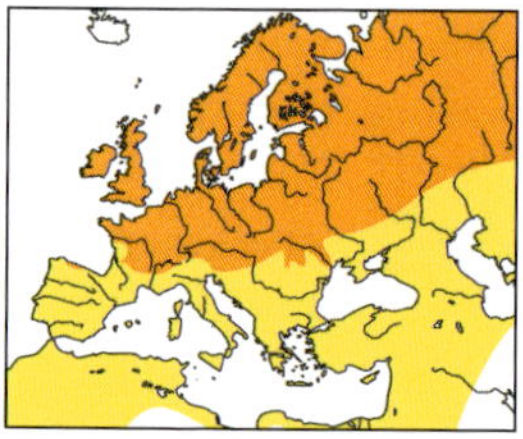

Status: Unterart *trochilus* regelmäßiger Brutvogel, teils mit Verbreitungslücken, und Durchzügler. Unterart *acredula* regelmäßiger Durchzügler (brütet von Skandinavien bis Sibirien).

Kleider: Geschlechter gleich, Jugendkleid sehr ähnlich Adultkleid, aber gesamte Unterseite oft zart gelblich. Nordische Vögel oft wesentlich grauer.

Stimme: Singt eine melodische, weich flötende und melancholisch klingende Strophe „didi dje düe dea dea deida da", die etwas an den Buchfink (ohne dessen Überschlag am Ende) erinnert, aber weicher klingt. Ruf ist ein zweisilbig klingendes „huit" oder „hooid".

Ähnliche Arten: Zur Unterscheidung vom ähnlich gefärbten Zilpzalp siehe Fotos.

Zilpzalp *Phylloscopus collybita collybita, P. c. abietinus* und *P. c. tristis* („Taigazilpzalp“)

(→ 484)

J F M A M J J A S O N D

1

En: Common Chiffchaff
Fr: Pouillot véloce
Es: Mosquitero Común
It: Luì piccolo

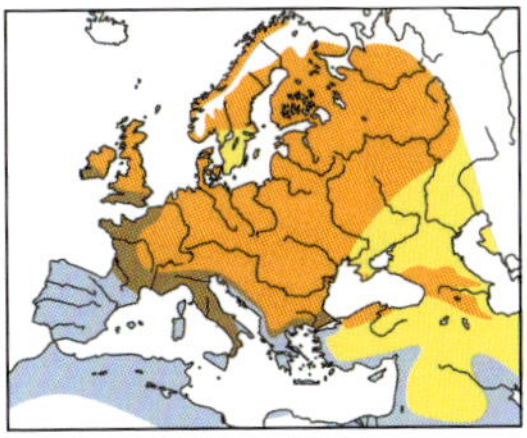

Kleiner, wenig kontrastreich gelblich grauer Laubsänger mit dunklen Beinen.

Status: Unterart *collybita* regelmäßiger Brutvogel und Durchzügler, gelegentlicher Wintergast. Unterart *abietinus* regelmäßiger Durchzügler (brütet von Skandinavien bis zum Ural), *tristis* seltener Gast (brütet vom Ural bis zum Iran und östlich).

Kleider: Geschlechter gleich, Jugendkleid sehr ähnlich Adultkleid.

Verhaltensweisen: Schlägt häufig mit dem Schwanz nach unten.

Stimme: Der namensgebende Gesang klingt wie „zilp-zalp-zilp-zelp ...“, meist mit kleineren Variationen. Der Ruf ist im Gegensatz zum Fitis mehr einsilbig und nasal hochgezogen „hüid“.

Ähnliche Arten: Zur Unterscheidung vom Fitis siehe Fotos.

Dunkellaubsänger *Phylloscopus fuscatus* (→ 481)

seltener Gast

1

En: Dusky Warbler
Fr: Pouillot brun
Es: Mosquitero sombrío
It: Luì scuro

Graubrauner Laubsänger ohne Gelb oder Grün im Gefieder, aber mit deutlichem hellbraunem Überaugenstreif.

Status: Seltener Gast aus Ostasien, der v. a. im Norden auftritt.

Kleider: Geschlechter gleich, Jugendkleid sehr ähnlich Adultkleid.

Stimme: Ruft bei Erregung hart schnalzend „tak“, „dek“ oder ähnlich, eher wie eine Grasmücke.

Ähnliche Arten: Zur Unterscheidung vom ähnlich gefärbten , aber kräftiger gebauten Bartlaubsänger, siehe Fotos.

Iberienzilpzalp *Phylloscopus ibericus* (→ 485)

Ausnahmegast

1

En: Iberian Chiffchaff
Fr: Pouillot ibérique
Es: Mosquitero ibérico
It: Luì piccolo iberico

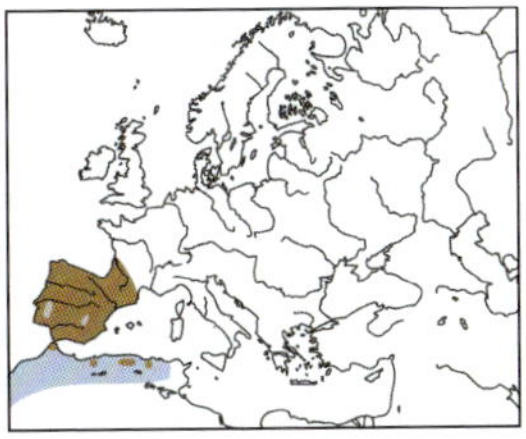

Sehr ähnlich dem Zilpzalp.

Status: Ausnahmegast von der Iberischen Halbinsel.

Kleider: Geschlechter gleich, Jugendkleid sehr ähnlich Adultkleid.

Gesang

Stimme: Singt einen dreiteiligen Gesang „djep djep swüid swüid tettettettet...". Ruf abfallend „ziüp", etwas an Rohrammer erinnernd.

Rufe

Ähnliche Arten: Lebhafter gelb und olivgrün gefärbt als der Zilpzalp und mit längeren Flügeln. Sichere Unterscheidung jedoch nur anhand der Stimme.

Anhand der Gefiedermerkmale nicht vom Zilpzalp zu unterscheiden (man beachte Gesang und Ruf)

Kronenlaubsänger *Phylloscopus coronatus* (→ 494)

Ausnahmegast

1

En: Eastern Crowned Warbler
Fr: Pouillot de Temminck
Es: Mosquitero coronado
It: Luì coronato di Temminck

Ähnlich Wanderlaubsänger, aber schlanker und mit mehr gelbgrüner Oberseite.

Status: Ausnahmegast aus dem östlichen Sibirien.

Wacholderlaubsänger *Phylloscopus nitidus* (→ 492)

Ausnahmegast

1

En: Green Warbler
Fr: Pouillot du Caucase
Es: Mosquitero del Cáucaso
It: Luì nitido

Ähnlich Grünlaubsänger, aber größer und mit kräftigerem Schnabel.

Status: Ausnahmegast aus dem Nahen Osten.

Middendorff-Laubsänger

Phylloscopus plumbeitarsus (→ 493)

Ausnahmegast

1

En: Two-barred Warbler
Fr: Pouillot à deux barres
Es: Mosquitero patigrís
It: Luì verdastro barrato

Mittelgroßer Laubsänger mit zwei deutlichen Flügelbinden und recht einfarbig grüner Oberseite. Nächstverwandt mit dem Grünlaubsänger.

Status: Ausnahmegast aus der Taiga Mittel- und Ostsibiriens.

Stimme: Gesang ähnlich Grünlaubsänger, Strophen länger, häufig mit rufartigen Elementserien ("tsrl-tsrl...") verbunden.

Grünlaubsänger *Phylloscopus trochiloides* (→ 491)

J F M A M J J A S O N D

En: Greenish Warbler
Fr: Pouillot verdâtre
Es: Mosquitero verdoso
It: Luì verdastro

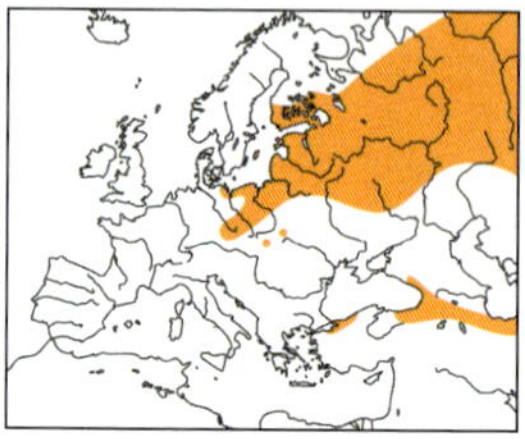

Dem Wanderlaubsänger ähnlicher, graugrüner, eher kleiner Laubsänger mit einer dünnen Flügelbinde (manchmal eine zweite angedeutet).

Status: Seltener Brutvogel im Osten, auch andernorts seltener Gast.

Kleider: Geschlechter gleich, Jugendkleid sehr ähnlich Adultkleid.

Stimme: Der Gesang ist aus weicheren, tonalen und trillernden Strophen zusammengesetzt und wird meist schnell und etwas stolpernd vorgetragen. Ruft „wizip“, „zlilip“ oder ähnlich.

Ähnliche Arten: Siehe auch Wanderlaubsänger.

Wanderlaubsänger

Phylloscopus borealis (→ 490)

Ausnahmegast

En: Arctic Warbler
Fr: Pouillot boréal
Es: Mosquitero boreal
It: Luì boreale

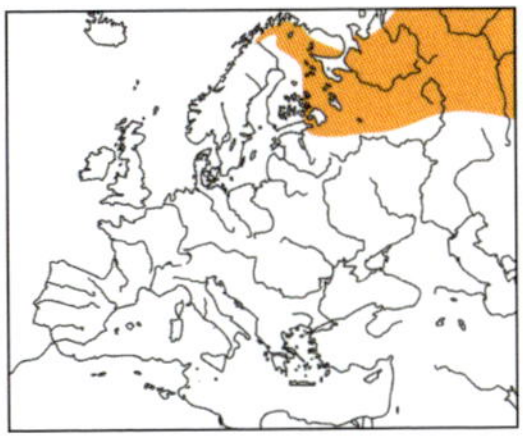

Mittelgroßer Laubsänger mit graugrüner Oberseite, grauweißer Unterseite, einem dünnen, aber langen Überaugenstreif und zwei dünnen Flügelbinden.

Status: Ausnahmegast aus Nordnorwegen, Finnland oder Taigagebieten östlich davon.

Kleider: Geschlechter gleich, Jugendkleid sehr ähnlich Adultkleid.

Stimme: Gesangsstrophen monoton klappernd, erinnern an Klappergrasmücke und Zaunammer. Erregungsruf eher hart „zrik“ oder „tset“, gelegentlich mehrsilbig „zirik“.

Ähnliche Arten: Deutlich längere Flügel als der ansonsten ähnliche Grünlaubsänger, der außerdem einen breiteren Überaugenstreif und meist nur eine dünne Flügelbinde hat.

Die meisten Schwirle, Rohrsänger und Spötter sind bräunlich gefärbt. Neben Größe und Proportionen stellen Streifen am Kopf und Strichel an Brust, Bauch und Flanken besonders wichtige Bestimmunsmerkmale dar. Schwirle fallen durch besondere Schwanzform auf. Einige Arten lassen sich nur in der Hand oder durch den Gesang sicher bestimmen.

Drosselrohrsänger S. 459

Mariskenrohrsänger S. 460

Seggenrohrsänger S. 461

Schilfrohrsänger S. 462

Teichrohrsänger S. 465

Sumpfrohrsänger S. 466

Orpheusspötter S. 470

Gelbspötter S. 471

Feldschwirl S. 474

Schlagschwirl S. 475

Rohrschwirl S. 476

Drosselrohrsänger

Acrocephalus arundinaceus (→ 475)

En: Great Reed Warbler
Fr: Rousserolle turdoïde
Es: Carricero Tordal
It: Cannareccione

Größter europäischer Rohrsänger mit großem, kräftigem Schnabel.

Status: Regelmäßiger, aber seltener Brutvogel, im Westen deutlich seltener oder fehlend. Regelmäßiger Durchzügler.

Kleider: Geschlechter gleich, Jugendkleid sehr ähnlich Adultkleid, im 1. Winter dunkle Schwungfedern mit hellen Säumen.

Stimme: Im laut vorgetragenen Strophengesang finden sich immer wieder die für die Art typischen Elemente „karre-karre-kiet-kiet“.

Ähnliche Arten: Andere ungestreifte Rohrsängerarten sind alle deutlich kleiner.

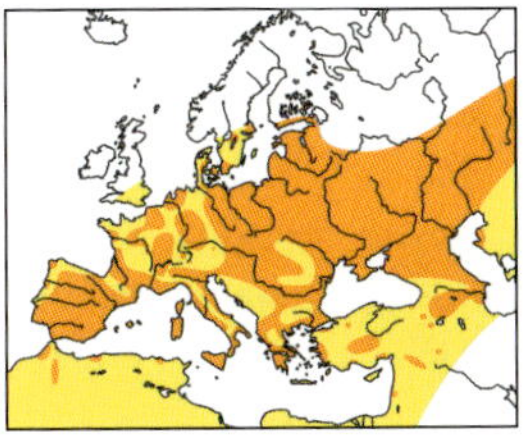

Mariskenrohrsänger

Acrocephalus melanopogon (→ 466 B)

Brutvogel an wenigen Orten

En: Moustached Warbler
Fr: Lusciniole à moustaches
Es: Carricerín real
It: Forapaglie castagnolo

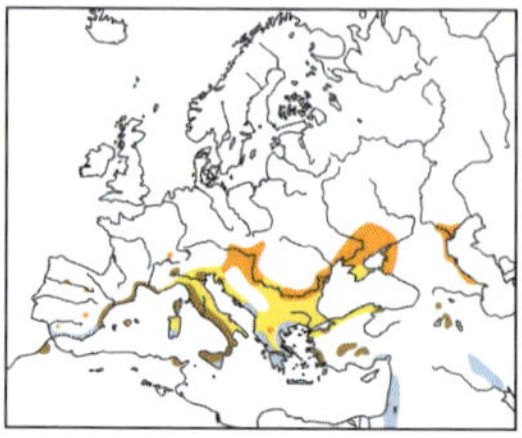

Gestreifter, etwas rotstichiger Rohrsänger mit sehr deutlichem weißem Überaugenstreif und dunkler Kappe.

Status: Regelmäßiger Brutvogel in der pannonischen Tiefebene, andernorts im Süden seltener Gast.

Kleider: Geschlechter gleich, Jugendkleid sehr ähnlich Adultkleid.

Stimme: Gesang ähnlich Teich- und Sumpfrohrsänger, aber häufig mit relativ tiefen reinen Flötentönen eingeleitet. Singt schon ab März.

Ähnliche Arten: Der Schilfrohrsänger ist mehr gelbstichig, hat einen gelblichen Überaugenstreif und eine hell ockerfarbene Kehle. Der Seggenrohrsänger hat einen deutlichen hellen Scheitelstreif.

J F M A M J J A S O N D

Seggenrohrsänger

Acrocephalus paludicola (→ 469)

En: Aquatic Warbler
Fr: Phragmite aquatique
Es: Carricerín cejudo
It: Pagliarolo

Oberseits stark gestreifter, kleiner Rohrsänger.

Status: Regelmäßiger Brutvogel vor allem in Nordostpolen und Weißrussland, andernorts an wenigen Stellen seltener Brutvogel, regelmäßiger Durchzügler.

Kleider: Geschlechter gleich, im 1. Winter Flanken noch nicht dunkel gestrichelt.

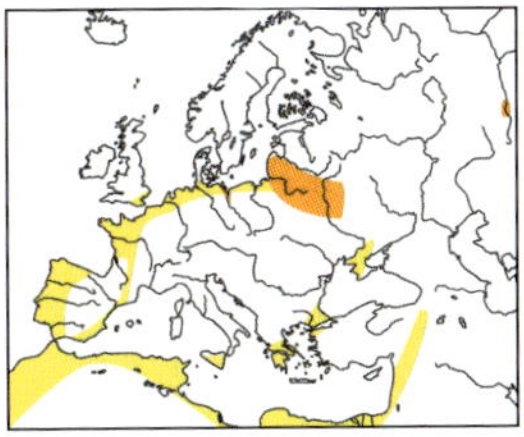

Stimme: Kurze variable Strophen mit einleitendem Rattern und anschließenden tonalen Folgen wie „trtrtr-jü-jü…" oder „trrr-jipjip-dü-dü…".

Ähnliche Arten: Siehe Schilf- und Mariskenrohrsänger.

Schilfrohrsänger

Acrocephalus schoenobaenus (→ 470)

En: Sedge Warbler
Fr: Phragmite des joncs
Es: Carricerín Común
It: Forapaglie comune

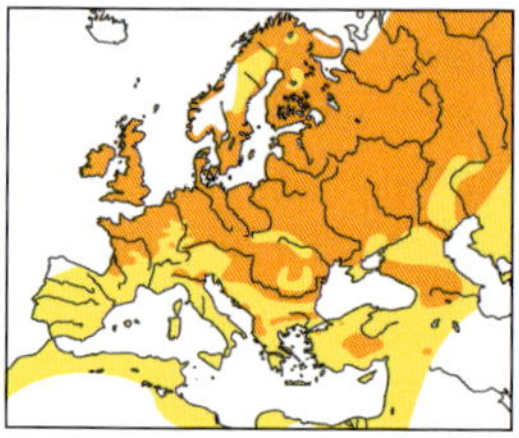

Mittelgroßer, beigefarbener Rohrsänger mit deutlichem, hellem Überaugenstreif und diffusem Scheitelstreif.

Status: Regelmäßiger, teils aber lückig verbreiteter Brutvogel und regelmäßiger Durchzügler.

Kleider: Geschlechter gleich, im Jugendkleid dünne Strichelung an der Brust.

Stimme: Eilig schwätzender, metallisch harter Gesang aus langen Strophen mit vielen „trrr-trrr"-Elementen, auch Imitationen.

Ähnliche Arten: Mariskenrohrsänger hat reinweißen Überaugenstreif und weiße Kehle und ist etwas rötlicher, Seggenrohrsänger hat deutlichen hellen Scheitelstreif.

Feldrohrsänger *Acrocephalus agricola* (→ 471)

seltener Gast

En: Paddyfield Warbler
Fr: Rousserolle isabelle
Es: Carricero agrícola
It: Cannaiola di Jerdon

Rohrsänger mit rotbraunem Bürzel ähnlich Teichrohrsänger, aber mit langem und deutlichem, hellem Überaugenstreif.

Status: Seltener Gast vom Schwarzen Meer oder östlich davon.

Kleider: Geschlechter gleich, Jugendkleid sehr ähnlich Adultkleid, aber weniger kontrastreich.

Stimme: Gesang von Warte im Schilf aus vorgetragen, aus variablen Strophen, mit Motivwiederholungen und vielen guten Imitationen.

Ähnliche Arten: Auch der Buschrohrsänger hat einen deutlichen, bis hinter das Auge reichenden Überaugenstreif, aber deutlich längere Handschwingen. Wegen anderer ungestreifter Rohrsänger siehe Fotos.

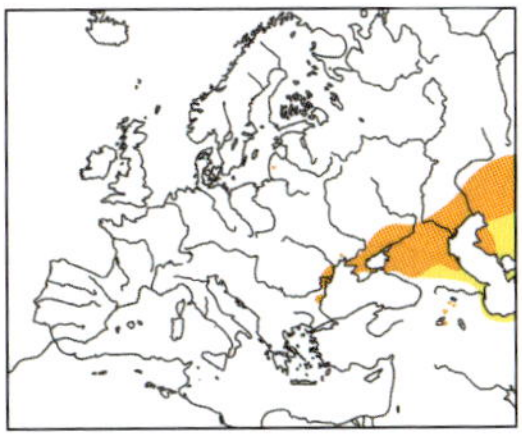

Buschrohrsänger

Acrocephalus dumetorum (→ 473)

Ausnahmegast

En: Blyth's Reed Warbler
Fr: Rousserolle des buissons
Es: Carricero de Blyth
It: Cannaiola di Blyth

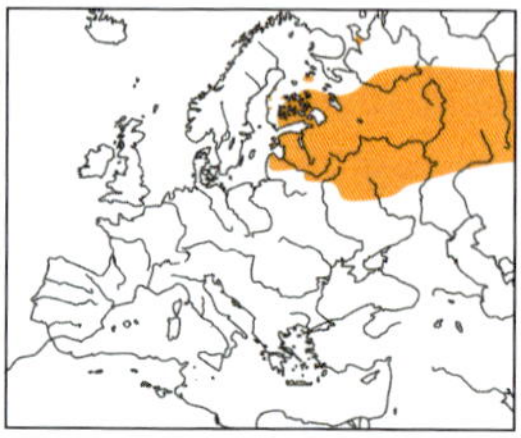

Typischer ungestreifter Rohrsänger mit relativ dunklen Beinen.

Status: Ausnahmegast aus Südfinnland, dem östlichen Baltikum oder östlich davon.

Kleider: Geschlechter gleich, Jugendkleid sehr ähnlich Adultkleid.

Verhaltensweisen: Sucht Singwarten in Laubbäumen auf.

Stimme: Singt oft auch außerhalb des Brutgebietes. Gesang laut, variabel und langsamer als beim Sumpfrohrsänger. Immer wieder tonleiterartige Elementfolgen und andere Motivwiederholungen eingebaut.

Ähnliche Arten: Sehr schwer von anderen ungestreiften Rohrsängern unterscheidbar. Am besten am Gesang.

Teichrohrsänger

Acrocephalus scirpaceus (→ 472)

En: Eurasian Reed Warbler
Fr: Rousserolle effarvatte
Es: Carricero Común
It: Cannaiola

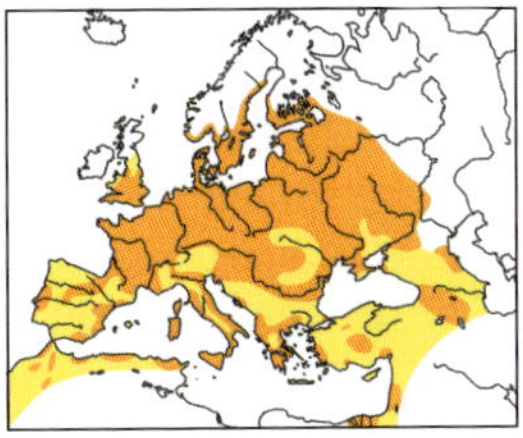

Typischer ungestreifter Rohrsänger mit rotbraunem Bürzel.

Status: Regelmäßiger Brutvogel und Durchzügler.

Kleider: Geschlechter gleich, Jugendkleid sehr ähnlich Adultkleid.

Verhaltensweisen: Bewegt sich fast nur an senkrechten Schilfhalmen. Zur Brutzeit ortsfest in sehr kleinen Territorien. Zur Zugzeit manchmal in atypischen Lebensräumen wie Gebüsch und Gärten.

Stimme: Gesang wird in schwätzender Weise fast kontinuierlich vorgetragen und ist rhythmisch, nicht zu schnell, einige Elemente kratzend, aber nicht so hart wie beim Drosselrohrsänger.

Ähnliche Arten: Unterscheidung vom Sumpfrohrsänger ohne Gesang oft nur in der Hand möglich. Siehe auch Sumpfrohrsänger.

Sumpfrohrsänger

Acrocephalus palustris (→ 474)

J F M A M J J A S O N D

En: Marsh Warbler
Fr: Rousserolle verderolle
Es: Carricero Políglota
It: Cannaiola verdognola

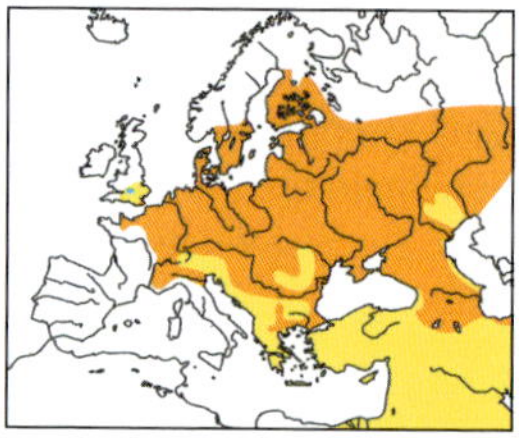

Dem Teichrohrsänger sehr ähnlicher Rohrsänger.

Status: Regelmäßiger Brutvogel und Durchzügler.

Kleider: Geschlechter gleich, Jugendkleid sehr ähnlich Adultkleid.

Verhaltensweisen: Oft in staudenreicheren Lebensräumen anzutreffen als der Teichrohrsänger.

Stimme: Sehr vielfältiger, kontinuierlich schwätzend vorgetragener Gesang, vornehmlich aus zahlreichen Imitationen anderer, z. T. auch afrikanischer Arten.

Ähnliche Arten: Siehe Teichrohrsänger. Sumpfrohrsänger ist etwas langflügeliger, hat einen etwas kürzeren Schnabel, ist mehr grünlich olivfarben und weniger braun.

Buschspötter *Iduna caligata* (→ 466)

Ausnahmegast

En: Booted Warbler
Fr: Hypolaïs bottée
Es: Zarcero Escita
It: Canapino asiatico

Kleiner Spötter, der an einen graubraunen Laubsänger erinnert.

Status: Ausnahmegast aus Zentralrussland oder östlich davon.

Kleider: Geschlechter gleich, Jugendkleid sehr ähnlich Adultkleid.

Stimme: Sprudelnd rascher Gesang in Strophenaufbau und mit abruptem Abbruch, meist von niedriger Singwarte aus. Ruf grasmückenartig „tek" oder „tschett".

Ähnliche Arten: Kleiner als andere Spötter, von diesen und den ungestreiften Rohrsängern durch auffallend helle Schwanzaußenkanten und durch braunrosa Beine mit dunklen Zehen zu unterscheiden.

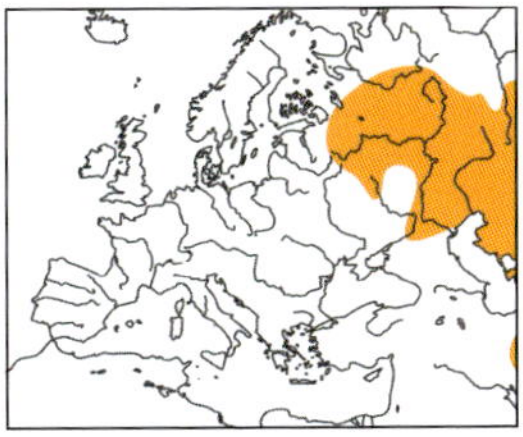

Steppenspötter *Iduna rama* (→ 466 A)

Ausnahmegast

En: Sykes's Warbler
Fr: Hypolaïs rama
Es: Zarcero de Sykes
It: Canapino di Sykes

Sehr ähnlich Blassspötter.

Status: Ausnahmegast aus dem nordöstlichen Arabien bis Turkestan und China.

Blassspötter *Iduna pallida* (→ 465)

Ausnahmegast

En: Eastern Olivaceous Warbler
Fr: Hypolaïs pâle
Es: Zarcero pálido
It: Canapino pallido orientale

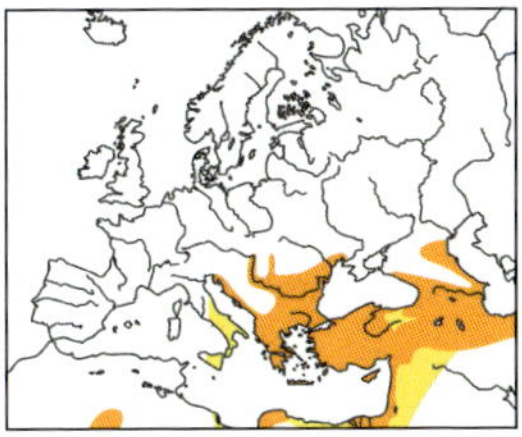

Erinnert im Aussehen an einen blassen Teichrohrsänger mit sehr heller Unterseite.

Status: Ausnahmegast aus Südosteuropa und Nordafrika.

Kleider: Geschlechter gleich, Jugendkleid sehr ähnlich Adultkleid.

Verhaltensweisen: Schlägt fast regelmäßig den Schwanz abwärts (im Gegensatz zu einfarbigen Rohrsängern).

Stimme: Kontinuierlicher, hart und kehlig schwätzender Gesang aus zyklisch wiederholten und kompliziert zusammengesetzten Motiven.

Ähnliche Arten: Teichrohrsänger hat einen rostgelblichen Bürzel und hat auch unterseits mehr Ockerstich. Wegen Verwechslung mit anderen ungestreiften Rohrsängern siehe Fotos.

Orpheusspötter *Hippolais polyglotta* (→ 464)

Brutvogel an wenigen Orten

En: Melodious Warbler
Fr: Hypolaïs polyglotte
Es: Zarcero Políglota
It: Canapino comune

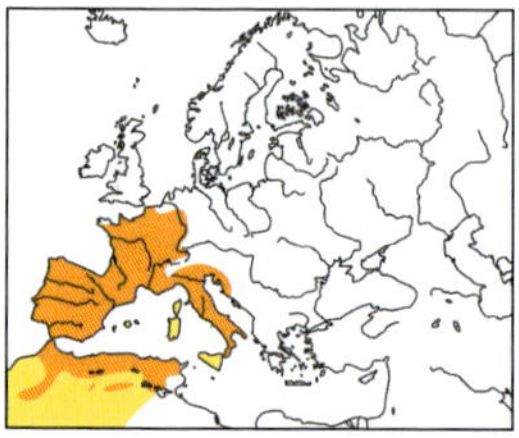

An eine Grasmücke oder einen Rohrsänger erinnernder Kleinvogel mit hellgelber Unterseite und bräunlichen Beinen.

Status: Nur lokal regelmäßiger Brutvogel und regelmäßiger Gast im Westen, breitet sich nach Nord und Ost aus, bereits regelmäßiger Gast auch weiter östlich.

Kleider: Geschlechter gleich, Jugendkleid sehr ähnlich Adultkleid, aber etwas blasser.

Verhaltensweisen: Zuckt mit Schwanz, schlägt ihn aber nicht abwärts wie Blassspötter.

Stimme: Kontinuierlich schwätzender, teils recht schneller Gesang, typischerweise mit langen Elementwiederholungen „trü-wäd trü-wäd…“. Ruft bei Störung metallisches „tak“ oder „tschek“.

Ähnliche Arten: Siehe Gelbspötter.

Gelbspötter *Hippolais icterina* (→ 463)

J F M A M J J A S O N D

En: Icterine Warbler
Fr: Hypolaïs ictérine
Es: Zarcero Icterino
It: Canapino maggiore

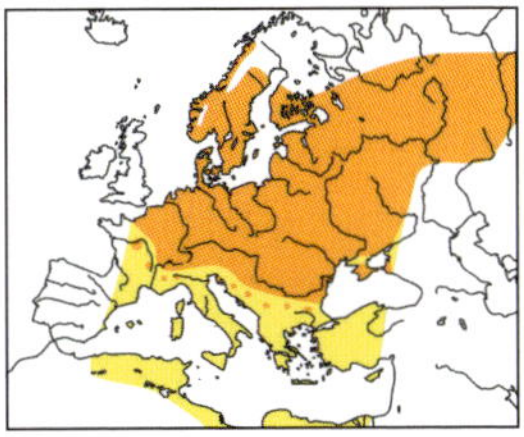

An eine Grasmücke oder einen Rohrsänger erinnernder Kleinvogel mit hellgelber Unterseite und graubläulichen Beinen.

Status: Regelmäßiger Brutvogel und Durchzügler, im Südwesten regional mit Verbreitungslücken.

Kleider: Geschlechter gleich, Jugendkleid sehr ähnlich Adultkleid, aber etwas blasser.

Stimme: Singt fortlaufend, laut und mit Einstreuung zahlreicher Imitationen. Typisch sind wiederkehrende Elemente wie „Schmitt-Schmitt-Schmitt" und ein bussardähnliches „hiäh". Ruft „tetetet", „hui" oder oft kombiniert „tetethui".

Ähnliche Arten: Sehr ähnlich Orpheusspötter, der aber meist ein undeutlicheres helles Flügelfeld, eher bräunliche Beine und kürzere Handschwingen (im Vergleich zu den Armschwingen abschätzbar) hat.

Streifenschwirl *Helopsaltes certhiola* (→ 459)

Ausnahmegast

En: Pallas's Grasshopper Warbler
Fr: Locustelle de Pallas
Es: Buscarla de Pallas
It: Locustella di Pallas

Kleiner Schwirl, der an eine Mischung aus Feldschwirl und Schilfrohrsänger erinnert.

Status: Ausnahmegast aus Zentral- und Ostasien.

Strichelschwirl *Locustella lanceolata* (→ 460)

Ausnahmegast

En: Lanceolated Warbler
Fr: Locustelle lancéolée
Es: Buscarla lanceolada
It: Locustella lanceolata

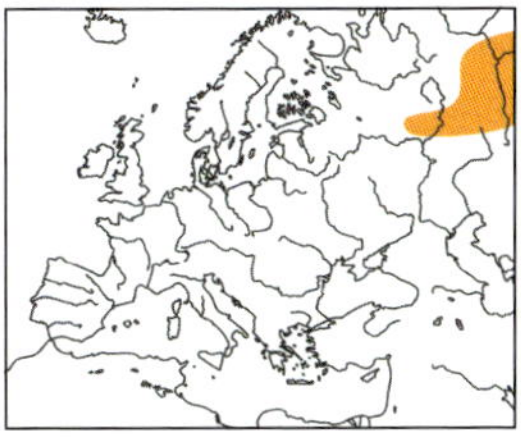

Kleiner, ober- und meist auch unterseits stark braun gestrichelter Schwirl mit kurzem Schwanz.

Status: Ausnahmegast aus Nordosteuropa oder der nordasiatischen Taiga.

Kleider: Geschlechter gleich, Jugendkleid sehr ähnlich Adultkleid, aber weniger kontrastreich und mit unscharfer Strichelung auf Bauch und Brust.

Stimme: Gesang in bodennaher Deckung, kontinuierlich schwirrend wie Feldschwirl.

Ähnliche Arten: Gestreifte Rohrsänger- und Schwirlarten sehen ähnlich aus, Erkennungsmerkmale siehe Fotos.

Feldschwirl *Locustella naevia* (→ 461)

J F M A M J J A S O N D

1

En: Common Grasshopper Warbler
Fr: Locustelle tachetée
Es: Buscarla Pintoja
It: Forapaglie macchiettato

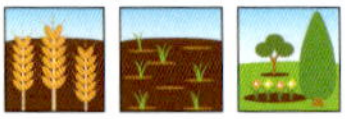

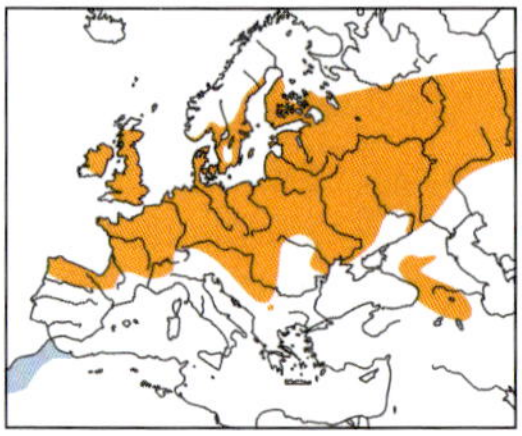

Kleiner olivbrauner Schwirl mit deutlicher Fleckung auf der Oberseite und relativ langem, stufig gerundetem Schwanz.

Status: Regelmäßiger Brutvogel und Durchzügler.

Kleider: Geschlechter gleich, Jugendkleid sehr ähnlich Adultkleid.

Stimme: Der Gesang ist ein lange anhaltendes monotones Schwirren, etwas höher und mit klarer getrennten Einzeltönen als beim Rohrschwirl.

Ähnliche Arten: Gestreifte Rohrsänger- und Schwirlarten sehen ähnlich aus, Erkennungsmerkmale siehe Fotos.

Schlagschwirl *Locustella fluviatilis* (→ 457)

J F M A M J J A S O N D

En: River Warbler
Fr: Locustelle fluviatile
Es: Buscarla fluvial
It: Locustella fluviatile

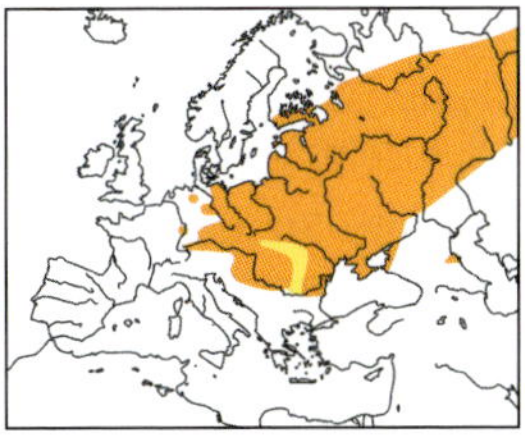

Relativ großer, dunkel graubrauner Schwirl mit breitem, rundlichem Schwanz. Die dunklen Unterschwanzdecken tragen weißliche Spitzenflecke.

Status: Regelmäßiger, meist aber seltener Brutvogel und regelmäßiger Durchzügler im Osten, seltener Brutvogel und Gast im Westen.

Kleider: Geschlechter gleich, Jugendkleid sehr ähnlich Adultkleid.

Stimme: Im Gegensatz zu Feld- und Rohrschwirl ist der Schwirrgesang des Schlagschwirls rhythmisiert: „dze-dze-dze-dze...".

Ähnliche Arten: Ungestreifte Rohrsänger und Schwirle sehen sehr ähnlich aus, Erkennungsmerkmale siehe Fotos.

Rohrschwirl *Locustella luscinioides* (→ 458)

J F M **A M J J A S** O N D

En: Savi's Warbler
Fr: Locustelle luscinioïde
Es: Buscarla Unicolor
It: Salciaiola

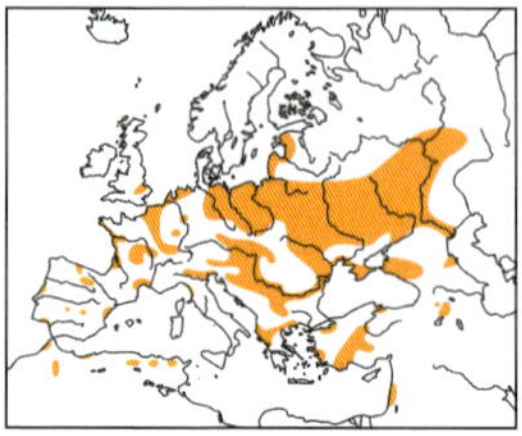

Spatzengroßer, einfarbig rotbrauner Schwirl mit typischem, breitem, keilförmigem Schwanz und langen, fast ungemusterten Unterschwanzdecken.

Status: Regelmäßiger, aber seltener Brutvogel in großen Schilfbeständen, im Osten häufiger. Regelmäßiger Durchzügler.

Kleider: Geschlechter gleich, Jugendkleid sehr ähnlich Adultkleid.

Stimme: Der Gesang ist ein lange anhaltendes monotones Schwirren, das tiefer als beim Feldschwirl klingt und bei dem die Einzeltöne mehr verschwimmen. Klingt eher trillernd als schwirrend. Senkrechte Sitzhaltung.

Ähnliche Arten: Ungestreifte Rohrsänger und Schwirle sehen sehr ähnlich aus, Erkennungsmerkmale siehe Fotos.

Zistensänger *Cisticola juncidis* (→ 455)

En: Zitting Cisticola
Fr: Cisticole des joncs
Es: Cistícola Buitrón
It: Beccamoschino

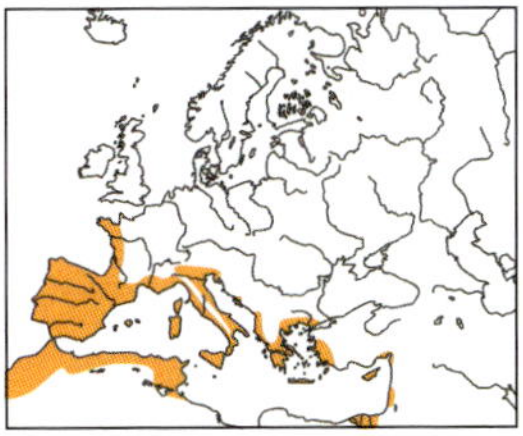

Kleiner, dunkel gestrichelter, brauner, kurzschwänziger Vogel, der an einen Rohrsänger erinnert.

Status: Seltener Brutvogel an der südlichen Nordseeküste. Sonst sehr seltener Gastvogel.

Kleider: Im Prachtkleid Männchen mit dunkelbraun und schwarz gestreiftem Scheitel und schwarzem Schnabel, Weibchen mit hell ocker und schwarz gestreiftem Scheitel und gelblichem Schnabel. Schlichtkleid und Jugendkleid ähnlich Weibchen.

Stimme: Der Gesang besteht aus einem monotonen, scharfen und hohen „zip - zip - zip - zip ...“, das meistens im hohen anhaltenden Singflug geäußert wird.

Ähnliche Arten: Gestreifte Rohrsängerarten sehen ähnlich aus, haben aber nie den für den Zistensänger typischen Singflug und keine weiße Schwanzbinde.

Mönchsgrasmücke

Sylvia atricapilla (→ 496)

J F M A M J J A S O N D

En: Eurasian Blackcap
Fr: Fauvette à tête noire
Es: Curruca Capirotada
It: Capinera

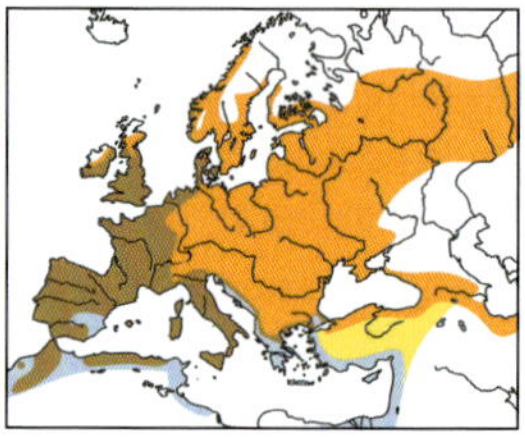

Vorwiegend graue, große Grasmücke mit schwarzer oder brauner Kopfplatte.

Status: Regelmäßiger Brutvogel und Durchzügler, seltener Wintergast. Nimmt an Häufigkeit zu.

Kleider: Im Adultkleid Männchen mit schwarzer, Weibchen mit brauner Kappe. Jugendkleid sehr ähnlich demjenigen des adulten Weibchens.

Stimme: Der Gesang besteht aus einem schwätzenden Vorgesang (z. T. mit Imitationen) und einem lauten, flötend vorgetragenen Hauptteil. Häufigster Ruf ist ein hartes „teck - teck…“.

Ähnliche Arten: Sumpf- und Weidenmeise sind am Kopf etwas ähnlich gefärbt, wie Männchen haben aber schwarzen Kinnfleck. Andere Grasmücken haben keine dunkle Kappe (allenfalls dunkle Hauben oder Masken).

Gartengrasmücke *Sylvia borin* (→ 497)

J	F	M	A	M	J	J	A	S	O	N	D

En: Garden Warbler
Fr: Fauvette des jardins
Es: Curruca Mosquitera
It: Beccafico

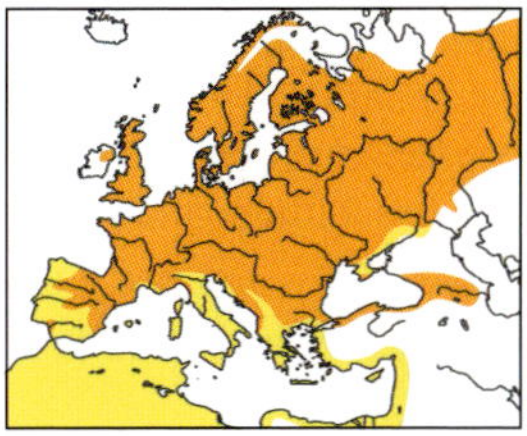

Große, einheitlich braungraue Grasmücke ohne jede markante Zeichnung.

Status: Regelmäßiger Brutvogel und Durchzügler.

Kleider: Geschlechter gleich, Jugendkleid sehr ähnlich Adultkleid.

Stimme: Der Gesang besteht aus langen, durchgehend schwätzend vorgetragenen Strophen ohne auffälliges Hauptmotiv und (vgl. Mönchsgrasmücke) ohne Flötentöne. Ein typischer Ruf ist das meist bei Beunruhigung geäußerte „wet - wet - wet ...“.

Ähnliche Arten: Kann mit anderen, wenig gezeichneten Arten (z. B. Rohrsängern) verwechselt werden, ist aber kräftiger und größer als diese und hat einen kräftigeren Schnabel.

Sperbergrasmücke *Sylvia nisoria* (→ 498)

J F M A M J J A S O N D

En: Barred Warbler
Fr: Fauvette épervière
Es: Curruca gavilana
It: Bigia padovana

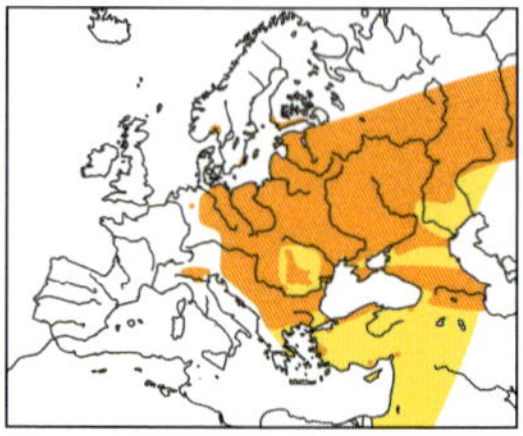

Größte heimische Grasmücke, in allen Kleidern wenigstens auf einem Teil der Unterseite mit Wellenmuster oder welliger Bänderung (Sperberung).

Status: Regelmäßiger Brutvogel und Durchzügler im Osten, andernorts seltener Gast.

Kleider: Männchen im Adultkleid unterseits deutlich grau-weiß gebändert und mit gelber Iris, ad. Weibchen viel schwächer gebändert und mit dunkel grüngelber Iris. Im Jugendkleid Kehle und Brust ungebändert und Grundfarbe mehr braungrau, Iris dunkel.

Stimme: Singt ähnlich Gartengrasmücke, aber hastiger, kürzer und härter mit eingestreuten Flötentönen. Am Anfang oder Ende taucht oft der typische Ruf „örrr“ oder „trrr“ auf, der bei Beunruhigung auch einzeln geäußert wird.

Ähnliche Arten: Kaum verwechselbar, Gartengrasmücke ist etwas kleiner und vor allem ohne jede Sperberung.

Klappergrasmücke *Sylvia curruca curruca* und *S. c. blythi* („Östliche Klappergrasmücke") (→ 502)

J F M A M J J A S O N D

1

En: Lesser Whitethroat
Fr: Fauvette babillarde
Es: Curruca Zarcerilla
It: Bigiarella

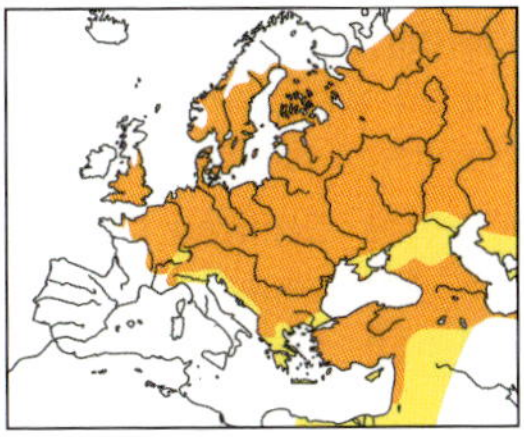

Kleine braungraue Grasmücke mit grauem Kopf und weißer Kehle.

Status: Unterart *curruca* regelmäßiger Brutvogel und Durchzügler, Unterart *blythi* seltener Gast (brütet von Ost-Sibirien bis zum Altai).

Kleider: Geschlechter gleich, Jugendkleid sehr ähnlich Adultkleid.

Stimme: Der Gesang besteht aus einem leise schwätzenden Vorgesang und dem namensgebenden Klappern, das wie ein sehr rasches „tlütlü-tlütlü..." klingt. Häufigster Ruf ist ein „tak", wie es bei vielen Grasmücken vorkommt, allerdings unregelmäßiger gereiht als bei der Mönchsgrasmücke.

Ähnliche Arten: Wegen Unterscheidung von anderen dunkelköpfigen Grasmücken siehe Fotos.

Orpheusgrasmücke *Sylvia hortensis* (→ 499)

Ausnahmegast

En: Western Orphean Warbler
Fr: Fauvette orphée
Es: Curruca mirlona occidental
It: Bigia grossa

Kräftig gebaute Grasmücke mit dunkelgrauem Kopf und grauschwarzen Ohrdecken, relativ langem Schwanz und auffällig heller Iris.

Status: Ausnahmegast aus dem westlichen und zentralen Mittelmeerraum.

Kleider: Ad. Männchen mit dunklem Kopf und gelber Iris, ad. Weibchen und Jungvögel mit weniger dunklem Kopf und dunklerer Iris. Bei ad. Weibchen aber meist Zügel und Ohrbereich dunkler als die Kappe.

Stimme: Gesang ist in Strophen gegliedert und besteht meist aus kurzem schwätzendem Vorgesang und einem voll tönenden, etwas leiernden Hauptteil. Typischer Ruf ist ein hartes „tak" oder „tek-tek...".

Ähnliche Arten: Wegen Unterscheidung von anderen dunkelköpfigen Grasmücken siehe Fotos.

Wüstengrasmücke *Sylvia nana* (→ 503)

Ausnahmegast

En: Asian Desert Warbler
Fr: Fauvette naine
Es: Curruca enana
It: Sterpazzola nana

Kleine, hell graubraune bis braune Grasmücke.

Status: Ausnahmegast aus Mittelasien.

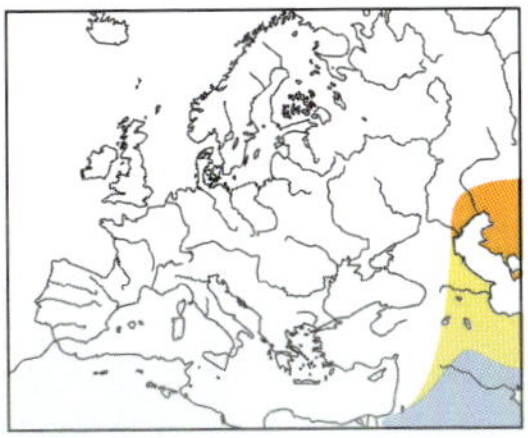

Saharagrasmücke *Sylvia deserti* (→ 503 A)

Kleine, sandfarbene Grasmücke ohne jeden Grauton auf der Oberseite.

Status: Ausnahmegast aus Nordwestafrika.

Ausnahmegast

En: African Desert Warbler
Fr: Fauvette du désert
Es: Curruca sahariana
It: Sterpazzola del deserto

Dorngrasmücke *Sylvia communis* (→ 504)

J F M A M J J A S O N D

En: Common Whitethroat
Fr: Fauvette grisette
Es: Curruca Zarcera
It: Sterpazzola

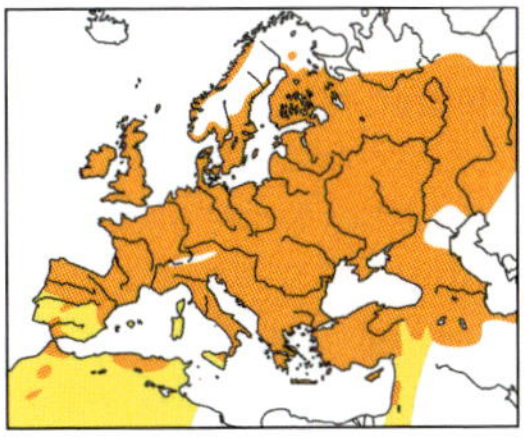

Große, langschwänzige Grasmücke mit weißer Kehle, rotbraunen Flügeln und weißen Schwanzkanten.

Status: Regelmäßiger Brutvogel und Durchzügler.

Kleider: Bei ad. Männchen im Prachtkleid sind Stirn, Scheitel und Wangen grau. Ad. Weibchen und ad. Männchen außerhalb der Brutzeit sowie Jungvögel mit bräunlichem Kopf.

Verhaltensweisen: Das Männchen zeigt Singflug mit längeren Strophen und Imitationen anderer Arten.

Stimme: Singt von Singwarte aus und im Singflug kurze, gleichartig wiederholte, rau schwätzende Strophen mit leiernden Elementen.

Ähnliche Arten: Brillengrasmücke und weibliche Weißbartgrasmücke sehen ähnlich aus, sind aber in Mitteleuropa nur Ausnahmegäste.

Provencegrasmücke *Sylvia undata* (→ 506)

Ausnahmegast

En: Dartford Warbler
Fr: Fauvette pitchou
Es: Curruca rabilarga
It: Magnanina comune

Kleine, überwiegend dunkel schmutzig grau gefärbte, langschwänzige Grasmücke, Männchen im Prachtkleid mit dunkelroter Unterseite. Kehle hell gepunktet.

Status: Ausnahmegast aus Südwesteuropa und Nordafrika.

Kleider: Männchen im Prachtkleid von der Kehle bis zu den Unterschwanzdecken dunkelrot. Ad. Weibchen mit schmutzig weißer Kehle und matterer Rotfärbung, im Jugendkleid Unterseite bräunlich grau.

Stimme: Kurze Strophen, schnell vorgetragen, oft zu Beginn oder im Verlauf gedehnt-nasale Alarmruf-Elemente eingefügt.

Ähnliche Arten: Sardengrasmücke hat keine rötliche Bauchfärbung, Atlasgrasmücke ist unterseits mehr rostrot als Dunkelrot.

Sardengrasmücke *Sylvia sarda* (→ 507)

Ausnahmegast

En: Marmora‘s Warbler
Fr: Fauvette sarde
Es: Curruca sarda
It: Magnanina sarda

Ober- und unterseits recht einförmig dunkelgrau gefärbte, kleine Grasmücke mit langem Schwanz.

Status: Ausnahmegast von den Inseln des westlichen Mittelmeers.

Kleider: Männchen im Prachtkleid auf der gesamten Unterseite gräulich blau, ad. Weibchen unterseits grau, im Jugendkleid grau mit Beigestich.

Stimme: Kurze Strophen, in rasantem Tempo vorgetragen, lassen keine Details erkennen. Es fehlen die Alarmruf-Elemente der Provencegrasmücke.

Ähnliche Arten: Atlas- und Provencegrasmücke haben in allen Kleidern wenigstens rötlich oder rotbraun getönte Unterseiten.

Brillengrasmücke *Sylvia conspicillata* (→ 505)

Ausnahmegast

En: Spectacled Warbler
Fr: Fauvette à lunettes
Sp: Curruca tomillera
It: Sterpazzola della Sardegna

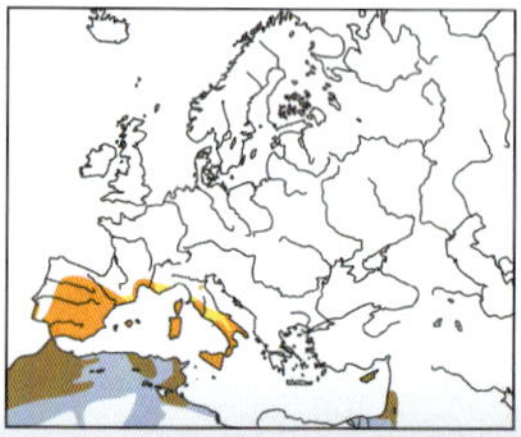

Kleinere und schlankere Ausgabe der Dorngrasmücke mit kürzeren Flügeln.

Status: Ausnahmegast aus dem westlichen Mittelmeerraum.

Kleider: Adulte Männchen mit grauem Kopf, weißer Kehle und leichtem Rosastich auf Brust und Bauch. Ad. Weibchen mit braunem Kopf, weißer Kehle und weißer Brust. Im Jugendkleid ähnlich ad. Weibchen.

Stimme: Singt kurze wohlklingende Strophen von Warte aus oder im Singflug. Alarmruf gedehntes „trrrr".

Ähnliche Arten: Zur Unterscheidung von der sehr ähnlichen Dorngrasmücke siehe Fotos.

Weißbart-Grasmücke *Sylvia cantillans albistriata* („Balkan-Bartgrasmücke") und *S. c. iberiae* („Iberien-Bartgrasmücke")

(→ 509)

seltener Gastvogel

En: Eastern/Western Subalpine Warbler
Fr: Fauvette des Balkans/F. passerinette
Es: Curruca Carrasqueña
It: Sterpazzolina comune

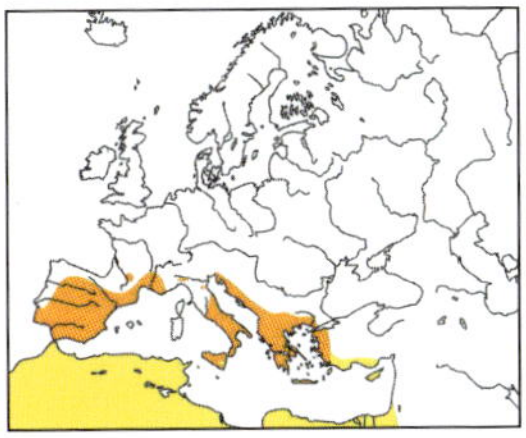

Kleine Grasmücke mit grauem Kopf in allen Adultkleidern und auffälligem weißem Bartstreif, der bei adulten Männchen stark mit der rostroten Unterseite kontrastiert.

Status: Seltener Gast, fast nur im Frühjahr; *albistriata* aus Südost, *iberiae* aus Südwest.

Kleider: Männchen im Prachtkleid von der Kehle bis zu den Unterschwanzdecken rostrot (bei *albistriata* mehr Weiß am Bauch). Ad. Weibchen mit rosaweißer Kehle und weißlichem Bauch, aber ebenfalls grauem Oberkopf. Im Jugendkleid Kopf bräunlich.

Stimme: Singt lange Strophen, die ein Gemisch aus hohen Tönen und geräuschhaften Kurzelementen darstellen und oft mit einem einzelnen hohen feinen Pfeifton eingeleitet werden.

Ähnliche Arten: Im ersten Winter ähnlich Dorngrasmücke, aber viel kleiner. Später anhand des Bartstreifs unverkennbar.

Ligurien-Bartgrasmücke *Sylvia subalpina* (→)

seltener Gastvogel

1

En: Moltoni's Warbler
Fr: Fauvette de Moltoni
Es: Curruca subalpina
It: Sterpazzolina di Moltoni

Sehr ähnlich Weißbart-Grasmücke, aber blasser rötlich als deren Unterart *iberiae*. Gesang und vor allem Rufe abweichend.

Status: Seltener Gast aus dem zentralen Mittelmeerraum.

Stimme: Rufe nicht wie „tek", sondern ratternd „trrr".

Samtkopf-Grasmücke

Sylvia melanocephala (→ 508)

Ausnahmegast

En: Sardinian Warbler
Fr: Fauvette mélanocéphale
Es: Curruca cabecinegra
It: Occhiocotto

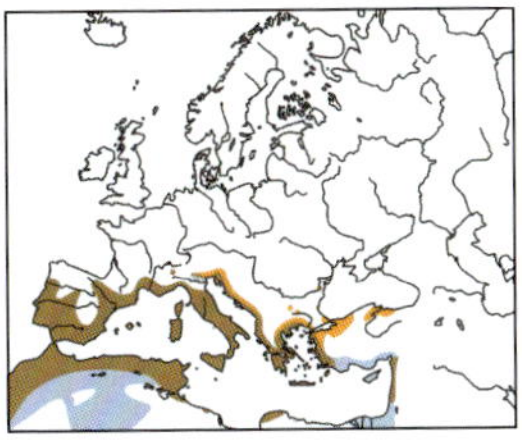

Mittelgroße Grasmücke mit grauer oder schwarzer Kappe, rotem Augenring und weißer Kehle.

Status: Ausnahmegast aus dem Mittelmeerraum.

Kleider: Ad. Männchen mit schwarzem, ad. Weibchen mit grauem Oberkopf. Im Jugendkleid ähnlich ad. Weibchen, aber bräunlicher.

Stimme: Ruft bei Erregung anders als andere Grasmücken ein relativ langes, eiliges, oft rhythmisiertes Rattern „trrtrrtrrtrrtrr..“.

Ähnliche Arten: Zur Unterscheidung von anderen dunkelköpfigen Grasmücken siehe Fotos.

Sommergoldhähnchen

J F M A M J J A S O N D

Regulus ignicapilla (→ 429)

En: Common Firecrest
Fr: Roitelet à triple bandeau
Es: Reyezuelo Listado
It: Fiorrancino

Winziger Vogel mit gelbem bzw. orangem Scheitelstrich und hellem Überaugenstreif.

Status: Regelmäßiger Brutvogel und Durchzügler, gelegentlicher Wintergast.

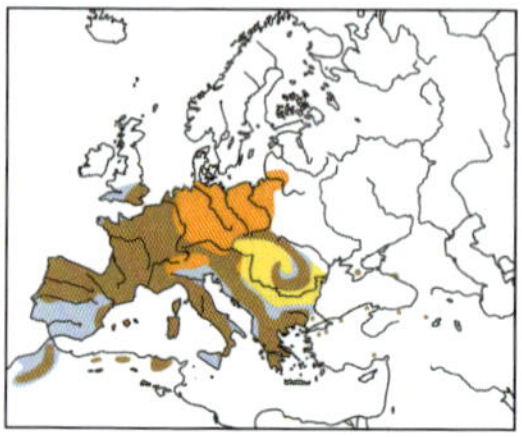

Kleider: Scheitel bei ad. Männchen orange, bei ad. Weibchen gelb. Im Jugendkleid fehlt die kontrastreiche Kopffärbung samt gelbem oder rotem Scheitel, lediglich ein heller Überaugenstreif ist sichtbar. Schnabel hell.

Stimme: Der Gesang besteht aus feinen, sehr hohen Tönen, die in der Strophe etwas lauter werden und ansteigen (Tonhöhe steigend - S - Sommergoldh.).

Ähnliche Arten: Laubsänger haben fast nie einen gelben oder orangen Scheitelstrich, Wintergoldhähnchen hat keinen Überaugenstreif.

Wintergoldhähnchen *Regulus regulus* (→ 428)

J F M A M J J A S O N D

En: Goldcrest
Fr: Roitelet huppé
Es: Reyezuelo Sencillo
It: Regolo

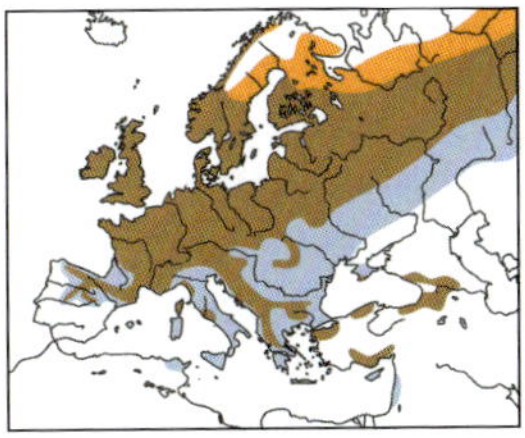

Winziger Vogel mit gelbem bzw. orangem Scheitelstrich.

Status: Regelmäßiger Brutvogel, Durchzügler und Wintergast, bevorzugt in Nadelbäumen.

Kleider: Scheitel bei ad. Männchen orange, bei ad. Weibchen gelb. Im Jugendkleid trägt der grünliche Kopf außer dem hellen Augenring keinerlei weitere Zeichnung und der Schnabel ist hell.

Stimme: Die Strophen bestehen aus feinen, sehr hohen Tönen, die anders als beim Sommergoldhähnchen etwas rauer klingen und in der Tonhöhe schwanken, jedoch nicht kontinuierlich ansteigen (Tonhöhe wechselnd - W - Wintergoldh.).

Ähnliche Arten: Laubsänger haben keinen gelben oder orangen Scheitelstreif, Sommergoldhähnchen hat zusätzlich einen deutlichen Überaugenstreif.

Zaunkönig *Troglodytes troglodytes* (→ 514)

En: Eurasian Wren
Fr: Troglodyte mignon
Es: Chochín Común
It: Scricciolo

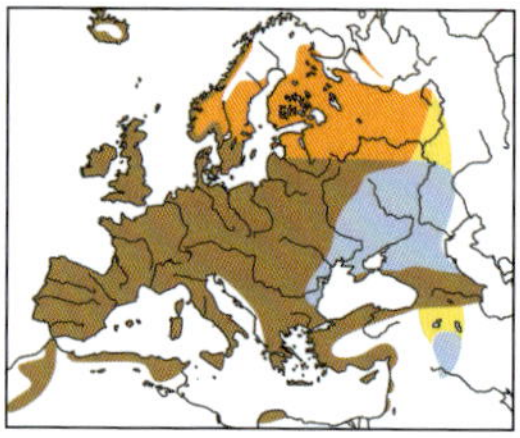

Sehr kleiner, aber kräftig gebauter, braun gemusterter Singvogel mit häufig gestelztem Schwanz.

Status: Regelmäßiger, ganzjährig anwesender Brutvogel (in Mitteleuropa Teilzieher), außerdem Durchzügler und Wintergast.

Kleider: Geschlechter gleich, Jugendkleid sehr ähnlich Adultkleid.

Verhaltensweisen: Der kurze Schwanz wird häufig senkrecht gestellt, der Kopf oft abgeduckt.

Stimme: Lauter, schmetternder Gesang mit langen Strophen aus trillernden Phrasen, die durch Übergangselemente verbunden sind. Am Ende oft ein scharfes hohes Element. Ruft hart gereiht „tetetete…" oder „tr-tr-tr…" oder „trrrr".

Ähnliche Arten: Unverwechselbar.

frisch flügger Jungvogel

Nestkugel

Kleiber *Sitta europaea* (→ 510)

J F M A M J J A S O N D

En: Eurasian Nuthatch
Fr: Sittelle torchepot
Es: Trepador Azul
It: Picchio muratore

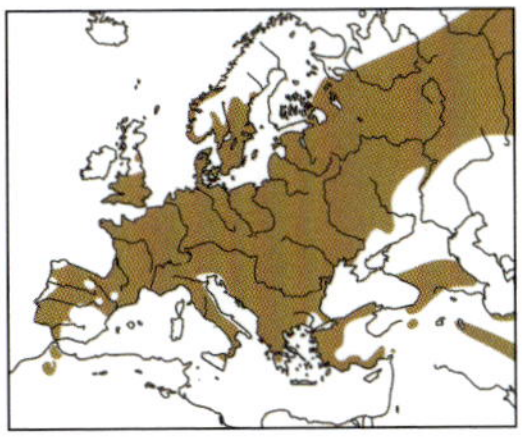

Kleiner, aber kompakter und kräftiger, spechtartiger Vogel mit graublauer Oberseite und orangefarbenem Bauch.

Status: Regelmäßiger, ganzjährig anwesender Brutvogel, Durchzügler und Wintergast.

Kleider: Adulte Männchen an den Flanken deutlicher orangebraun als adulte Weibchen. Im Jugendkleid sehr ähnlich adulten Weibchen.

Verhaltensweisen: Klettert auch kopfüber am Stamm abwärts.

Stimme: Sehr ruffreudig, oft zu hören sind trillernde Gesangsstrophen oder abwärts gezogene Gesangsrufe „wije wije wije..." sowie der Erregungsruf „twitt" (auch in Reihe).

Ähnliche Arten: Die Kombination aus bläulicher Oberseite, orangefarbener Unterseite und spitzem geradem Schnabel führt gelegentlich zu Verwechslungen mit dem Eisvogel – eigentlich ist der Kleiber aber unverkennbar.

Mauerläufer *Tichodroma muraria* (→ 511)

Brutvogel an wenigen Orten

En: Wallcreeper
Fr: Tichodrome échelette
Es: Treparriscos
It: Picchio muraiolo

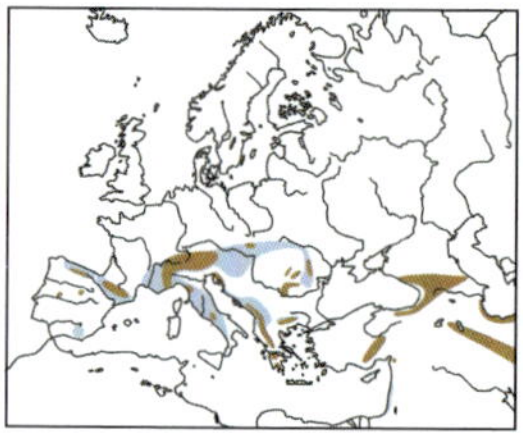

Überwiegend grauer, mittelgroßer Singvogel mit langem gebogenem Schnabel und sehr auffälliger rot-weiß-schwarzer Flügelzeichnung.

Status: Seltener Brutvogel in den Alpen, lokaler Gastvogel und Wintergast vor allem im Süden. Felsbewohner.

Kleider: Männchen im Prachtkleid mit schwarzer Kehle und dunkler Unterseite. Weibchen im Prachtkleid mit heller Kehle, aber grauem Fleck. Im Schlichtkleid beide mit weißlicher Kehle und Brust. Jugendkleid ähnlich Schlichtkleid.

Verhaltensweisen: Klettert schmetterlingsartig an Felswänden und Mauern aufwärts.

Stimme: Strophiger Gesang aus gedehnten, recht reinen Tönen. Bei Erregung schneller gesungene Kurzstrophen.

Ähnliche Arten: Unverwechselbar.

Katzenspottdrossel (Katzenvogel)

Dumetella carolinensis (→ 519)

Starengroßer Vogel mit einfarbig aschgrauem Gefieder, rostbraunen Unterschwanzdecken und schwarzem Scheitel.

Status: Ausnahmegast aus Amerika.

Ausnahmegast

En: Grey Catbird
Fr: Moqueur chat
Es: Pájaro gato gris
It: Uccello gatto capinero

Gartenspottdrossel (Spottdrossel)

Mimus polyglottos (→ 520)

Langschwänziger, oberseits grauer, etwas an Raubwürger erinnernder Vogel.

Status: Ausnahmegast aus Amerika.

Ausnahmegast

En: Northern Mockingbird
Fr: Moqueur polyglotte
Es: Sinsonte norteño
It: Mimo poliglotto

Waldbaumläufer *Certhia familiaris familiaris* und *C. f. macrodactyla* (→ 513)

J F M A M J J A S O N D

1

En: Eurasian Treecreeper
Fr: Grimpereau des bois
Es: Agateador Euroasiático
It: Rampichino alpestre

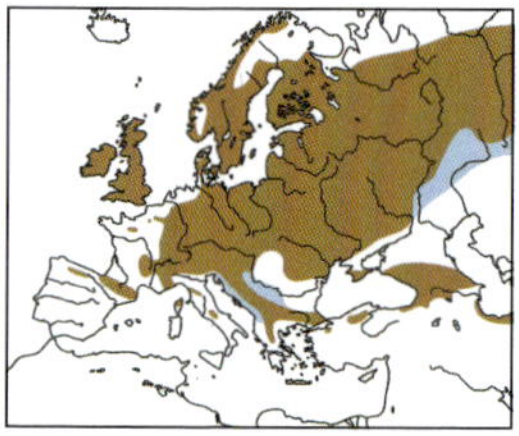

Kleiner, fast mausartig an Stämmen aufwärts huschender, braun gemusterter Singvogel mit langem, leicht gebogenem Schnabel.

Status: Unterart *macrodactyla* regelmäßiger, ganzjährig anwesender Brutvogel, regelmäßiger Gast; Unterart *familiaris* regelmäßiger Durchzügler und Wintergast (brütet in Skandinavien und Osteuropa).

Kleider: Geschlechter gleich, Jugendkleid sehr ähnlich Adultkleid.

Verhaltensweisen: Siehe Gartenbaumläufer.

Stimme: Gesang länger als bei Gartenbaumläufer, ebenfalls hoch und fein gepfiffen, hauptsächlich aus hoch beginnenden und dann fallenden, schnellen Trillerelementen mit abschließendem Überschlag bestehend. Ruft „srri“ oder „psiit“, auch in Reihe.

Ähnliche Arten: Wegen Unterscheidung der beiden Baumläuferarten siehe Fotos.

adult
C. f. macrodactyla

Gartenbaumläufer *Certhia brachydactyla brachydactyla* und *C. b. megarhynchos* (→ 512)

En: Short-toed Treecreeper
Fr: Grimpereau des jardins
Es: Agateador Europeo
It: Rampichino comune

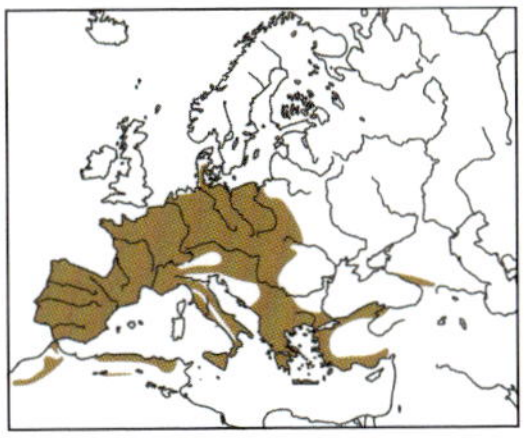

Kleiner, fast mausartig an Stämmen aufwärts huschender, braun gemusterter Singvogel mit langem, nach unten gebogenem Schnabel.

Status: Regelmäßiger, ganzjährig anwesender Brutvogel, regelmäßiger Gast. Unterart *megarhynchos* brütet in W-Europa bis W-Deutschland, *brachydactyla* östlich davon.

Kleider: Geschlechter gleich, Jugendkleid sehr ähnlich Adultkleid.

Verhaltensweisen: Die typische Nahrungssuche verläuft spiralförmig den Baum hinauf, ehe der Vogel zum nächsten Baum nach unten fliegt und wieder in Spiralen nach oben klettert.

Stimme: Gesang ist eine kurze, hoch und fein gepfiffene, aber gut hörbare Strophe wie „tit-tit-tietroi-sri". Ein typischer Ruf ist das hohe „tüt", das einzeln oder in Reihe geäußert wird.

Ähnliche Arten: Wegen Unterscheidung der beiden Baumläuferarten siehe Fotos.

Rosenstar *Pastor roseus* (→ 515)

Ausnahmegast

En: Rosy Starling
Fr: Étourneau roselin
Es: Estornino Rosado
It: Storno roseo

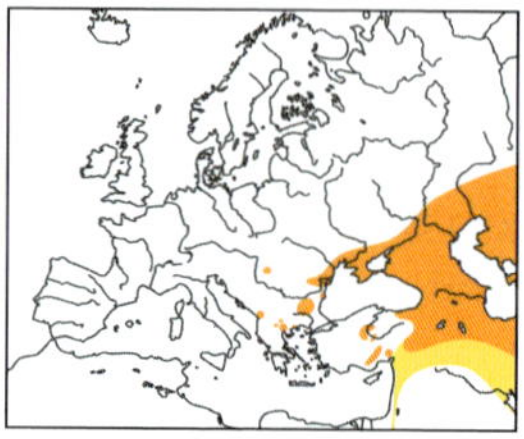

Starenartiger Vogel, im Adultkleid unverwechselbar durch rosa-schwarzes Gefieder.

Status: Unregelmäßiger Brutvogel in Invasionsjahren in Ungarn. Sonst sehr seltener Gast.

Kleider: Männchen im Prachtkleid mit deutlichem Schopf und deutlichem Rosa-Schwarz-Kontrast. Ad. Weibchen weniger kontrastreich und mit kurzem Schopf. Im Jugendkleid hell graubraun mit dunkleren Flügeln und hellem Schnabel.

Stimme: Die Laute beim Abflug (etwa „wrää“) erinnern an Starenrufe.

Ähnliche Arten: Im Jugendkleid vom ähnlich geformten Star durch viel helleres Gefieder und hellen Schnabel unterscheidbar.

Star *Sturnus vulgaris* (→ 516)

En: Common Starling
Fr: Étourneau sansonnet
Es: Estornino Pinto
It: Storno

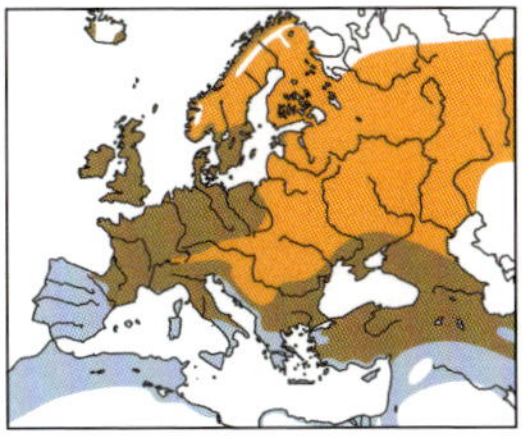

Großer, dunkel gefärbter Singvogel (nur Jugendkleid hell graubraun) mit metallisch grün und violett glänzendem Gefieder.

Status: Regelmäßiger Brutvogel, Durchzügler und regional zunehmend Wintergast.

Kleider: Im Brutkleid: schwärzlich metallisch grün und purpur glänzend, Kopf und Rumpf nicht weiß gepunktet; Ruhekleid: schwarz metallisch, an Rücken und Stirn braun, an restlichem Kopf und Rumpf auffällig weiß gepunktet. Jugendkleid ungemustert graubraun, im 1. Winter dunkel mit im Vergleich zu späteren Kleidern größeren und runderen weißen Tupfen („Perlstar"), Kopf noch bräunlich.

Verhaltensweisen: Bei der Nahrungssuche am Boden läuft der Star, während Drosseln häufig hüpfen.

Stimme: Sehr variabler, vielgestaltiger Gesang, der meist von einer Singwarte aus vorgetragen und von Imponierverhalten (z. B. Flügelwedeln) begleitet wird. Typische Elemente sind das abfallende, gezogene Pfeifen „dsssie", Rätschlaute, Imitationen (oft Mäusebussard, Pirol, Elster), nasale mehrstimmige Laute und laute, schrille Motive. Beim Auffliegen ist oft ein raues „ärr-wrr" zu hören.

Ähnliche Arten: Amseln haben rundere Flügel, keinen Metallglanz im Gefieder, dunkle Beine und im Adultkleid einen gelben Augenring.

Mongolenstar *Agropsar sturninus* (→ 516 A)

Ausnahmegast

En: Daurian Starling
Fr: Étourneau de Daourie
Es: Estornino dáurico
It: Storno daurico

Starenartiger, aber ganz anders gefärbter Singvogel, der etwas kleiner als unser heimischer Star ist.

Status: Ausnahmegast aus Südostasien (ein Nachweis aus den Niederlanden).

Bei den Drosseln bieten Brustfärbung, Bauchfärbung, Färbung von Kopf und Nacken und die Färbung der Flanken und Unterflügeldecken die wichtigsten Unterscheidungsmerkmale.

Schieferdrossel *Geokichla sibirica* (→ 529)

Ausnahmegast

En: Siberian Thrush
Fr: Grive de Sibérie
Es: Zorzal siberiano
It: Tordo siberiano

Eher kleine Drossel mit unverkennbarem schieferblauem Gefieder (Männchen) oder braun gewellter Unterseite und markanter Gesichtszeichnung (Weibchen).

Status: Ausnahmegast aus Südostasien.

Kleider: Ad. Männchen schiefergrau mit markantem weißen Überaugenstreif, Weibchen braun mit dunklem Wellenmuster auf der hellen Brust. Jugendkleid ähnlich ad. Weibchen.

Ähnliche Arten: Zur Unterscheidung von Weibchen oder Immaturen von anderen braunen Drosseln siehe Fotos.

Erddrossel *Zoothera aurea* (→ 530)

Ausnahmegast

En: Scaly Thrush
Fr: Grive dama
Es: Zorzal Dorado del Himalaya
It: Tordo squamato

Sehr große, braune Drossel mit kräftigem Schnabel und auffälligem Schuppenmuster.

Status: Ausnahmegast aus Zentral- und Ostasien.

Kleider: Geschlechter gleich, Jugendkleid sehr ähnlich Adultkleid.

Ähnliche Arten: Durch Größe, Art der Fleckung und die auffallende Unterflügelzeichnung von anderen braunen Drosseln unterscheidbar.

adult

adult

Grauwangen-Musendrossel (Grauwangendrossel)

Catharus minimus (→ 526)

Ausnahmegast

En: Grey-cheeked Thrush
Fr: Grive à joues grises
Es: Zorzalito carigrís
It: Tordo di Baird

Kleine, graubraune Drossel, die etwas an eine Singdrossel erinnert, aber viel kleiner und heller graustichig ist und keinen Überaugenstreif hat.

Status: Ausnahmegast aus Nord- und Mittelamerika.

Zwergmusendrossel (Zwergdrossel)

Catharus ustulatus (→ 527)

Ausnahmegast

En: Swainson's Thrush
Fr: Grive à dos roussâtre
Es: Zorzalito quemado
It: Tordo di Swainson

Ähnlich Singdrossel, aber Kopf schwächer gemustert und Flanken schwächer gefleckt, außerdem deutlich kleiner.

Status: Ausnahmegast aus Amerika.

Einsiedler-Musendrossel (Einsiedlerdrossel)

Catharus guttatus (→ 528)

Ausnahmegast

En: Hermit Thrush
Fr: Grive solitaire
Es: Zorzalito colirrufo
It: Tordo di Pallas

Sperlingsgroße Drossel, die durch die Oberseitenfärbung und den rostroten Schwanz an eine Nachtigall erinnert.

Status: Ausnahmegast aus Nordamerika.

Einfarbdrossel *Turdus unicolor* (→ 532)

Ausnahmegast

En: Tickell's Thrush
Fr: Merle unicolore
Es: Zorzal unicolor
It: Tordo di Tickell

Blassgraue (Männchen) oder bräunliche (Weibchen) Drossel mit gelborangem Schnabel.

Status: Ausnahmegast aus Indien und Pakistan.

Ringdrossel *Turdus torquatus torquatus* („Nördliche Ringdrossel“) und *T. t. alpestris* („Alpenringdrossel“)

(→ 534)

Brutvogel an wenigen Orten

En: Ring Ouzel
Fr: Merle à plastron
Es: Mirlo Capiblanco
It: Merlo dal collare

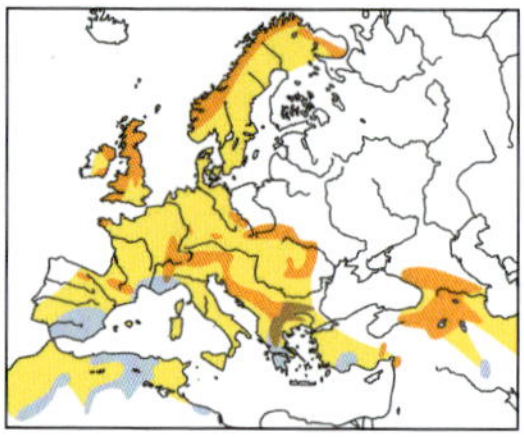

Große, amselähnliche Drossel mit deutlichem oder (Winter) angedeutetem, breitem, weißlichem Brustband.

Status: Unterart *alpestris* ist regelmäßiger Brut- und Gastvogel in den Alpen und einigen höheren Mittelgebirgen, Unterart *torquatus* ist regelmäßiger Durchzügler und Wintergast, vor allem im Norden.

Kleider: Bei ad. Männchen Brustband weiß, bei ad. Weibchen mehr schmutzig bräunlich weiß. Im Jugendkleid ist das Brustband nur undeutlich sichtbar. Die Unterart *alpestris* hat unterseits deutlich weiß gesäumte Federn, *torquatus* ist dort überwiegend dunkel.

Stimme: Singt kurze Flötenstrophen von einfachem Aufbau mit rhythmischen Wiederholungen wie „derü-derü-derü“, „türr-türr-türr“ oder „tlick-tlick-tlick“. Ruft beim Abflug oft hart und rasch „tak-tak-tak…“.

Ähnliche Arten: Im Winter ggf. mit Amsel verwechselbar, aber mit auffälliger heller Wellenzeichnung.

Amsel *Turdus merula* (→ 533)

J F M A M J J A S O N D

En: Common Blackbird
Fr: Merle noir
Es: Mirlo Común
It: Merlo

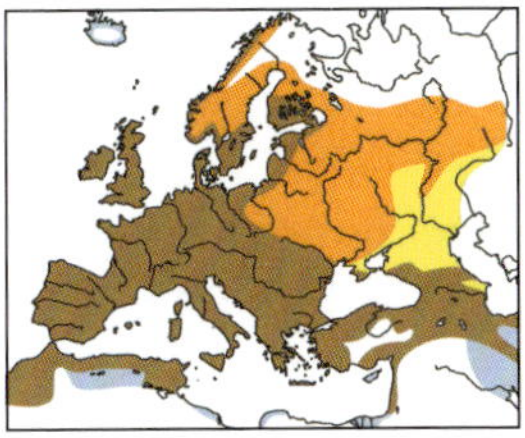

Große Drossel mit rein schwarzem (adulte Männchen) oder braunem (Weibchen und Jungvögel) Gefieder.

Status: Regelmäßiger Brutvogel, Durchzügler und Wintergast.

Kleider: Männchen im Prachtkleid mit rein schwarzem Gefieder und gelbem Schnabel, Weibchen mehr bräunlich mit heller Brust mit dichter dunkelbrauner Strichelung und bräunlich-gelblichem Schnabel. Im Jugendkleid noch brauner als ad. Weibchen, helle Federzentren bewirken fast am ganzen Körper sprenkeliges Aussehen.

Verhaltensweisen: Beim Landen wird der Schwanz oft drosseltypisch nach oben gekippt. Flügel im Sitzen oft hängend (Spitze unterhalb des Schwanzes).

Stimme: Der Gesang wird meist von einer Singwarte aus vorgetragen und besteht aus volltönenden, flötenden Elementen, die in höhere, mehr zirpend-zwitschernde Laute übergehen und weniger deutliche Elementwiederholungen enthalten als Sing- und Misteldrossel. Typischer Ruf ist das laute, anhaltende Zetern „tsink-tsink-tsink...".

Ähnliche Arten: Weibchen und Jungvögel können mit anderen braunen Drosseln verwechselt werden, diese sind entweder an der Brust viel deutlicher gefleckt oder farbig gezeichnet.

Weißbrauendrossel *Turdus obscurus* (→ 535)

Ausnahmegast

En: Eyebrowed Thrush
Fr: Merle obscur
Es: Zorzal rojigrís
It: Tordo oscuro

Kleinere Drossel mit olivbraunem Mantel, ausgedehnten orangen Flanken, grauem Kopf und auffallender schwarz-weißer Zeichnung um die Augen.

Status: Ausnahmegast aus Ostasien.

Kleider: Ad. Männchen mit grauem Kopf (weiße Augenstreifen, schwarzer Zügel) samt grauer Kehle und Brust. Ad. Weibchen und Jungvögel mit heller, teils gesprenkelter Kehle.

Ähnliche Arten: Im Winterkleid etwas an die Rotdrossel erinnernd, diese hat jedoch eine deutlich gestrichelte Brust.

Schwarzkehldrossel *Turdus atrogularis* (→ 538)

Ausnahmegast

En: Black-throated Thrush
Fr: Grive à gorge noire
Es: Zorzal papine gro
It: Tordo golanera

Mittelgroße, grau-weißliche Drossel mit schwarzer Kehle und Brust (Männchen) oder dunkel gestrichelter Brust (Weibchen).

Status: Ausnahmegast aus dem zentralen und südlichen Asien.

Kleider: Ad. Männchen mit schwarzer Kehle, ad. Weibchen und Jungvögel mit heller Kehle und Brust mit dunklen Sprenkeln.

Stimme: Ruft bei Alarm schnelle Phrasen wie „tetetetet“.

Ähnliche Arten: Männchen im Prachtkleid unverwechselbar. Weibchen anderer Arten mit gestrichelter Unterseite sind kräftiger gefärbt, siehe auch Fotos.

Rostschwanzdrossel (Naumannsdrossel)

Turdus naumanni (→ 539)

Ausnahmegast

En: Naumann's Thrush
Fr: Grive de Naumann
Es: Zorzal de Naumann
It: Cesena di Naumann

Knapp amselgroße Drossel mit Schwanz, Bürzel und gesamter Unterseite in Rostrot.

Status: Ausnahmegast aus Ostasien.

Kleider: Geschlechter ähnlich, Weibchen und Jugendkleid etwas blasser.

Stimme: Rufe sind gedämpfte „tok", ähnlich dem „Ducken" der Amsel, oft gereiht.

Ähnliche Arten: Keine andere Drossel zeigt eine derart ausgeprägte rostrote Färbung.

Rotkehldrossel *Turdus ruficollis* (→ 537)

Ausnahmegast

En: Red-throated Thrush
Fr: Grive à gorge rousse
Es: Zorzal papirrojo
It: Tordo golarossa

Mittelgroße, grau-weißliche Drossel mit roter Kehle und Brust (Männchen) und bei beiden Geschlechtern rostroten Schwanzaußenkanten.

Status: Ausnahmegast aus Zentralasien.

Kleider: Männchen mit rotbrauner Oberbrust, Kehle, und rotbraunen Teilen des Gesichts, Weibchen mit blass rötlichem Überaugenstreif und eher rötlich beiger Kehle und Oberbrust mit schwarzer Strichelung. Im Jugendkleid ähnlich ad. Weibchen.

Stimme: Gesang besteht aus sehr kurzen, flötend klingenden Strophen, die häufig in der gleichen Form wiederholt werden. Strophen noch kürzer und einfacher als bei der Ringdrossel.

Ähnliche Arten: Anhand der rostroten äußeren Schwanzfedern in allen Kleidern gut von anderen Drosseln unterscheidbar.

Rostflügeldrossel *Turdus eunomus* (→ 540)

Ausnahmegast

En: Dusky Thrush
Fr: Grive à ailes rousses
Es: Zorzal eunomo
It: Cesena fosca

Knapp amselgroße Drossel mit markantem Kopfmuster, rostroten Unterflügeln und großen schwarzen Flecken auf Brust und Flanken.

Status: Ausnahmegast aus Ostasien.

Kleider: Geschlechter ähnlich, Weibchen und Jugendkleid etwas weniger kontrastreich.

Ähnliche Arten: Die Kombination von rostroten Unterflügeln, rotbraunen Oberschwanzdecken und dunkelbraunem Schwanz unterscheidet die Rostflügeldrossel von ähnlich gefärbten Drosseln.

Wacholderdrossel *Turdus pilaris* (→ 541)

J F M A M J J A S O N D

En: Fieldfare
Fr: Grive litorne
Es: Zorzal Real
It: Cesena

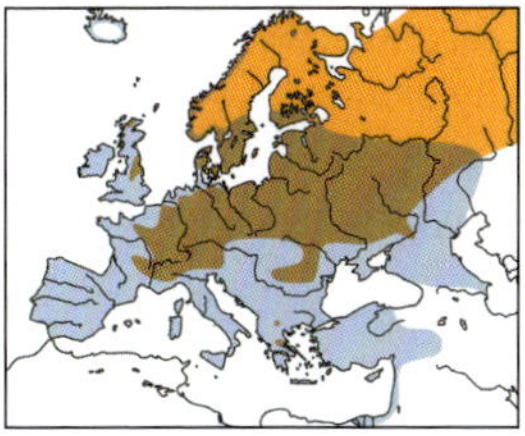

Große, bunt braungrau wirkende Drossel mit grauem Nacken und Bürzel.

Status: Regelmäßiger Brutvogel, Durchzügler und z. T. Wintergast.

Kleider: Geschlechter gleich. Im Jugendkleid Flügeldecken mit hellen Zentren.

Verhaltensweisen: Flügel im Sitzen oft hängend (Spitze unterhalb des Schwanzes).

Stimme: Der Gesang enthält keine Flötentöne, sondern ist rasch schwätzend und schrill, jedoch trotzdem wenig auffällig. Er wird oft im Singflug, gelegentlich auch von einer Singwarte aus vorgetragen. Typischer Ruf ist ein mehrsilbiges Tschackern „gak-tschak-tschak-ak-ak...“.

Ähnliche Arten: Am grauen Nacken und grauen Bürzel gut von anderen Drosseln zu unterscheiden.

Rotdrossel *Turdus iliacus iliacus*
und *T. i. coburni* („Isländische Rotdrossel") (→ 542)

Ausnahmegast

En: Redwing
Fr: Grive mauvis
Es: Zorzal alirrojo
It: Tordo sassello

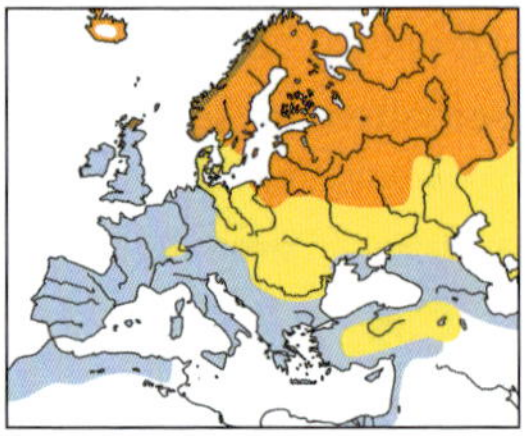

Dunkle, mittelgroße Drossel mit kräftiger Strichelung am Bauch, rostroten Flanken und Achseln und einem kräftigen hellen Überaugenstreif.

Status: Unterart *iliacus* ist Brutvogel in Nordostpolen, anderswo sehr selten Brutnachweise, regelmäßiger Durchzügler und z. T. Wintergast, besonders im Norden. Unterart *coburni* unregelmäßiger Wintergast aus Island.

Kleider: Geschlechter gleich. Jugendkleid ähnlich.

Stimme: Der charakteristische nächtliche Zugruf ist ein lang gezogenes, hohes „ziih", das auch sonst kurz vor dem Abflug geäußert wird.

Ähnliche Arten: Dunkler als Singdrossel und durch die rostroten Flanken und Achseln unverwechselbar.

Singdrossel *Turdus philomelos philomelos* und *T. p. clarkei* (→ 543)

En: Song Thrush
Fr: Grive musicienne
Es: Zorzal Común
It: Tordo bottaccio

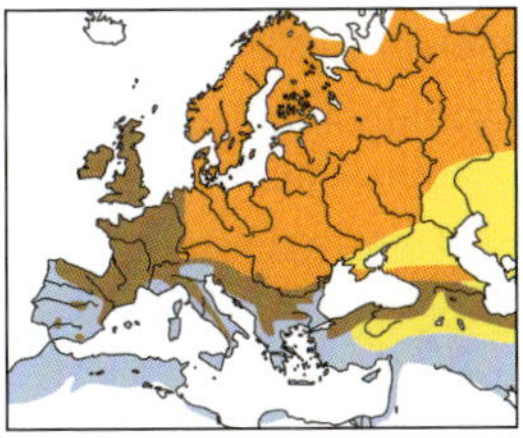

Kleine, kurzschwänzige Drossel mit brauner Oberseite und stark gefleckter heller Unterseite.

Status: Unterart *philomelos* ist regelmäßiger Brutvogel und Durchzügler, seltener auch Wintergast. Unterart *clarkei* ist unregelmäßiger Durchzügler aus Großbritannien und W-Europa.

Kleider: Geschlechter gleich. Jugendkleid ähnlich.

Verhaltensweisen: Flügel im Sitzen oft hängend (Spitze unterhalb des Schwanzes).

Stimme: Der Gesang besteht aus einer lockeren Folge von lauten, klangreichen, mehrsilbigen Motiven, die einige Male wiederholt werden: z. B. „dü-lü dü-lü dü-lü", „zrü-ti zrü-ti zrü-ti" (oder lautmalerisch „Kuhdieb, Kuhdieb", „Tschaipit, Tschaipit", „Wodkupit, Wodkupit" [russ.: Tee/Wodka trinken]).

Ähnliche Arten: Misteldrossel ist größer und hat weiße Unterflügeldecken, Singdrossel ist heller als Amsel oder Misteldrossel und hat im Gegensatz zu diesen beigefarbene Unterflügeldecken.

frisch flügger Jungvogel
T. p. philomelos

adult

Jugendkleid
T. p. clarkei

Misteldrossel *Turdus viscivorus* (→ 544)

J F M A M J J A S O N D

En: Mistle Thrush
Fr: Grive draine
Es: Zorzal Charlo
It: Tordela

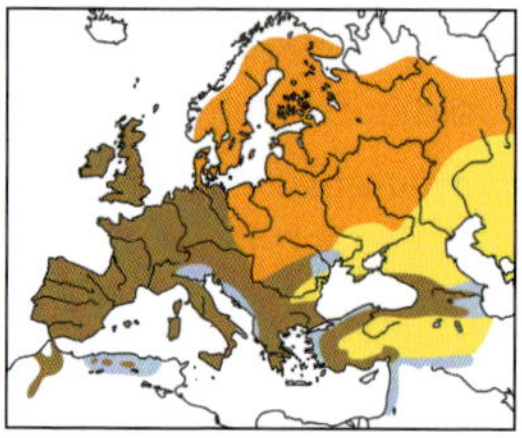

Sehr große, hell bräunliche Drossel mit kräftigen runden Flecken auf der Brust und weißen Unterflügeldecken.

Status: Regelmäßiger, etwas lückig verbreiteter Brutvogel, Durchzügler und Wintergast.

Kleider: Geschlechter gleich. Jugendkleid ähnlich.

Verhaltensweisen: Flügel im Sitzen oft hängend (Spitze unterhalb des Schwanzes).

Stimme: Singt amselartig flötende, kurze Strophen, die aber tiefer, melancholischer und eintöniger klingen (oft z. B. „dü-dü-rüh“ oder „dü-dü-rühdi“). Ruft typisch schnarrend „tzrrr“.

Ähnliche Arten: Siehe Singdrossel.

Wanderdrossel *Turdus migratorius* (→ 531)

Ausnahmegast

En: American Robin
Fr: Merle d'Amérique
Es: Zorzal robín
It: Tordo migratore americano

Amselgroße Drossel mit größtenteils rostrot gefärbter Unterseite und markanter schwarz-weißer Gesichtszeichnung.

Status: Ausnahmegast aus Nordamerika.

Kleider: Ad. Männchen oberseits grau und unterseits orangerot. Ad. Weibchen oberseits etwas braunstichig und unterseits heller rötlich. Die anfänglich weißen Ränder der Brust- und Bauchfedern sind breiter als bei Männchen und verschwinden daher langsamer als bei diesen. Jugendkleid ähnlich Weibchen.

Ähnliche Arten: Unverwechselbar.

Heckensänger *Cercotrichas galactotes galactotes* und *C. g. syriaca* (→ 561)

Ausnahmegast

2

En: Rufous-tailed Scrub Robin
Fr: Agrobate roux
Es: Alzacola Rojizo
It: Usignolo d'Africa

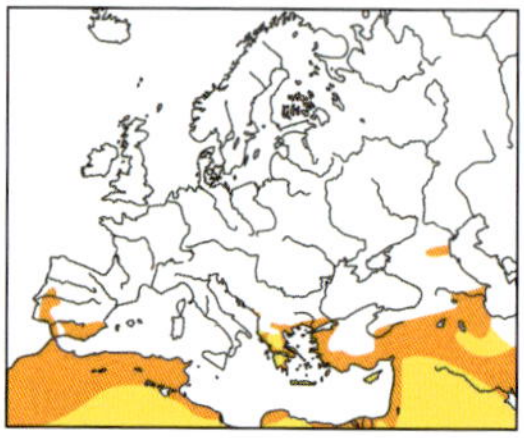

Kräftig gebauter, etwa feldlerchengroßer, langbeiniger und auffällig langschwänziger, hellbrauner Vogel mit markanter Kopfzeichnung, rostrotem Bürzel und (bei *C. g. galactotes*) rostrotem Schwanz.

Status: Ausnahmegast aus dem westlichen (*galactotes*) und aus dem östlichen (*syriaca*) Mittelmeerraum.

Kleider: Geschlechter gleich, Jugendkleid sehr ähnlich Adultkleid. Unterart *galactotes* ist oberseits rostbeige, *syriaca* graubraun.

Verhaltensweisen: Stelzt häufig den ohnehin schon auffälligen Schwanz.

Stimme: Gesang aus variablen Strophen, klingt wie der einer kleinen Drossel.

Ähnliche Arten: Der auffällig lange und oft gestelzte Schwanz lässt kaum Verwechslungen zu.

Grauschnäpper *Muscicapa striata* (→ 546)

J	F	M	A	M	J	J	A	S	O	N	D

En: Spotted Flycatcher
Fr: Gobemouche gris
Es: Papamoscas gris
It: Pigliamosche

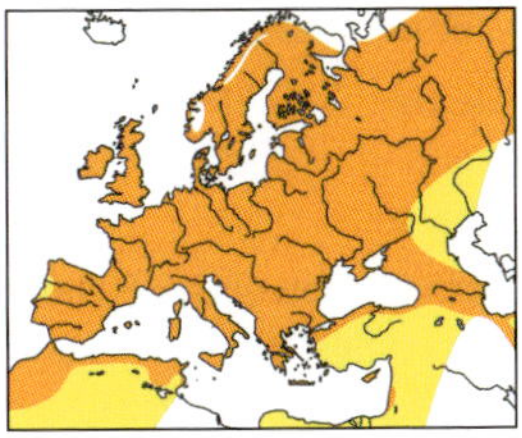

Graubrauner, meist aufrecht sitzender Singvogel mit auffällig breitem Schnabel und diffuser grauer Strichelung auf Brust und Stirn.

Status: Regelmäßiger Brutvogel und Durchzügler.

Kleider: Geschlechter gleich. Im Jugendkleid auf dem Rücken hell gefleckt.

Verhaltensweisen: Vollführt nach Schnäpperart Fangflüge nach Insekten, auch zum Boden hin, und kehrt dann auf seine Warte zurück.

Stimme: Im Gegensatz zum unauffälligen Gesang ist der Beunruhigungsruf in Nestnähe markant: ein scharfes, hohes „ziih-tik-tik“ oder „ziih-tik“.

Ähnliche Arten: Andere braune Schnäpper sind auf Brust und Stirn nicht gestrichelt.

Rotkehlchen *Erithacus rubecula* (→ 553)

J F M A M J J A S O N D

En: European Robin
Fr: Rougegorge familier
Es: Petirrojo Europeo
It: Pettirosso

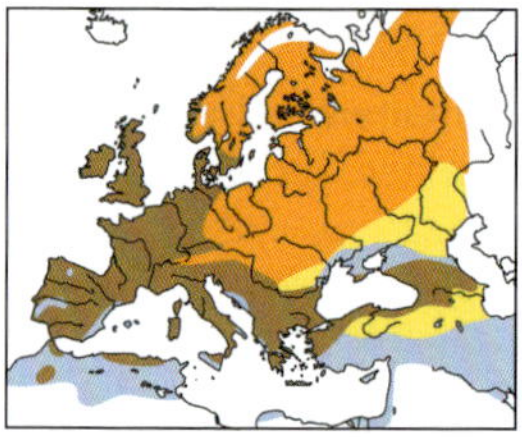

Robuster, kleiner, langbeiniger, ansonsten aber eher rundlicher Singvogel mit orangeroter Kehle und Brust (Altvögel) oder grob geflecktem, braunem Gefieder (Jungvögel).

Status: Regelmäßiger Brutvogel, Durchzügler und Wintergast.

Kleider: Geschlechter gleich, Jugendkleid ocker und dunkelbraun mit gefleckter, bräunlicher Brust und hell gestrichelter Oberseite.

Verhaltensweisen: Bewegt sich am Boden oft in einer Abfolge aus schnellen Hüpfern und aufrechtem Verharren mit Knicksen und Schwanzstelzen. Flügel oft hängend (Spitze unterhalb des Schwanzes).

Stimme: Der Gesang besteht aus einigen einleitenden, hohen Tönen, gefolgt von klirrenden Trillerelementen, teils mit sehr großen Tonhöhensprüngen, gegen Ende oft verklingend. Ruft bei Beunruhigung „zik“, oft gereiht.

Ähnliche Arten: Altvögel unverkennbar (der orangebrüstige Zwergschnäpper hat einen grauen Kopf); im braun gefleckten Jugendkleid ggf. mit Jugendkleidern anderer Schnäpperverwandter (Braun-, Schwarzkehlchen usw.) verwechselbar.

Blaukehlchen *Luscinia svecica svecica* („Rotsterniges Blaukehlchen") und *L. s. cyanecula* („Weißsterniges Blaukehlchen")

(→ 558)

En: Bluethroat
Fr: Gorgebleue à miroir
Es: Ruiseñor Pechiazul
It: Pettazzurro

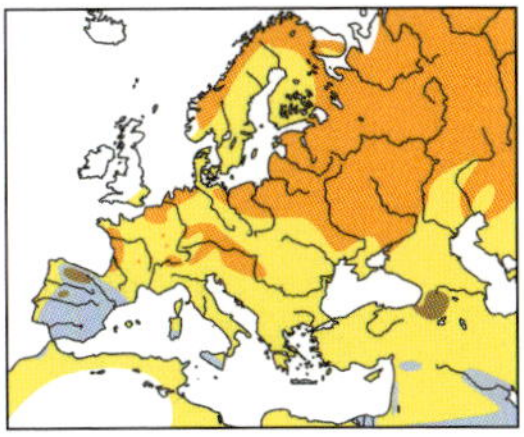

Etwa rotkehlchengroßer, braungrauer Vogel mit rostroter Schwanzbasis und deutlichem hellem Überaugenstreifen; Männchen mit blauer Kehle und schwarz-weiß-rotem Brustband darunter.

Status: Weißsterniges Blaukehlchen regelmäßiger Brutvogel mit lückiger Verbreitung und Schwerpunkten im Norden und Süden, rotsternige Unterart seltener Brutvogel u. a. der Alpen und sehr seltener Durchzügler auch andernorts.

Kleider: Adulte Männchen mit charakteristischer Kehlzeichnung, siehe Fotos. Im Jugendkleid ohne Blau an der Kehle. Unterart *cyanecula* mit weißem, manchmal fehlendem Kehlfleck, *svecica* mit rostrotem Kehlfleck.

Stimme: Der Gesang ist schnell, variiert zwischen scharf und rein klingend und besteht aus relativ langen Strophen, die oft mit schneller werdenden Elementen „djip-dijp ..." eingeleitet werden. Imitiert oft andere Arten. Ruft bei Störung „tak" oder „zir-tak".

Ähnliche Arten: Männchen unverwechselbar, Weibchen und Jungvögel durch dunkel eingerahmte, helle Kehle, Überaugenstreif und rostrote Schwanzbasis von anderen braunen Erdsängern unterscheidbar.

Schwirrnachtigall *Luscinia sibilans* (→ 557 A)

Ausnahmegast

En: Rufous-tailed Robin
Fr: Rossignol siffleur
Es: Ruiseñor silbador
It: Usignolo di Swinhoe

Ähnlich einer kleinen, kurzschwänzigen Nachtigall mit heller Schuppung auf der Brust und auffällig weit hinten ansetzenden Beinen.

Status: Ausnahmegast aus Ostasien.

Sprosser *Luscinia luscinia* (→ 555)

Brutvogel an wenigen Orten

En: Thrush Nightingale
Fr: Rossignol progné
Es: Ruiseñor Ruso
It: Usignolo maggiore

Reichlich sperlingsgroßer, drosselartiger, überwiegend düster graubrauner Vogel mit dunkel rotbraunem Schwanz.

Status: Regelmäßiger Brutvogel und Durchzügler im Nordosten, ansonsten seltener Gast.

Kleider: Geschlechter gleich. Im Jugendkleid deutlich hell gefleckt.

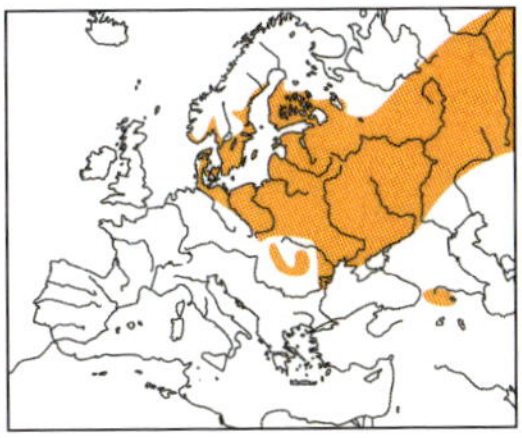

Stimme: Gesang ähnlich Nachtigall, aber gemächlicher und ohne das typische Crescendo-Motiv. Gegen Strophenende oft scharf wetzende oder schnarrende Elemente. Rufe ähnlich Nachtigall.

Ähnliche Arten: Zur Unterscheidung von Nachtigall und Sprosser siehe Fotos.

Nachtigall *Luscinia megarhynchos* (→ 556)

J F M A M J J A S O N D

En: Common Nightingale
Fr: Rossignol philomèle
Es: Ruiseñor Común
It: Usignolo

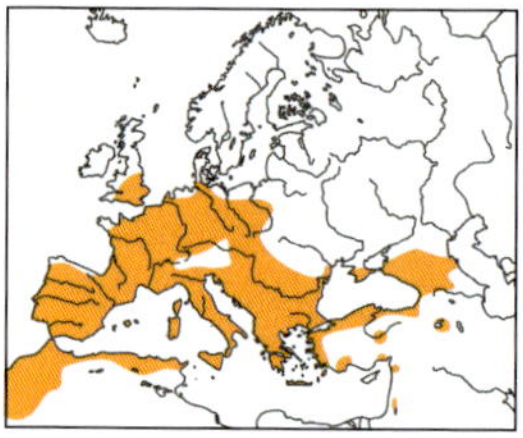

Reichlich sperlingsgroßer, drosselartiger, oberseits überwiegend warm braun gefärbter Vogel mit einfarbig rotbraunem Schwanz.

Status: Regelmäßiger, in Süddeutschland lückig verbreiteter Brutvogel und Durchzügler.

Kleider: Geschlechter gleich. Im Jugendkleid deutlich hell gefleckt.

Stimme: Singt vollklingende, laute und sehr variable Strophen, oft am Beginn Imitationen (z. B. laubsängerartig „hüid"), sonst harte Phrasen wie „tjuk tjuk tjuk". Typisch die immer wieder eingestreute, ansteigende und lauter werdende Crescendo-Reihe „dü düh düüh...". Ruft u. a. markant „hüit -karr" bei Beunruhigung.

Ähnliche Arten: Zur Unterscheidung von Nachtigall und Sprosser siehe Fotos.

Weißkehlsänger *Irania gutturalis* (→ 560)

Ausnahmegast

En: White-throated Robin
Fr: Iranie à gorge blanche
Es: Petirrojo de Irán
It: Pettirosso golabianca

Von der Gestalt her an ein Blaukehlchen erinnernd, aber oberseits grau, Männchen mit orangebrauner Unterseite, Weibchen mit orangefarbener Flanke.

Status: Ausnahmegast aus Klein- und Mittelasien.

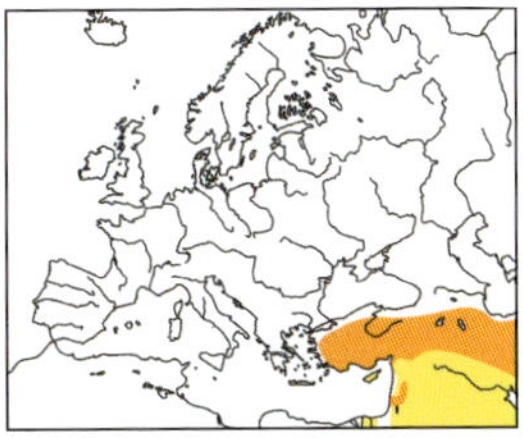

Rubinkehlchen *Calliope calliope* (→ 557)

Ausnahmegast

En: Siberian Rubythroat
Fr: Rossignol calliope
Es: Ruiseñor calíope
It: Calliope

Ähnlich wie ein Rotkehlchen geformter, einfarbig warm brauner Vogel mit weißem Überaugenstreif; Altvögel mit rotem oder rötlichem Latz.

Status: Ausnahmegast aus Zentral- und Ostasien.

Blauschwanz *Tarsiger cyanurus* (→ 554)

Ausnahmegast

En: Red-flanked Bluetail
Fr: Robin à flancs roux
Es: Ruiseñor coliazul
It: Codazzurro

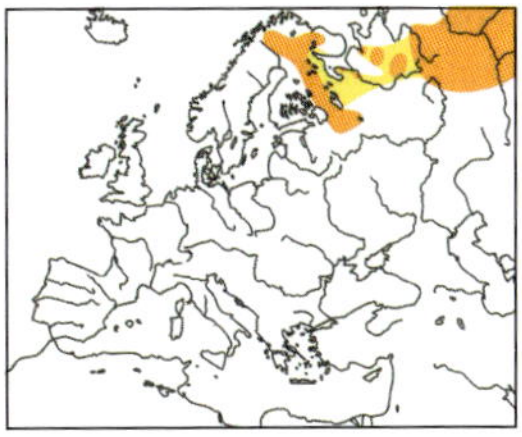

Kleiner, kehlchenartiger Singvogel mit blauem Schwanz, der oft abwärts geschlagen wird.

Status: Ausnahmegast aus Zentral- und Ostasien.

Kleider: Männchen im Prachtkleid auf der gesamten Oberseite graublau, adulte Weibchen hier graubräunlich. Bei Männchen im Schlichtkleid Gefieder überwiegend graubraun, aber Schultern und Oberschwanzdecken bleiben blau. Im Jugendkleid ähnlich ad. Weibchen, frisch flügge Vögel sind braun gefleckt.

Verhaltensweisen: Schlägt im Sitzen den Schwanz abwärts.

Stimme: Kurze, in Abständen wiederholte, in der Tonhöhe etwas abfallende Strophen von flötendem Klang. Sie erinnern an den Gesang der Blaumerle, sind aber höher, eiliger und monotoner.

Ähnliche Arten: Durch den blauen Schwanz und die orangefarbenen Flanken sind alle Kleider unverwechselbar.

Halsbandschnäpper *Ficedula albicollis*

J F M A M J J A S O N D

(→ 550)

En: Collared Flycatcher
Fr: Gobemouche à collier
Es: Papamoscas Acollarado
It: Balia dal collare

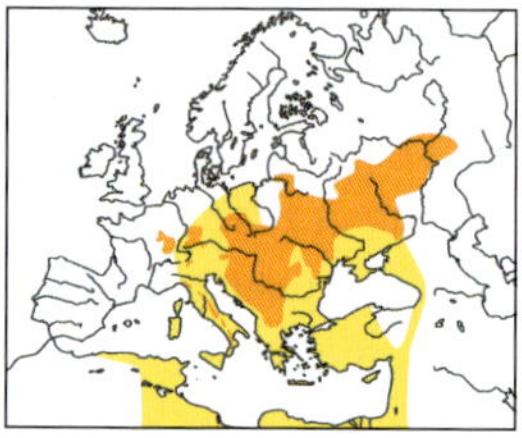

Schwarz-weiß oder braun-weiß gefärbter, kleiner, aber kräftig gebauter Singvogel mit kurzem kräftigem Schnabel. Bei adulten schwarzen Männchen ist der Nacken weiß.

Status: Seltener und regional verbreiteter Brutvogel, seltener Durchzügler.

Kleider: Kleider analog zu Trauerschnäpper.

Stimme: Singt hoch, eher dünn und scharf, aber in bedächtigem Tempo Strophen sehr unterschiedlicher Länge, die oft mit einem „fiii“ eingeleitet werden und mit einem Leierelement („...trü-zit trü-zit“) enden.

Ähnliche Arten: Zur Unterscheidung von Trauer-, Halsband- und Halbringschnäpper siehe Fotos.

Trauerschnäpper *Ficedula hypoleuca* (→ 549)

J F M A M J J A S O N D

En: European Pied Flycatcher
Fr: Gobemouche noir
Es: Papamoscas Cerrojillo
It: Balia nera

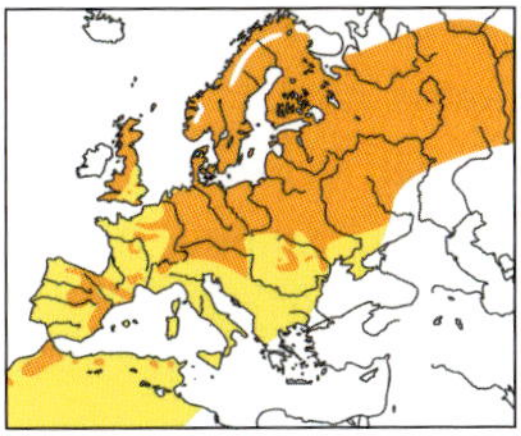

Schwarz-weiß oder braun-weiß gefärbter, kleiner, aber kräftig gebauter Singvogel mit kurzem kräftigem Schnabel. Bei adulten schwarzen Männchen ist der Nacken ebenfalls schwarz.

Status: Regelmäßiger Brutvogel und Durchzügler.

Kleider: Männchen im Prachtkleid schwarz-weiß (besonders in Mittel- und Osteuropa am Rücken auch dunkelgrau), einige bleiben jedoch auch bräunlicher, manche so braun wie ad. Weibchen. Jugendkleid ähnlich ad. Weibchen.

Stimme: Gesangsstrophen werden mit kurzen, leisen Tönen eingeleitet, gefolgt von kräftigen, stark alternierenden Elementen „psi-tschu-tschi-tschu-tschi...“ und anschließend ggf. weiteren Elementen, auch klappernde Triller. Typischer Beunruhigungsruf ist ein lange rhythmisch wiederholtes „wit wit wit ...“.

Ähnliche Arten: Zur Unterscheidung von Trauer-, Halsband- und Halbringschnäpper siehe Fotos.

Halbringschnäpper

Ficedula semitorquata (→ 551)

Ausnahmegast

En: Semicollared Flycatcher
Fr: Gobemouche à demi-collier
Es: Papamoscas semiacollarado
It: Balia caucasica

Schwarz-weiß oder braun-weiß gefärbter, kleiner, aber kräftig gebauter Singvogel mit kurzem kräftigem Schnabel. Bei adulten schwarzen Männchen reicht das Weiß an den Halsseiten weiter nach hinten als beim Trauerschnäpper.

Status: Ausnahmegast aus Südosteuropa und Kleinasien.

Kleider: Kleider entsprechend Trauerschnäpper.

Stimme: Der Gesang besteht aus kurzen Strophen, die aber kräftig und kehlig klingen, nicht so zart wie die des Halsbandschnäppers. Das Alternieren der Elemente erinnert an Trauerschnäpper.

Ähnliche Arten: Zur Unterscheidung von Trauer-, Halsband- und Halbringschnäpper siehe Fotos.

Zwergschnäpper *Ficedula parva* (→ 552)

En: Red-breasted Flycatcher
Fr: Gobemouche nain
Es: Papamoscas papirrojo
It: Pigliamosche pettirosso

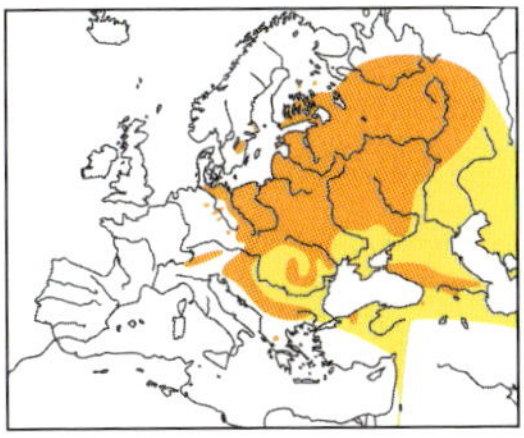

Kleiner, rundlicher Schnäpper mit auffallenden weißen Schwanzseiten. Männchen im Prachtkleid erinnern etwas an Rotkehlchen.

Status: Regelmäßiger Brutvogel im Osten und am Nordrand der Alpen, sonst seltener Gast.

Kleider: Adulte Männchen mit orangeroter Kehle und grauem Oberkopf. Zweijährige Männchen noch mit braunem Kopf und kleinem orangenem Kehlfleck. Einjährige Männchen und ad. Weibchen (meist) ohne Orange an der Kehle. Im Jugendkleid ähnlich ad. Weibchen.

Stimme: Singt laute, wohlklingende Strophen, die ähnlich wie beim Fitis abfallen. Beginn oft mit gleich hohen „tvi tvi tvi..“-Tönen, dann melodisch fallend „tvi-dlü tvi-dlü tvi-dlü-dlü-düdüdü“.

Ähnliche Arten: Anhand des Schwanzmusters und der ungezeichneten, weitgehend einfarbig braunen Flügel sind auch Weibchen und Jungvögel von anderen braunen Schnäppern, Laubsängern und Grasmücken zu unterscheiden.

Hausrotschwanz *Phoenicurus ochruros gibraltariensis* und *P. o. phoenicuroides* („Östlicher Hausrotschwanz") (→ 562)

En: Black Redstart
Fr: Rougequeue noir
Es: Colirrojo Tizón
It: Codirosso spazzacamino

Kleiner, überwiegend schwarzer (Männchen) bzw. grauer (Weibchen) Singvogel, der durch ständiges Schwanzzittern auffällt.

Status: Unterart *gibraltariensis* ist regelmäßiger Brutvogel und Durchzügler, in geringer Zahl auch Wintergast. Unterart *phoenicuroides* ist seltener Gast aus Gebieten vom nordöstlichen Iran und von Kasachstan an ostwärts.

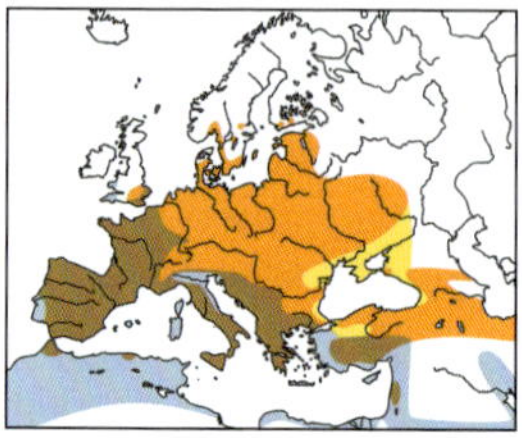

Kleider: Männchen erreichen das überwiegend schwarze Adultkleid oft erst ab dem 2. Lebensjahr, einjährige Männchen sehen den graubraunen Weibchen meist sehr ähnlich. Jugendkleid ähnlich Weibchen. Unterart *phoenicuroides* mit rostfarbigem Bauch.

Verhaltensweisen: Zittert fast ständig mit dem Schwanz.

Stimme: Der Gesang besteht aus kratzig-fisteligen, sehr kurzen Strophen aus eher unauffälligem „jirr-titititi" (oft am Ende ansteigend) und einem kratzenden Element, das in das Schlussmotiv übergeht „krtschch-tütititit". Ruft bei Beunruhigung in Nest- oder Jungennähe häufig „fid-tk-tk".

Ähnliche Arten: Weibchen und Jungvögel des Gartenrotschwanzes sind ähnlich gefärbt, aber mit viel mehr warmen Brauntönen als der graustichige Hausrotschwanz.

J F M A M J J A S O N D

Gartenrotschwanz *Phoenicurus phoenicurus phoenicurus* und *P. p. samamisicus* (→ 563)

En: Common Redstart
Fr: Rougequeue à front blanc
Es: Colirrojo Real
It: Codirosso

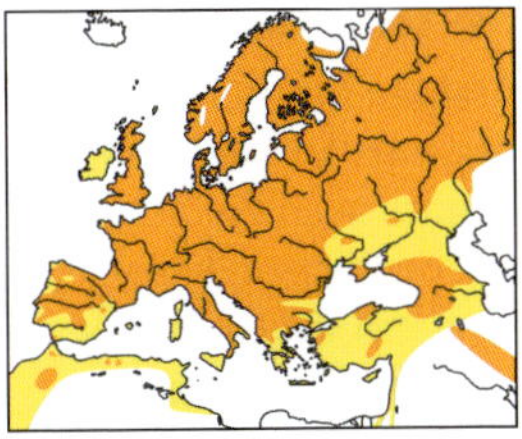

Nicht ganz sperlingsgroßer Vogel mit überwiegend rostrotem Schwanz und orangeroter Brust (Männchen) oder wenigstens braunrötlichem Anflug auf der Brust (Weibchen).

Status: Unterart *phoenicurus* ist regelmäßiger Brutvogel und Durchzügler, *P. p. samamisicus* ist seltener Gast aus NE-Afrika und dem Orient.

Kleider: Im Adultkleid Geschlechter unverwechselbar, siehe Fotos. Jugendkleid ähnlich ad. Weibchen, aber fleckig.

Verhaltensweisen: Zittert fast ständig mit dem Schwanz.

Stimme: Gesang besteht aus vielfältig variierten Strophen mit Eingangsteil aus hohen und ziemlich reinen Tönen wie „jü-jik-jik“ oder etwas wiehernd „ji-gjü gjü gjü“ und Folgeteil aus schnalzenden, schnarrenden oder auch reineren Tönen und zahlreichen Imitationen. Ruft bei Beunruhigung etwas tonaler als der Hausrotschwanz „füid-tek“.

Ähnliche Arten: Siehe Hausrotschwanz.

Steinrötel *Monticola saxatilis* (→ 523)

Brutvogel an wenigen Orten

En: Common Rock Thrush
Fr: Monticole merle-de-roche
Es: Roquero Rojo
It: Codirossone

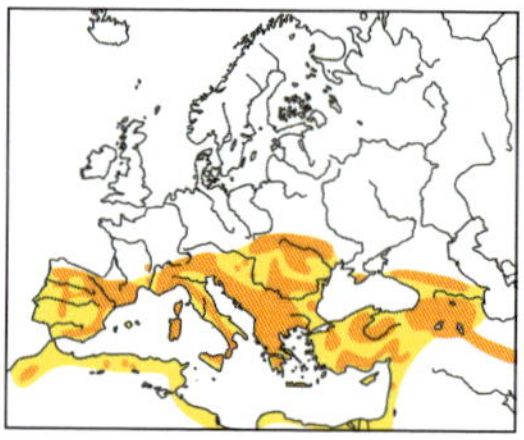

Drosselähnlicher, kurzschwänziger Felsbewohner mit markantem rotbäuchigem Prachtkleid (Männchen) oder auffälliger brauner Bänderung (Weibchen) und in jedem Falle rostrotem Schwanz.

Status: Seltener Brutvogel in den Alpen und Karpaten, sonst Ausnahmegast.

Kleider: Männchen im Prachtkleid mit graublauem Kopf und rostroter Unterseite. Männchen im Schlichtkleid, und sehr ähnlich auch Weibchen und Vögel im Jugendkleid, sind braun mit deutlichem hellem Wellenmuster auf dem Rücken und dunklem Wellenmuster auf der Unterseite.

Stimme: Singt von einer Singwarte oder im Flug wohlklingend flötende Strophen, die oft Imitationen enthalten.

Ähnliche Arten: Kurzschwänziger als Drosseln. Außer einigen Irrgästen hat keine heimische Drosselart einen rostroten Schwanz.

Blaumerle *Monticola solitarius* (→ 524)

Brutvogel an wenigen Orten

En: Blue Rock Thrush
Fr: Monticole merle-bleu
Es: Roquero Solitario
It: Passero solitario

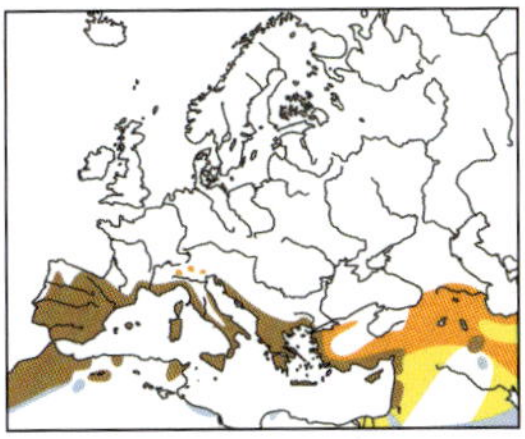

Auffällig langschnäbeliger, knapp amselgroßer und dunkel gefärbter Vogel in felsigen Lebensräumen.

Status: Lokaler und seltener Brutvogel in der Südschweiz, sonst Ausnahmegast.

Kleider: Adulte Männchen vollständig schwarzblau (im ersten Jahr noch etwas matter). Weibchen oberseits einfarbig graubraun, unterseits heller mit dunkler Bänderung oder Wellenmuster. Jugendkleid ähnlich demjenigen des ad. Weibchens.

Stimme: Singt kurze, laute, wohlklingende, flötende Strophen, die teilweise am Schluss verklingen und vielfach wiederholt werden.

Ähnliche Arten: Die blaue Färbung des Männchens ist nicht immer gut zu erkennen, daher ist sogar bei ihm und ohnehin beim Weibchen eine Verwechslung mit Drosseln möglich. Allerdings hat keine heimische Drossel einen so auffällig langen Schnabel.

Braunkehlchen *Saxicola rubetra* (→ 564)

En: Whinchat
Fr: Tarier des prés
Es: Tarabilla Norteña
It: Stiaccino

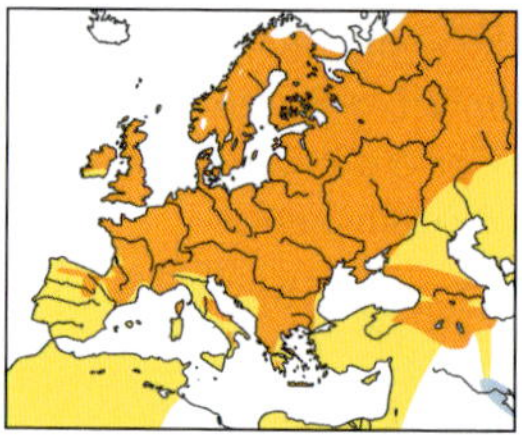

Kleiner, kurzschwänziger Wiesenvogel mit auffälligem Überaugenstreif, der oft knickst und mit dem Schwanz wippt. Schwanzseiten an der Basis weiß.

Status: Regelmäßiger Brutvogel und Durchzügler.

Kleider: Adulte Männchen mit weißem Überaugenstreif und kontrastreicher Kopffärbung, ad. Weibchen mit hellbraunem Überaugenstreif und weniger kontrastreicher Kopf- und Flügelfärbung. Im Jugendkleid sehr ähnlich ad. Weibchen, aber anfangs noch Rückenfedern mit weißen Spitzen.

Stimme: Kurze, schnell vorgetragene Gesangsstrophen aus ratternden, schmatzenden und flötenden Elementen, oft auch Imitationen. Ruft bei Beunruhigung weich „jüf“ oder „djü“, kombiniert mit hartem „tk“ (auch mehrfach).

Ähnliche Arten: Das bei Weibchen und Jungvögeln ähnliche Schwarzkehlchen hat keinen deutlichen Überaugenstreif, auch keine weißen Schwanzseiten.

Schwarzkehlchen *Saxicola rubicola* (→ 565)

En: European Stonechat
Fr: Tarier pâtre
Es: Tarabilla común
It: Saltimpalo

Kleiner, kurzschwänziger Wiesenvogel mit im Prachtkleid dunklem Kopf und hellen Halsseiten.

Status: Regelmäßiger, lückig verbreiteter Brut- und Sommervogel im Süden und Westen, fehlt weitgehend im Osten, regelmäßiger Durchzügler und seltener Wintergast.

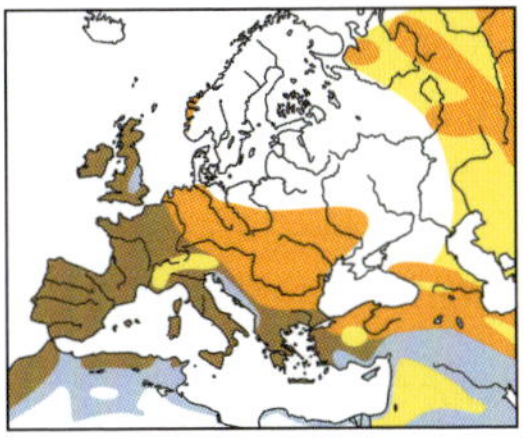

Kleider: Adulte Männchen im Prachtkleid mit schwarzem Kopf und weißem Halsfleck, ad. Weibchen mit braunschwarzem Kopf und bräunlich weißem Halsfleck, aber rostbrauner, ungefleckter Brust. Im Jugendkleid fast am ganzen Körper einschl. Brust braun gefleckt.

Stimme: Kurze, oft eilig vorgetragene Strophen aus klirrenden, pfeifenden, gequetscht ratternden Elementen und mit Imitationen. Ruft bei Beunruhigung kombiniert hoch und dünn „suit“ und hart, teils mehrfach „tak“.

Ähnliche Arten: Siehe Braunkehlchen und Pallasschwarzkehlchen.

Pallasschwarzkehlchen

Saxicola maurus maurus und *Saxicola maurus hemprichii* („Kaspischwarzkehlchen“) (→ 566)

Ausnahmegast

En: Siberian Stonechat
Fr: Tarier de Sibérie
Es: Tarabilla Siberiana
It: Saltimpalo siberiano

Sehr ähnlich Schwarzkehlchen.

Status: *S. m. maurus* Ausnahmegast aus Ostrussland und dem Iran bis Zentralasien und Indien. *S. m. hemprichii* Ausnahmegast aus den Steppen an Wolga und Ural bis zum Ostkaukasus.

Kleider: Verhältnisse bei den Kleidern analog zum Schwarzkehlchen. Bei adulten Männchen auffallend weißer Bürzel und schwarze Unterflügeldecken. Mehrere Formen, evtl. mit Artstatus, werden unterschieden, darunter eine östlich des Kaspischen Meeres (Kaspischwarzkehlchen) mit weißer Schwanzbasis..

Stimme: Gesang besteht aus sehr kurzen, schnell gesungenen und hochtonigen Strophen, ähnlich denen des Schwarzkehlchens, aber mehr flötend.

Ähnliche Arten: Im Gegensatz zum Schwarzkehlchen reicht bei Männchen der weiße Halsseitenfleck bis zum Hinterkopf und beim Weibchen ist der Bürzelbereich immer ungefleckt.

Steinschmätzer *Oenanthe oenanthe oenanthe* und *O. o. leucorhoa* („Grönländischer Steinschmätzer“)

(→ 570)

J F M A M J J A S O N D

En: Northern Wheatear
Fr: Traquet motteux
Es: Collalba Gris
It: Culbianco

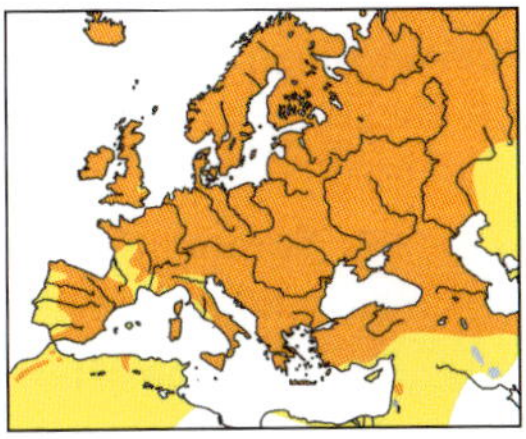

In Mitteleuropa häufigster Steinschmätzer mit für die Gruppe charakteristischer Schwanzfärbung und ocker bis beige gefärbter, ungezeichneter Kehle und Brust (nur bei Jungvögeln grau geschuppt).

Status: Unterart *oenanthe* ist nur regional auftretender, regelmäßiger Brutvogel, andernorts regelmäßiger Durchzügler. Unterart *leucorhoa* ist regelmäßiger Durchzügler, v. a. an der Nordseeküste.

Kleider: Das Brutkleid der adulten Männchen mit grauer Oberseite, schwarzer Gesichtsmaske und grauschwarzen Oberflügeln entsteht durch Abnutzung aus dem frischen Gefieder im Herbst, das bei Männchen oberseits bräunlich, mit weniger deutlicher Maske und hell geränderten Schwungfedern und Flügeldecken ist. Ad. Weibchen ohne Gesichtsmaske und mit vorne beigem statt weißem Überaugenstreif. Im Jugendkleid graubraun, Rücken und Brust gefleckt.

Stimme: Gesang kurz, schnell schwätzend und ohne rhythmische Wiederholungen, mit knatternd harten Elementen und Pfeiftönen vor allem am Strophenanfang. Ruft bei Beunruhigung hölzern „tk tk…“ mit gelegentlichem weichem „fid“.

Ähnliche Arten: Siehe Isabellsteinschmätzer, Weibchen und Jungvögel ähneln auch denen anderer Steinschmätzerarten. Der weiße Überaugenstreif (manchmal nur über und hinter dem Auge) ist oft ein gutes Erkennungsmerkmal.

Isabellsteinschmätzer *Oenanthe isabellina*

(→ 569)

seltener Gastvogel

En: Isabelline Wheatear
Fr: Traquet isabelle
Es: Collalba Isabel
It: Culbianco isabellino

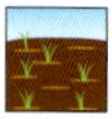

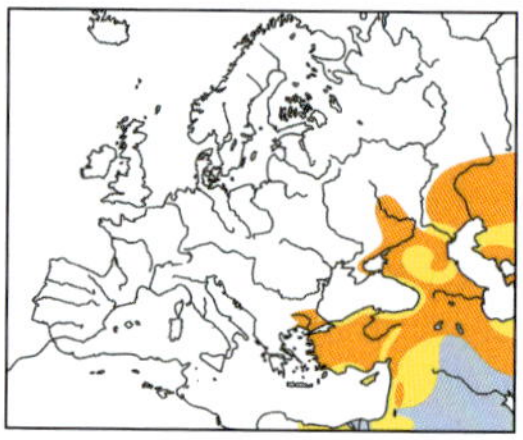

Sehr heller Steinschmätzer mit höchstens einem kleinen schwarzen Zügelstrich, aber ohne Maske.

Status: Seltener Gast aus Kleinasien, Arabien und östlich davon.

Kleider: Geschlechter nahezu gleich, Zügelstreif bei Männchen oft dunkler. Schwarzes Endband des Schwanzes in allen Kleidern breit.

Stimme: Kurz verklingende, gepfiffene Strophen, häufige Imitationen.

Ähnliche Arten: Weibchen und Jungvögel des Steinschmätzers sehen sehr ähnlich aus, siehe Fotos.

Wüstensteinschmätzer

Oenanthe deserti (→ 571)

seltener Gastvogel

En: Desert Wheatear
Fr: Traquet du désert
Es: Collalba Desértica
It: Monachella del deserto

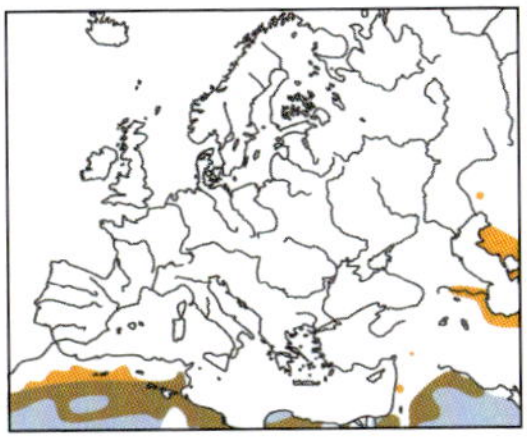

Steinschmätzer mit weißem Bürzel, fast schwarzem Schwanz und dunklen Unterflügeldecken.

Status: Seltener Gast aus Nordafrika, Kleinasien, Arabien und östlich davon.

Kleider: Adulte Männchen mit schwarzer Kehle und schwarzen Wangen, Weibchen und Jungvögel mit brauner, bei ad. Weibchen manchmal grauer Kehle.

Stimme: Flötend verklingende, kurze Strophen. Nicht so hart wie die Gesänge der anderen Steinschmätzer.

Ähnliche Arten: Weibchen und Jungvögel ähneln denjenigen anderer Steinschmätzerarten, siehe Fotos.

Zypernsteinschmätzer

Oenanthe cypriaca (→)

Ausnahmegast

En: Cyprus Wheatear
Fr: Traquet de Chypre
Es: Collalba Chipriota
It: Monachella di Cipro

Sehr ähnlich Nonnensteinschmätzer.

Status: Ausnahmegast aus dem östlichsten Mittelmeerraum.

Stimme: Abweichend von anderen Steinschmätzergesängen bestehen die Strophen aus anhaltenden monotonen Phrasen von heuschreckenartigem Wetzen wie „zri-zri-zri…“ oder „dsid-dsid-dsid…“.

Maurensteinschmätzer

Oenanthe [hispanica] hispanica (→ 572)

seltener Gast

En: Western Black-eared Wheatear
Fr: Traquet oreillard
Es: Collalba rubia
It: Monachella

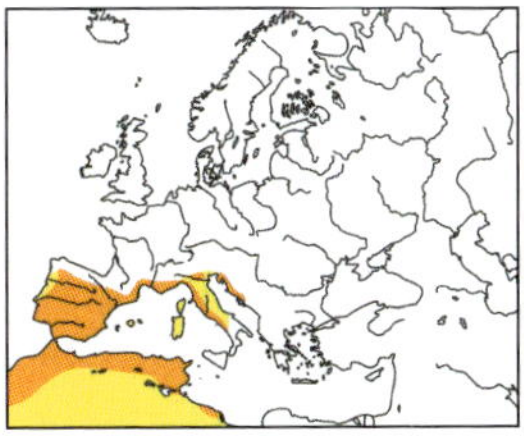

Im Prachtkleid weiß, ocker und schwarz gefärbter Steinschmätzer, sehr ähnlich Balkansteinschmätzer, aber südwestlich verbreitet.

Status: Seltener Gast aus dem westlichen Mittelmeerraum.

Kleider: Ad. Männchen in hellkehliger und in schwarzkehliger Morphe, aber mindestens mit schwarzer Augenmaske. Ad. Weibchen ohne deutliche Augenmaske, im Prachtkleid mit dunklen Flügeln. Im Schlichtkleid Weibchen einfarbig hellbraun bis braunorange.

Stimme: Gesang besteht aus kurzen, schnell gesungenen, hart klingenden, „explosiven" Strophen, meist von erhöhter Warte aus vorgetragen.

Ähnliche Arten: Balkansteinschmätzer ist oberseits weniger intensiv ockerbraun gefärbt, sondern ist dort braun mit Graustich bzw. beim Männchen im Prachtkleid deutlich blasser oder weiß.

Balkansteinschmätzer

Oenanthe [hispanica] melanoleuca (→ 573)

seltener Gast

En: Eastern Black-eared Wheatear
Fr: Traquet noir et blanc
Es: Collalba Rubia Oriental
It: Monachella orientale

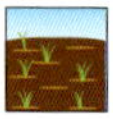

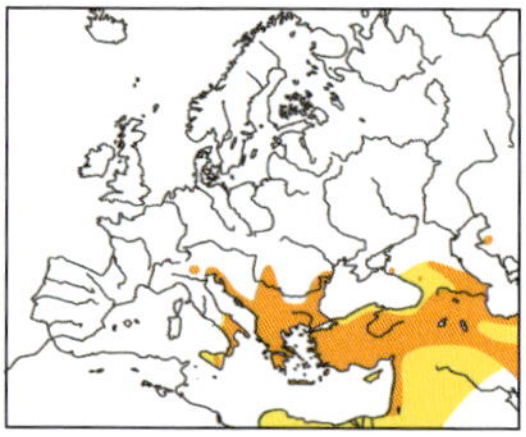

Im Prachtkleid weiß, ocker und schwarz gefärbter Steinschmätzer, sehr ähnlich Maurensteinschmätzer, aber südöstlich verbreitet.

Status: Seltener Gast aus dem östlichen Mittelmeerraum.

Kleider: Verhältnisse bei Kleidern analog Maurensteinschmätzer.

Stimme: Wartengesang aus explosiven Kurzstrophen, häufig mit vorgesetzten einsilbigen Fremdimitationen wie Schwalbenrufen.

Ähnliche Arten: Siehe Maurensteinschmätzer.

Nonnensteinschmätzer

Oenanthe [hispanica] pleschanka (→ 574)

seltener Gast

En: Pied Wheatear
Fr: Traquet pie
Es: Collalba pía
It: Monachella dorsonero

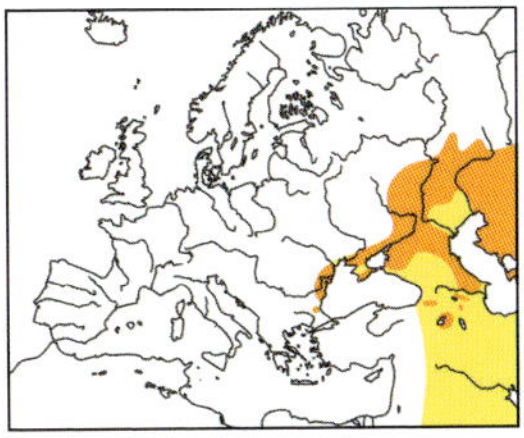

Ein Steinschmätzer, bei dem im Adultkleid des Männchens Rücken, Flügel, Wangen und Kehle einheitlich schwarz sind (Ausnahme: weißkehlige Variante). Weibchen überwiegend düster grau.

Status: Seltener Gast aus Kleinasien, Arabien und östlich davon.

Kleider: Ad. Männchen in seltener hellkehliger und in schwarzkehliger Variante, aber mindestens mit schwarzer Augenmaske. Ad. Weibchen ohne deutliche Augenmaske. Im Schlichtkleid Weibchen einfarbig düster graubraun, oberseits zunächst feines helles Wellenmuster.

Stimme: Wartengesang aus kurzen, laut ausbrechenden Schmätzerstrophen.

Ähnliche Arten: Der sehr ähnliche Zypernsteinschmätzer hat geringfügig weniger ausgeprägtes Weiß am Bürzel und kürzere Flügelspitzen (relativ zur Schwanzlänge erkennbar).

Saharasteinschmätzer

Oenanthe leucopyga (→ 567)

Ausnahmegast

En: White-crowned Wheatear
Fr: Traquet à tête blanche
Es: Collalba Yebélica
It: Monachella nera testabianca

Überwiegend schwarzer Steinschmätzer mit fast weißem Schwanz und weißem Unterbauch, Adulte außerdem mit weißer Kappe.

Status: Ausnahmegast aus Nordafrika und Arabien.

Wasseramsel *Cinclus cinclus cinclus* („Nordische Wasseramsel“) und *C. c. aquaticus* (→ 522)

J F M A M J J A S O N D

En: White-throated Dipper
Fr: Cincle plongeur
Es: Mirlo-acuático Europeo
It: Merlo acquaiolo

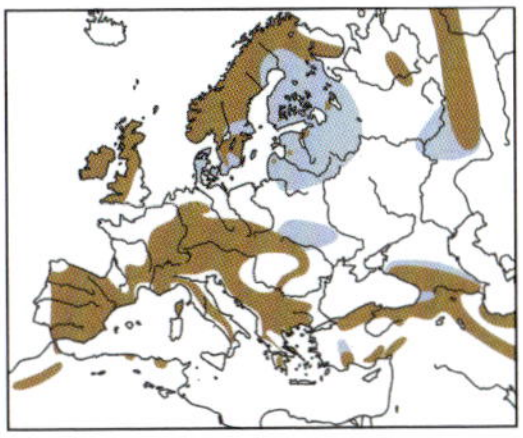

Rundlicher, knapp amselgroßer Vogel mit weißer Kehle und kurzem Schwanz.

Status: Unterart *aquaticus* regelmäßiger, ganzjährig anwesender Brutvogel, außerdem regelmäßiger Wintergast; Unterart *cinclus* unregelmäßiger Wintergast (brütet in Fennoskandien).

Kleider: Geschlechter gleich, Unterart *aquaticus* überwiegend rotbraun, *cinclus* mehr graubraun. Im Jugendkleid grau mit dunklem Wellenmuster auf Rücken und Unterseite.

Stimme: Der Gesang besteht aus einem kontinuierlichen, durchdringenden, wenig flüssigen Schwätzen mit vielen Trillerelementen. Ruft beim Flug über dem Gewässer typisch scharf „zerrb“.

Ähnliche Arten: Vor allem im Lebensraum an Fließgewässern unverwechselbar.

Haussperling

Passer [domesticus] domesticus (→ 583)

J | F | M | A | M | J | J | A | S | O | N | D

En: House Sparrow
Fr: Moineau domestique
Es: Gorrión Común
It: Passera Europea

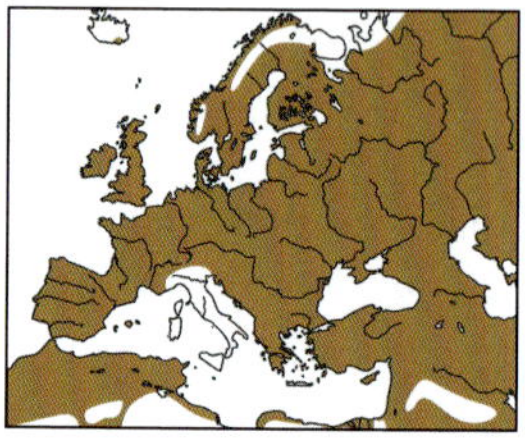

Mittelgroßer Sperling mit schmutzig grauer und – abgesehen vom ausgedehnten Kehllatz adulter Männchen – kaum gemusterter Unterseite.

Status: Regelmäßiger, ganzjährig anwesender Brutvogel.

Kleider: Männchen im Prachtkleid mit hellem Wangenfeld, braunen Schläfen, grauer Kappe und schwarzem Kehllatz. Im Schlichtkleid weniger kontrastreich. Adulte Weibchen mit graubraunem Oberkopf und ohne schwarzen Kehllatz. Jugendkleid ähnlich adultem Weibchen, aber Kopf noch weniger kontrastreich und Schnabel rosastichig.

Verhaltensweisen: In der Gruppe hüpfen Männchen manchmal mit hängenden Flügeln und steil gestelztem Schwanz umher.

Stimme: Männchen rufen in Nestnähe das klassische „tschilp" als Gesang, außerdem haben Haussperlinge vielfältige Rufe wie „tschui", „dsche-dsche" oder ein weiches „wäd".

Ähnliche Arten: Weibchen von Italien- und Haussperling lassen sich äußerlich nicht sicher unterscheiden, allerdings kommen Italiensperlinge nur südlich des Alpenhauptkammes vor. Männchen sind durch den grauen Oberkopf und die schmutzig weißen Wangen gut von allen anderen Sperlingen unterscheidbar.

Italiensperling *Passer italiae* (→ 582)

Brutvogel an wenigen Orten

En: Italian Sparrow
Fr: Moineau cisalpin
Es: Gorrión italiano
It: Passera d'Italia

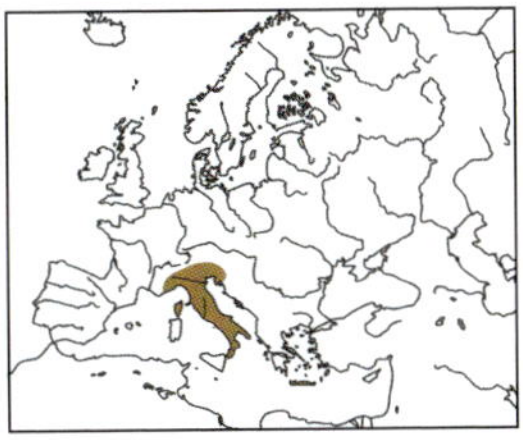

Mittelgroßer, dem Haussperling sehr ähnlicher Sperling, bei dem die Männchen aber eine komplett rotbraune Kappe tragen.

Status: Lokaler Brutvogel im Wallis, Engadin und in Kärnten. Ausnahmegast nördlich des Alpenhauptkammes.

Kleider: Männchen im Prachtkleid mit rotbrauner Kappe, weißem Wangenfeld und schwarzem Kehllatz. Adulte Weibchen und Vögel im Jugendkleid sehr ähnlich Weibchen und Jungvögeln des Haussperlings.

Stimme: Lautäußerungen wie Haussperling. Auch der Gesang klingt übereinstimmend, entweder aus nur einem wiederholten Element bestehend oder variabel.

Ähnliche Arten: Weibchen von Italien- und Haussperling lassen sich äußerlich nicht sicher unterscheiden. Wegen Männchen siehe Feldsperling.

Weidensperling

Passer [domesticus] hispaniolensis (→ 584)

Ausnahmegast

En: Spanish Sparrow
Fr: Moineau espagnol
Es: Gorrión Moruno
It: Passera sarda

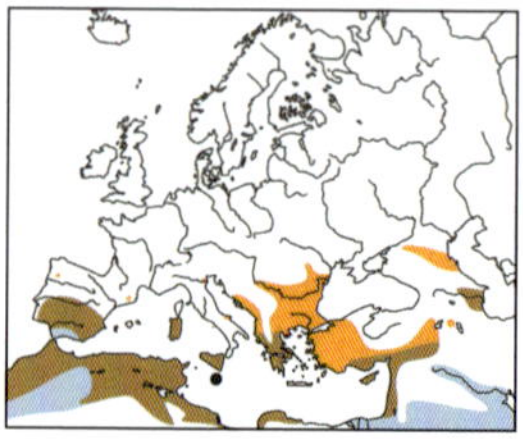

Mittelgroßer Sperling, Männchen mit brauner Kappe, deutlichem Überaugenstreif und sehr kräftiger dunkler Strichelung an Brust und Rücken.

Status: Ausnahmegast aus dem Mittelmeerraum, vom Balkan, aus dem Schwarzmeergebiet und aus Kleinasien.

Kleider: Männchen im Prachtkleid mit rotbrauner Kappe und kräftiger schwarzer Musterung an Kehle und Bauch. Im Schlichtkleid weniger kontrastreich und weniger schwarz. Adulte Weibchen und Vögel im Jugendkleid sehr ähnlich Weibchen und Jungvögeln des Haussperlings.

Stimme: Die Männchen äußern in Nestnähe anhaltenden Gesang „tschilüp -tschilüp..." oder Variationen davon, oft zweisilbig. Ansonsten sind die Rufe nicht von denen des Haussperlings zu unterscheiden.

Ähnliche Arten: Weibchen kaum vom Haussperling unterscheidbar, Männchen durch die dunkle Unterseitenstrichelung nicht zu verwechseln.

Feldsperling *Passer montanus* (→ 581)

J F M A M J J A S O N D

En: Eurasian Tree Sparrow
Fr: Moineau friquet
Es: Gorrión Molinero
It: Passera mattugia

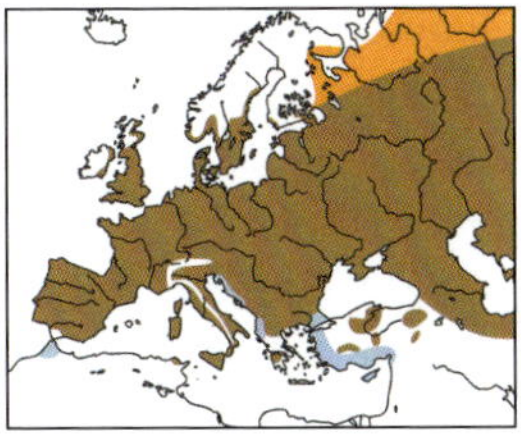

Kleiner Sperling, im Adultkleid mit kastanienbrauner Kappe und dunklem Fleck in weißem Wangenfeld.

Status: Regelmäßiger Brutvogel, Durchzügler und Wintergast.

Kleider: Geschlechter gleich. Im Jugendkleid mit grau verwaschenem Wangenfeld mit undeutlichem Ohrfleck.

Stimme: Ein häufiger Beunruhigungsruf ist das typische, harte, hölzerne „tek-tek-tek...". Ferner sind auch die gereihten „dschäd"- Rufe anders als beim Haussperling. Gesangselemente trockener und kürzer.

Ähnliche Arten: Männliche Italien- und Weidensperlinge haben ebenfalls eine braune Kappe, aber deutlich ausgedehnteres Schwarz an Kehle und Brust und keinen Wangenfleck.

Steinsperling *Petronia petronia* (→ 579)

Ausnahmegast

En: Rock Sparrow
Fr: Moineau soulcie
Es: Gorrión Chillón
It: Passera lagia

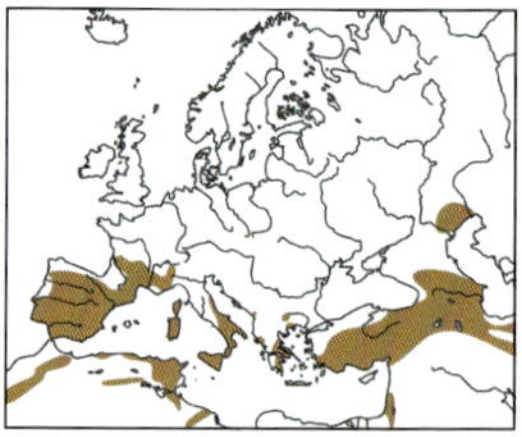

Großer, kräftiger Sperling mit dickem Schnabel, deutlichem Überaugenstreif und im Adultkleid einem (oft nicht sichtbaren) kleinen gelben Kehlfleck.

Status: Ausnahmegast, in Mitteleuropa als Brutvogel ausgestorben.

Kleider: Geschlechter gleich. Im Jugendkleid ähnlich gefärbt, aber auf dem Rücken deutlicher gestreift und Kopfstreifen stärker kontrastierend.

Stimme: Der Gesang besteht aus einer Reihe nasal hochgezogener Elemente wie „bäidlid". Ähnlich nasal hochgezogen klingt auch der charakteristische Ruf „bäi" oder „bäije".

Ähnliche Arten: Die markante Kopfstreifung (siehe Fotos) unterscheidet den Steinsperling von allen anderen europäischen Sperlings- und Finkenarten.

Schneesperling (Schneefink)

Montifringilla [nivalis] nivalis (→ 580)

Brutvogel an wenigen Orten

2

En: White-winged Snowfinch
Fr: Niverolle alpine
Es: Gorrión Alpino
It: Fringuello alpino

Sehr großer Sperling mit markantem schwarz-weißem Flügelmuster und weißer Unterseite.

Status: Regelmäßiger Brutvogel der Hochalpen, sonst Ausnahmeerscheinung.

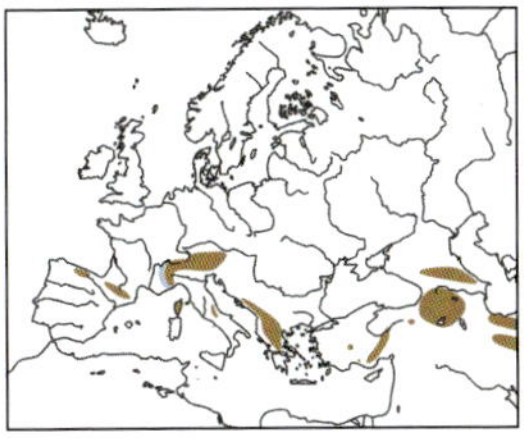

Kleider: Geschlechter fast gleich, adulte Weibchen etwas matter gefärbt. Im Prachtkleid Schnabel schwarz und deutlicher schwarzer Kehllatz, im Schlichtkleid Kehllatz undeutlich und Schnabel gelblich. Jugendkleid sehr ähnlich Schlichtkleid.

Stimme: Der Gesang ist ein sperlingsartiges Tschilpen, das aber in verschiedenen Klangfarben in langsamem Rhythmus zu Strophen aneinandergereiht wird. Kurz vor Abflug ist der Ruf „zjä" typisch.

Ähnliche Arten: Anhand der Flügelzeichnung unverwechselbar.

Alpenbraunelle *Prunella collaris* (→ 575)

Brutvogel an wenigen Orten

En: Alpine Accentor
Fr: Accenteur alpin
Es: Acentor Alpino
It: Sordone

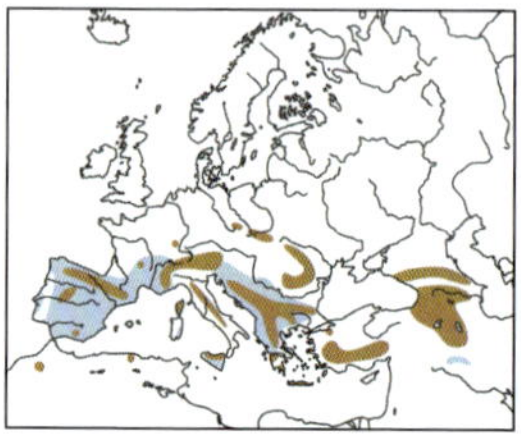

Sperlingsähnlicher Singvogel, jedoch mit dünnem Schnabel, rotbraunen Flanken und deutlichen weißen Spitzen der Flügeldecken.

Status: Seltener Brutvogel, nur in den Alpen und lückig im Karpatenbogen, sonst seltener Gast.

Kleider: Geschlechter gleich. Im Jugendkleid Kehle einfarbig grau und Unterseite bräunlich gefleckt.

Stimme: Der Gesang ist ein kontinuierliches, nicht zu schnell vorgetragenes Schwätzen, ohne den silberhellen Klang der Heckenbraunelle, dafür mit tieferen Trillerelementen und Motivwiederholungen.

Ähnliche Arten: Siehe Heckenbraunelle.

Bergbraunelle *Prunella montanella* (→ 577)

Ausnahmegast

En: Siberian Accentor
Fr: Accenteur montanelle
Es: Acentor siberiano
It: Passera scopaiola asiatica

Kleine Braunelle mit völlig ungezeichneter, gelbockerfarbener Kehle und ebenso gefärbtem, dickem Überaugenstreif.

Status: Ausnahmegast aus Ostasien.

Schwarzkehlbraunelle
Prunella atrogularis (→ 578)

Ausnahmegast

En: Black-throated Accentor
Fr: Accenteur à gorge noire
Es: Acentor gorjinegro
It: Passera scopaiola golanera

Ähnlich Bergbraunelle, aber mit meist dunkler, mindestens aber dunkel gemusterter Kehle.

Status: Ausnahmegast aus Zentralasien.

Heckenbraunelle *Prunella modularis* (→ 576)

En: Dunnock
Fr: Accenteur mouchet
Es: Acentor Común
It: Passera scopaiola

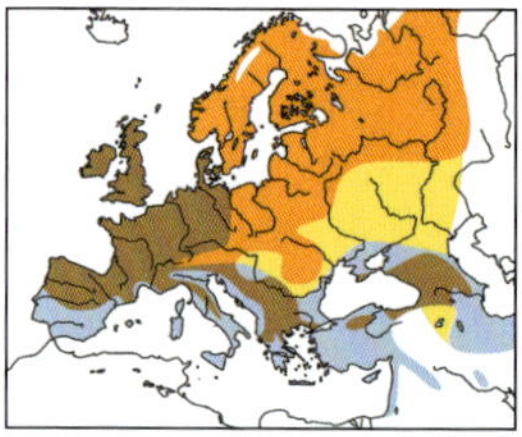

Sperlingsähnlicher Singvogel, jedoch mit dünnem Schnabel, starker Strichelung fast am ganzen Körper und im Adultkleid grauem Kopf und grauer Kehle.

Status: Regelmäßiger Brutvogel, Durchzügler und gelegentlicher Wintergast.

Kleider: Geschlechter fast gleich, Männchen oft etwas kräftiger gefärbt. Im Jugendkleid am ganzen Körper dunkel gestrichelt.

Stimme: Der Gesang besteht aus sehr schnell vorgetragenen Strophen mit silberhellem Klang und feinen Trillern. Im Flug, auch auf dem Zug, werden gleichmäßige, klingelnde „dididi"-Rufe geäußert.

Ähnliche Arten: Alpenbraunelle ist etwas größer und hat rotbraune Flanken, eine schwarze Bänderung an der Kehle und deutlich größere weiße Spitzen an den Flügeldecken.

Schafstelze (Wiesenschafstelze)

Motacilla [flava] flava (→ 590)

En: Western Yellow Wagtail
Fr: Bergeronnette printanière
Es: Lavandera Boyera
It: Cutrettola

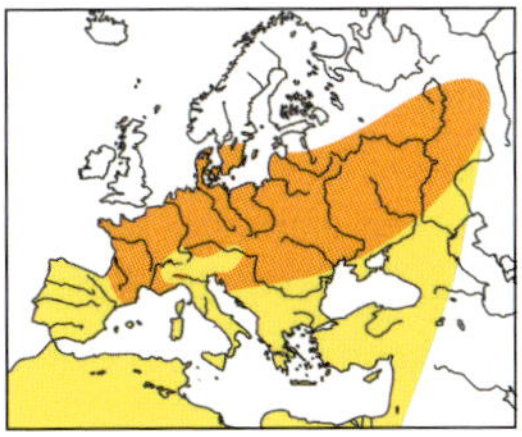

Schafstelze mit gelbem Bauch, Männchen im Prachtkleid mit grauem Kopf und deutlichem weißem Überaugenstreif.

Status: Regelmäßiger Gast, regelmäßiger Brutvogel im Tiefland, nach Süden zu abnehmend, im Alpenvorland seltener Brutvogel.

Kleider: Männchen mit grauem Kopf, meist deutlichem weißem Überaugenstreif und gelber Kehle. Weibchen viel blasser gefärbt. Im Jugendkleid fast ohne Gelb und mit dunkler Umrandung des Kehllatzes.

Verhaltensweisen: Wippt häufig mit dem Schwanz.

Stimme: Während der Gesang unauffällig ist, machen die Vögel durch scharfe, einsilbige „psie"-Rufe oft auf sich aufmerksam, die aber selbst beim Individuum variieren können.

Ähnliche Arten: Die Unterscheidung der verschiedenen gelben Stelzenarten erfolgt am besten anhand der Kopfzeichnung der adulten Männchen.

Gelbkopf-Schafstelze

Motacilla [flava] flavissima (→ 591)

Brutvogel an wenigen Orten

En: Yellow-headed Wagtail
Fr: Bergeronnette printanière flavéole
Es: Lavandera Boyera Inglesa
It: Cutrettola (flavissima)

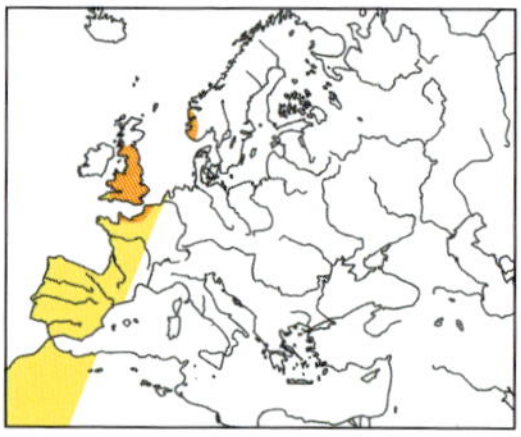

Schafstelze mit gelbem Bauch, Männchen im Prachtkleid mit gelbbraun gemustertem Kopf und deutlichem gelbem Überaugenstreif.

Status: Seltener Brutvogel an der Nordseeküste, regelmäßiger Durchzügler im Küstengebiet, seltener Gast im Binnenland.

Kleider: Geschlechter fast gleich, aber Männchen vor allem am Kopf mehr und kräftiger gelb gefärbt. Im Jugendkleid fast ohne Gelb und mit dunkler Umrandung des Kehllatzes.

Ähnliche Arten: Zur Unterscheidung der verschiedenen Schafstelzenarten siehe Fotos.

Aschkopf-Schafstelze

Motacilla [flava] cinereocapilla (→ 594)

Brutvogel an wenigen Orten

En: Ashy-headed Wagtail
Fr: Bergeronnette à tête cendrée
Es: Lavandera Boyera Italiana
It: Cutrettola capocenerino

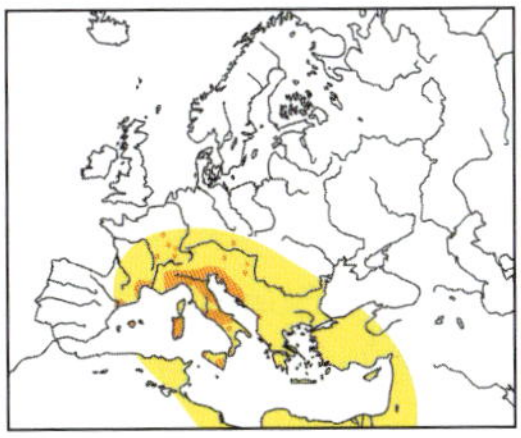

Schafstelze mit gelbem Bauch, Männchen im Prachtkleid mit weitgehend einheitlich grauem Kopf und mit weißer Kehle.

Status: Vereinzelter Brutvogel im Wallis und Tessin, selten auch Mischpaare mit Wiesenschafstelze. Seltener Gast im Süden, sonst Ausnahmeerscheinung.

Kleider: Männchen mit gelber Unterseite und weißer Kehle, Weibchen und Vögel im Jugendkleid sehr ähnlich Wiesenschafstelze.

Stimme: Typischer Ruf eher zweisilbig „tsieri" oder „zissi", andere Rufe jedoch wohl ähnlich Wiesenschafstelze.

Ähnliche Arten: Zur Unterscheidung der verschiedenen Schafstelzenarten siehe Fotos.

Maskenschafstelze

Motacilla [flava] feldegg (→ 595)

Gastvogel

2

En: Black-headed Wagtail
Fr: Bergeronnette à tête noire
Es: Lavandera Boyera Balcánica
It: Cutrettola capinera

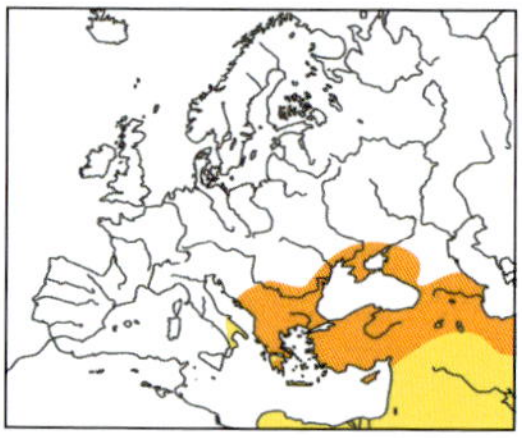

Schafstelze mit gelbem Bauch, Männchen im Prachtkleid mit weitgehend einheitlich schwarzem Kopf ohne Überaugenstreif und mit gelber Kehle.

Status: Im Süden häufigerer, regelmäßiger Gast und Durchzügler.

Kleider: Männchen mit schwarzem Kopf und Nacken sowie gelber Unterseite, Weibchen ähnlich, aber insgesamt grauer. Im Jugendkleid ähnlich Wiesenschafstelze.

Stimme: Der Ruf ist etwas härter als bei der Wiesenschafstelze und klingt mehr wie „psia“, auch abwechselnd wie „psie“.

Ähnliche Arten: Zur Unterscheidung der verschiedenen Schafstelzenarten siehe Fotos.

Thunberg-Schafstelze

Motacilla [flava] thunbergi (→ 592)

Gastvogel

En: Grey-headed Wagtail
Fr: Bergeronnette à tête grise
Es: Lavandera Boyero Escandinava
It: Cutrettola caposcuro

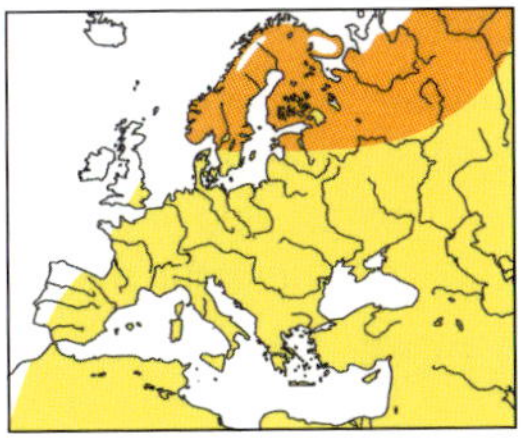

Schafstelze mit gelbem Bauch, Männchen im Prachtkleid mit weitgehend einheitlich grauem Kopf ohne Überaugenstreif und mit gelber Kehle. Augenmaske häufig dunkel abgesetzt.

Status: Regelmäßiger Durchzügler und Gast.

Kleider: Verhältnisse bei den Kleidern ähnlich Maskenschafstelze.

Stimme: Rufe wechseln zwischen „psü“ und klar zweisilbigem „tsüßi“.

Ähnliche Arten: Zur Unterscheidung der verschiedenen Schafstelzenarten siehe Fotos.

Zitronenstelze *Motacilla citreola* (→ 588)

Brutvogel an wenigen Orten

2

En: Citrine Wagtail
Fr: Bergeronnette citrine
Es: Lavandera Cetrina
It: Cutrettola testagialla orientale

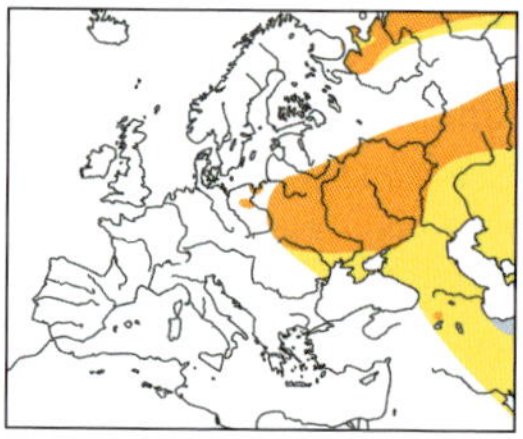

In den meisten Kleidern an Kopf und Brust ausgedehnt gelb gefärbte Stelze mit zwei breiten weißen Flügelbinden.

Status: Seltener Brutvogel in Nordostpolen, auch Einzelbruten weiter westlich. Ansonsten seltener Gast.

Kleider: Männchen im Prachtkleid an Kopf und Brust leuchtend gelb mit schwarzem Nacken, im Schlichtkleid wie Weibchen matter gelb und mit dunklem Kopfmuster. Im Jugendkleid grau und graubraun mit auffälligen weißen Flügelbinden.

Stimme: Ruft rauer als die Schafstelzen, z. B. „zri" oder „sriip", daneben gibt es aber auch bachstelzenartige Rufe.

Ähnliche Arten: Männchen durch gelben Kopf unverwechselbar. Weibchen und Jungvögel am sichersten durch helle Ohrumrandung und durch die zwei breiten Flügelbinden von anderen Stelzen unterscheidbar.

Gebirgsstelze *Motacilla cinerea* (→ 585)

J F M A M J J A S O N D

2

En: Grey Wagtail
Fr: Bergeronnette des ruisseaux
Es: Lavandera Cascadeña
It: Ballerina gialla

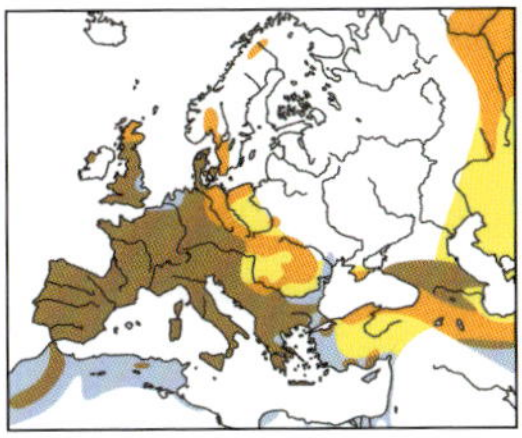

Sehr langschwänzige Stelze mit grauer Oberseite und Gelb mindestens in den Unterschwanzdecken.

Status: Im Süden flächig und im Norden und Osten teilweise lückig verbreiteter Brutvogel, regelmäßiger Durchzügler und gelegentlich Überwinterer.

Kleider: Männchen im Prachtkleid mit schwarzem Kehllatz und gelber Unterseite, Weibchen im Prachtkleid unten blassgelb und mit grauem Kehllatz. Im Schlicht- und Jugendkleid Kehle weißlich und nur Schwanzdecken gelblich.

Verhaltensweisen: Wippt besonders stark mit dem Schwanz, oft unterstützt durch Beinknicksen mit dem ganzen Hinterkörper.

Stimme: Der Gesang besteht aus in Abständen wiederholten kurzen Strophen aus spitzen, hohen Elementen „zi-zi-zi-zi-züwri" oder auch kurz „zizizi". Der Ruf ist scharf ein- bis viersilbig „ziss-zississ".

Ähnliche Arten: Männchen können aufgrund der gelben Brust mit Zitronen- und Schafstelzen verwechselt werden, haben dann jedoch eine schwarze Kehle. Weibchen haben im Unterschied zu anderen gelben Stelzen einheitlich grauen Rücken und Kopf mit deutlichem weißem Überaugenstreif.

Bachstelze *Motacilla [alba] alba* (→ 586)

En: White Wagtail
Fr: Bergeronnette grise
Es: Lavandera Blanca
It: Ballerina bianca

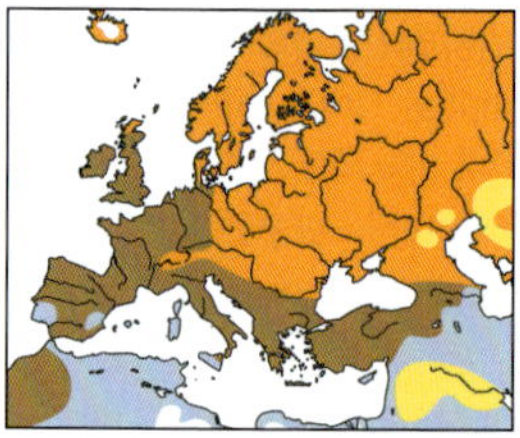

Schwarz, grau und weiß gefärbte, etwa sperlingsgroße Stelze.

Status: Regelmäßiger Brutvogel und Durchzügler, gelegentlicher Überwinterer.

Kleider: Männchen im Prachtkleid mit scharfem Kontrast zwischen grauem Rücken und schwarzer Kapuze, beim Weibchen ist diese Kante diffus. Im Schlichtkleid Kopf grau und weiß, aber relativ scharf begrenzter schwarzer Kehllatz. Im Jugendkleid Kopf und Kehllatz verwaschen graubraun.

Verhaltensweisen: Wippt häufig mit dem Schwanz.

Stimme: Gesang ist anhaltend zwitschernd. Daneben vielfältige mehrsilbige Rufe wie „zilipp", „zititip" oder „ziwitt".

Ähnliche Arten: Unter den anderen Stelzen fehlt lediglich noch der viel dunkleren Trauerbachstelze und der jungen Zitronenstelze jegliches Gelb im Gefieder. Letztere ist aber mehr bräunlich und am Kopf viel kontrastärmer gezeichnet als die Bachstelze.

Trauerbachstelze

Motacilla [alba] yarrellii (→ 587)

Ausnahmegast

En: Pied Wagtail
Fr: Bergeronnette de Yarrell
Es: Lavandera de Yarrell
It: Ballerina nera

Schwarz, grau und weiß gefärbte Stelze, die viel dunkler (im Prachtkleid ausgedehnter schwarz) gefärbt ist als die Bachstelze.

Status: Brutvogel auf den Britischen Inseln. Seltener Durchzügler an der Nordseeküste, seltener Gast im Binnenland.

Kleider: Männchen im Prachtkleid mit schwarzem Rücken, bei Weibchen dunkelgrau. Männchen im Schlichtkleid oberseits immer noch sehr dunkel, aber schwarzer Kehlbereich kleiner. Jugendkleid ähnlich Bachstelze.

Stimme: Unterschiede zur Bachstelze sind nicht bekannt.

Ähnliche Arten: Von der Bachstelze durch die beim Männchen schwarz glänzende und beim Weibchen dunkelgraue Oberseite unterscheidbar.

Neben dem Ruf und der Färbung von Kopf, Brust, Flanken und Flügeldecken sind Proportionen, zum Beispiel die Beinlänge und die Länge der Hinterkralle, wertvolle Merkmale bei der Bestimmung von Piepern.

Spornpieper *Anthus richardi* (→ 596)

seltener Durchzügler

2

En: Richard's Pipit
Fr: Pipit de Richard
Es: Bisbita de Richard
It: Calandro maggiore

Großer, langbeiniger Pieper mit sehr langer Hinterkralle und einer der Feldlerche sehr ähnlichen Kopfzeichnung. Kräftiger Schnabel wirkt beinahe drosselartig.

Status: Seltener Durchzügler aus Ostasien, vor allem im Herbst an den Küsten.

Kleider: Geschlechter gleich, im Jugendkleid Oberseite mit dunkleren Stricheln und Mittlere Armdecken und Schirmfedern mit schmalen weißen Säumen.

Stimme: Typisch sind die leicht trillernden Rufe wie „pschrü", „tschri" oder „tschjä".

Ähnliche Arten: Sehr ähnlich Steppenpieper und junge Brachpieper, siehe Fotos.

Steppenpieper *Anthus godlewskii* (→ 597)

Ausnahmegast

En: Blyth's Pipit
Fr: Pipit de Godlewski
Es: Bisbita Estepario
It: Calandro di Blyth

Etwas kleiner als der sehr ähnliche Spornpieper und mit schlankerem und kürzerem Schnabel.

Status: Ausnahmegast aus dem zentralen und südlichen Asien.

Brachpieper *Anthus campestris* (→ 598)

J F M A M J J A S O N D

En: Tawny Pipit
Fr: Pipit rousseline
Es: Bisbita Campestre
It: Calandro

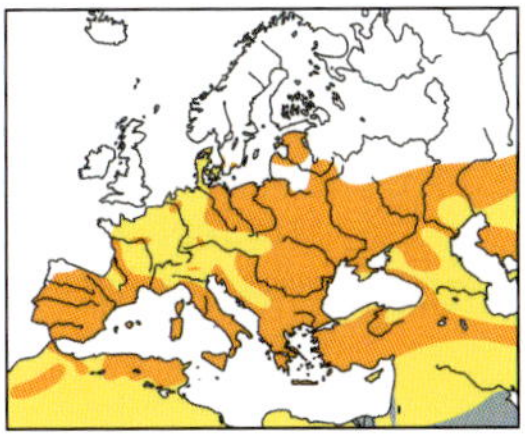

Großer, langschwänziger Pieper mit blass und schwach ausgeprägter Musterung auf dem Rücken und an den Flanken (nur im Jugendkleid stärker gefleckt).

Status: Seltener Brutvogel vor allem im Osten, sonst nur lokal, seltener Durchzügler.

Kleider: Geschlechter gleich. Im Jugendkleid oberseits kräftig dunkel gefleckt.

Stimme: Ruft beim Abflug in Reihen „zrl zr zip…“ oder „zip zip …“, außerdem Rufe, die an Sperlingstschilpen oder Lerchenrufe erinnern.

Ähnliche Arten: Sporn- und Steppenpieper sehen jungen Brachpiepern sehr ähnlich. Durch die blasse Oberseiten- und Flankenfärbung als Altvogel kaum mit einer anderen in Mitteleuropa auftretenden Pieperart zu verwechseln.

Wiesenpieper *Anthus pratensis* (→ 603)

En: Meadow Pipit
Fr: Pipit farlouse
Es: Bisbita Pratense
It: Pispola

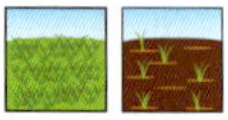

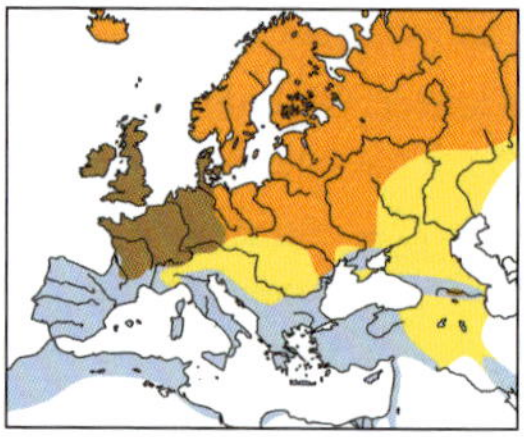

Eher kleiner Pieper mit kräftiger Brust- und Flankenstrichelung und schlankem, gelblichem Schnabel.

Status: Regelmäßiger Brutvogel, südlich der Mittelgebirge eher inselartig verbreitet. Regelmäßiger Wintergast, vor allem im Nordwesten.

Kleider: Geschlechter gleich, im Jugendkleid erreicht die Strichelung der Bauchseite die Flanken nicht.

Stimme: Der typische Fluggesang besteht aus langen Strophen, die sich aus unterschiedlichen Elementen zusammensetzen und oft mit anhaltendem „tchip-tchip…“ beim Aufstieg eingeleitet werden und mit einem tonalen „si-si-si-si…“ bei Landeanflug und nach der Landung enden. Typischer Ruf beim Abflug „ist-ist“.

Ähnliche Arten: Baum- und Wiesenpieper sind leicht zu verwechseln. Am besten am Ruf zu unterscheiden, siehe aber auch Baumpieper.

Baumpieper *Anthus trivialis* (→ 600)

J F M A M J J A S O N D

En: Tree Pipit
Fr: Pipit des arbres
Es: Bisbita Arbóreo
It: Prispolone

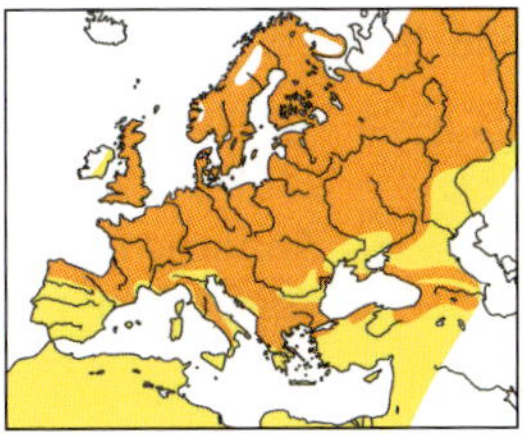

Eher kleiner Pieper mit kräftiger Brust-, aber dünnerer Flankenstrichelung, eher kräftigem, an der Basis rosafarbenem Schnabel und kurzer, gekrümmter Hinterkralle.

Status: Regelmäßiger Brutvogel und Durchzügler.

Kleider: Geschlechter gleich, Jugendkleid ähnlich Adultkleid.

Stimme: Typischer Fluggesang mit längeren Strophen aus je mehreren verschieden langen Phrasen. Kurz vor der Landung typisches, verlangsamendes „zia-zija-ziija..." oder „sie-sie siie". Flugruf ist ein unreines, etwas abwärts gezogenes „psie".

Ähnliche Arten: Baumpieper haben etwas kräftigere, mehr rosa- als gelbfarbene Schnäbel und eine dünnere Flankenstrichelung als Wiesenpieper.

Waldpieper *Anthus hodgsoni* (→ 601)

seltener Durchzügler

En: Olive-backed Pipit
Fr: Pipit à dos olive
Es: Bisbita de Hodgson
It: Prispolone indiano

Eher kleiner, an einen Baumpieper erinnernder Pieper mit deutlichem weißem Überaugenstreif und schwarz-weißem Ohrfleck.

Status: Unterart *yunnanensis* aus Ostasien ist sehr seltener Durchzügler an den Küsten

Kleider: Geschlechter gleich, Jugendkleid ähnlich Adultkleid.

Stimme: Die Flugrufe klingen leicht heiser absinkend und etwas gedehnt wie „psie", ähnlich wie beim Baumpieper, aber etwas reiner.

Ähnliche Arten: Baumpieper können gelegentlich eine sehr ähnliche Kopfzeichnung tragen.

Petschorapieper *Anthus gustavi* (→ 599)

Ausnahmegast

En: Pechora Pipit
Fr: Pipit de la Petchora
Es: Bisbita del Pechora
It: Pispola della Pechora

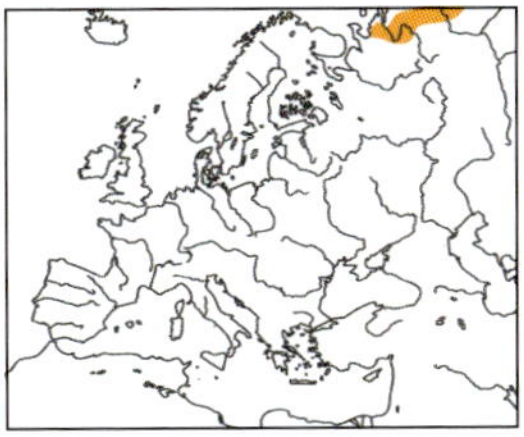

Kleinere Pieperart mit weißem Bauch, ockerfarbener, dunkel gestrichelter Brust und zwei deutlichen Längsstreifen auf dem Rücken.

Status: Ausnahmegast aus Nordsibirien.

Kleider: Geschlechter gleich, Jugendkleid ähnlich Adultkleid.

Stimme: Rufe sind kurz, scharf und klickend, wie „dzepp".

Ähnliche Arten: Siehe Rotkehlpieper.

Rotkehlpieper *Anthus cervinus* (→ 602)

Durchzügler

En: Red-throated Pipit
Fr: Pipit à gorge rousse
Es: Bisbita Gorgirrojo
It: Pispola golarossa

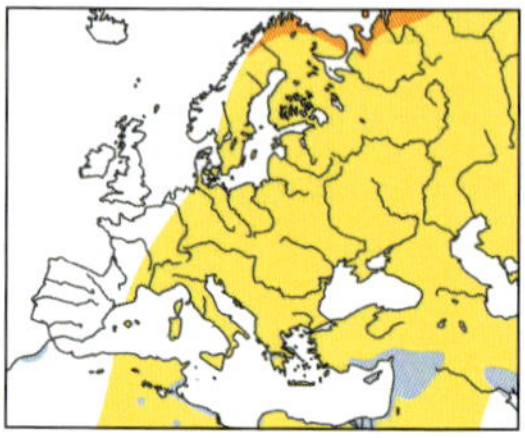

Kleinere Pieperart mit weißem Bauch, zwei deutlichen Längsstreifen auf dem Rücken und im Adultkleid mit rötlicher oder rötlich ockerfarbener Grundtönung des Kopfes bei beiden Geschlechtern.

Status: Seltener, aber regelmäßiger Durchzügler aus Nordskandinavien und der östlich anschließenden Tundra und Waldtundra.

Kleider: Geschlechter gleich. Die Rotfärbung an Kopf und Brust im Prachtkleid kann kräftiger und weniger stark ausgeprägt sein, ersteres sind oft, aber wohl nicht immer Männchen. Auch im Schlichtkleid mit Rotfärbung. Jugendkleid ohne Rot.

Stimme: Der typische Flugruf ist scharf, gedehnt und laut, klingt wie „psieh" oder „psieb". Wird als „elektrisch" wahrgenommen.

Ähnliche Arten: Junge Rotkehl- und Petschorapieper sind sich sehr ähnlich. Beim Petschorapieper stehen die Handschwingenspitzen unter den Schirmfedern heraus, beim Rotkehlpieper nicht.

Pazifikpieper *Anthus rubescens* (→ 604)

Etwas kleiner als Bergpieper mit hellem Zügelstreif und nur schwach gestricheltem Rücken.

Status: Ausnahmegast aus Nordamerika oder Asien.

Ausnahmegast

En: Buff-bellied Pipit
Fr: Pipit d'Amérique
Es: Bisbita Norteamericano
It: Spioncello del Pacifico

Bergpieper *Anthus spinoletta* (→ 605)

J F M A M J J A S O N D

En: Water Pipit
Fr: Pipit spioncelle
Es: Bisbita Alpino
It: Spioncello

Relativ großer Pieper mit deutlichem hellem Überaugenstreif und dicker Bruststrichelung im Schlichtkleid, im Prachtkleid grauer Kopf und rosafarbene, fast ungezeichnete Brust.

Status: Seltener Brutvogel in Hochlagen im Süden. Außerhalb der Brutzeit regelmäßiger und häufiger Gast bis in den Norden, wo er auch auf den Strandpieper treffen, mit dem er früher als „Wasserpieper“ in einer Art vereint war..

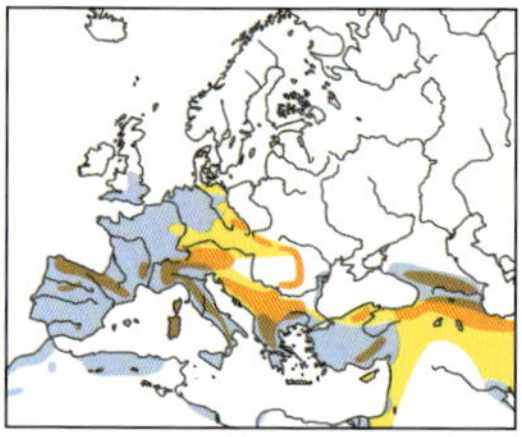

Kleider: Geschlechter gleich, im Prachtkleid mit rosa Anflug auf der Brust und grauem Kopf, im Schlichtkleid ohne Rosa, dafür mit kräftiger Strichelung der Brust und braunem Kopf. Jugendkleid ähnlich Schlichtkleid.

Stimme: Der im Schauflug vorgetragene Gesang besteht aus langen Strophen aus je mehreren langen Phrasen. Einleitung „tschri-tschri...“, am Ende oft „füi-füi“. Beunruhigungsruf tiefer als Wiesenpieper „psri“ oder „psriit“, oft einsilbig.

Ähnliche Arten: Im Schlichtkleid ähnlich Strandpieper, aber von diesem durch die weiße, gestrichelte Unterseite, graubraune Oberseite und den kontrastreichen Kopf zu unterscheiden.

Strandpieper *Anthus petrosus* (→ 606)

Durchzügler, Wintergast

En: Eurasian Rock Pipit
Fr: Pipit maritime
Es: Bisbita Costero
It: Spioncello marino

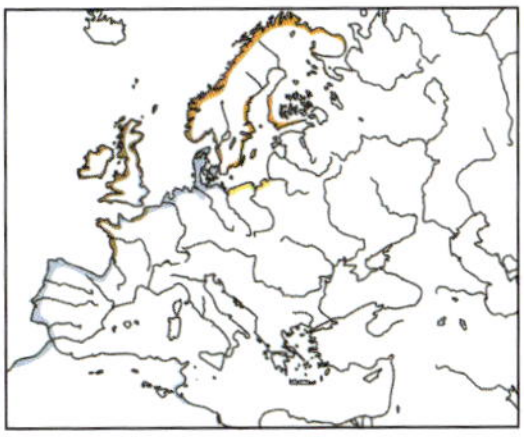

Relativ großer, dem Bergpieper ähnlicher Pieper mit dunklen Beinen und dicker Brust- und Flankenstrichelung sowie grauen (statt weißen) Schwanzkanten.

Status: Regelmäßiger Gast und Überwinterer an den Küsten, im Binnenland selten, im Süden ausnahmsweise.

Kleider: Geschlechter gleich, im Prachtkleid Kopf und Nacken einfarbiger grau, im Schlichtkleid mehr braun und gestrichelt. Vögel der Unterart *littoralis* gelegentlich im Prachtkleid ähnlich Bergpieper, aber auch dann mit kräftiger Bruststrichelung.

Stimme: Ruft bei Beunruhigung scharf, explosiv und gezogen „piisst", meist (aber nicht immer) einsilbig.

Ähnliche Arten: Siehe auch Bergpieper.

Buchfink *Fringilla coelebs* (→ 607)

En: Common Chaffinch
Fr: Pinson des arbres
Es: Pinzón Vulgar
It: Fringuello

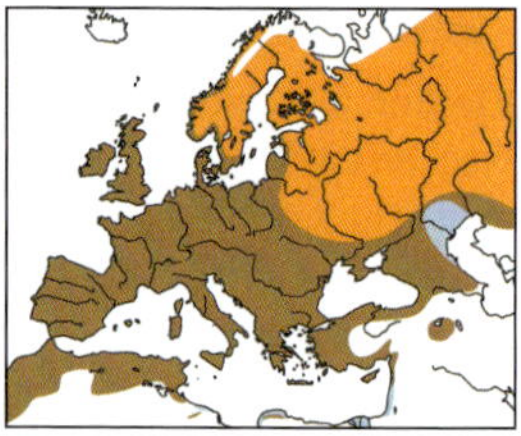

Sperlingsgroßer Fink mit zwei weißen Flügelbinden und weißen Schwanzaußenkanten.

Status: Regelmäßiger Brutvogel, Durchzügler und Wintergast.

Kleider: Geschlechter im Adultkleid deutlich unterschiedlich, siehe Fotos. Prachtkleid des Männchens kontrastreicher, im Schlichtkleid vor allem graue Kopfkappe, Gesicht und Unterseite mit mehr Braun. Jugendkleid ähnlich Weibchen.

Stimme: Gesangsstrophen sind sehr variabel und vor allem bei Beginn und im Endschnörkel lokal verschieden, z. B. eine Abfolge ähnlich „zi-zi-zi zizizizi düntülüng zingziu". Ruft bei Beunruhigung scharf „pink", auch mehrsilbig. Monotone Regenrufe im Sekundentakt bilden Dialekte.

Ähnliche Arten: Männchen unverkennbar, Weibchen von Haussperlings-Weibchen durch Flügelzeichnung und grauen Nackenfleck unterscheidbar.

Bergfink *Fringilla montifringilla* (→ 608)

J F M A M J J A S O N D

En: Brambling
Fr: Pinson du Nord
Es: Pinzón Real
It: Peppola

Sperlingsgroßer Fink mit weißem Bürzel, ohne weiße Schwanzaußenkanten und mit Orangefärbung mindestens an der Brust.

Status: Regelmäßiger Wintergast und Durchzügler, selten Brutversuche.

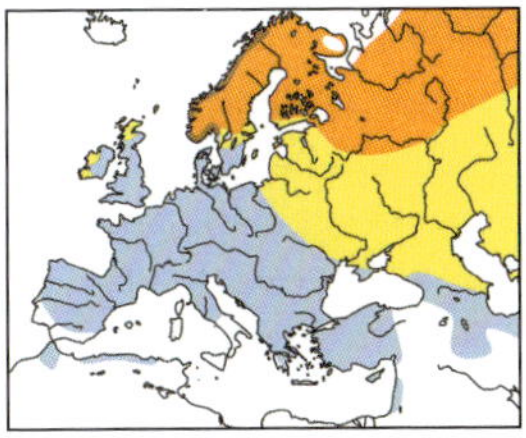

Kleider: Bei Männchen im Prachtkleid sind Kopf, Schnabel und Oberseite schwarz, im Schlichtkleid ist der Schnabel gelblich und die später rein schwarzen Federn sind noch braun gerändert (Rand nutzt dann ab). Weibchen mit deutlichem grauem Halbmond hinter den Augen und grauem Scheitelstrich bis zum Nacken. Jugendkleid ähnlich Weibchen.

Stimme: Typisch ist ein durchdringender, gequetscht nasal klingender Ruf „tschäe" oder „quäig".

Ähnliche Arten: In allen Kleidern unverwechselbar gefärbt.

Kernbeißer *Coccothraustes coccothraustes* (→ 628)

J F M A M J J A S O N D

En: Hawfinch
Fr: Gros-bec casse-noyaux
Es: Picogordo Común
It: Frosone

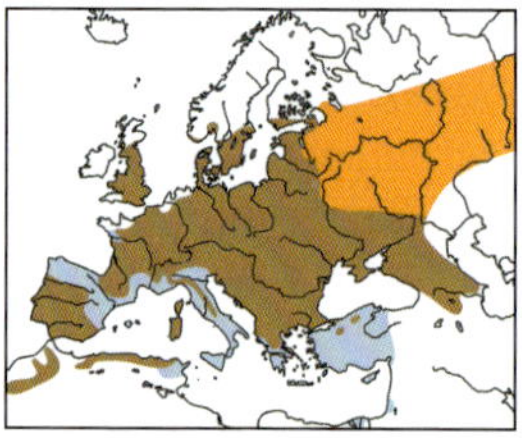

Fast starengroßer Fink mit sehr kräftigem Schnabel, weißer Schwanzspitze und im Adultkleid metallisch glänzenden, verbreiterten, inneren Hand- und äußeren Armschwingen.

Status: Regelmäßiger Brutvogel, Durchzügler und Wintergast.

Kleider: Geschlechter gleich, im Prachtkleid Schnabel stahlblau, Kopf beigerot, Armschwingen bläulich. Im Schlichtkleid Schnabel gelblich, Kopf blasser und äußere Armschwingen bei Weibchenmit hellen Säumen. Im Jugendkleid mit gelblichgrauer Brust und dunkler Fleckung auf der Unterseite.

Ähnliche Arten: Unverwechselbar.

Hakengimpel *Pinicola enucleator* (→ 622)

Ausnahmegast

En: Pine Grosbeak
Fr: Durbec des sapins
Es: Camachuelo Picogrueso
It: Ciuffolotto delle pinete

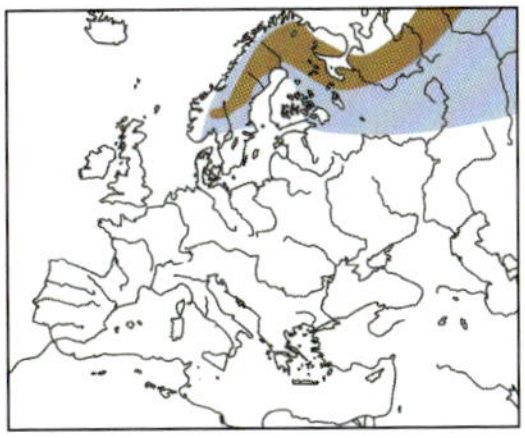

Starengroßer Fink, der an einen Kreuzschnabel erinnert, mit doppelter weißer Flügelbinde.

Status: Ausnahmegast aus Skandinavien (oder Nordamerika).

Kleider: Adulte Männchen karminrot, einjährige Männchen mit ähnlich gelblich-grauem Gefieder wie Weibchen und Vögel im Jugendkleid.

Stimme: Gesang aus kurzen, schnell gesungenen, klangvollen Strophen mit Auf und Ab der Elemente, insgesamt in der Tonhöhe etwas absinkend.

Ähnliche Arten: Deutlich größer als Kreuzschnäbel.

Gimpel *Pyrrhula pyrrhula pyrrhula* und *Pyrrhula pyrrhula europaea* (→ 626)

J F M A M J J A S O N D

En: Eurasian Bullfinch
Fr: Bouvreuil pivoine
Es: Camachuelo Común
It: Ciuffolotto

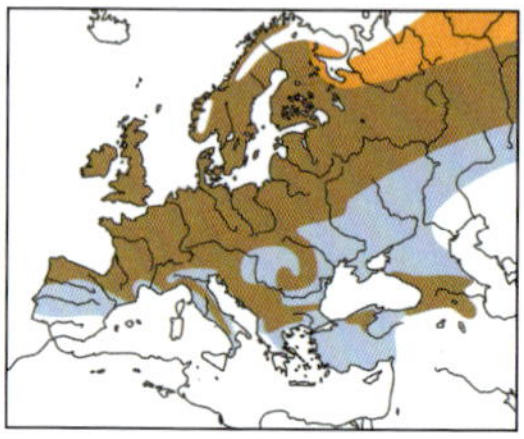

Rundlicher Fink mit kurzem, kräftigem Schnabel, weißem Bürzel, ganz schwarzem Schwanz und (außer im Jugendkleid) schwarzer Kappe.

Status: Unterart *europaea* ist regelmäßiger Brutvogel, Durchzügler und Wintergast. Unterart *pyrrhula* ist regelmäßiger Wintergast aus Nordeuropa.

Kleider: Adulte Männchen mit roter Unterseite, adulte Weibchen mit graubrauner Unterseite. Jugendkleid ähnlich ad. Weibchen, aber ohne schwarze Kappe.

Verhaltensweisen: Durch Hängenlassen der Flügel kommt der weiße Bürzel sehr deutlich zur Geltung.

Stimme: Neben dem unauffälligen Gesang sind die Kontaktrufe der Partner sehr auffällig: Häufig ist ein herabgezogenes flötendes „djü", Vögel nordöstlicher Herkunft („Trompetergimpel") rufen „töd".

Ähnliche Arten: Unverwechselbar.

Wüstengimpel *Bucanetes githagineus* (→ 627)

Etwa zeisiggroßer, graubrauner Fink mit hellem, beim Männchen rotem Schnabel und grauem Kopf.

Status: Ausnahmegast aus Südspanien, Nordafrika und Kleinasien.

Stimme: Kurze nasal-wetzende Laute im Kontakt, länger gedehnte dienen als Gesang

Ausnahmegast

En: Trumpeter Finch
Fr: Roselin githagine
Es: Camachuelo Trompetero
It: Trombettiere

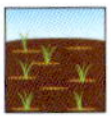

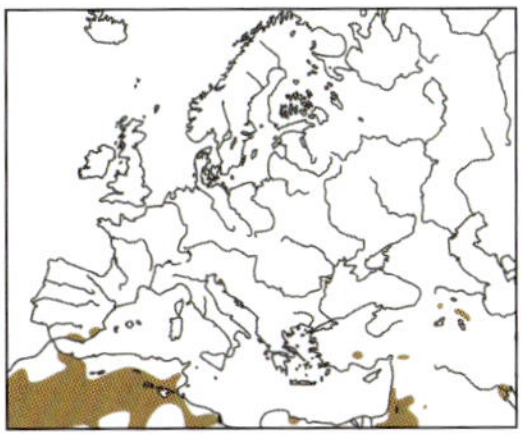

Karmingimpel *Carpodacus erythrinus* (→ 620)

J F M A M J J A S O N D

En: Common Rosefinch
Fr: Roselin cramoisi
Es: Camachuelo Carminoso
It: Ciuffolotto scarlatto

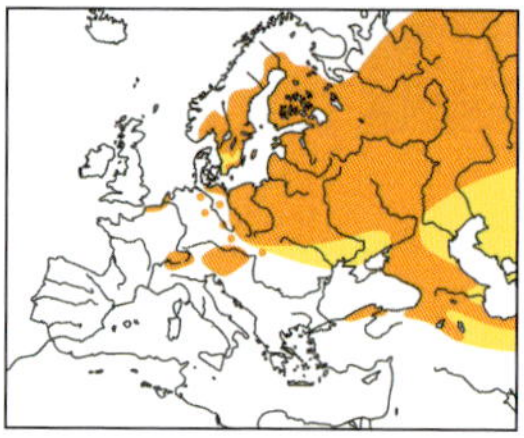

Nicht ganz sperlingsgroßer Fink mit kurzem, kräftigem und oben deutlich gerundetem Schnabel und mit zwei hellbeigen Flügelbinden.

Status: Seltener Brutvogel, vor allem im Osten, in Polen teilweise häufig. Regelmäßiger Durchzügler.

Kleider: Einjährige Männchen sind graubraun wie Weibchen, gelegentlich mit einzelnen roten Federn (selten mehr), zweijährige Männchen dann mit roter Oberseite, Brust und rotem Kopf. Jugendkleid ähnlich Weibchen, aber mehr bräunlich und mit zwei deutlichen Flügelbinden.

Stimme: Der intensive und laute Gesang klingt hoch flötend wie „ti-tü-te-hüt-ja" oder „dü-dü-fi-dju-dju", immer mit abwärts gezogener Endsilbe. Wiederholt immer dieselbe Strophe.

Ähnliche Arten: Nicht rote Vögel können mit dem größeren Grünfink verwechselt werden, dem aber die zwei Flügelbinden fehlen.

Rosengimpel *Carpodacus roseus* (→ 621)

Ausnahmegast

En: Pallas‘s Rosefinch
Fr: Roselin rose
Es: Camachuelo de Pallas
It: Ciuffolotto scarlatto di Pallas

Mittelgroße, langschwänzig wirkende Karmingimpel-Art, mehrjähriges Männchen mit starker Rosafärbung und weißen Spitzen an den Scheitel- und Kehlfedern.

Status: Ausnahmegast aus Zentral- und Ostasien, wohl auch Gefangenschaftsflüchtlinge.

Grünfink *Carduelis chloris* (→ 614)

J F M A M J J A S O N D

En: European Greenfinch
Fr: Verdier d'Europe
Es: Verderón Común
It: Verdone

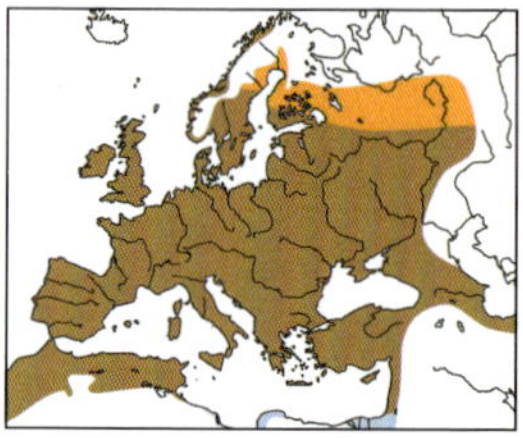

Gut sperlingsgroßer, olivgrüner Fink mit gelbem Flügelfeld, gelben Schwanzkanten und kräftigem, kegelförmigem Schnabel.

Status: Flächig verbreiteter, häufiger Brut- und Jahresvogel, weiter nördlich brütende Vögel häufige Durchzügler und Wintergäste. In jüngerer Zeit Abnahme.

Kleider: Adulte Männchen an Rücken und Brust gelbgrün bis grün, Weibchen weniger grün, Rücken bräunlich und leicht gestrichelt. Im Jugendkleid Bauch weißlich mit graubraunen Stricheln.

Stimme: Der Gesang ist eine anhaltende Folge von Trillern in verschiedener Tonlage und verschiedenem Tempo. Dazwischen ist das typische, abwärtsführende Knätschen „dijäih" oder „dschääi" zu hören, das auch als Beunruhigungsruf verwendet wird. Im Flug außerdem harte Triller „gigigi...".

Ähnliche Arten: Anhand des gelben Flügelfeldes und der gelben Schwanzkanten gut erkennbar. Stieglitz im Jugendkleid hat auch Gelb am Flügel, ist aber kleiner und hat einen viel dünneren Schnabel.

Bei der Bestimmung der Weibchen-, Schlicht- und Jugendkleider kleinerer Finkenarten geht es oft um Schnabelform, Musterung und Farben am Kopf, Zeichnung von Brust und Bauch und um Flügelbinden.

Berghänfling *Carduelis flavirostris* (→ 610)

Gastvogel

En: Twite
Fr: Linotte à bec jaune
Es: Pardillo Piquigualdo
It: Fanello nordico

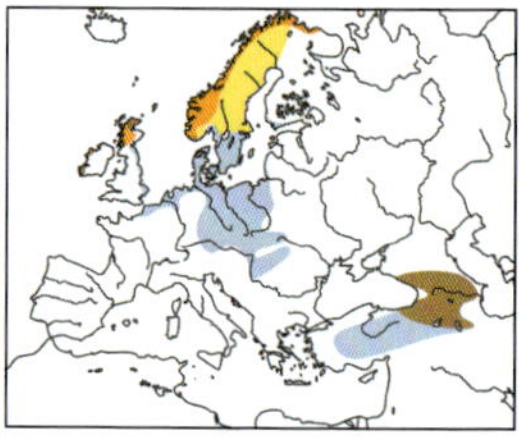

Kleiner, langschwänziger, braun gestrichelter Fink, Männchen mit rosa Bürzel, beide Geschlechter ohne Rot am Kopf.

Status: Regelmäßiger, in Gruppen auftretender Wintergast an der Küste, im Süden nur ausnahmsweise.

Kleider: Männchen im Prachtkleid mit rosafarbenem Bürzel und dunklem Schnabel, Weibchen ohne Rosa und weniger kontrastreich. Im Schlicht- und im Jugendkleid bräunlicher und Schnabel gelblich.

Stimme: Typischer Flugruf ist ein meist dreisilbiges „tje-te-te" (etwas härter als beim Bluthänfling). Dazu nasal hochgezogene „twäid" u. ä.

Ähnliche Arten: Zur Unterscheidung der Hänflings- und Birkenzeisig-Arten siehe Fotos.

Bluthänfling *Carduelis cannabina* (→ 609)

En: Common Linnet
Fr: Linotte mélodieuse
Es: Pardillo Común
It: Fanello

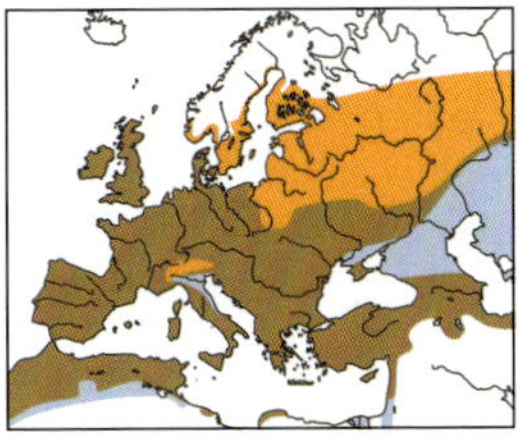

Sperlingsgroßer Fink mit weißem Bauch, braunem Rücken, hellem Flügelfeld und grauem Schnabel.

Status: Regelmäßiger Brutvogel und Durchzügler.

Kleider: Männchen im Prachtkleid mit roter Stirn und Brust und grauem Kopf. Im Schlichtkleid Brust bräunlich rot. Weibchen und Vögel im Jugendkleid ohne Rot, ober- und unterseits dunkelgrau gestrichelt.

Stimme: Der lang anhaltende Gesang besteht aus einem eiligen Gemisch aus Flötenlauten und Trillern und wird mit einer Ruffolge wie „gigigi..." eingeleitet.

Ähnliche Arten: Zur Unterscheidung der Hänflings- und Birkenzeisig-Arten siehe Fotos.

Taigabirkenzeisig *Acanthis flammea flammea* und *A. f. rostrata* („Grönländischer Birkenzeisig“) (→ 613)

Durchzügler, Wintergast

En: Common Redpoll
Fr: Sizerin flammé
Es: Pardillo norteño
It: Organetto

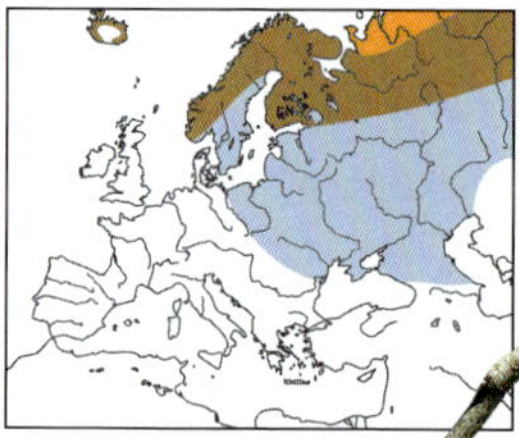

Kleiner, kurzschnäbeliger und dem Berghänfling ähnlicher Fink mit Rot an der Stirn.

Status: Unterart *flammea* ist regelmäßiger Durchzügler und Wintergast im Norden, *rostrata* ist Ausnahmeerscheinung.

Kleider: Adulte Männchen mit roter Stirn und roter Brust. Weibchen und Vögel im Jugendkleid ohne Rot an der Brust. Unterart *rostrata* größer, dunkler und kräftiger gestreift. Flügelstreif bei *flammea* weiß.

Stimme: Ruft im Flug laut „dsched-dsched-dsched“ oder „quädädät“, bei Beunruhigung nasal „düid“ oder „wäid“.

Ähnliche Arten: Zur Unterscheidung der Hänflings- und Birkenzeisig-Arten siehe Fotos.

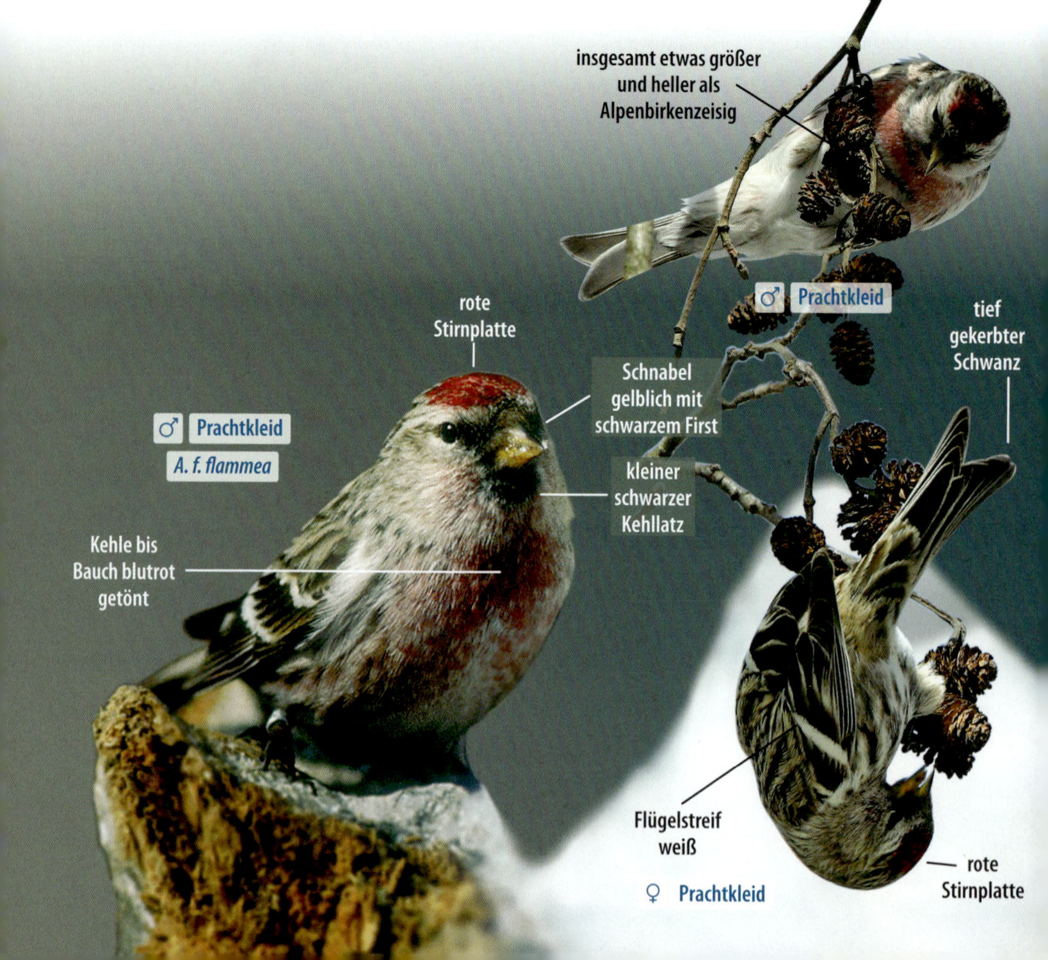

Alpenbirkenzeisig *Acanthis cabaret* (→)

Durchzügler, Wintergast

En: Lesser Redpoll
Fr: Sizerin cabaret
Es: Pardillo alpino
It: Organetto minore

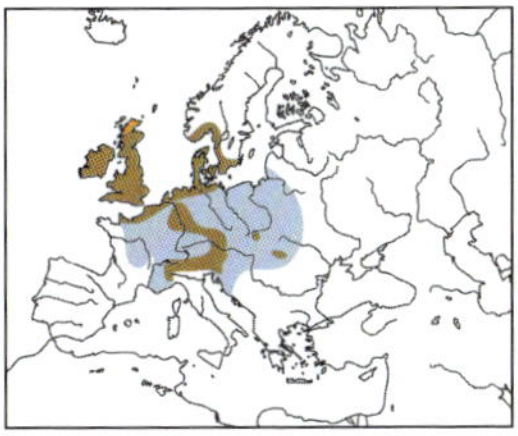

Sehr ähnlich Taigabirkenzeisig, aber mehr bräunlich.

Status: Durchzügler, Wintergast und seltener Brutvogel.

Kleider: Kleider ähnlich Taigabirkenzeisig, aber Flügelstreif leicht bräunlich getönt.

Stimme: Beim Abflug dauerhaft „zezezeze...", ansonsten ist ein typischer Ruf das zwei- bis dreisilbige „düidi" oder härter „klüei".

Ähnliche Arten: Zur Unterscheidung der Hänflings- und Birkenzeisig-Arten siehe Fotos.

Polarbirkenzeisig *Acanthis hornemanni exilipes* und *A. h. hornemanni* (→ 611)

seltener Gastvogel

En: Arctic Redpoll
Fr: Sizerin blanchâtre
Es: Pardillo Ártico
It: Organetto artico

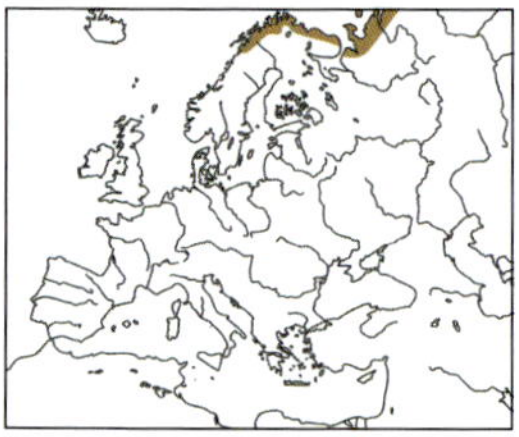

Kleiner, hell graubraun gestrichelter, dem Taigabirkenzeisig sehr ähnlicher Fink.

Status: Unterart *exilipes* seltener Gast, meist in Küstennähe, Unterart *hornemanni* Ausnahmeerscheinung.

Kleider: Adulte Männchen mit roter Stirn und hell rosafarbener Brust. Weibchen und Vögel im Jugendkleid ohne Rosa an der Brust, dafür dort dunkel gestrichelt.

Stimme: Rufe etwas markanter, aber generell sehr ähnlich Taigabirkenzeisig.

Ähnliche Arten: Zur Unterscheidung der Hänflings- und Birkenzeisig-Arten siehe Fotos.

Kiefernkreuzschnabel

Loxia pytyopsittacus (→ 623)

seltener Gastvogel

En: Parrot Crossbill
Fr: Bec-croisé perroquet
Es: Piquituerto Lorito
It: Crociere delle pinete

Großer, dickköpfiger Kreuzschnabel mit hohem Schnabel.

Status: Im Norden seltener Gast, ausnahmsweise Brutvogel.

Kleider: Adulte Männchen rot, adulte Weibchen und Jungvögel grün-grau gefärbt. Im Jugendkleid ober- und unterseits dunkel gestrichelt, Schnabelspitzen anfangs noch gerade.

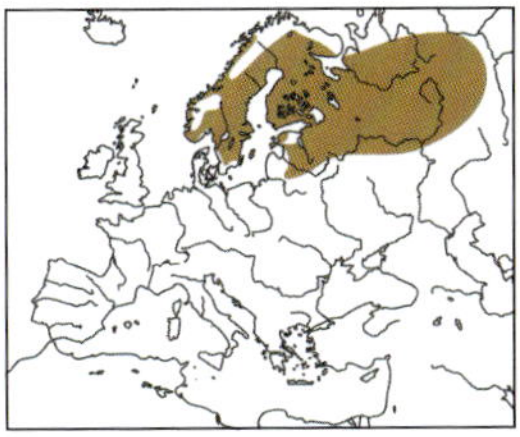

Stimme: Rufe sehr ähnlich Fichtenkreuzschnabel, manchmal aber etwas weicher „djip djip djip…".

Ähnliche Arten: Ähnlich Fichtenkreuzschnabel, aber Kopf größer und Schnabel höher.

Fichtenkreuzschnabel *Loxia curvirostra* (→ 624)

J F M A M J J A S O N D

En: Red Crossbill
Fr: Bec-croisé des sapins
Es: Piquituerto Común
It: Crociere

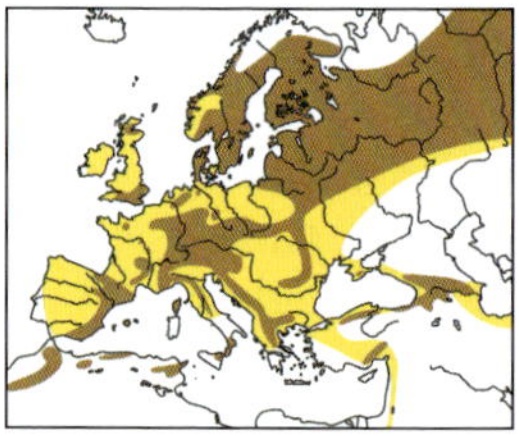

Mittelgroßer Kreuzschnabel mit eher gestrecktem Schnabel.

Status: Regelmäßiger Brutvogel, Durchzügler und Gast.

Kleider: Adulte Männchen rot, vorjährige oft noch mit variablem Grünanteil. Adulte Weibchen und Jungvögel grün-grau gefärbt. Im Jugendkleid ober- und unterseits dunkel gestrichelt, Schnabelspitzen anfangs noch gerade.

Stimme: Ruft häufig und hart „gip gip gip..." - sehr variabel, viele regionale Typen, Unterscheidung vom Kiefernkreuzschnabel daher schwierig.

Ähnliche Arten: Kleinköpfiger und mit weniger hohem Schnabel als Kiefernkreuzschnabel, im Gegensatz zum Bindenkreuzschnabel ohne weiße Flügelbinden.

Bindenkreuzschnabel *Loxia bifasciata* (→ 625)

seltener Gastvogel

2

En: Two-barred Crossbill
Fr: Bec-croisé bifascié
Es: Piquituerto Aliblanco
It: Crociere fasciato

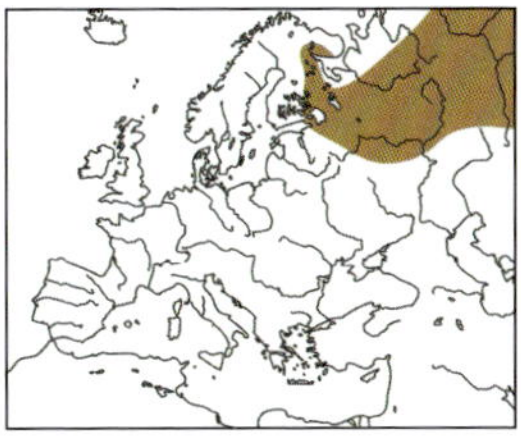

Kleiner Kreuzschnabel mit zwei breiten weißen Flügelbinden und weißen Spitzen an den Schirmfedern.

Status: Seltener Invasionsgast aus Nordskandinavien, der russischen Taiga oder Nordamerika. Im Süden Ausnahmeerscheinung.

Kleider: Verhältnisse bei Kleidern wie beim Fichtenkreuzschnabel.

Stimme: Ruft weicher als Fichtenkreuzschnabel eher „gebb gebb gebb...".

Ähnliche Arten: Anhand der Flügelbinden von den anderen Kreuzschnäbeln unterscheidbar.

Stieglitz *Carduelis carduelis* (→ 616)

J F M A M J J A S O N D

En: European Goldfinch
Fr: Chardonneret élégant
Es: Jilguero Europeo
It: Cardellino

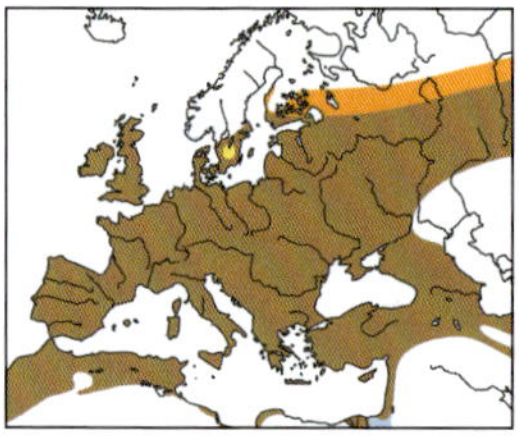

Mittelgroßer, schwarz, weiß, braun, gelb und rot gezeichneter Fink mit langem spitzem Schnabel.

Status: Regelmäßiger Brutvogel, Durchzügler und Wintergast.

Kleider: Geschlechter nahezu gleich, Männchen mit etwas ausgeprägterer roter Gesichtsmaske. Im Jugendkleid Kopf fein dunkel gestrichelt ohne Schwarz und Rot, Rücken und Unterseite gestrichelt.

Stimme: Im Gesang wie in den Rufen findet sich häufig das namengebende dreisilbige Motiv „stigelit", auch in verschiedenen Variationen, z. B. viersilbig „stigelidit".

Ähnliche Arten: Im Adultkleid anhand des Kopfmusters unverwechselbar. Wegen Jugendkleid siehe auch Grünfink.

Zitronenzeisig *Carduelis citrinella* (→ 617)

Brutvogel an wenigen Orten

En: Citril Finch
Fr: Venturon montagnard
Es: Verderón Serrano
It: Venturone alpino

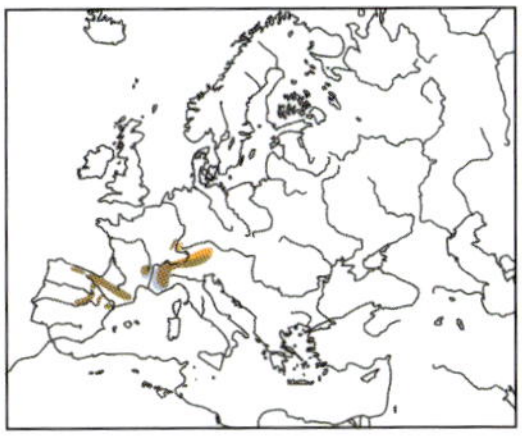

Kleiner grün-gelb-grauer Fink mit grauem Nackenband und zwei grünen Flügelbinden.

Status: Seltener Brutvogel in Alpen, Schwarzwald und den Vogesen. Seltener Durchzügler und Gast.

Kleider: Geschlechter nahezu gleich, Männchen mit durchgehend grünlicher Unterseite, Weibchen mit grauem Brustband. Im Jugendkleid fast ganzer Körper fein graubraun gestrichelt, Flügelbinden schmäler als bei Altvögeln.

Stimme: Zwitschernd-schwätzender Gesang zwischen Girlitz und Stieglitz, oft von einigen nasalen Langelementen eingeleitet. Typischer Flugruf metallisch oder leicht nasal klingendes „dididi…“.

Ähnliche Arten: Zur Unterscheidung von Grünfink, Erlenzeisig und Girlitz siehe Fotos.

Girlitz *Serinus serinus* (→ 619)

J F M A M J J A S O N D

En: European Serin
Fr: Serin cini
Es: Serín Verdecillo
It: Verzellino

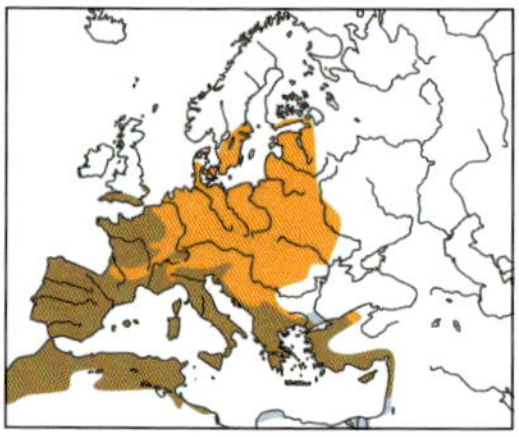

Sehr kleiner, deutlich gestrichelter Fink mit sehr kurzem, aber dickem Schnabel, im Adultkleid mit gelbem Bürzel und gelblich-grünlicher Grundfärbung.

Status: Regelmäßiger Brutvogel, Durchzügler und an günstigen Stellen vereinzelter Überwinterer.

Kleider: Geschlechter ähnlich, Männchen ausgeprägter gelb. Im Jugendkleid am ganzen Körper deutlich gestrichelt, Grundfarbe hellbraun.

Stimme: Gesang ist ein hektisches, hohes, rasches, quietschendes Zwitschern. Bei hoher Erregung wird breit „dschäi“ gerufen. Typischer Flugruf ist ein hohes, kurzes Trillern „tirr“.

Ähnliche Arten: Zur Unterscheidung von anderen Finken mit Gelb im Gefieder siehe Fotos.

Erlenzeisig *Spinus spinus* (→ 615)

J F M A M J J A S O N D

1

En: Eurasian Siskin
Fr: Tarin des aulnes
Es: Jilguero Lúgano
It: Lucherino

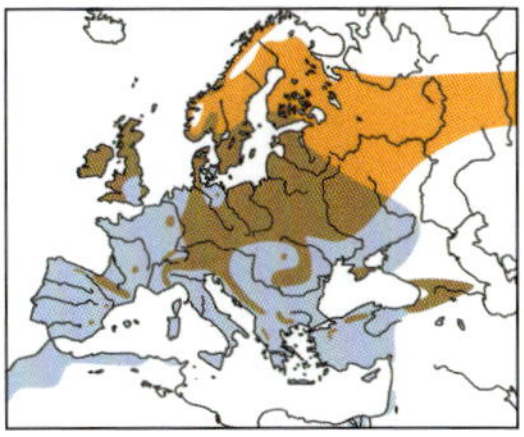

Kleiner, grünlicher bis gelblicher Fink mit langem, spitzem Schnabel und breitem gelbem Flügelstreif.

Status: Lückig verbreiteter, häufiger Brutvogel, sehr häufiger Durchzügler und Wintergast.

Kleider: Adulte Männchen mit schwarzer Kappe und kleinem schwarzem Latz (im Herbst jeweils mit hellen Federsäumen, die später abnutzen). Ad. Weibchen oberseits ebenfalls grüngelb, aber ohne schwarze Kappe und schwarzen Kehllatz. Im Jugendkleid Oberseite nur sehr schwach grünlich, aber kräftig gestrichelt.

Stimme: Schneller, anhaltend schwätzender Gesang mit deutlicher Gliederung in Strophen, die mit einem lang gezogenen „däääähˮ abgeschlossen wird, und einigen Imitaten. Typische Rufe sind das etwas wehmütig klingende „tüliˮ und ein Alarmruf wie „zäiˮ. Flugruf kurz und trocken „tetetetˮ.

Ähnliche Arten: Zur Unterscheidung von anderen Finken mit Gelb im Gefieder siehe Fotos.

Zur Unterscheidung der Ammern, vor allem in den weniger markanten Kleidern, spielen folgende Merkmale eine besonders wichtige Rolle: Kopfzeichnung (besonders der „Ammernbart“ und Streifen am Kopf), Flügelbinden und Färbung der Großen Flügeldecken, Brust- und Flankenzeichnung sowie die Färbung der Schwanzkanten.

Spornammer *Calcarius lapponicus* (→ 629)

Durchzügler, Wintergast

En: Lapland Longspur
Fr: Plectrophane lapon
Es: Escribano Lapón
It: Zigolo della Lapponia

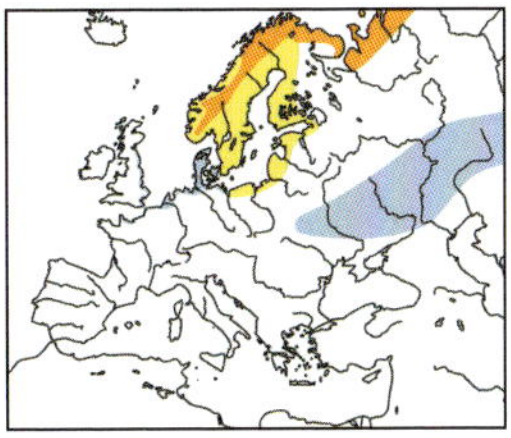

Mittelgroße Ammer mit rotbraunem Nacken und entweder ausgeprägtem Schwarz am Kopf (Männchen im Prachtkleid) oder wenigstens mit schwarz eingefasstem braunem Ohrfeld.

Status: Regelmäßiger Durchzügler und Wintergast an der Küste, im Binnenland selten.

Kleider: Männchen und Weibchen im Prachtkleid deutlich unterscheidbar, siehe Fotos. Im Schlichtkleid sehen Männchen ähnlich wie Weibchen im Prachtkleid aus, aber Armflügeldecken braun und mit zwei weißen Flügelbinden. Jugendkleid ähnlich Schlichtkleid, aber Brust gestrichelt.

Stimme: Nächtlicher Zugruf „tjüb", ansonsten wird im Flug oft ein zarter Triller „pititi" gerufen.

Ähnliche Arten: Männchen im Prachtkleid unverwechselbar, zur Unterscheidung der Weibchen der östlichen Ammernarten siehe Fotos.

Schneeammer *Plectrophenax nivalis nivalis* und *P. n. insulae* („Isländische Schneeammer“) (→ 630)

Durchzügler, Wintergast

En: Snow Bunting
Fr: Plectrophane des neiges
Es: Escribano Nival
It: Zigolo delle nevi

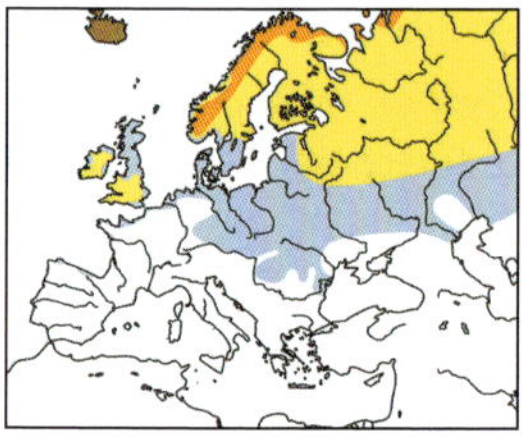

Große Ammer mit breiten weißen Schwanzaußenkanten, im Prachtkleid mit viel Weiß am Körper und v. a. im Flügel, Flügelspitzen jedoch immer schwarz.

Status: Beide Unterarten sind regelmäßige Durchzügler und Wintergäste in Küstennähe.

Kleider: Männchen im Prachtkleid (im Brutgebiet) rein schwarzweiß mit schwarzem Schnabel, im Schlichtkleid oberseits und v. a. an Kopf und Flanken teilweise hellbraun, aber weiterhin mit auffallendem weißem Flügelfeld. Schnabel dann überwiegend gelblich. Weibchen im Prachtkleid mit Graubraun an Scheitel, Wangen und Brustseiten und mit schwarzem Schnabel. Im Jugendkleid verwaschen grau mit verschwommener Längsstreifung auf der Unterseite.

Stimme: Flugruf ist ein kurzer Triller „tirr“, in Wintertrupps ist unter anderem ein scharfer Ruf „dsirr“ zu hören.

Ähnliche Arten: Altvögel im Prachtkleid unverwechselbar, zur Unterscheidung der Jugend- und Schlichtkleider von denjenigen anderer, östlicher Ammern siehe Fotos.

Grauammer *Emberiza calandra* (→ 649)

En: Corn Bunting
Fr: Bruant proyer
Es: Escribano Triguero
It: Strillozzo

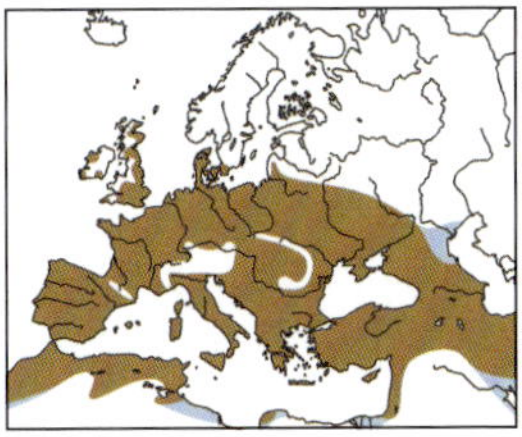

Große, ähnlich wie eine Lerche gefärbte Ammer.

Status: Regelmäßiger, aber nur noch lokal verbreiteter Brutvogel und Durchzügler.

Kleider: Geschlechter gleich, Jugendkleid ähnlich Adultkleid.

Stimme: Der Gesang besteht aus einigen einleitenden Elementen und dann einem metallischen Klirren (geschüttelter Schlüsselbund, herabfallende Stricknadeln) „pit-pitpitpit...schnirrrr". Beim Singen wird Schnabel weit geöffnet. Flugruf „zrick" oder „pit", ähnlich Goldammer.

Ähnliche Arten: Junge Goldammer hat rotbraunen Bürzel, im Unterschied zu Lerchen hat die Grauammer einen markanten Ammern-Bartstreif und einen dickeren Schnabel.

Goldammer *Emberiza [citrinella] citrinella* (→ 633)

J F M A M J J A S O N D

En: Yellowhammer
Fr: Bruant jaune
Es: Escribano Cerillo
It: Zigolo giallo

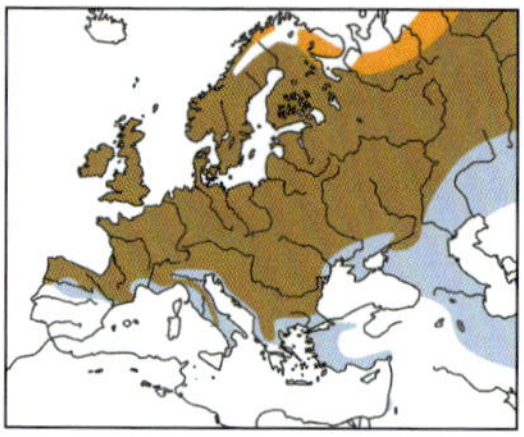

Mittelgroße Ammer mit rotbraunem Bürzel und je nach Kleid unterschiedlich stark ausgeprägter Gelbfärbung.

Status: Regelmäßiger Brutvogel, Durchzügler und Wintergast.

Kleider: Männchen im Prachtkleid mit leuchtend gelbem Kopf, Weibchen im Prachtkleid mit mattgelbem und stärker braun gezeichnetem Kopf. Schlichtkleider ähnlich Weibchen im Prachtkleid, Jugendkleid nahezu ohne Gelb am Kopf.

Stimme: Der Gesang besteht aus einer recht einheitlichen Strophe „zizizizi zii düü", wobei die „zi"-Serie lauter und höher wird. Regionale Dialekte. Typischer Beunruhigungsruf ist ein spitzes „zik".

Ähnliche Arten: Fichtenammer hat ebenfalls rotbraunen Bürzel, aber kein Gelb, andere gelbe Ammern haben keinen rotbraunen Bürzel.

Fichtenammer *Emberiza leucocephalos* (→ 634)

Ausnahmegast

En: Pine Bunting
Fr: Bruant à calotte blanche
Es: Escribano cabeciblanco
It: Zigolo golarossa

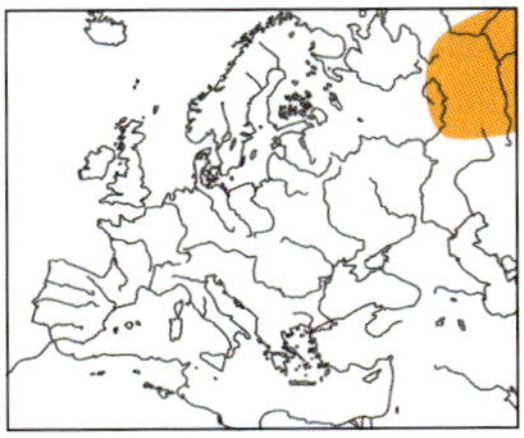

Mittelgroße Ammer mit rotbraunem Bürzel und insgesamt rotbräunlicher Musterung auf weißlichem Grund.

Status: Ausnahmegast aus Asien, östlich des Urals.

Kleider: Männchen im Prachtkleid mit unverwechselbarer Kopfzeichnung, die beim Weibchen im Prachtkleid deutlich kontrastärmer ist, außerdem dort mit heller statt brauner Kehle. Männchen im Schlichtkleid mit graubraunem Kopf mit markantem weißem Wangenstreif. Jugendkleid ähnlich Weibchen, aber Kopf und Unterseite mehr grau- als braunstichig.

Stimme: Gesangsstrophen sind denen der Goldammer sehr ähnlich: Auf eine Phrase folgt ein gedehntes Schlusselement: „zizizizi...düüh“.

Ähnliche Arten: Andere, überwiegend rotbraune Ammern haben eine andere Kopfzeichnung, siehe Fotos.

Zippammer *Emberiza [cia] cia* (→ 636)

J F M A M J J A S O N D

En: Rock Bunting
Fr: Bruant fou
Es: Escribano Montesino
It: Zigolo muciatto

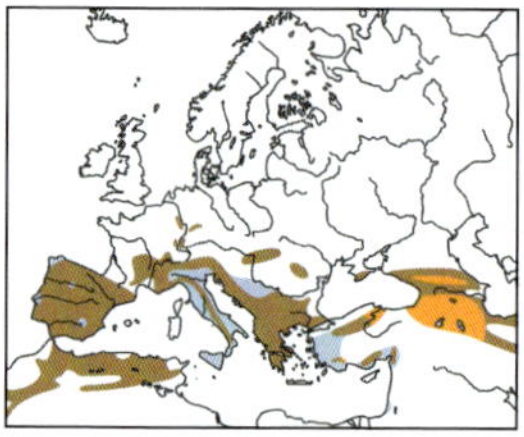

Überwiegend rotbraune Ammer mit grauem Kopf mit charakteristischem Streifenmuster.

Status: Seltener und nur lokal verbreiteter Brutvogel und Wintergast in Süddeutschland, ansonsten seltener Gast.

Kleider: Geschlechter ähnlich, Kopfzeichnung des Männchens aber deutlich kontrastreicher. Jugendkleid ähnlich ad. Weibchen.

Stimme: Gesang im Klang silberhell und ähnlich dem der Heckenbraunelle. Namensgebender Ruf ist ein kurzes, hohes „zip“.

Ähnliche Arten: Anhand des Streifenmusters am Kopf gut von anderen Ammern unterscheidbar.

Steinortolan *Emberiza buchanani* (→ 639 A)

Ausnahmegast

En: Grey-necked Bunting
Fr: Bruant à cou gris
Es: Escribano cabecigrís
It: Zigolo collogrigio

Dem Ortolan sehr ähnlich, aber Rücken mehr grau statt rotbraun.

Status: Ausnahmegast aus Nahem oder Mittlerem Osten.

Türkenammer *Emberiza cineracea cineracea* und *E. c. semonovi* (→ 637)

Ausnahmegast

En: Cinereous Bunting
Fr: Bruant cendré
Es: Escribano cinéreo
It: Zigolo cenerino

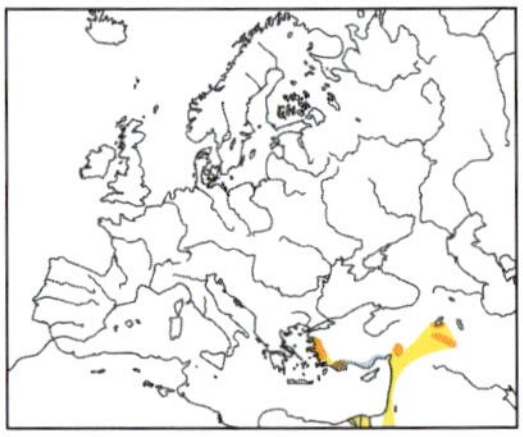

Relativ große, langschwänzige, insgesamt fahl (im Prachtkleid beim Männchen gelblich) gefärbte Ammer mit weißem Augenring und hellem Schnabel.

Status: Ausnahmegast aus Kleinasien (*E. c. cineracea* in W-Türkei und bis Lesbos), *semonovi* weiter östlich).

Kleider: Männchen *E. c. cineracea* im Prachtkleid mit gelbgrünem Kopf und ohne Strichelung auf der Unterseite. Weibchen im Prachtkleid mit leichtem Gelbstich am Kopf und feiner Strichelung an Kopf, Brust und Flanken. Jugendkleid ähnlich Weibchen, aber stärker gestrichelt.

Stimme: Gesang klingt etwas heiser melodisch und setzt sich aus wenigen geflöteten Silben zusammen, z. B. „ziü ziü ziü dididi da". Typischer Flug- und Zugruf ist ein kurzes „bit".

Ähnliche Arten: Durch fahlgraue, ggf. gelbliche Färbung kaum verwechselbar. Jugendkleid erinnert an dasjenige von Zaun- und Fichtenammer, die aber beide kontrastreichere Kopfzeichnungen haben.

Ortolan *Emberiza hortulana* (→ 638)

En: Ortolan Bunting
Fr: Bruant ortolan
Es: Escribano Hortelano
It: Ortolano

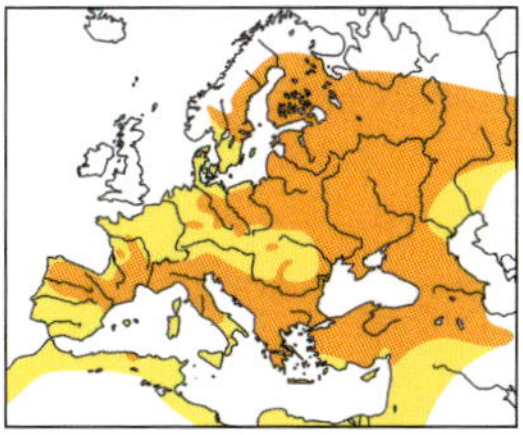

Mittelgroße Ammer mit in allen Kleidern sehr markantem gelblichem Bartstreif, weißem Augenring und braungrauem, kräftig gestricheltem Rücken.

Status: Sehr seltener Brutvogel, seltener Durchzügler. Bestände abnehmend.

Kleider: Grundfärbung von Männchen und Weibchen im Prachtkleid und im Schlichtkleid ähnlich, Weibchen aber an Oberkopf, Brust und Flanken dunkel gestrichelt. Im Jugendkleid ist diese Strichelung noch kräftiger und der später gelbe Augenring hat noch einen Beigeton.

Stimme: Strophen des Wartengesangs aus wenigen Elementen: Auf drei kurze, modulierte Elemente folgt ein gedehntes „düi-düi-düi-düüu". Mehrere unterschiedliche Strophentypen. Rufrepertoire ähnlich wie bei anderen Ammern.

Ähnliche Arten: Zur Unterscheidung von Ortolan, Steinortolan und Grauortolan siehe Fotos.

Grauortolan *Emberiza caesia* (→ 639)

Ausnahmegast

En: Cretzschmar's Bunting
Fr: Bruant cendrillard
Es: Escribano ceniciento
It: Ortolano grigio

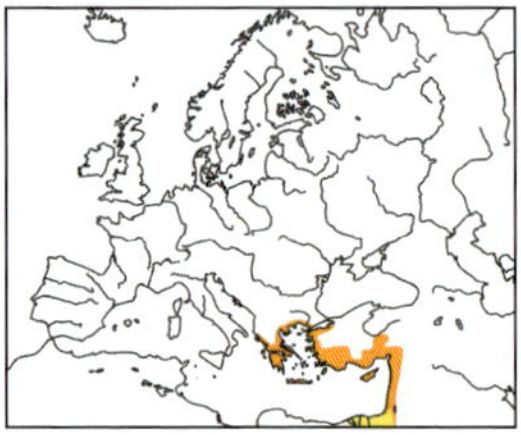

Ähnlich Ortolan, aber im Adultkleid mit rötlichem Bartstreif und insgesamt mehr warmbrauner Tönung des Körpergefieders.

Status: Ausnahmegast aus Südosteuropa und Kleinasien.

Kleider: Grundfärbung von Männchen und Weibchen im Prachtkleid und im Schlichtkleid ähnlich, Weibchen aber an Oberkopf, Brust und Flanken dunkel gestrichelt. Im Jugendkleid ist diese Strichelung noch kräftiger.

Stimme: Wartengesang aus festen, schnell wiederholten Strophentypen. Sie beginnen mit einigen sich beschleunigenden Kurzelementen, darauf folgt ein klangvolles gedehntes Schlusselement.

Ähnliche Arten: Zur Unterscheidung von Ortolan, Steinortolan und Grauortolan siehe Fotos.

Zaunammer *Emberiza cirlus* (→ 635)

Brutvogel an wenigen Orten

En: Cirl Bunting
Fr: Bruant zizi
Es: Escribano Soteño
It: Zigolo nero

Mittelgroße, an eine Goldammer erinnernde Ammer mit olivgrauem Bürzel und kontrastreicherer Kopfzeichnung, beim Männchen mit schwärzlicher oder schwarzer Kehle.

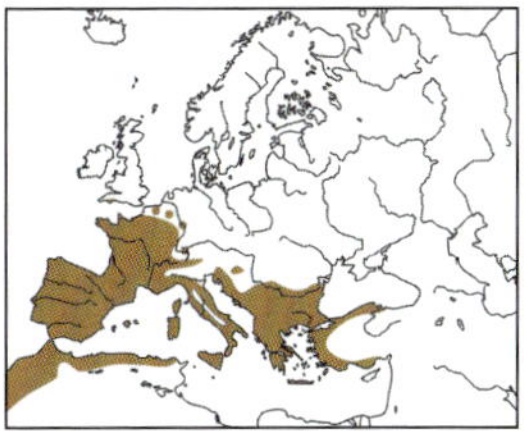

Status: In Deutschland nur ganz im Südwesten als Brutvogel, Richtung Südwest- und Südeuropa flächig vorkommend.

Kleider: Männchen im Prachtkleid mit schwarzer Kehle und zwei gelben Gesichtslinien, im Schlichtkleid mit mehr grauer Kehle und weniger Farbkontrast. Weibchen im Prachtkleid mit deutlich gestreifter Kopfzeichnung mit Gelbstich. Im Jugendkleid ohne Gelb.

Stimme: Singt eine monotone Klapperstrophe ähnlich wie Klappergrasmücke. Rufe sind kurz, dünn und wenig auffällig „ziih" oder „ziüh", aber auch goldammerähnlich fein „zip".

Ähnliche Arten: Andere gelbe Ammern haben eine andere Kopfzeichnung. Zur Erkennung im Jugendkleid siehe Fotos.

Zwergammer *Emberiza pusilla* (→ 640)

seltener Gastvogel

En: Little Bunting
Fr: Bruant nain
Es: Escribano pigmeo
It: Zigolo minore

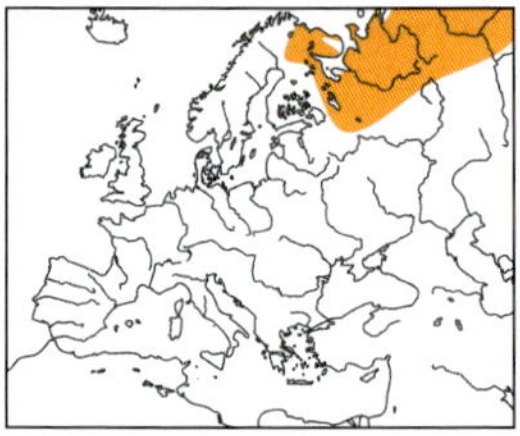

Kleine Ammer, die stark an eine Rohrammer im Schlichtkleid erinnert, mit rotbraunem Scheitelstreif.

Status: Seltener Gast im Bereich der Nordsee, im Binnenland noch seltener.

Kleider: Geschlechter gleich, Jugendkleid ähnlich Adultkleid, aber mehr graubraun als rötlich braun.

Stimme: Beunruhigungsruf ist ein scharfes „zik" oder „zjä".

Ähnliche Arten: Von der Rohrammer außer durch den rotbraunen (nicht hellbraunen) Scheitelstreif, auch durch weißliche Flügelbinde, dünnere Flankenstrichelung und meist einen hellen Fleck hinter dem Auge zu unterscheiden.

Gelbbrauenammer

Emberiza chrysophrys (→ 641)

Ausnahmegast

En: Yellow-browed Bunting
Fr: Bruant à sourcils jaunes
Es: Escribano cejigualdo
It: Zigolo dai sopraccigli gialli

Ammer mit großem Kopf und großem, kräftigem Schnabel, weißem Scheitelstreifen, rotbrauner Rückenlinie und bei Altvögeln gelblichem Überaugenstreif.

Status: Ausnahmegast aus Ostasien.

Waldammer *Emberiza rustica* (→ 642)

seltener Gastvogel

En: Rustic Bunting
Fr: Bruant rustique
Es: Escribano rústico
It: Zigolo boschereccio

Mittelgroße, braun-weiß-schwarze Ammer mit leichter Haube, rotbraunem Bürzel und im Brutkleid charakteristischer schwarz-weißer Kopfzeichnung.

Status: Seltener Gast aus Skandinavien und Nordrussland.

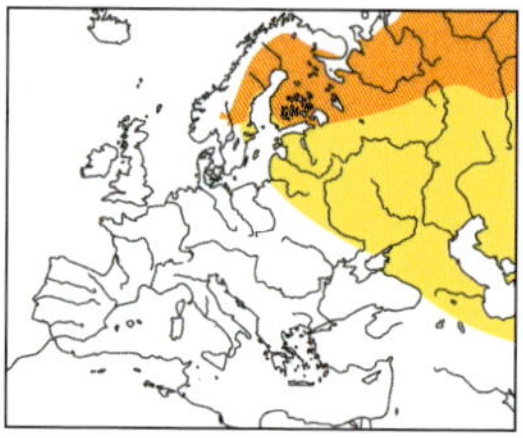

Kleider: Im Prachtkleid mit rotbraunem Brustband aus sehr dichter Fleckung und markanter, dunkler und weißer Kopfzeichnung, die bei den Weibchen in der Regel weniger kontrastreich ausfällt. Im Jugendkleid mehr graubraun als rotbraun, Überaugenstreif schmutzig hellbraun.

Stimme: Lebhafter, „fröhlicher", kurzer Strophengesang mit rasch wechselnder Tonhöhe der Elemente. Mehrere jeweils wiederholte Strophentypen.

Ähnliche Arten: Weibchen- und Jugendkleid sehr ähnlich denjenigen der Rohrammer, aber deutlich rotbrauner Bürzel, rosafarbener Unterschnabel, weißer Ohrpunkt und mehr weißliche (nicht ockerfarbene) Flügelbinde.

Weidenammer *Emberiza aureola* (→ 643)

seltener Gastvogel

En: Yellow-breasted Bunting
Fr: Bruant auréole
Es: Escribano aureolado
It: Zigolo dal collare

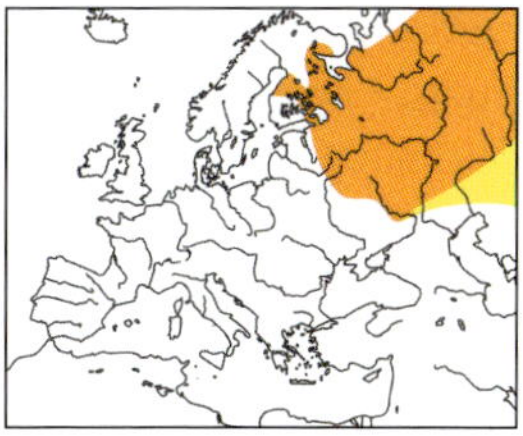

Mittelgroße Ammer mit mindestens gelbem Bauch (außer Jugendkleid), zwei weißen Flügelbinden und kräftiger Längsstreifung oder -strichelung auf dem Rücken.

Status: Sehr seltener Gast aus dem Nordosten, weltweit in dramatischem Rückgang.

Kleider: Männchen im Prachtkleid mit charakteristischer Kopfzeichnung, die auch im Schlichtkleid erkennbar ist, wenn auch wesentlich kontrastärmer. Ad. Weibchen mit deutlichem hellem Scheitelstreif und gelblichem Bauch, Vögel im Jugendkleid ebenfalls mit Scheitelstreif, aber ohne Gelb.

Stimme: Wartengesang aus kurzen, geflöteten, sehr wohlklingenden Strophen mit eingeflochtenem Triller, nur aus der Nähe etwas heiser.

Ähnliche Arten: Im Prachtkleid unverwechselbar, Jugendkleid und Weibchen von anderen bräunlichen Ammern durch deutlichen hellen Scheitelstreif und ebensolchen Überaugenstreif unterscheidbar, die sich auf dem Rücken als deutlich helle Mantelstreifen fortsetzen.

Kappenammer *Emberiza melanocephala* (→ 645)

Ausnahmegast

En: Black-headed Bunting
Fr: Bruant mélanocéphale
Es: Escribano Cabecinegro
It: Zigolo capinero

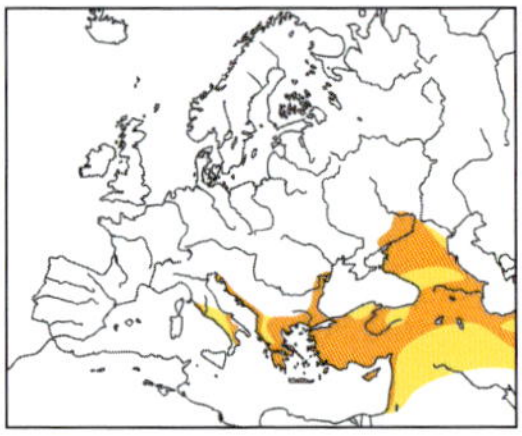

Große Ammer mit gelblicher, ungestrichelter Unterseite und recht einförmiger, grauer oder schwarzer Kappe und beim Männchen gelbem Nacken.

Status: Ausnahmegast vom Balkan oder aus Kleinasien, ausnahmsweise auch Brutvogel. In einigen europäischen Ländern gern als Käfigvogel gehalten.

Kleider: Männchen im Prachtkleid mit charakteristischer Kopfzeichnung, die auch beim Weibchen erkennbar ist, das allerdings eine schmutzig graue Kappe und blasseres Gelb trägt. Im Schlichtkleid ist der Oberkopf fein dunkel längs gestreift. Im Jugendkleid nahezu ohne Gelb.

Stimme: Strophiger, lauter Wartengesang, Strophen mit stotterndem Beginn, danach voll klingend in absteigender Tonhöhe. Gesang der Braunkopfammer ganz ähnlich.

Ähnliche Arten: Männchen unverkennbar, Weibchen sehr ähnlich Braunkopfammer, die oberseits etwas stärker gemustert ist und einen gelblichen Bürzel hat.

Braunkopfammer *Emberiza bruniceps* (→ 646)

Ausnahmegast

En: Red-headed Bunting
Fr: Bruant à tête rousse
Es: Escribano Carirrojo
It: Zigolo testaranciata

Sperlingsgroße Ammer, im Prachtkleid mit ungemustertem gelbem Bauch, Männchen mit rein braunem Kopf und Brustbereich.

Status: Ausnahmegast aus dem zentralen und südlichen Asien.

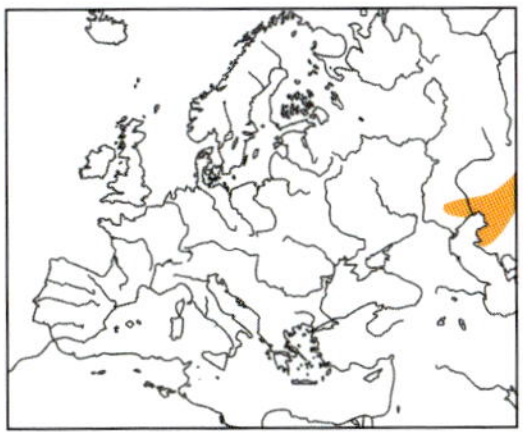

Rötelammer *Emberiza rutila* (→ 644)

Ausnahmegast

En: Chestnut Bunting
Fr: Bruant roux
Es: Escribano herrumbroso
It: Zigolo rutilo

Eher kleine Ammer mit deutlichem Bartstreif, rotbrauner Oberseite und im Adultkleid mit gelblicher bis gelber, an den Flanken gestrichelter Unterseite.

Status: Ausnahmegast aus Ostasien.

Maskenammer *Emberiza spodocephala* (→ 647)

Ausnahmegast

En: Black-faced Bunting
Fr: Bruant masqué
Es: Escribano carinegro
It: Zigolo mascherato

Mittelgroße, überwiegend gelblich graue Ammer.

Status: Ausnahmegast aus dem östlichen und südöstlichen Asien.

Kleider: Männchen im Prachtkleid mit olivgrauem Kopf und blassgelbem Bauch. Je nach Region bzw. Unterart unterschiedlich stark ausgeprägte Bart-, Kehl- und Brustzeichnung und -färbung, z. T. auch mit gelblichen und weißen Anteilen. Weibchen und Vögel im Jugendkleid ähneln sehr weiblichen bzw. jungen Rohrammern, die Unterseite ist aber intensiver und kontrastreicher dunkel gestrichelt.

Stimme: Strophengesang wirkt melancholisch, mit gedehnten Vibrato-Elementen, auch Trillern. Strophen werden manchmal abgebrochen.

Ähnliche Arten: Männchen im Prachtkleid unverwechselbar, Weibchen und Jugendkleid anderen Ammern sehr ähnlich, siehe Fotos.

Rohrammer *Emberiza schoeniclus schoeniclus* und *E. s. tschusii*

(→ 648)

Brutvogel

En: Common Reed Bunting
Fr: Bruant des roseaux
Es: Escribano Palustre
It: Migliarino di palude

Spatzengroße, braun gestreifte Ammer mit deutlichem Bartstreif und braun oder grau gefärbtem Bürzel, Männchen mit charakteristischer schwarz-weißer Kopfzeichnung.

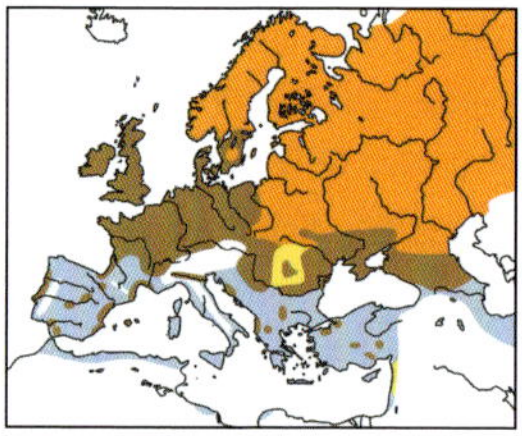

Status: Unterart *schoeniclus* regelmäßiger Brutvogel und Durchzügler, Unterart *tschusii* sehr seltener Gast aus dem Osten.

Kleider: Männchen im Prachtkleid mit schwarzem Kopf, weißem Nackenband und weißem Bartstreif. Weibchen im Prachtkleid am Kopf mit Braunzeichnung und heller Kehle. Männchen im Schlichtkleid ähnlich Weibchen, aber mit deutlichem Ansatz des weißen Nackenbandes. Schlichtkleid ähnlich ad. Weibchen, aber heller braun.

Stimme: Singt einfache, tschilpende Strophen wie „djip djip djipip tiä tetet" von einer Singwarte, oft einem Schilfhalm, aus. Typischer Ruf ist ein gedehntes „ziie" (kürzer als bei Beutelmeise).

Ähnliche Arten: Siehe Zwergammer, Altvögel im Prachtkleid anhand der Kopfzeichnung unverwechselbar. Merkmale im Schlicht- und Jugendkleid siehe Fotos.

Fuchsammer *Passerella iliaca* (→ 650)

Ausnahmegast

En: Red Fox Sparrow
Fr: Bruant fauve
Es: Chingolo zorruno
It: Passerella variabile

Große Neuweltammer mit im Norden und Osten rostbrauner, im Westen graubrauner, kräftiger Strichelung.

Status: Ausnahmegast aus Nordamerika.

Prachtkleid

Prachtkleid

Singammer *Melospiza melodia* (→ 652 A)

Ausnahmegast

En: Song Sparrow
Fr: Bruant chanteur
Es: Chingolo cantor
It: Passero cantore

Langschwänzige, braun gefleckte Neuweltammer mit beigegrauem Scheitel- und Wangenstreif und beigegrauer Kehle.

Status: Ausnahmegast aus Nordamerika.

Weißkehlammer *Zonotrichia albicollis* (→ 651)

Ausnahmegast

En: White-throated Sparrow
Fr: Bruant à gorge blanche
Es: Chingolo gorjiblanco
It: Passero golabianca

Neuweltammer mit sehr auffälliger, schwarz-weiß-gelber Kopfzeichnung, weißer Kehle und einer stark an einen Haussperling erinnernden Körperfärbung.

Status: Ausnahmegast aus Nordamerika.

Dachsammer *Zonotrichia leucophrys* (→ 652)

Ausnahmegast

En: White-crowned Sparrow
Fr: Bruant à couronne blanche
Es: Chingolo coroniblanco
It: Passero coronabianca

Sperlingsartige, relativ große und langschwänzige Neuweltammer mit auffällig schwarz-weiß gestreiftem Kopf.

Status: Ausnahmegast aus Nordamerika.

Winterammer (Junko)

Junco hyemalis (→ 653)

Ausnahmegast

En: Dark-eyed Junco
Fr: Junco ardoisé
Es: Junco pizarroso
It: Junco occhiscuri

Mittelgroße, finkenähnliche Neuweltammer mit rosa Schnabel und wenig gemustertem grauem oder bräunlichem Gefieder.

Status: Ausnahmegast aus Nordamerika.

Gelbkopfstärling (Gelbkopf-Schwarzstärling)

Xanthocephalus xanthocephalus (→ 660)

Ausnahmegast

En: Yellow-hooded Blackbird
Fr: Carouge à capuchon
Es: Varillero capuchino
It: Ittero monaco

Starenähnlicher Vogel von entsprechender Größe mit schwarzem Körper und gelber Kopf und Brustpartie (Männchen) oder blasserer Braunfärbung am Körper und gelblichem Kopf (Weibchen).

Status: Ausnahmegast aus dem nördlichen Südamerika.

Baltimoretrupial *Icterus galbula* (→ 659)

Ausnahmegast

En: Baltimore Oriole
Fr: Oriole de Baltimore
Es: Turpial de Baltimore
It: Ittero di Baltimora

Nicht ganz amselgroßer, langschwänziger Stärling mit auffälliger Schwarz-Weiß-Gelb-Zeichnung (Prachtkleid Männchen) oder Gelb-Olivbraun-Graubraun-Färbung (Schlichtkleid und Weibchen).

Status: Ausnahmegast aus Nordamerika.

Drosselwaldsänger

Parkesia noveboracensis (→ 658 A)

Ausnahmegast

En: Northern Waterthrush
Fr: Paruline des ruisseaux
Es: Reinita charquera norteña
It: Seiuro del nord

Etwas an eine sehr kleine Drossel erinnernder Singvogel mit langem kräftigem Überaugenstreif und olivgrüner Oberseite.

Status: Ausnahmegast aus Nordamerika.

Verhaltensweisen: Wippt ähnlich wie ein Flussuferläufer mit dem Hinterende.

Kronwaldsänger *Setophaga coronata* (→ 657)

Ausnahmegast

En: Myrtle Warbler
Fr: Paruline à croupion jaune
Es: Reinita coronada
It: Dendroica coronata

Kleiner, an ein Goldhähnchen erinnernder Singvogel mit markantem, grau-gelb-schwarz-weißem Gefieder und gelber Krone (Prachtkleid Männchen) bzw. braunem und dunkel gestreiftem Scheitel (Schlichtkleid und Weibchen). Adultkleider mit gelber Kehle.

Status: Ausnahmegast aus Nordamerika.

Meisenwaldsänger *Setophaga americana* (→ 656)

Ausnahmegast

En: Northern Parula
Fr: Paruline à collier
Es: Parula norteña
It: Parula americana

Kleiner, goldhähnchenartiger Singvogel mit graugrüner Oberseite, weißer Brust, orange und gelber Unterseite und zwei weißen Flügelbinden.

Status: Ausnahmegast aus Nordamerika.

Grünmantel-Waldsänger

Setophaga virens (→ 658)

Ausnahmegast

En: Black-throated Green Warbler
Fr: Paruline à gorge noire
Es: Reinita dorsiverde
It: Dendroica verdastra

Kleiner, überwiegend gelb-grün-schwarz-weiß gezeichneter, laubsängerartiger Vogel.

Status: Ausnahmegast aus Nordamerika.

Indigoammer *Passerina cyanea* (→ 631)

Ausnahmegast

2

En: Indigo Bunting
Fr: Passerin indigo
Es: Azulillo índigo
It: Ministro

Mittelgroßer, ammernartiger Singvogel mit überwiegend indigoblauem Gefieder (Prachtkleid Männchen) oder unauffälligem, diffus-graubraunem oder rötlich braunem Gefieder (Schlichtkleid und Weibchen).

Status: Ausnahmegast aus Nordamerika. Gefangenschaftsflüchtlinge sind nicht auszuschließen.

Abkürzungen und Glossar

[ ] (eckige Klammern): siehe Superspezies

♀, W: Weibchen

♂, M: Männchen

1. Winter, 2. Winter usw.: Im Zusammenhang mit Gefieder ist der erste Winter nach der Geburt (also etwa ein halbes Jahr nach dem Schlupf) gemeint.

2. Sommer, 3. Sommer usw.: In diesem Buch: Sommer des zweiten, dritten usw. Lebensjahres. In der Literatur wird der Sommer des 2. Lebensjahres nicht selten als „erster Sommer" (vermutlich erster Sommer nach dem Juvenilkleid) bezeichnet, obwohl der Vogel während oder kurz nach der Zeit im Nest ja bereits ebenfalls einen Sommer erlebt hat.

Achselfedern: Körpernahe Federn des Unterflügels

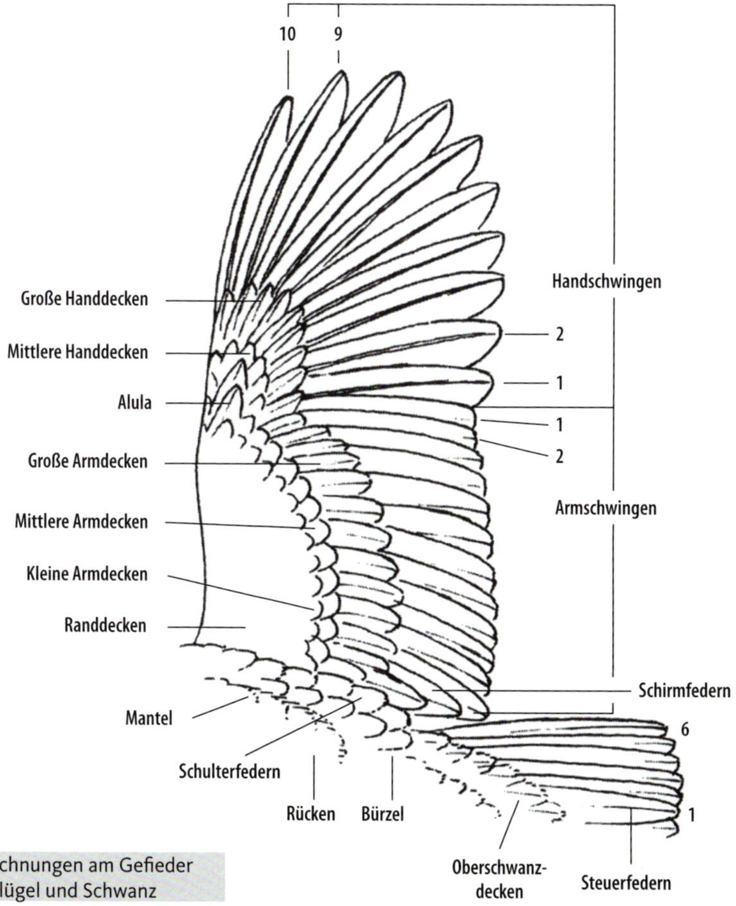

Bezeichnungen am Gefieder von Flügel und Schwanz

adult, Adultus, ad.: Geschlechtsreifer Vogel. Bei Singvögeln in der Regel nach knapp einem Jahr, bei Großvögeln mitunter erst nach mehr als 5 Jahren.

Adultkleid: Kleid des adulten Vogels: Jahres-, Pracht- oder Schlichtkleid, im Unterschied zum Jugendkleid (siehe dort).

Alterskleid: siehe Adultkleid

Armschwingen (AS): Am Arm (an der Elle, Ulna) entspringende Flügelfedern. Die Anzahl ist variabel, bei Singvögeln beträgt sie allgemein neun. Die innersten drei (AS 7 – 9) stellen dabei die Schirmfedern (siehe dort) dar. Die Zählung erfolgt aszendent, also von außen nach innen (zum Körper hin). In dieser Richtung werden die meisten AS auch vermausert.

Balz, Balzverhalten: Verhaltensweisen, die zur Paarbildung, Festigung des Paarzusammenhalts und zur Einleitung der Begattung dienen.

Balzflug: Eigentlich nur Flüge in unmittelbarem Zusammenhang mit der Balz, häufig aber auch allgemein für Singflüge, Imponierflüge usw. gebraucht, die mehr der Reviermarkierung dienen. Hier wird auch präziser von Singflügen, Ausdrucksflügen oder Schauflügen gesprochen.

Brutkleid: (= Prachtkleid) Nur während der Balz- und Fortpflanzungzeit getragenes Federkleid.

Bürzel: Federpartie am Grund des Schwanzes auf der Körperoberseite.

diesjährig: Der Vogel ist im laufenden Kalenderjahr geboren.

Dunen: (= Daunen) Die ersten Federn eines Vogels. Sie besitzen keine festen Fahnen, sondern feine Äste gehen strahlig von der Federbasis aus, sie dienen hauptsächlich der Wärmeisolation. Auch Altvögel können Dunen tragen, in vielen Fällen ist aber auch der basale Teil der Konturfedern als Dunen ausgebildet.

Dunenjunges: Jungvogel im ersten Federkleid, das ganz aus Dunen besteht.

einjährig, Einjährige: Vögel, die ungefähr ein Jahr alt sind (= vorjährig).

Endbinde: Bandförmiger Streifen am Ende des Schwanzes oder auch am Ende einzelner Federn, der durch kontrastierende Färbung der Federspitzen entsteht.

Farbvariante: Meistens nicht an das Geschlecht oder Alter gebundene Ausprägung der Gefieder-Grundfarbe, z. B. die braune und die graue Variante beim Waldkauz. Es handelt sich dabei um synchron in denselben Populationen vorkommende Formen, also nicht um Rassemerkmale.

Federzeichnung: Durch unterschiedliche Färbung und Schattierung hervorgerufenes Muster auf der Feder. Die Muster können dabei entweder durch Farbstoffeinlagerungen oder durch Strukturfarben, aber auch durch Abnutzung und Bleichung von Federn variieren.

Flügelbinde, Flügelband: Federfärbung am Flügel eines Vogels, die im Verbund der Federn eine Binde ergibt.

Flügeldecken: Deckfedern der Flügel, die die Basis der großen Schwungfedern sowie Haut und Knochen bedecken. Die Flügeldecken der Oberseite des Flügels werden auch als Oberflügeldecken bezeichnet, diejenigen der Flügelunterseite als Unterflügeldecken. Je nach Position werden außerdem Kleine, Mittlere und Große Decken sowie Arm- und Handflügeldecken unterschieden.

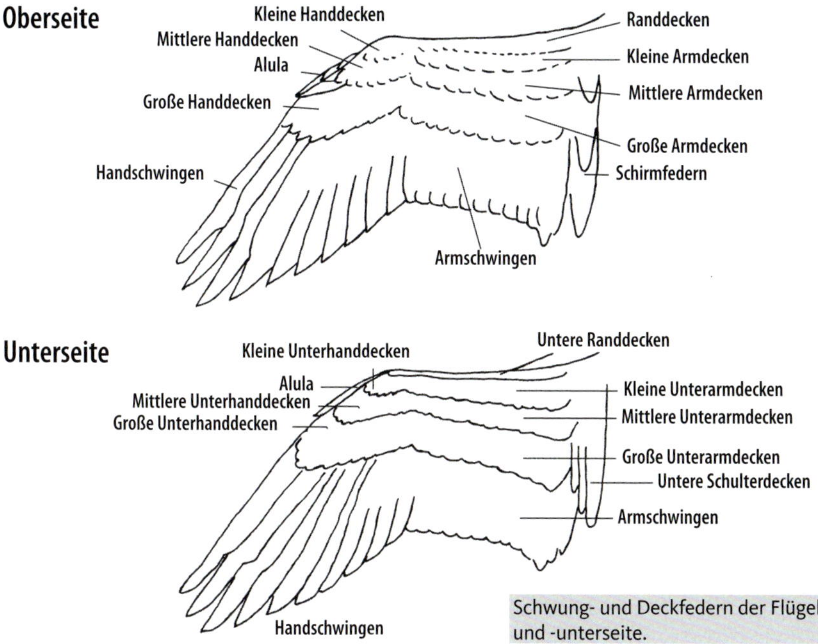

Schwung- und Deckfedern der Flügelober- und -unterseite.

Flügelspiegel: Auffällig gefärbter, oft Schwarz und Weiß sowie metallisch glänzende Farben enthaltender Streifen im Armflügel der Entenvögel.

flügge: Bezeichnung für die Altersstufe eines voll befiederten, flugfähigen Jungvogels, der in der Regel ausgewachsen ist, größere Ortsveränderungen durchführen kann und nicht mehr von elterlicher Fürsorge abhängig ist.

gesperbert: siehe Sperberung

Große Armdecken: Deckfedern auf dem körpernahen Teil (Arm) des Oberflügels. Sie überdecken hauptsächlich die Basis der Armschwingen.

Große Flügeldecken: Große Handdecken und Große Armdecken zusammengefasst.

Große Handdecken: Deckfedern auf dem körperfernen Teil (Hand) des Oberflügels. Sie überdecken hauptsächlich die Basis der Handschwingen.

Große Oberflügeldecken: Siehe Große Flügeldecken. Es sind explizit die Deckfedern der Flügeloberseite gemeint. In der Regel ist das aber auch dann der Fall, wenn der Begriff „Ober-“ weggelassen wird.

Handdecken: Federpartien auf dem Handflügel. Man unterscheidet zwischen Kleinen, Mittleren und Großen Handdecken (korrekt wäre hier der Begriff „Oberhanddecken“, was aber selten benutzt wird) auf dem Oberflügel und Kleinen, Mittleren und Großen Unterhanddecken auf dem Unterflügel. Die Großen Decken überdecken die Basis der Schwungfedern, die Mittleren Decken die Basis der Großen Decken und die Kleinen Decken unter anderem die Basis der Mittleren Decken.

Handschwingen: Bezeichnet die am Handskelett entspringenden Flügelfedern. Bei den meisten Vogelgruppen sind es 10, bei Lappentauchern, Störchen und Flamingos 11. Sperlingsvögel haben ebenfalls 10 HS, doch ist die äußerste Handschwinge (HS 10) bei zahlreichen Singvogelfamilien reduziert, bei einigen Familien (z. B. Fringillidae, Emberizidae) ist sie sehr klein.

Hybrid: Individuum, das aus einer Mischpaarung von Individuen verschiedener Arten oder Semispezies hervorgegangen ist (F1-Hybrid). Pflanzt sich dieses Individuum mit einem Partner aus einem der Elterntaxa fort, entstehen Rückkreuzungshybriden.

immatur, immat.: Jungvogel nach der Mauser des Juvenilkleides und vor Eintritt in die Geschlechtsreife. Bei Vögeln, die erst nach Abschluß des ersten Lebensjahres geschlechtsreif werden, sind die Immaturkleider oft deutlich von den Adultkleidern zu unterscheiden.

Iris: Meist farbiger Ring im Auge, der die Pupillenöffnung umgibt. Bei einigen Vogelarten gibt die Irisfarbe Hinweise auf Alter oder Geschlecht.

Jugendkleid: Nicht weiter differenzierter Begriff für das Federkleid zwischen Dunenkleid und Adultkleid, der das späte Juvenilkleid (mit bereits erschienenen Schwungfedern) und ein eventuell vorhandenes Immaturkleid umfassen kann. Bei vielen Vogelgruppen, z. B. Drosseln, Möwen und Hühnervögeln, unterscheidet es sich deutlich von den später folgenden Kleidern.

Jungvogel: Vogel in den ersten Monaten seines Lebens, längstens bis zum Frühjahr nach dem Geburtsjahr.

juvenil, juv.: Altersbezeichnung für einen Jungvogel im ersten Federkleid. Dieses kann in mehreren Phasen angelegt werden (z. B. zunächst Dunen, dann Deck- und Schwungfedern).

Juvenilkleid: Gefiederkleid des juvenilen Vogels.

Kinnstrich: Streifenförmige Gefiederfärbung in der Kinnregion.

Kleingefieder: Vor allem die Körper- und Flügeldecken, aber auch Dunen und andere kleine Federtypen. Ausgeschlossen sind nur die Federn des Großgefieders (Schwungfedern des Flügels und Steuerfedern des Schwanzes sowie die Alulafedern).

Küken: Jungvogel im Dunenkleid, nur für bestimmte Vogelgruppen gebräuchlich: meist bei Nestflüchtern, Greifvögeln und Eulen. Siehe auch Pullus.

Limikole: Vertreter der Watvögel (Strandläufer, Wasserläufer, Regenpfeifer usw.). Typische Vögel von Watt-, Schlick- und anderen Nassbereichen, oft mit langen Schnäbeln und langen Beinen.

Mantel: Federpartie auf der Oberseite des Vogels zwischen den Flügeln.

Maske: Dunkle Partie des Kopfgefieders, z. B. bei männlichen Neuntötern, die an eine Gesichtsmaske erinnert.

Mauser: Der Vorgang des Gefiederwechsels, bestehend aus Ausfallen der alten Federn und Wachstum der neuen Federn. Der Begriff kann sich auf das ganze Individuum beziehen („der Vogel ist in der Mauser", d. h. er ersetzt gerade seine Federn durch neue) oder auf Gefiederteile („die Oberschwanzdecken sind frisch vermausert", d. h. sie wurden gerade durch neue ersetzt) oder auf eine einzelne Feder („HS8 ist noch unvermausert", d. h. HS8 ist schon älter und wurde noch nicht erneuert).

Mauserlücke: Lücke im Gefieder, die durch den Ausfall bzw. die Erneuerung von Federn entsteht. Besonders auffällig sind Mauserlücken in den Schwungfedern, z. B. bei Greifvögeln.

Mittlere Decken: Die Reihe mit den zweitgrößten Deckfedern an der Basis der Schwungfedern. Liegen auf den Großen Armdecken.

Morphe: siehe Farbvariante

Neozoon: Nicht-heimische, eingeführte, entkommene oder bewusst ausgesetzte Art, die nach gängiger Definition im Jahr 1491 noch nicht im fraglichen Gebeit vorkam. Ein Neozoon gilt als etabliert, wenn es sich über mindestens 3 Generationen oder 25 Jahre ohne menschliches Zutun im nicht-angestammten Areal fortgepflanzt hat.

Nestflüchter: Jungvögel, die mit Dunengefieder schlüpfen und bereits nach sehr kurzem Aufenthalt im Nest dieses verlassen und von Altvögeln herumgeführt werden (Beispiel: Hühner und Enten).

Nesthocker: Jungvögel, die in der Regel nackt schlüpfen, relativ hilflos sind und meist bis zum Flüggewerden im Nest bleiben und dort von den Eltern versorgt werden (Beispiel: Tauben oder Finken).

Oberflügeldecken: Die Deckfedern der Flügeloberseite. Zu diesen gehören die Handdecken, die Kleinen, Mittleren und Großen Armdecken. Insbesondere Mausergrenzen in diesen Gefiederbereichen können bei der Altersbestimmung hilfreich sein.

Population: Gesamtheit der Individuen einer Art, die ein bestimmtes Areal besiedeln und damit geographisch mehr oder weniger von anderen Gruppen derselben Art getrennt sind. Unter den Individuen einer Population herrscht freier Genaustausch. Populationen derselben Art (bzw. deren Mitglieder) sind untereinander uneingeschränkt fortpflanzungsfähig.

Pullus, Pulli: Eigentlich ein frisch geschlüpfter bzw. noch nicht flugfähiger Jungvogel. Meistens aber nur für die überwiegend mit Dunen befiederten Küken von Nestflüchtern gebräuchlich.

Prachtkleid: Meist zur Brutzeit getragenes, voll ausgefärbtes Alterskleid, im Gegensatz zum Schlichtkleid. Wird entweder durch Mauser, oft Teilmauser, erworben oder wie bei vielen Singvögeln, durch Abnutzung überdeckender Federsäume, z. B. bei Star, Gartenrotschwanz, Buch- und Bergfink. Gleichbedeutend mit Brutkleid.

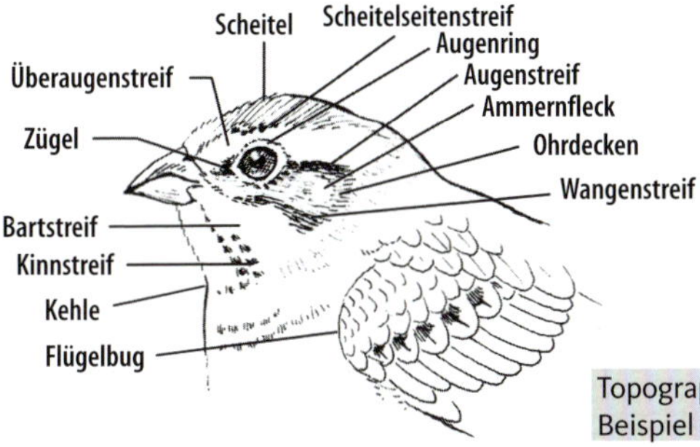

Topographie des Vogelkopfes am Beispiel einer Ammer.

Rütteln: Fliegen auf der Stelle.

Schaftstrich: Musterung auf dem Schaft (stabiler, zentraler Teil) der Vogelfeder.

Scheitelfedern: Federpartie auf der Kopfoberseite.

Scheitelstreif: Streifenförmige Federpartie in der Scheitelregion des Kopfes.

Schirmfedern: Die innersten (körpernahen) Armschwingen, bei Sperlingsvögeln allgemein drei, die besonders starkem Abrieb ausgesetzt sind. Sie sind meist symmetrischer und oft anders gefärbt als die Armschwingen und bedecken beim zusammengefalteten Flügel die anderen Flügelfedern teilweise.

Schlichtkleid: Früher auch als Ruhekleid bezeichnetes Federkleid, das als Gegenstück zum Prachtkleid von adulten Vögeln meist nach Ende der Balz- und Brutzeit angelegt wird und oft weniger auffällig als das Prachtkleid ist.

Schwanzdecken: Deckfedern am Ansatz der großen Schwanzfedern.

Schwanztrillern, Schwanzwippen: Wiederholt gezeigte, rasche, wippende Auf- und Abbewegung des Schwanzes.

Schwungfeder: Flugfeder des Hand- oder Armflügels.

Semispezies: Grenzfälle zwischen Art und Unterart. Je nachdem, welche Kriterien angelegt werden, der einen oder anderen Kategorie zuzuordnen. Siehe auch Superspezies.

Singflug: siehe Balzflug

Sperberung: Begriff für eine an den Sperber (*Accipiter nisus*) erinnernde, wellenförmige Zeichnung (Querbänderung) des Gefieders („gesperbert“).

Superspezies: Sehr eng verwandte Arten, die traditionell meist zu einer Art zusammengefasst wurden, von denen inzwischen aber klar ist, dass sie sich bei der Fortpflanzung in aller Regel nicht vermischen. Der älteste existierende Artname wird in eckige Klammern gesetzt (z. B. *Motacilla [flava]*). Aus Gründen der Übersichtlichkeit wird die Nennung als Superspezies in diesem Buch zugunsten einfacher Artnennung meistens weggelassen, wenn sich daraus keine zusätzlichen Informationen (z. B. Hinweise auf sehr ähnliche Arten) ergeben.

Teilzieher: Mitglieder einer Population oder Art, bei der ein Teil der Individuen im Winter wegzieht, ein anderer Teil jedoch im Brutgebiet bleibt.

Überaugenstreif: Streifenförmige Federpartie direkt über dem Auge, auch als Superziliarstreif bezeichnet.

Übergangskleid: Kleid, das Merkmale zweier verschiedener Kleider gleichzeitig aufweist, z. B. bei der Mauser vom Pracht- zum Schlichtkleid.

Unterschnabel: Der unterhalb des Schnabelspaltes gelegene Teil des Schnabels.

vorjährig: Altersbezeichnung, im vorherigen Kalenderjahr geborener Vogel.

Literatur

Die Angaben zu Bestimmungsmerkmalen in diesem Buch entstammen zu großen Teilen den folgenden Quellen, die wir auch als weiterführende Literatur empfehlen.

Bauer, K. M. & U. N. Glutz von Blotzheim (1966-1969): Handbuch der Vögel Mitteleuropas. Bände 1-3. AULA-Verlag, Wiesbaden.

Bergmann, H.-H., W. Engländer & S. Baumann (2020): Die Stimmen der Vögel Europas. AULA-Verlag, Wiebelsheim. DVD und App.

Fünfstück, H.-J. & I. Weiß (2017): Die Vögel Mitteleuropas im Porträt. Quelle & Meyer, Wiebelsheim.

Gejl, L. (2018): Europas Greifvögel. Haupt Verlag, Bern.

Gejl, L. (2017): Die Limikolen Europas. Haupt Verlag, Bern.

Glutz von Blotzheim, U. N., K. M. Bauer & E. Bezzel (1971-1977): Handbuch der Vögel Mitteleuropas, Bände 4-7. AULA-Verlag, Wiesbaden.

Glutz von Blotzheim, U. N. & K. M. Bauer (1982-1997): Handbuch der Vögel Mitteleuropas, Bände 8-14. AULA-Verlag, Wiesbaden.

Jenni, L. & R. Winkler (2020): Moult and Ageing of European Passerines (2. Aufl.). Christopher Helm, London.

Madge, S. & H. Burn (1989): Wassergeflügel. Ein Bestimmungsbuch der Schwäne, Gänse und Enten der Welt. Parey, Hamburg-Berlin.

Svensson, L., K. Mullarney & D. Zetterström (2018): Der Kosmos-Vogelführer. Deutsche Version übersetzt von Peter H. Barthel (3. Aufl.). Kosmos-Verlag, Stuttgart.

Shirihai, H., G. Gargallo & A. J. Helbig (2001): Sylvia warblers. Identification, taxonomy and phylogeny of the genus *Sylvia*. Christopher Helm, London.

Shirihai, H. & L. Svensson (2018): Handbook of Western Palearctic Birds, Vol I & II. Christopher Helm, London.

Bildnachweis

Die meisten Fotos in diesem Buch stammen von Hans-Joachim Fünfstück.

Darüber hinaus stellten uns freundlicherweise eine Reihe von Fotografen ihre Motive zur Verfügung. Diese werden im Bildnachweis mit ihren Initialen dargestellt.

Achtermann, S.	SAc
Arlt, J	JAr
Bachmeier, G.	GBa
Bains, C.	CBa
Becker, D.	DBe
Benning, H.	HBe
Bergmann, H.-H.	HHB
Binotto, A.	ABi
Bock, C.	CBo
Bonavia, E.	EBo
Borrow, N.	NBo
Bradtke, K.	KB
Buron, D.	DBu
Daly, S.	SDa
Daunicht, W.	WDa
Dierschke, J.	JDi
Drissner, K.	KDr
Ebert, A.	AEb
Einsiedler, W.	WEi
Erlwein, W.	WEr
Ertel, R.	REr
Estner, N.	NEs
Ewald, K	KEw
Fahl, S.	SFa
Ferdinand, J.	JFe
Fichtler, M.	MFi
Fifer, N	NFi
Franz, D.	DFr
Franz, F.	FFr
Franz, K.	KFr
Frese, U.	UFr
Fricke, M.	MFr
Garrido, J. R.	JRG
Gaugger, K.	KGa
Geisler, R.	RGe
Glader, H.	HGl
Gottschling, M.	MGo
Greif, S.	SGr
Grieco, C.	CGr
Grimm, M.	MGr
Große, E.	EGr
Günther, K.	KGü
Haase, D.	DHa
Haass, C.	CH
Halkjaer, L.	LHa
Hansen, J. S.	JSH
Heinze, G.-M.	GMH
Heiss, M.	MHe
Helgesen, E.	EHe
Helle, J.	JHe
Hesse, V.	VHe
Hessing, F	FHe
Höfer, M.	MHö
Hofmann, A.	AHo
Höltke, K	KHö
Jahn, R.	RJa
Jensen, T.	TJe
Käseberg, O.	OKä
Keim, W.	WKe
Klasan, S	SKlasan
Klaus, S.	SKlaus
Klose, O.	OKl
Knöpfler, D.	DKn
Köhler, P.	PKö
Krätzel, K.	KKr
Krome, O.	OKr
Kruckenberg, H.	HKr
Krüger, O.	OKrü
Krüger, T.	TKr
Kuppel, T.	TKu
Kusche, H.	Hku
Lange, S.	SLa
Langenberg, J.	JLa
Langenberg, T.	TLa
Lenberg, L	JLe
Liebel, H.	HLi
Lietzow, E.	ELi
Lüdermann, H.	HLü
Ludwig, T.	TLud
Luther, T.	TLu
Mactavish, B.	BMa
Maier, G.	GMa
Martin, R.	RMar
Massas, P.	PMa
Mayer, R.	RMay
Meister, P.	PMe
Moning, C.	CMo
Monney, P	PMo
Morter, I.	IMo
Müller, H. H.	HHM
Nüssen, O.	ONü
O´Neill, G.	GON
Olofson, S.	SOl
Pfützke, S.	SPf
Piazzi, M.	MPi
Pohl, H.	HPo

Portofée, C.	CPo		Schäf, M.	MSä		Sudendey, F.	FSu
Price, S.	SPr		Schaller, H.	HSch		Taranto, P.	PTa
Putze, M.	MPu		Schmaljohann, H.	HSj		Taurer, G.	GTe
Rank, H.	HRa		Schneider, J.	JSn		Teichmann, H.	HTe
Rasmussen, T.	TRas		Schonart, E.	ESch		Thoma, M.	MTh
Rastig, G.	GRa		Schweizer, S.	SSch		Timmermann, F.	FTi
Rautenberg, T.	TRa		Sievert, J.	JSi		Voss, H.	HVo
Reichert, A.	ARe		Solheim, R.	RSo		Wantoch, M.	MWa
Ritzel, L.	LRi		Speck, U.	USp		Weiss, I.	IWe
Roland, H.-J.	HJR		Spencer, P.	PSp		Weixler, K.	KWx
Römhild, M.	MRö		Steffen, B.	BS		Kolbeinson, Y.	YKo
Ronayne, S.	SRo		Stegmann, T.	TSt		Zach, P.	PZa
Sacher, T.	TSa		Stern, A.	ASt		Zieger, G.	GZi
Sänze, J.	JSä		Stig, J.	JSt			

Abkürzungen
o: oben, u: unten, li: links, re: rechts, wiki: wikipedia/wikimedia (CC BY-SA 3.0)

Adlerbussard Flug Jkl: MRö | **Alexandersittich** Flug: DFr | **Alpenschneehuhn** ♂ Pkl: CMo • ♂ Skl: RMay | **Alpensegler** SSch | **Alpenstrandläufer** CMo 3x | **Amurfalke** Flug ♂ &Jkl: MRö | **Anadyrknutt** Flug: MPu • Jkl: HHB | **Aschkopf-Schafstelze** Flug & ♀ Pkl: TLa | |**Atlantiksturmtaucher** Flug u: SRo • Flug o: YKo | **Auerhuhn** ♂ Jkl: SKlaus • ♀ Jkl: SKlaus • Pullus: AEb | **Austernfischer** Flug: SAc • 1. Wi: KBr | **Aztekenmöwe** Flug Pkl: IWe • Flug Jkl: MPu • Flug Jkl 2.Wi: SAc | **Bachstelze** ♀ Pkl: WEi | **Bairdstrandläufer** Flug: HVo • Skl: JFl | **Balearensturmtaucher** li: JFe • re: SPü | **Balkanlaubsänger** o: IWe • u: KDr | **Balkansteinschmätzer** ♂ Pkl schwarzkehlige Morphe: IWe • ♂ Pkl hellkehlige Morphe: CMo • ♀ Pkl: FFr • ♀ Skl: JFe | **Baltimoretrupial** ♀: JFe | **Barolosturmtaucher** o: MGo • u: REr | **Bartgeier** Flug ad (2x): AEb • Flug diesj: TLa • Flug 3.Kj: AHo | **Bartkauz** Flug: JFe • Juv: MRö | **Bartlaubsänger** o: MPu • u: OKä | **Bartmeise** Flug (2x): MGr • Jkl: CMo | **Basstölpel** Flug 3.So: SAc | **Baumfalke** Jkl: RJa | **Baumpieper** Flug: RMar | **Bekassine** Flug li: JSn • Flug re: AHo | **Bergbraunelle** RMar | **Bergfink** Flug: IWe • ♂ Pkl: HLi | **Berghänfling** Flug: RMar • Skl: CMo | **Berglaubsänger** o: JSn | **Bergpieper** Flug: CMo • Juv: HHB | **Beutelmeise** ♂ mit ♀: MRö | **Bienenfresser** Flug ad: CMo • Jkl: GMay | **Bindenkreuzschnabel** ♂ Pkl & Jkl: MGo • Ükl o: JDi • Ükl u: RSo | **Bindenstrandläufer** SOl | **Bindentaucher** KDr (2x) | **Birkhuhn** ♂ einj: TSa • ♀: AEb | **Blässgans** Flug: TLu | **Blauflügelente** Flug: VHe • IWe | **Blaukehlchen** Flug: MRö • ♂ ad li: JFe • ♀: KGa • Jkl li: HLi • Jkl re: CHa | **Blaumerle** ad ♂: KHö • ♀: MGr • Jkl: IWe | **Blauracke** Flug (2x): MRö • Jkl: MTh | **Blauschwanz** ♂: JSn • ♀: JFe | **Blutspecht** Flug: MRö • ♀: CMo | **Bonapartemöwe** Flug: CMo • Pkl: JDi • Skl: PMo | **Brachpieper** Jkl: MPu | **Brachvogel** Flug ad: CMo • Flug Jkl: MRö • Juv: MGr | **Brandgans** ad: MHö • ad/Juv: CMo | **Brandseeschwalbe** Flug Pkl (2x): HHM • Flug Jkl: JFe • Flug 1. Wi: HKu • Pkl mit Pullus: ELi • Ükl: WEi | **Braunbauch-Flughuhn** Flug: MPu • ♀: JSn | **Braunkehlchen** Flug: GMH | **Braunwürger** ♂: MPu • ♀: CMo | **Brautente** W/ Pullus: TKu | **Brillenente** ♂ & ♀ Pkl: CHa • Skl: JFe • ♂ Pkl: CMo | **Brillengrasmücke** ♀: MRö | **Bronzesultanshuhn** wiki Brand • Martien | **Bruchwasserläufer** Flug: MRö • Pkl: ELi • Skl: JFe | **Büffelkopfente** Trupp & ♂ PKL: CMo | **Bulwersturmvogel** Flug o: CMo | **Buntfuß-Sturmschwalbe** Flug: MGo • Pkl: CMo | **Bunt-**

specht Flug: TSa • Jkl: IWe | **Buschrohrsänger** li: SLa • re: JDi | **Carolinakrickente** ♂ Pkl & ♀ Pkl: CMo • ♂ Ükl: MRö | **Carolinataube** TLa | **Chileflamingo** Ükl: SLa | **Corysturmtaucher** u: CMo | **Dachsammer** KFr (2x) | **Dickschnabellumme** Flug: CMo • Pkl: HKu | **Dohle** Flug: AHo | **Doppelschnepfe** Flug: REr • Pkl: HLi | **Dorngrasmücke** ♀: JFe | **Dreizehenmöwe** Flug Jkl: CMo • Flug Pkl & ad & Juv: HKu • Skl: IWe • Jkl: MGr • S.215: MPu | **Dreizehenspecht** Jkl: CMo | **Drosselrohrsänger** u: TLa | **Drosseluferläufer** Flug & Skl: JFe • Pkl: MGr | **Drosselwaldsänger** o & u li: JFe • u re: HTe | **Dunkellaubsänger** o: TLa • u: OKä | **Dunkelsturmtaucher (Dunkler Sturmtaucher)** CBo | **Dunkelwasserläufer** Flug: MGr • Ükl o: SPü • Ükl u: MRö • Jkl: JFe | **Dünnschnabelmöwe** Flug Jkl: KWx | **Eiderente** Flug: HLi • ♂ & ♀ u re: HKu | **Einfarbdrossel** KKr | **Einsiedelwasserläufer** Pkl: KDr • Mi: HHM | **Einsiedler-Musendrossel** CMo | **Eisente** Flug: MGr • ♀ Pkl: JLa • ♂ & ♀ Pkl: HKu • u: CMo | **Eismöwe** Flug 1.Wi & Flug 2.Wi & 1.Wi: CMo • Flug Pkl: HKu • Pkl: JSn • Skl: LTa | **Eissturmvogel** Flug (2x) & ad mit Pullus: CMo • helle und dunkle Morphe: MGr | **Eistaucher** Pkl: OKr • Skl: KGü | **Eisvogel** Flug: USp | **Eleonorenfalke** Flug ad: CMo • Flug Jkl: MPu • Jkl: HBe | **Elfenbeinmöwe** Flug ad & Pkl: HKu • Flug Jkl & Jkl: IWe | **Elsterdohle** Flug: TLa | **Erddrossel** Flug: MPi • ad: TLa | **Erlenzeisig** Flug: MRö | **Fahldrossel** TLa (2x) | **Fahlsegler** MPu | **Falkenraubmöwe** Flug Jkl: MGr • Jkl u: CHa | **Feasturmvogel (Kapverdensturmvogel)** SLa | **Feldlerche** Flug li: OKä • Flug re: MMPu • ad: HGl • Jkl: VHe | **Feldrohrsänger** re: KDr | **Feldschwirl** GBa | **Felsenschwalbe** Flug: MGr | **Fichtenammer** ♀ Pkl: JFe • Ükl: KFr | **Fichtenkreuzschnabel** Ükl: MRö | **Fischadler** Flug diesj: GBa | **Fischmöwe** Flug Jkl 1.Wi: CMo • Flug Jkl diesj: MGr | **Fitis** li: IWe | **Flussregenpfeifer** Flug: RMa | **Flussseeschwalbe** Flug Pkl & Pkl: HLi • Flug Jkl: MGr • Skl: JFe | **Flussuferläufer** Flug: JFe | **Forsterseeschwalbe** Flug & Skl: TLa • Pkl: wiki Dick Daniels • 1. Wi: TSt | **Fuchsammer** o: JFe • u: MGo | **Gänsegeier** ad: AHo | **Gartenbaumläufer** li: CMo • re: AEb | **Gartenspottdrossel** TLa | **Gelbbrauenammer** o: HHB • u: JFe | **Gelbbrauen-Laubsänger** CMo | **Gelbkehlvireo** wiki MDF | **Gelbkopfamazone** DFr | **Gelbkopf-Schafstelze** ♂ Pkl: MGo • ♀ Pkl: CGr • Jkl: CBa | **Gelbkopfstärling** ♂: JFe • ♀: PSp | **Gelbschenkel** Flug: MGo • Jkl li: SGr • Jkl re: KDr | **Gelbschnabelkuckuck** MFr | **Gelbschnabeltaucher** Flug: TLa • Pkl: JLe • Skl: CHa | **Gerfalke** Flug ad: cMo • Flug o li & Jkl: JSn • Flug o re: AHo | **Glanzkrähe** Flug: IWe | **Gleitaar** Flug: CMo • Jkl: MPi | **Gluckente** Flug: MPu | **Goldammer** ♀ Pkl: HKu | **Goldhähnchen-Laubsänger** re: MPu • li: CMo | **Goldregenpfeifer** Flug: HLi • Skl: MGr | **Grasläufer** JFe | **Grauammer** Flug: MPu • ♂ singend: GZi | **Graubrust-Strandläufer** Flug: MGo • Pkl: JDi • Skl: HSj | **Graufischer** Flug: MPu | **Graukopf-Purpurhuhn** Flug MGr | **Grauortolan** ♀: JFe | **Grauschwanz-Wasserläufer** Pkl: wiki honan4108 on Flickr | **Grauspecht** Flug: TLa | **Grauwangen-Musendrossel** TLa | **Großer Gelbschenkel** Flug: DHa • Jkl: CMo | **Großtrappe** ♂ ad: AHo • ♀ ad: JFe | **Grünlaubsänger** JDi | **Grünmantel-Waldsänger** JFe | **Grünschenkel** Flug & S.189: CMo • Pkl: MRö | **Grünspecht** Flug: OKr | **Gryllteiste** Flug: HKu • Jkl: MGr | **Gürtelfischer** Flug & ♂: RGe • ♀ ad: JFe | **Habicht** Flug ♂: MPu • Flug Jkl: KFr • Jkl: HSj | **Habichtsadler** Flug (2x): CMo | **Habichtskauz** Flug: TKu • ad li: AEb • ad re: CMo • Juv: MRö | **Häherkuckuck** Flug li: IWe • Flug re & ad: CMo • Jkl: DBe | **Hakengimpel** ♂ Pkl: MRö • ♀ Pkl: KFr • ♂ vorj: CMo • ♀ oder 1.Wi: JRu | **Halbringschnäpper** ♀: REr | **Halsbandschnäpper** ♂ einj: MRö | **Halsbandsittich** Flug: JSn | **Haubenlerche** Flug: RMar • Jkl: CMo | **Haussegler** u: JSn | **Heidelerche** Flug: MPu • Jkl: CMo | **Heiliger Ibis** Flug: HKu | **Heringsmöwe** Pkl L.f. graellsi: HKu • 3.Jahr & Pkl mit Juv: CMo | **Höckersamtente** ♀ ad: wikimedia Mykola Swarnyk | **Hohltaube** Flug: JFe • ad: JOK • Jkl: TSa | **Iberienadler** Flug li: FTi • Flug re & ad mit Jkl: DBu • ad u: JRG | **Iberienraubwürger** Flug: MPu • ♂: JSn | **Iberienzilpzalp** re: TKu | **Indigoammer** Pkl: RGe • JFe | **Isabellsteinschmätzer** Flug: TLa • ♂: IWe | **Isabellwürger** Flug li: TLa • Flug re: CMo | **Kaiseradler** Flug re: KGa | **Kalanderlerche** Flug: MRö | **Kampfläufer** Flug: KFr • Pkl:SKlaus | **Kanadakranich** Flug: wiki John Fowler • ad: CMo | **Kanadamöwe** Flug Pkl: CHa • Flug 1.Wi & Skl & 1.So: CMo • Jkl diesj: IWe | **Kanadapfeifente** ♂: CMo • Paar: CMo • Skl: JFe | **Kappenammer** ♀: JFe | **Kappensturmtaucher** ONü | **Katzenspottdrossel** JFe | **Keilschwanz-Regenpfeifer** Flug: REr • u: CMo | **Kernbeißer** ♀ Pkl: HHB • Jkl: JFe | **Kiebitz** Flug: MRö • Skl: IWe | **Kiebitzregenpfeifer** Flug: CMo | **Kiefernkreuzschnabel** sd Pkl: LHa • junges ♂: CMo • ♀ Pkl: TRa • Ükl:

JFe | **Kleinspecht** ♂ li: CMo • ♂ re: JSt • ♀: USp | **Kleinsumpfhuhn [Kleines Sumpfhuhn]** ♂ ad: CMo | **Knäkente** Flug: SFa | **Knutt** Flug & Jkl: CMo • Pkl: JFe | **Kohlmeise** Jkl: AHo | **Kolbenente** Jkl: HLi | **Kolkrabe** Flug ad: AHo | **Königsfasan** ♂: wiki moebius1 • ♀: HPo | **Korallenmöwe** Flug Skl & Flug Jkl: MGr • Pkl: JSn • Jkl: TKu | **Kormoran** Skl: AEb | **Kornweihe** Flug ♂ ad & ♂ ad: JDi • Flug ♂ vorj: PTa • Flug ♀: MRö | **Krabbentaucher** Flug: CMo • Pkl: HKu • Skl: KFr | **Kragenente** Flug: JFe | **Krähenscharbe** Flug: FFr • Pkl: CMo • Jkl: IWe | **Kranich** Flug: MPu • Jkl: ELi | **Krauskopfpelikan** Flug Jkl: NEs • Ükl: JFe | **Krickente** Flug: AHo • ♀ Pkl: CMo | **Kronenlaubsänger** SPr | **Kronwaldsänger** ♀ Pkl: CMo • 1.Wi & ♀ Skl: JFe | **Kubaflamingo** Flug: RMa | **Kuckuck** Flug: CMo • Jkl: FSu | **Kurzfangsperber** Flug ♀ ad: JSn • Flug Jkl & Flug diesj & Flug ♂ vorj: FTi • ♂:DKn | **Kurzschnabelgans** Flug: CMo • diesj: CMo • ad: HGl | **Küstenseeschwalbe** Flug einj: IWe • Flug Jkl: MRö | **Lachmöwe** S.215: MPu | **Lachseeschwalbe** Flug Pkl mi: HJR • Flug Jkl diesj: JFe | **Langzehen-Strandläufer** Pkl: TLa • Skl: MGr | **Lannerfalke** Flug ad & Flug Jkl & ad: JSn | **Ligurien-Bartgrasmücke** TLa | **Löffelente** Flug: RMa • Jkl: JSn • S46: AEb | **Löffler** Pkl: AEb | **Madeirawellenläufer** Flug u: CMo | **Mantelmöwe** Flug einj & Flug zweij & Flug 2.Wi & Flug 3.Wi & Flug 4.Wi & Flug vierj.: MPu • Pkl: MKu | **Mariskenrohrsänger** li: CMo • re: JFe | **Marmelente** Flug: MGr | **Maskenammer** ♂: MPu • ♀: JFe • 1.Wi: TLa | **Masken-Schafstelze** ♂ Pkl: JSn • ♀ Pkl: CMo | **Maskenwürger** Flug: OKr • ♀:IWe • Jkl: MPu | **Maurensteinschmätzer** ♂ einj: MRö • ♀ ad: FTi | **Meerstrandläufer** Flug: SAc • Pkl: HKu • Skl & Jkl:Cmo | **Mehlschwalbe** Flug: MRö | **Merlin** Flug ♀:TLa • Flug Jkl: MPu • ♂: JSn | **Middendorff-Laubsänger** JFe | **Misteldrossel** Flug: MGr • Jkl: JFe | **Mittelmeer-Sturmtaucher** KGa | **Mittelsäger** ♂ Pkl: IWe • ♂ Skl & u: CMo | **Mittelspecht** Flug: TLa | **Mongolenstar** TLa | **Moorente** Flug: CMo • ♂ Skl: FHe | **Moorschlammläufer** Flug: SPü • Ükl: JFe | **Mornellregenpfeifer** Flug o: MHe • Flug u: FFr • ♀: JFe • ♂: MTh • Skl: FTi | **Nachtigall** re: CMo • li: RMar | **Nachtreiher** Jkl: KFr | **Nachtschwalbe** Flug ♂: KEw • Flug ♀: AHo • ♂ ad: JSn • ♀ ad & Juv: MRö | **Nandu** CMo | **Nebelkrähe** Flug: MPu | **Neuntöter** Flug ♂: MGr • Flug ♀: MPu | **Noddiseeschwalbe** Flug re: JSn | **Odinshühnchen** Flug & Jkl (2x): CMo • PKL ♀: KDr | **Ohrenlerche** Flug: CMo • ♂ Pkl: JHe • ♀ Pkl: MRö • Kopf: EHe | **Ohrentaucher** Pkl: HHM • Ükl & Pullus: ABi • Skl: CMo | **Orientbrachschwalbe** Flug: CMo • Skl & Jkl: JSn | **Orientturteltaube** Flug: VHe | **Orpheusgrasmücke** ♂: JSn • ♀: TRa | **Orpheusspötter** ELi | **Pallasschwarzkehlchen** Flug: MGr | **Papageitaucher** Flug: CMo • Jkl: SPü | **Pazifikpieper** u: KDr • o:TLa | **Pazifiksegler** MPu (2x) | **Pazifiktaucher** Flug: CHa • Skl: SGr • 1.Wi: RMar | **Pazifiktrauerente** o: PMa • u: TLa | **Petschorapieper** ad: TLa • Jkl: SPü | **Pfeifente** Flug VHe • ♂ Skl: JSi • ♂ Ükl: CMo | **Pfuhlschnepfe** Flug & ♂ Pkl & WPkl: CMo • Skl: MWa • S.189: JDi | **Pharaonennachtschwalbe** Flug (2x): JSn | **Pirol** Flug: CMo • ♀ ad: GBa • Jkl: SGr | **Polarbirkenzeisig** ♀ o & Jkl: JSn • ♀ u: CMo | **Polarmöwe** Flug Pkl & Flug 1.Wi & Ükl u& nahezu Pkl: CMo • Skl: Hli • Ükl o: FTi | **Prachteiderente** ♂ ad Pkl: JFe • ♀ Skl: UFr • ♀ ad: KFr | **Prärie-Goldregenpfeifer** Ükl o: SPf • Ükl u: CBo • Jkl: JFe | **Prärieläufer** Flug: JFe • u: REr | **Präriemöwe** Flug o & Skl & Jkl: CMo • Flug u & Pkl: TLa | **Provencegrasmücke** ♀: EBo • Juv: NBo | **Purpurhuhn** Jkl: HKu | **Purpurreiher** Jkl diesj: FFr | **Rabenkrähe** Flug li: JSä | **Rallenreiher** Flug: CMo • Pkl: AEb | **Raubseeschwalbe** Flug Ükl & Pkl o & Pkl mit Ükl: MGr • Flug Skl: CMo | **Raubwürger** Flug: MRö • Jkl: TLa | **Rauchschwalbe** Flug: MRö | **Raufußbussard** Flug ♀ o: CHa • Flug ♀ u: RMay • ad: CMo | **Raufußkauz** ad & Juv u: CMo | **Rebhuhn** Küken: CMo • Ükl: MRö, Juv & Ad.: GBa | **Regenbrachvogel** Flug re: MGr • ad: TLa | **Ringdrossel** ♂ 1.Wi: JFe • ♂ ad *T. t. torquatus*: AHo • ♀ ad *T. t. alpestris*: AEb • ♀ ad *T. t. torquatus*: AHo | **Ringelgans** Flug: TKr • Jkl: WKe • *B. b. nigricans*: VHe • *B. B hrota*: RMa • *B. b. bernicla* ad: IWe | **Ringeltaube** Flug: CMo | **Ringschnabelente** ♂ Skl (2x) & ♀ Skl: SPü • | **Ringschnabelmöwe** Flug: MSä • Flug 1.Wi & Pkl: CMo • Skl & Jkl 1.Wi: IWe • Jkl diesj: SAc | **Rohrdommel** Flug: GBa • ♀: AHo • Pkl: RMay | **Rohrschwirl** li: JSn | **Rosapelikan** Flug: CMo | **Rosengimpel** ♂ Pkl: TLa • ♂ einj & ♀ ad: TLud | **Rosenmöwe** Flug Pkl: BMa • Flug o li: REr • Flug o re: JRu • Flug u li: FTi • Flug u re: GON | **Rosenseeschwalbe** Flug Pkl: CMo • Flug Jkl: HHM | **Rosenstar** Flug: RMa • Jkl: TLa • 1.Wi: KFr | **Rostflügeldrossel** o: MGo • u: CMo | **Rostschwanzdrossel [Naumannsdrossel]** TLa | **Rotaugenvireo** JFe | **Rotdrossel** Flug: RMar • Jkl: JSi | **Rötelammer** ♂: TLa • 1.Wi: HSj • o: wiki by Dibyendu Ash | **Rötelfalke** Flug re: FTi • ♀: SDa | **Rötelschwal-**

be Flug ad: RMar | **Rotflügel-Brachschwalbe** Flug: MGr • Pkl: AEb • Jkl: SGr | **Rotfußfalke** Flug ♂: ELi | **Rothalsgans** diesj: CMo | **Rothalstaucher** Pkl: HGl • Skl & Jkl: MRö | **Rothuhn** RMar • Flug: MGr | **Rotkehldrossel** ♂ 1.Wi: TLa • ♀ ad: JFe | **Rotkehl-Strandläufer** Flug: MPu • Pkl: MGr • Jkl: JSn | **Rotkopfwürger** Flug: MGr • Jkl: HKu | **Rotmilan** ad: MHö | **Rotschenkel** Pkl & Pullus: WEr • Skl & Jkl & S.189: CMo | **Rubinkehlchen** u: MPu | **Saatkrähe** Flug: MPu | **Säbelschnäbler** Pullus: SAc | **Saharakragentrappe** ♂: HLü • ♀: TSt | **Saharasteinschmätzer** Flug: MHe • 1.Wi: IWe | **Samtente** Flug: MGr • ♂ Pkl: CMo • ♀ Skl: SPü • u: JFe | **Samtkopf-Grasmücke** ♀: CMo | **Sanderling** Fl: KGa • Pkl: CMo • Jkl: JFe | **Sandflughuhn** Flug o: JFe • ♂ u: JSn • ♀ u: CMo | **Sandregenpfeifer** Flug: MWa | **Sandstrandläufer** Flug: MRö • Pkl: REr • Ükl: HHM • Jkl: OKr | **Sardengrasmücke** ♂: KFr • ♀: CMo | **Schachwürger** ad o: JFe • ad u li: wiki Karunakar Rayker | **Schafstelze** Flug: JSn • Jkl: WDa | **Scheckente** ♂ Pkl & WPKL: CMo | **Schellente** ♂ Skl & ♂ 1.Wi: IWe | **Schieferdrossel** ♂ ad: TLa • ♂ 1.Wi: JSH | **Schilfrohrsänger** li: GBa • re: CMo | **Schlagschwirl** re: CMo • li: JSn | **Schlangenadler** ad: KHö • Jkl: IWe | **Schleiereule** Flug: TLa • ad: MRö | **Schmarotzerraubmöwe** Flug o li: SPü • Flug ad: OKr • Flug Jkl: CMo • Pkl (dunkle Morphe): KFr • Pkl (helle Morphe): HKu • 2.Wi: MGo | **Schmuckreiher** Flug: JFe | **Schmuckseeschwalbe** Pkl: REr • Skl: SPü | **Schnatterente** Flug: IWe | **Schneeammer** Flug: MGr • ♂ Pkl: JFe • ♀ Pkl: MRö • Jkl: SAc | **Schneeeule** Flug ♂ & ♂ ad: RSo • Flug Jkl TLa • ♀ ad: CHa • Jkl: JFe | **Schneegans** Flug: REr • schwimmend: JFe • ad: DBe | **Schneesperling** Flug: CMo | **Schreiadler** Flug & Jkl (2x): CRo | **Schwalbenmöwe** Flug o & Skl: CHa • Flug u & Jkl: MGo | **Schwanengans** Flug: MGr • stehend: CMo | **Schwanzmeise** ad: TRas • Jkl: PMe | **Schwarzbrauenalbatros** Flug o: MGr • Flug u: MGo | **Schwarzflügel-Brachschwalbe** Skl: FTi | **Schwarzhalstaucher** PKL & Pullus: PZa | **Schwarzkehldrossel** ♂ ad: KFr • ♀ ad: FTi • Jkl: KWx | **Schwarzkopfmöwe** Flug Skl & Jkl diesj: HHB • Pkl: AEb | **Schwarzmilan** Flug u: CMo | **Schwarzschnabelkuckuck** HSch | **Schwarzschwan** Flug: ELi • Pkl/Ükl: HKu | **Schwarzspecht** Flug: MPu | **Schwarzstirnwürger** Flug: MPu | **Schwirrnachtigall** li: RMar | **Seeregenpfeifer** Flug: OKl • Jkl: IWe | **Seggenrohrsänger** TLa | **Seidensänger** CMo (2x) | **Seidenschwanz** Flug: MRö | **Sepiasturmtaucher** o: MGo • u: DKr | **Sichelente** ♀: SKlasan | **Sichelstrandläufer** TLa | **Sichler** Jkl: MGr | **Silbermöwe** Flug vorj & vorj: CMo • Flug 3.Wi & 3.So & 1.Wi: MGr | **Silberreiher** Flug Pkl: CMo • Flug „modeste": ARe | **Singammer** o: CMo • u: KDr | **Singdrossel** Flug: MRö | **Singschwan** Flug: JSn | **Skua** Flug Jkl: MRö • ad u re: JSn | **Sommergoldhähnchen** ♂ & ♀: CMo • Jkl: CHa | **Spatelente** ♀: KFr • ♂: CMo | **Spatelraubmöwe** Flug Pkl (dunkle Morphe): MGr • Flug Pkl (helle Morphe) & Flug Jkl & Jkl: MPu • Flug 2.So: CBo | **Sperber** Flug: MRö • ♂ ad: OKr • ♂ Jkl: TKr | **Sperbereule** Flug: KFr • Jkl (2x): MRö | **Sperbergrasmücke** Flug: LRi | **Sperlingskauz** Flug: SGr | **Spießente** Flug: JAr • ♂♀ Pkl o: TLa • ♂ Ükl: JFe,♀ Pkl u: CMo | **Spitzschwanz-Strandläufer** Flug: MGr | **Spornpieper** Flug li: MPu • Flug re: HHB • Jkl li: HSj • Jkl re & Kralle: HHB | **Sprosser** re: TLa | **Stachelschwanzsegler** MGr | **Star** Flug: RMar | **Steinhuhn** Flug: PMo | **Steinkauz** Flug: MGr | **Steinortolan** ♀: MRa | **Steinrötel** Flug: MSä | **Steinschmätzer** Flug: TLa • 1.Wi: HSj | **Steinwälzer** Flug Pkl: MTh • Flug Jkl: MGr | **Stelzenläufer** ♂ & ♀: ABe | **Steppenadler** Flug ad: CMo | **Steppenflughuhn** Flug ♂ & ♀: JSn | **Steppenkiebitz** Flug: JSn • Jkl: IWe | **Steppenkragentrappe** Flug: REr | **Steppenmöwe** alle Fotos: HRa • außer Flug Skl: IWe | **Steppenpieper** Flug: MPu • 1.Wi: SPü | **Steppenspötter** re: MRö | **Steppenweihe** Flug ♀: SPü • Flug 1.Wi: MRö • Flug Jkl: TLa • ♂ Jkl: CMo | **Sterntaucher** Pkl & 1.Wi: HLi • Skl: JRu • Jkl: IWe | **Stieglitz** Flug: MGr | **Strandpieper** Skl li: TSa • Skl re: MTh | **Streifengans** diesj: GMa • ad + diesj: GMa | **Streifenschwirl** re: MPu • li: JFe | **Strichelschwirl** re: HSj • li: KDr | **Stummellerche** Flug: JSn • ad: KFr | **Sturmmöwe** Flug Jkl 2.Wi: IWe • Jkl diesj: MGo • Jkl einjährig: JFe • S.215 Skl: MPu • 1. Wi: MGr | **Sturmwellenläufer (Sturmschwalbe)** Flug o: KDr • Flug u: SPü | **Sumpfläufer** Flug: Okr • Jkl: GBa • Pkl: MGr | **Sumpfohreule** ad: MGr • Jkl: NEs • Juv: MGr | **Swinhoewellenläufer** HHM (2x) | **Tafelente** ♂ Skl: PKö | **Tannenhäher** Flug: MGr • ad li: MPu | **Tannenmeise** MRö (3x) | **Teichwasserläufer** Flug: MPu • Jkl: MGr | **Temminckstrandläufer** Flug: CMo • Skl: JSn | **Thayermöwe** Flug: JFe • Jkl 2.Wi: CMo • Pkl: MGo | **Thorshühnchen** Flug: MGr • ♂ ad & ♀ ad: HKu • Skl: JFe | **Thunberg-Schafstelze** MTh (2x) | **Tibetregenpfeifer** Flug: CMo • JKl: CMo | **Tordalk** Flug: CMo • Skl: MGo | **Trauerbachstelze** ♂ Skl: VHe | **Trauerente** Flug:

MGr • ♂ Pkl: TRa • ♀ Pkl o: YKo • ♀ Pkl u: ESch | **Trauerschnäpper** Jkl: CMo | **Trauerseeschwalbe** Flug Pkl: MPu • Flug Skl & Flug Ükl: CMo • Flug Jkl: MRö | **Triel** Flug: MGr • ad & Pullus: TJe | **Trottellumme** Flug: KFr • Skl: CMo • 1.Wi: JFe • Juv: MTh | **Tundra-Goldregenpfeifer** Flug: SFa • Pkl: JDi • Skl: JFe | **Tundramöwe** Flug & Skl & 2.Wi: CMo • Pkl& 1.Wi & Jkl einj : IWe • Skl: HKu | **Tundrasaatgans** Jkl: TLa | **Tundraschlammläufer** Flug: JDi • ad li: JFe • ad re: REr | **Tüpfelsumpfhuhn** ad: CMo | **Türkenammer** ♂ (2x): CMo • ♀ mit Juv: MPu | **Türkentaube** Flug: MPu | **Turmfalke** Flug ♂ vorj: IWe | **Turteltaube** Flug: JFe • Jkl: KFr | **Uferschnepfe** Flug: CMo • ♂ Pkl: GTa • ♀ Pkl: PZa • ♂ Pkl *L. l. islandica* & ♀ Pkl *L. l. islandica*: JSn • Skl: PZa | **Uferschwalbe** Flug: CMo • Jkl: JFe | **Uhu** Flug: MRö | **Unglückshäher** Flug: CMo | **Wacholderdrossel** Flug: CMo • Juv: AHo • Jkl: MGr | **Wacholderlaubsänger** KGa | **Wachtel** ♂: CMo | **Wachtelkönig** u: CMo | **Waldammer** ♀ Skl: TLa | **Waldbaumläufer** MRö | **Waldkauz** Flug & Jkl: CMo • ad (2x): JSn | **Waldlaubsänger** AEb | **Waldohreule** Flug: MPu | **Waldpieper** Jkl: TLa | **Waldrapp** PKL: MSä | **Waldsaatgans** Flug: CMo • ad Mi: TSa • ad u: JFe | **Waldschnepfe** Flug: MGr | **Waldwasserläufer** Flug: MGr • Pkl: CMo • Skl & Jkl: MRö • S.189: JFe | **Wanderdrossel** ♂ ad & ♂ Jkl: CMo | **Wanderfalke** Flug ad & Jkl: MRö • Flug & Jkl F. p. calidus: ASt | **Wanderlaubsänger** MPu | **Wasseramsel** ad *C. c. cinclus*: SPü • Jkl: OKrü | **Weidenammer** ♀: MRa | **Weidenmeise** Jkl: JFe | **Weißbart-Grasmücke** ♂ ad *S. c. albistriata*: AEb • ♂ ad *S. c. iberiae*: JSn • ♂ Skl: JFe • ♀: TSa | **Weißbart-Seeschwalbe** Pkl mit Pulli & Jkl: JFe | **Weißbrauendrossel** ♂ ad: TLa • ♂ 1.Wi: wiki Robert tdc | **Weißbürzel-Strandläufer** Pkl: SGr (2x) • Ükl: SPü | **Weißflügellerche** Flug: RMar | **Weißflügel-Seeschwalbe** Flug Trupp: CMo • Flug Jkl: MGr • Jkl: WEi | **Weißgesicht-Sturmschwalbe** Flug o & u re: JSn | **Weißkehlammer** KDr | **Weißkehlsänger** u: MRö | **Weißkopf-Ruderente** ♂ Skl: MGr | **Weißschwanzkiebitz** Ükl: FTi | **Weißstorch** Flug: CMo | **Weißwangengans** Flug: SPf • CMo | **Wellenläufer** o: HHM • u: MFi | **Wermutregenpfeifer/Steppenregenpfeifer** o: SPf • u li: MGr • u re: MPu | **Wespenbussard** Flug ad: CMo • Flug Jkl: JSn • ♀ ad: IWe | **Wiedehopf** Flug: SFa • Pkl mit Jkl: SGr | **Wiesenstrandläufer** Flug & Skl: CMo | **Wiesenweihe** Flug ♂ ad: RMay • Flug ♀: MGr • Flug Jkl: MRö • ♀ ad: GZi | **Wilsonwassertreter** Pkl: REr (2x) • Skl: CMo | **Winterammer** ♂ Pkl & 1.Wi: CMo • Jkl: JFe | **Wintergoldhähnchen** ♂: TLa | **Würgfalke** Flug: MPu | **Wüstengimpel** ♀ ad & Jkl: CMo | **Wüstengrasmücke** CMo | **Wüstenregenpfeifer** Flug: MHe • Ükl: JSn | **Wüstensteinschmätzer** Flug: CMo | **Zaunammer** ♂ Pkl mit Juv: TJe • ♀ Pkl: CMo • Jkl: JSn | **Zaunkönig** Juv: CMo | **Zippammer** ♀ Pkl: CMo • 1.Wi: MPu • Jkl: RJa | **Zitronenstelze** ♂ Pkl: IWe • ♂ Skl & ♀ Pkl: MRö • 1.Wi: JSi | **Zügelseeschwalbe** Flug: HKu (2x) • Jkl: SFa | **Zwergadler** Flug u: DHa | **Zwergammer** Jkl o: CMo • Jkl u: JSn | **Zwergdommel** Flug: EGr • Jkl: JFe | **Zwerggans** HKr (3x) | **Zwergkanadagans** JFe (2x) | **Zwergmöwe** Flug 1.Wi: CMo • Pkl: JFe | **Zwergohreule** Flug: PTa • ad (helle Morphe): KFr | **Zwergsäger** Flug: JFe | **Zwergscharbe** Pkl: AEb | **Zwergschneegans** Flug: 272447 pixabay • ad: wikipedia Andrew C • Kopf: CMo | **Zwergschnepfe** Flug: TLa | **Zwergschwan** Flug: TLa • ad/Jkl: CMo | **Zwergseeschwalbe** Flug Pkl: JFe • Flug Skl: HKu • Flug Jkl & Skl: CMo | **Zwergstrandläufer** Flug Pkl & Skl: JFe • Flug Skl: MPu | **Zwergsumpfhuhn** ad: SGr | **Zwergtaucher** Pkl: SPf | **Zwergtrappe** ♂ & ♀: JFe | **Zypernsteinschmätzer** ♂ Skl: JSn

Vogelstimmen

Die große Mehrzahl der Tondokumente, die sich über die QR-Codes dieses Buches aufrufen lassen, stammt von Hans-Heiner Bergmann. Einige zusätzliche Aufnahmen wurden dankenswerterweise von folgenden Personen zur Verfügung gestellt:

E. Arendt & H. Schweiger (1), K.-H. Dingler (1), W. Engländer (3), P. Feindt (†) (1), M. Förschler (1), M. Koch (6), W. Krey (†) (18), L. Lachmann (1), D. Liebers-Helbig (1), L. Lücker (1), J. Martens (1), R. Martin (1), C. Preuss (1), J.-C. Roché (1), M. Schubert (12), D. Wallschläger (1)

Register der deutschen Vogelnamen

Register der wissenschaftlichen Vogelnamen

Register der englischen Vogelnamen

Register der französischen Vogelnamen

Register der spanischen Vogelnamen

Register der italienischen Vogelnamen

Die Autoren

Dr. Wolfgang Fiedler, Jahrgang 1966. Seit 1998 Mitarbeiter an der Vogelwarte Radolfzell bzw. dem heutigen Max-Planck-Institut für Verhaltensbiologie, wo er seit 2000 wissenschaftlicher Leiter der Zentrale für Tiermarkierung ist. Sein wissenschaftliches Interesse liegt im Bereich der Tierwanderungen und hier insbesondere beim Vogelzug. In den letzten drei Jahrzehnten verschiedene Vorstandsfunktionen bei der Deutschen Ornithologen-Gesellschaft, der Europäischen Ornithologen-Union und der Europäischen Union für Vogelberingung. Privat Naturfreund und Vogelbeobachter, Hobbytierhalter und Sachverständiger für Fledermausschutz.

Hans-Joachim Fünfstück, Jahrgang 1956. Seit 1981 Mitarbeiter am Institut für Vogelkunde, der jetzigen staatlichen Vogelschutzwarte/Landesamt für Umwelt in Bayern. Begeisterter Naturfotograf mit Schwerpunkt Vogelfotografie. Als ständiger Mitarbeiter ist er seit 1999 im Redaktionsteam der Zeitschrift Der Falke tätig. Vorstand der Regionalgruppe Garmisch-Partenkirchen und Weilheim-Schongau sowie Mitglied im Landesvorstand vom Landesbund für Vogelschutz in Bayern (LBV). Mitglied im Beirat der Ornithologischen Gesellschaft in Bayern und in der Deutschen Seltenheitenkommission. Als Reiseleiter und privat studierte er die Vogelwelt auf vielen Reisen, die ihn bis jetzt auf sechs Kontinente führten.